华为
仓颉语言编程
从入门到精通

刘陈 著

内 容 提 要

华为自研的仓颉语言作为一款面向全场景应用开发的现代编程语言，通过现代语言特性的集成、全方位的编译优化和运行时实现，以及开箱即用的工具链支持，为开发者打造了友好的开发体验和卓越的程序性能。

本书循序渐进地讲解了仓颉语言的核心知识，并通过具体实例的实现过程演练了开发仓颉语言程序的关键方法和流程。全书共19章，分别讲解了从仓颉语言的基础语法、数据结构、面向对象编程、网络编程到多线程与并发处理等内容，最后通过实战项目——圆角图片视图库的开发，系统展示了仓颉语言的核心语法知识和实际应用技巧。

本书通俗易懂而不失技术深度，案例丰富，实用性强，涵盖了华为开发技术的最新动态和实践案例，同时涵盖了其他同类图书中很少涉及的开发工具与平台介绍。本书适合华为仓颉语言编程的初学者和进阶读者作为自学教程，也可作为培训学校和各大院校的相关专业的教学参考书。

图书在版编目(CIP)数据

华为仓颉语言编程从入门到精通 / 刘陈著. -- 北京：北京大学出版社，2025.5. -- ISBN 978-7-301-35991-4

Ⅰ. TP312

中国国家版本馆CIP数据核字第20250RA933号

书　　　　名	华为仓颉语言编程从入门到精通 HUAWEI CANGJIE YUYAN BIANCHENG CONG RUMEN DAO JINGTONG
著作责任者	刘陈　著
责 任 编 辑	刘云　吴秀川
标 准 书 号	ISBN 978-7-301-35991-4
出 版 发 行	北京大学出版社
地　　　　址	北京市海淀区成府路205号　100871
网　　　　址	http://www.pup.cn　　新浪微博：@北京大学出版社
电 子 邮 箱	编辑部 pup7@pup.cn　总编室 zpup@pup.cn
电　　　　话	邮购部 010-62752015　发行部 010-62750672　编辑部 010-62570390
印 　刷 　者	北京鑫海金澳胶印有限公司
经 销 　者	新华书店
	787毫米×1092毫米　16开本　30印张　805千字 2025年5月第1版　2025年5月第1次印刷
印　　　　数	1-3000册
定　　　　价	109.00元

未经许可，不得以任何方式复制或抄袭本书之部分或全部内容。

版权所有，侵权必究

举报电话：010-62752024　电子邮箱：fd@pup.cn

图书如有印装质量问题，请与出版部联系，电话：010-62756370

在当今信息化、数字化快速发展的时代，软件开发作为推动技术进步的重要力量，正在不断演变。尤其是在移动互联网和物联网发展的浪潮中，开发者们面临着巨大的机遇和挑战。华为作为全球领先的 ICT（Information and Communications Technology，信息与通信技术）解决方案提供商，始终坚持自主创新，积极推动国产化替代的发展战略。在此背景下，仓颉语言作为华为自主研发的编程语言，日益成为开发者们学习和应用的新选择。

近年来，随着全球科技竞争的加剧，信息技术领域的国产化替代愈发受到国家和企业的重视。华为通过研发具有自主知识产权的编程语言，旨在为广大开发者提供一个安全、稳定且高效的开发平台。这不仅有助于提升国家在信息技术领域的自主可控能力，也为我国信息产业的健康发展提供了有力支持。华为仓颉语言的推出，标志着我国在编程语言领域迈出了重要一步，也为开发者们提供了更加灵活和高效的开发工具。

本书旨在深入浅出地介绍仓颉语言的核心知识和实际应用，帮助读者掌握鸿蒙系统开发的基本技能。通过学习本书，读者不仅可以了解仓颉语言的基础语法和编程思想，还能通过实际项目的开发，全面掌握如何在华为的生态环境中进行高效的应用开发。希望本书能够为广大开发者提供有价值的参考，助力他们在国产化替代的浪潮中抓住机遇、迎接挑战。

本书的特色

1. 生动有趣的案例

本书通过精选的实例，将抽象的编程概念与现实生活紧密结合，展现了仓颉语言的实际应用。每个案例不仅富有趣味性，更贴近读者的日常生活，让学习过程充满乐趣，从而激发读者的学习兴趣和创造力。

2. 系统化的知识架构

全书采用循序渐进的方式，系统地讲解仓颉语言的核心知识点。每一章的内容都经过精心设计，确保读者在掌握基础知识的同时，逐步提高其编程技能。

3. 丰富的历史背景资料

本书不仅关注当前的技术发展，还深入探讨了仓颉语言的历史渊源和发展历程。通过对相关历史资料的详细梳理，读者能够更好地理解仓颉语言的设计理念及其在国产化替代过程中的重要性。

4. 实用的开发技巧

在每个章节中，本书都提供了实用的开发技巧和最佳实践，帮助读者高效地进行软件开发。这些技巧不仅适用于仓颉语言，也可以为读者学习其他编程语言提供参考。

5. 丰富的练习与项目

本书配备了大量的练习题和项目案例，鼓励读者动手实践，以便加深对所学知识的理解。通过实际动手操作，读者能够更加熟悉仓颉语言的特性，提升编程能力。

6. 易于理解的语言表达

本书采用简洁明了的文字，避免使用复杂的术语，使得内容易于理解，适合各类读者，无论是初学者还是有一定经验的开发者，都能从中获益。

赠送资源

本书附赠全书案例源代码、PPT课件，以及视频教学资源，读者可以扫描下方二维码关注"博雅读书社"微信公众号，输入本书77页的资源下载码，即可获得本书的下载学习资源。

致谢

本书在编写过程中，得到了北京大学出版社专业编辑的大力支持，正是各位专业出版人士的求实、耐心和效率，才使得本书能够在这么短的时间内出版。另外，也十分感谢我的家人给予的巨大支持。由于本人水平和精力有限，书中存在纰漏之处在所难免，诚请读者提出宝贵的意见或建议，以便使本书的后续版本更臻完善。

最后感谢您购买本书，希望本书能成为您编程路上的领航者，祝您阅读快乐！

编者

目录 Contents

第1章 仓颉语言基础介绍 1
1.1 鸿蒙系统介绍 2
1.1.1 鸿蒙系统的发展历程 2
1.1.2 鸿蒙系统的架构概览 2
1.1.3 分布式架构 3
1.1.4 多设备支持 3
1.2 仓颉语言介绍 4
1.2.1 仓颉语言的背景和发展历程 4
1.2.2 仓颉语言的主要特点 5
1.3 仓颉语言的应用场景 6
1.3.1 操作系统和系统级开发 6
1.3.2 智能设备应用开发 6
1.3.3 物联网与嵌入式系统 7

第2章 搭建仓颉开发环境 8
2.1 系统要求 9
2.2 准备仓颉 SDK 9
2.3 搭建 Visual Studio Code 开发环境 10
2.3.1 安装 Visual Studio Code 10
2.3.2 配置仓颉环境 12
2.3.3 第一个仓颉程序 14
2.4 搭建 DevEco Studio 开发环境 ... 18
2.4.1 DevEco Studio 的特点 19
2.4.2 下载并安装 DevEco Studio 19
2.4.3 配置仓颉环境 22

第3章 基础语法 26
3.1 标识符和关键字 27
3.1.1 标识符 27
3.1.2 关键字 27
3.2 注释 28
3.3 常量和变量 29
3.3.1 常量 29

3.3.2 变量 31	4.1.2 if…else if…else 表达式语句 65
3.3.3 值类型和引用类型变量 33	4.1.3 if 表达式语句的类型检查 67
3.4 操作符 34	4.1.4 if 表达式语句的嵌套 68
3.4.1 算术操作符和赋值操作符 35	4.2 循环结构 69
3.4.2 比较操作符 36	4.2.1 while 表达式 69
3.4.3 逻辑操作符 37	4.2.2 do-while 表达式 72
3.4.4 位操作符 39	4.2.3 for-in 表达式 74
3.4.5 自增和自减操作符 40	4.2.4 遍历区间 76
3.4.6 操作符的优先级 41	4.2.5 where 条件 77
3.5 数据类型 44	4.2.6 while 表达式的嵌套 78
3.5.1 整数类型 45	4.2.7 for-in 表达式的嵌套 79
3.5.2 浮点类型 46	4.3 跳转表达式 80
3.5.3 布尔类型 47	4.3.1 break 表达式 80
3.5.4 字符类型 48	4.3.2 continue 表达式 81
3.5.5 字符串类型 50	
3.5.6 Unit 类型 54	第 5 章 元组和数组 83
3.6 类型转换 55	5.1 元组 84
3.6.1 数值类型转换 55	5.1.1 元组的定义 84
3.6.2 和 Rune 类型相关的转换 57	5.1.2 元组的操作 85
3.6.3 is 和 as 操作符 58	5.1.3 元组的嵌套 88
3.7 输入和输出 59	5.2 一维数组 91
3.7.1 函数 print 59	5.2.1 数组的声明与创建 91
3.7.2 函数 println 61	5.2.2 使用一维数组 93
	5.2.3 数组元素求和 95
第 4 章 表达式 63	5.3 多维数组 96
4.1 条件表达式 64	5.3.1 多维数组的声明与创建 96
4.1.1 if 表达式语句 64	5.3.2 初始化二维数组的其他方法 100

5.4 VArray 数组 103
　5.4.1　定义与声明 103
　5.4.2　VArray 的初始化和操作 103
5.5 内置 Array 操作函数 105
　5.5.1　拷贝与克隆 105
　5.5.2　连接与合并 106
　5.5.3　翻转与切片 107
　5.5.4　访问与搜索 108
　5.5.5　转换与输出 109
　5.5.6　比较 110
　5.5.7　数组元素数量 111

第 6 章　函数 112

6.1 函数基础 113
　6.1.1　定义函数 113
　6.1.2　参数列表 113
　6.1.3　函数返回值类型 115
　6.1.4　函数体 118
6.2 调用函数 118
　6.2.1　非命名参数的调用 119
　6.2.2　命名参数的调用 119
　6.2.3　默认参数的函数调用 120
6.3 函数的嵌套调用和递归调用 120
　6.3.1　函数的嵌套调用 120
　6.3.2　函数的递归调用 121
6.4 Lambda 表达式 125
　6.4.1　Lambda 表达式的定义 125

　6.4.2　Lambda 表达式的返回类型 125
　6.4.3　Lambda 表达式的调用 126
6.5 变量作用域 132
　6.5.1　局部变量作用域 133
　6.5.2　全局变量作用域 134
　6.5.3　函数作用域 134
6.6 闭包 135
　6.6.1　变量捕获 135
　6.6.2　使用闭包 136
　6.6.3　闭包作用域 140
6.7 函数重载 140
　6.7.1　函数重载的规则 141
　6.7.2　函数重载决议 144
6.8 内置函数 146
　6.8.1　随机函数 146
　6.8.2　格式化函数 147
　6.8.3　数学运算函数 149

第 7 章　结构 152

7.1 结构体基础 153
　7.1.1　定义结构体 153
　7.1.2　结构体的成员变量 154
　7.1.3　成员函数 157
　7.1.4　结构体成员的访问修饰符 160
7.2 结构体实例 161
　7.2.1　创建结构体实例 161
　7.2.2　不同类型的结构体成员变量 161

- 7.2.3 修改结构体的成员变量 162
- 7.2.4 结构体的复制行为 164
- 7.3 mut 函数 166
  - 7.3.1 mut 函数介绍 166
  - 7.3.2 mut 函数的限制 168

第 8 章 枚举 170

- 8.1 枚举基础 171
  - 8.1.1 推出枚举的背景 171
  - 8.1.2 定义枚举类型 171
  - 8.1.3 使用枚举 173
  - 8.1.4 match 表达式 175
- 8.2 模式匹配 180
  - 8.2.1 常量模式 180
  - 8.2.2 通配符模式匹配 181
  - 8.2.3 绑定模式匹配 182
  - 8.2.4 元组模式匹配 183
  - 8.2.5 类型模式匹配 184
  - 8.2.6 枚举模式匹配 186
  - 8.2.7 模式的嵌套与组合匹配 186
  - 8.2.8 模式的可匹配性 189
- 8.3 可选类型 193
  - 8.3.1 定义 Option 类型 193
  - 8.3.2 if-let 表达式 195
  - 8.3.3 while-let 表达式 197
  - 8.3.4 模式和可选类型的关系 198

第 9 章 面向对象编程 200

- 9.1 类 201
  - 9.1.1 类和对象的概念 201
  - 9.1.2 声明类 201
  - 9.1.3 创建对象 203
  - 9.1.4 成员变量 204
  - 9.1.5 构造函数 206
  - 9.1.6 终结器 209
  - 9.1.7 成员函数 210
- 9.2 访问修饰符 212
  - 9.2.1 访问修饰符介绍 212
  - 9.2.2 使用访问修饰符 213
- 9.3 类的继承 214
  - 9.3.1 继承的基本概念 215
  - 9.3.2 实现继承 215
  - 9.3.3 super 和 this 216
  - 9.3.4 覆盖（override）和
    重定义（redef） 218
  - 9.3.5 This 类型 220
- 9.4 抽象类 221
  - 9.4.1 抽象类的特点 221
  - 9.4.2 定义抽象类 222
- 9.5 接口 224
  - 9.5.1 定义并实现接口 224
  - 9.5.2 接口的成员 227
  - 9.5.3 接口的继承 229

9.5.4	接口的默认实现	231
9.5.5	Any 类型	232
9.6	属性	234
9.6.1	定义属性	234
9.6.2	属性的修饰符	235
9.6.3	抽象属性	238
9.7	子类型关系	239

第 10 章 泛型 242

10.1	泛型介绍	243
10.1.1	泛型的常用术语	243
10.1.2	定义泛型	243
10.1.3	泛型约束	246
10.2	泛型函数	246
10.2.1	泛型函数的定义	247
10.2.2	全局泛型函数	248
10.2.3	局部泛型函数	249
10.2.4	泛型成员函数	250
10.2.5	静态泛型函数	252
10.3	泛型类和接口	253
10.3.1	泛型类	253
10.3.2	泛型接口	254
10.4	泛型结构体	255
10.4.1	泛型结构体的定义	255
10.4.2	使用泛型结构体	256
10.5	泛型枚举	259

第 11 章 扩展 262

11.1	扩展介绍	263
11.1.1	编程语言中的扩展	263
11.1.2	仓颉语言中的扩展	263
11.2	直接扩展	264
11.2.1	实现直接扩展	264
11.2.2	针对泛型类型的扩展	265
11.2.3	泛型约束的扩展	267
11.3	接口扩展	269
11.3.1	实现接口扩展	269
11.3.2	同时实现多个接口	269
11.3.3	接口扩展中的泛型约束	271
11.4	访问规则	272
11.4.1	扩展的修饰符	272
11.4.2	扩展的孤儿规则	275
11.4.3	扩展的访问和遮盖	276

第 12 章 集合 278

12.1	集合介绍	279
12.1.1	集合的基本概念	279
12.1.2	仓颉语言中的集合	280
12.2	ArrayList	281
12.2.1	ArrayList 介绍	281
12.2.2	添加、遍历、修改和删除	283
12.2.3	排序操作	285
12.2.4	切片操作	287

12.3 HashSet	288
12.3.1 HashSet 介绍	288
12.3.2 添加、遍历、修改和删除	290
12.3.3 排序操作	291
12.3.4 切片操作	293
12.4 HashMap	294
12.4.1 HashMap 介绍	294
12.4.2 添加、遍历、修改和删除	295
12.4.3 切片操作	297
12.5 LinkedList	298
12.5.1 LinkedList 介绍	298
12.5.2 添加、遍历、修改和删除	300
12.6 TreeMap	301
12.6.1 TreeMap 介绍	302
12.6.2 添加、遍历、修改和删除	303

第 13 章 包 ... 306

13.1 包的基础知识介绍	307
13.1.1 推出包的历史背景	307
13.1.2 包的作用	307
13.2 仓颉语言中的包	308
13.2.1 包的声明	308
13.2.2 顶层声明的可见性	309
13.3 包的导入	313
13.3.1 普通的 import 导入	313
13.3.2 隐式导入	314
13.3.3 导入重命名	314

13.3.4 重导出一个导入的名字	316

第 14 章 异常处理 ... 318

14.1 初识异常	319
14.1.1 异常的基本概念	319
14.1.2 仓颉语言的异常处理	319
14.1.3 常用的运行时异常	320
14.2 try 表达式	321
14.2.1 普通的 try 表达式	321
14.2.2 try-with-resources 表达式	323
14.2.3 CatchPattern 机制	326
14.3 用 Option 处理异常	328
14.3.1 模式匹配	328
14.3.2 Coalescing 操作符（??）	329
14.3.3 问号操作符（?）	331
14.3.4 函数 getOrThrow	331

第 15 章 并发 ... 334

15.1 并发基础	335
15.1.1 并发的基本概念	335
15.1.2 并发的特性和实现方式	336
15.1.3 仓颉语言的并发	336
15.2 多线程开发	337
15.2.1 线程介绍	337
15.2.2 创建线程	338
15.2.3 访问线程	340
15.2.4 访问线程属性	343

| 15.2.5 终止线程 344
| 15.3 线程同步 346
| 15.3.1 线程同步的意义 346
| 15.3.2 原子操作 347
| 15.3.3 可重入互斥锁 349
| 15.3.4 Monitor 同步 357
| 15.3.5 MultiConditionMonitor 361
| 15.3.6 synchronized 锁管理 365
| 15.3.7 线程局部变量 369

第 16 章 I/O 流操作 372

16.1 I/O 流介绍 373
16.1.1 I/O 流的操作类型 373
16.1.2 仓颉语言中的 I/O 373
16.2 标准流 375
16.2.1 标准流介绍 375
16.2.2 类 Console 375
16.2.3 ConsoleReader 标准读取 376
16.2.4 ConsoleWriter 标准写入 377
16.3 文件流 379
16.3.1 包 std.fs 介绍 380
16.3.2 File 文件操作 380
16.3.3 Directory 文件夹操作 383
16.3.4 结构体 FileInfo 386
16.3.5 结构体 Path 389
16.4 I/O 处理流 393
16.4.1 包 io 介绍 393

16.4.2 输入流和输出流 394
16.4.3 BufferedInputStream 缓冲区输入流 395
16.4.4 BufferedOutputStream 缓冲区输出流 397
16.4.5 ByteArrayStream 字节流 398
16.4.6 ChainedInputStream 多输入流读取 400
16.4.7 MultiOutputStream 多输出流 401
16.4.8 StringReader 读取输入流 402
16.4.9 StringWriter 写入输入流 404

第 17 章 网络编程 407

17.1 网络编程基础 408
17.1.1 网络通信协议 408
17.1.2 IP 地址和端口号 409
17.1.3 仓颉语言的网络编程 410
17.2 Socket 编程 410
17.2.1 包 socket 411
17.2.2 TCP 传输处理 412
17.2.3 UDP 传输处理 416
17.3 HTTP 编程 418
17.3.1 包 net.http 418
17.3.2 处理客户端请求 420
17.3.3 Cookie 服务 424
17.3.4 网络服务 427
17.3.5 WebSocket 编程 431

第 18 章 宏 436

18.1 宏的相关概念 437
18.2 仓颉语言中的宏 437
18.2.1 第一个宏实例 437
18.2.2 Token 类型 439
18.2.3 quote 表达式和插值 441
18.2.4 语法节点 442
18.3 宏的实现 444
18.3.1 非属性宏 444
18.3.2 属性宏 447
18.3.3 宏的调用 448
18.3.4 宏的嵌套 449
18.3.5 宏调用中的嵌套宏调用 450

第 19 章 综合实战：圆角图片视图库 453

19.1 项目介绍 454
19.1.1 背景介绍 454
19.1.2 项目需求分析 454
19.1.3 项目概述 454
19.2 圆角图片处理框架 455
19.2.1 工具函数 455
19.2.2 目录操作和文件操作 456
19.2.3 创建和管理 PixelMap 对象 458
19.2.4 图片缩放类型 461
19.2.5 配置圆角图片显示属性 463
19.3 HarmonyOS 应用包 465
19.3.1 入口逻辑和组件初始化 465
19.3.2 主界面程序 466
19.3.3 配置文件 467

第 1 章
仓颉语言基础介绍

本章内容，将简要介绍鸿蒙系统及仓颉语言的基础知识。首先将回顾鸿蒙系统的起源、发展历程和架构，重点分析其核心特性。随后，将深入探讨仓颉语言的设计哲学和主要特点，以及其与鸿蒙系统的整合方式。最后，介绍仓颉语言在操作系统、智能设备和物联网等领域的应用场景，帮助读者理解其实际应用价值和前景。

1.1 鸿蒙系统介绍

鸿蒙系统（HarmonyOS）是华为技术有限公司（以下简称"华为"）开发的一款全场景操作系统，旨在实现跨设备的无缝连接与协同。鸿蒙系统采用微内核架构，具备高性能、安全性和灵活性，核心特性包括分布式技术和多终端协同能力，旨在提供更智能、便捷的用户体验。

1.1.1 鸿蒙系统的发展历程

HarmonyOS，也称为鸿蒙操作系统，是华为开发的多平台分布式操作系统，能够为智能手机、平板电脑、电视、智能家居设备等多种设备提供无缝的互联和协作体验。下面是 HarmonyOS 的主要发展历程。

2012 年至 2016 年：华为开始研究和开发自己的操作系统。这个过程从最初的设想到技术原型的创建一直持续了几年。

2017 年：鸿蒙项目正式启动。华为宣布计划开发一种统一的操作系统，可以在多种设备上运行，以实现设备之间的无缝互联。

2019 年 8 月：华为首次发布了 HarmonyOS 的开发者预览版本。这个版本的目的是吸引开发者构建支持 HarmonyOS 的应用程序。

2020 年 9 月：华为鸿蒙系统升级至 HarmonyOS 2.0。这个版本是鸿蒙系统一个重大的里程碑，它将 HarmonyOS 扩展到了更多的设备类型，包括智能手机、平板电脑和智能电视。

2021 年 6 月：华为正式发布了 HarmonyOS 2.0 操作系统，首批支持该系统的智能手机在中国上市。此举标志着华为开始将其智能手机从之前使用的 Android 操作系统转向 HarmonyOS。

2021 年 8 月：华为宣布计划将 HarmonyOS 逐渐推广到更多的设备，包括智能家居设备、汽车和智能穿戴设备等。

2022 年：华为继续在全球范围内推广 HarmonyOS，努力将其打造成一个多平台、多设备的操作系统。

2022 年 7 月 27 日：华为全场景新品发布会正式发布 HarmonyOS 3.0 版本。

2023 年 8 月 4 日：在华为 2023 开发者大会上，HarmonyOS 4.0 正式发布。

2024 年 6 月 21 日：在华为 2024 开发者大会上推出 HarmonyOS NEXT 系统，真正实现了一个系统，统一生态，打通多设备、多场景，全面建立操作系统底座。

1.1.2 鸿蒙系统的架构概览

HarmonyOS 的架构旨在实现分布式计算和多设备互联，它采用微内核设计，强调安全性和模块化，同时提供了多种关键组件和工具，以支持开发者构建应用程序并在多种设备上运行。HarmonyOS 整体遵从分层设计理念，从下向上依次为：内核层、系统服务层、框架层和应用层。系统功能按照"系统 > 子系统 > 功能 / 模块"逐级展开，在多设备部署场景下，支持根据实际需求裁剪某些非必要的子系统或功能 / 模块。HarmonyOS 技术架构如图 1-1 所示，这个架构图来源于华为官网。

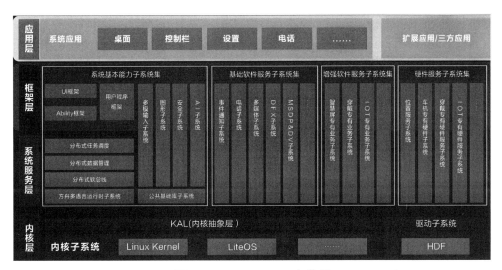

图 1-1 HarmonyOS 架构图

1.1.3 分布式架构

分布式架构是 HarmonyOS 的关键优点之一，它为该操作系统带来了多个重要优势。
- 无缝互联：HarmonyOS 允许不同类型的设备之间实现无缝互联。这意味着用户可以轻松地在智能手机、平板电脑、电视和其他智能设备之间切换应用程序，而不会丧失当前状态。这种无缝互联提供了更一致的用户体验。
- 资源共享：HarmonyOS 可以将不同设备上的资源进行共享，包括计算资源、存储空间、传感器和外部设备。这意味着用户可以利用其他设备上的资源来加速任务，如在电视上播放智能手机上的媒体文件。
- 分布式数据管理：HarmonyOS 允许数据在不同设备之间同步和共享。这使得用户可以随时访问其数据，无论是在手机、电视、平板电脑还是其他设备上。这提供了出色的数据可用性和灵活性。
- 多任务处理：分布式架构使得 HarmonyOS 可以更好地支持多任务处理。用户可以同时在不同设备上运行多个应用程序，从而提高了生产力和效率。
- 设备协同工作：HarmonyOS 允许设备之间协同工作，以执行复杂的任务。例如，智能家居设备可以与手机协同工作，以创建智能家居控制中心。这提供了更多的智能化和自动化功能。
- 设备独立性：HarmonyOS 的分布式架构允许不同设备独立运行应用程序和服务。这意味着开发者可以为不同设备定制应用程序，而不必担心兼容性问题。
- 安全性：HarmonyOS 强调安全性，并提供了分布式安全措施，以保护用户数据和隐私。这对于多设备互联非常关键。

总的来说，HarmonyOS 的分布式架构使得不同类型的设备可以更好地协同工作，提供了更出色的用户体验、资源共享、多任务处理和安全性，这些优点有望在未来推动设备互联的发展。

1.1.4 多设备支持

多设备支持是 HarmonyOS 的重要优点之一，这意味着该操作系统可以运行在多种类型的设备上，具有如下显著的优势。
- 一致的用户体验：HarmonyOS 提供了一致的用户界面和操作方式，无论是在智能手机、平板电脑、智能电视、智能家居设备，还是在其他类型的设备上使用，都有一致的体验。这使用户能够轻松切换设备而无须重新学习如何操作。
- 多设备协同工作：HarmonyOS 可以使不同类型的设备协同工作。例如，用户可以在智能手机上启动一个任务，然后将其无缝切换到智能电视或平板电脑上继续进行。这种多设备协同工作提高了用户的生产力，增强了便利性。
- 统一的应用生态系统：HarmonyOS 通过统一的应用生态系统，允许开发者构建一次应用程序并在多种设备上运行。这简化了应用程序开发和维护的流程，同时扩展了应用的覆盖范围。
- 多端数据同步：HarmonyOS 支持多端数据同步，意味着用户可以在不同设备上访问和编辑相同的数据，如照片、联系人、日历和备忘录等，具有出色的数据一致性和可用性。
- 扩展性和适应性：HarmonyOS 可以根据不同设备的需求进行定制和优化。它具有扩展性，可以适应各种屏幕尺寸、输入方法和硬件规格。
- 设备无关性：开发者可以编写与设备无关的应用程序，这意味着应用程序可以适应不同设备上的不同屏幕大小和分辨率，从而提供更好的用户体验。
- 统一的开发工具：HarmonyOS 提供了统一的开发工具和 API，使开发者能够更容易地构建支持多设备的应用程序。

总的来说，HarmonyOS 的多设备支持是其核心优势之一，它提供了一种无缝的设备互联和用户体验，为用户和开发者提供了更大的灵活性和便利性，有望推动设备之间的互联和协同工作的发展。

1.2 仓颉语言介绍

仓颉语言是华为推出的编程语言，专为鸿蒙操作系统开发而设计，支持多种编程范式，包括面向对象、函数式和过程式编程。它旨在提供高性能、高安全性和易于学习的编程环境，助力开发者高效构建跨平台应用。

1.2.1 仓颉语言的背景和发展历程

仓颉语言是华为推动鸿蒙操作系统生态发展的重要工具之一，它有助于构建一个更加开放和多样化的软件生态系统。

1. 背景
- 应对全球性挑战：随着全球科技竞争的加剧，拥有自主可控的技术变得越来越重要。华为推出仓颉语言，旨在减少对外部技术的依赖。
- 构建操作系统生态：鸿蒙操作系统是华为自主研发的操作系统，为了构建一个健康、可持续的生态系统，需要有与之相匹配的编程语言。
- 技术创新：华为一直致力于技术创新，仓颉语言的推出是华为在软件领域的一次重要创新尝试。

2. 发展历程
- 早期探索：华为在操作系统和编程语言方面进行了长期的研究和探索。
- 鸿蒙操作系统发布：2019 年，华为正式对外发布了鸿蒙操作系统，标志着华为在操作系统领域的重大突破。
- 仓颉语言的提出：随着鸿蒙操作系统的推出，华为开始着手开发与之配套的编程语言，即仓颉语言。
- 语言设计：华为的工程师团队对仓颉语言进行了精心设计，以确保它能够满足鸿蒙操作系统的需求。
- 内部测试：在正式发布之前，仓颉语言在华为内部进行了广泛的测试和验证。
- 正式发布：经过一段时间的开发和测试，华为对外发布了仓颉语言。
- 持续发展：仓颉语言发布后，华为继续对其进行优化和更新，以适应不断变化的技术需求和市场环境。
- 社区和开发者支持：华为鼓励开发者社区参与仓颉语言的开发和应用，以促进语言的持续发展。

仓颉语言的推出是华为在软件领域的重要举措，它不仅有助于推动鸿蒙操作系统的发展，也有助于提升华为在全球软件领域的竞争力。随着鸿蒙操作系统的不断成熟和普及，仓颉语言有望在未来发挥更大的作用。

1.2.2 仓颉语言的主要特点

仓颉编程语言是一种面向全场景应用开发的通用编程语言，可以兼顾开发效率和运行性能，并提供良好的编程体验。华为仓颉语言的主要特点如下。

- 语法简明高效：仓颉编程语言提供了一系列简明高效的语法，旨在减少冗余书写、提升开发效率，如插值字符串、主构造函数、Flow 表达式、match、if-let、while-let 和重导出等语法，让开发者可以用较少编码表达相关逻辑。
- 多范式编程：仓颉编程语言支持函数式、命令式和面向对象等多范式编程，融合了高阶函数、代数数据类型、模式匹配、泛型等函数式语言的先进特性，还有封装、接口、继承、子类型多态等支持模块化开发的面向对象语言特性，以及值类型、全局函数等简洁高效的命令式语言特性。开发者可以根据开发偏好或应用场景，选用不同的编程范式。
- 类型安全：仓颉编程语言是静态强类型语言，通过编译时类型检查尽早识别程序错误，降低运行时风险，也便于代码维护。同时，仓颉编译器提供了强大的类型推断能力，可以减少类型标注工作，提高开发效率。
- 内存安全：仓颉编程语言支持自动内存管理，并在运行时进行数组下标越界检查、溢出检查等，确保运行时内存安全。
- 高效并发：仓颉编程语言提供了用户态轻量化线程（原生协程），以及简单易用的并发编程机制，保证并发场景的高效开发和运行。
- 兼容语言生态：仓颉编程语言支持和 C 语言等主流编程语言的互操作，采用便捷的声明式编程范式，可实现对其他语言库的高效复用和生态兼容。
- 领域易扩展：仓颉编程语言提供了基于词法宏的元编程能力，支持在编译时变换代码，此外，还提供了尾随 Lambda、属性、操作符重载、部分关键字可省略等特性，开发者可由此深度定制程序的语法和语义，有利于内嵌式领域专用语言（Embedded Domain Specific Languages，EDSL）的构建。
- 助力 UI 开发：UI 开发是构建端侧应用的重要环节，基于仓颉编程语言的元编程和尾随 Lambda 等特性，仓颉编程语言可以搭建声明式 UI 开发框架，提升 UI 开发效率和体验。

- 内置库功能丰富：仓颉编程语言提供了功能丰富的内置库，涉及数据结构、常用算法、数学计算、正则匹配、系统交互、文件操作、网络通信、数据库访问、日志打印、解压缩、编解码、加解密和序列化等功能。

1.3 仓颉语言的应用场景

仓颉语言主要应用于鸿蒙操作系统的软件开发，适用于智能设备、物联网（Internet of Things，IoT）设备、智能家居、车载系统、移动应用、企业应用等多种场景，支持开发者构建跨平台、高性能、安全可靠的应用体验。

1.3.1 操作系统和系统级开发

仓颉语言在操作系统和系统级开发中的应用场景主要包括以下方面。
- 操作系统开发：用于开发鸿蒙操作系统的核心组件和服务，包括系统内核、驱动程序、系统服务等。
- 设备驱动程序：编写硬件设备的驱动程序，以确保操作系统与硬件的高效交互。
- 系统工具和实用程序：开发系统级工具和实用程序，如系统监控、性能分析、日志管理等。
- 安全和隐私：开发安全相关的系统组件，如加密模块、权限管理、安全审计等。
- 性能优化：针对特定硬件平台优化系统性能，包括内存管理、进程调度、I/O 操作等。
- 跨平台应用开发：利用鸿蒙操作系统的分布式能力，开发可在不同设备上运行的应用程序。
- 物联网设备开发：为物联网设备编写固件和应用程序，实现设备间的智能互联。
- 嵌入式系统：开发嵌入式系统软件，如智能家居设备、工业自动化设备等。
- 车载系统：为汽车开发车载信息系统，包括娱乐系统、导航系统、车辆监控等。
- 企业级应用：开发企业级应用，如 ERP、CRM 系统，利用鸿蒙操作系统的特性提供更高效的服务。

1.3.2 智能设备应用开发

仓颉语言的跨平台特性和高性能使得它非常适合智能设备应用开发，能够为用户带来流畅、安全、高效的使用体验。仓颉语言在智能设备应用开发中的应用场景主要包括以下方面。
- 智能手机应用：开发各种类型手机应用程序，如游戏、社交、办公、教育、健康等应用程序。
- 平板电脑应用：为平板电脑开发应用程序，利用大屏幕优势提供丰富的视觉体验。
- 智能家居设备：开发智能家居设备的应用，如智能灯泡、智能插座、智能门锁等。
- 可穿戴设备：为智能手表、健康监测设备等可穿戴设备开发应用程序。
- 车载应用：开发车载信息系统，如导航系统、娱乐系统、车辆监控等。
- 物联网设备：为各种物联网设备开发应用程序，实现设备间的智能互联和数据交换。
- 工业自动化设备：开发工业自动化设备的应用，提高生产效率和安全性。
- 医疗设备：开发医疗设备的应用，如远程监控、数据分析等。
- 教育应用：开发教育应用，如在线学习平台、互动教学工具等。
- 企业应用：开发企业级应用，如 ERP、CRM 系统，提供高效的企业服务。

- 游戏开发：利用鸿蒙操作系统的高性能特性，开发各种类型的游戏。
- 多媒体应用：开发多媒体应用，如视频播放、音乐播放、图像处理等。
- 人工智能应用：开发集成人工智能技术的应用程序，如语音识别、图像识别等。

1.3.3 物联网与嵌入式系统

仓颉语言在物联网和嵌入式系统领域的应用场景同样非常关键，它支持开发者创建高效、可靠和安全的智能设备和系统，下面是一些具体的应用场景。

- 智能家居系统：开发智能门锁、智能照明、智能恒温器等家居自动化设备。
- 工业物联网：为工业环境设计传感器网络、机器监控系统和预测性维护工具。
- 智能城市：开发用于交通管理、公共安全、能源管理等领域。
- 农业技术：创建智能农业解决方案，如土壤监测、作物健康分析和自动化灌溉系统。
- 医疗设备：开发便携式医疗设备和远程患者监测系统。
- 可穿戴技术：为智能手表、健康追踪器和其他可穿戴设备编写应用程序。
- 车载系统：开发车载娱乐系统、导航系统、车辆诊断工具和自动驾驶辅助系统。
- 环境监测：设计用于空气质量监测、水质分析和野生动物跟踪的传感器网络。
- 零售自动化：开发智能货架、库存管理和客户行为分析系统。
- 能源管理：创建智能电网和可再生能源系统的监控和优化工具。
- 安全系统：开发视频监控、入侵检测和访问控制系统。
- 机器人技术：为服务机器人、工业机器人和无人机开发控制软件。
- 嵌入式设备：为各种嵌入式系统编写固件，如家用电器、工业控制器和医疗仪器。

仓颉语言的高性能和低延迟特性，以及对多线程和实时处理的支持，使其成为物联网和嵌入式系统开发的理想选择。此外，它的安全性和跨平台能力也有助于确保设备间的互操作性和数据的安全性。

第 2 章
搭建仓颉开发环境

本章的内容，将详细介绍使用华为仓颉语言搭建开发环境的知识，涵盖了支持的操作系统、硬件配置建议、软件依赖性说明，并详细讲解安装仓颉 SDK（Software Development Kit，软件开发工具包）的步骤及配置集成开发环境（Integrated Development Environment，IDE）的过程。通过本章内容的学习，大家将学会如何准备、安装、配置并验证仓颉开发环境，以确保可以顺利进行后续开发工作。

2.1 系统要求

华为仓颉语言支持 Linux、Windows、macOS 三种主流操作系统，接下来的内容，将详细介绍仓颉语言对这三种系统的要求。

1. Windows 环境

- 操作系统：64 位 Windows 10 系统或 64 位 Windows 11 系统。
- 内存：16GB 及以上。
- 硬盘：100GB 及以上。
- 分辨率：1280×800 像素及以上。

2. macOS 环境

- 操作系统：macOS(X86) 12/13/14 或 macOS(ARM) 12/13/14。
- 内存：8GB 及以上。
- 硬盘：100GB 及以上。
- 分辨率：1280×800 像素及以上。

3. Linux 环境

- 操作系统：目前主流的 Linux 操作系统均支持仓颉语言。
- 内存：16GB 及以上。
- 硬盘：100GB 及以上。
- 分辨率：1280×800 像素及以上。

2.2 准备仓颉SDK

无论是使用 Visual Studio Code 开发仓颉语言程序，还是使用 DevEco Studio 开发基于仓颉语言的鸿蒙应用程序，都需要提前安装仓颉语言 SDK。目前仓颉语言 SDK 由 Gitcode 托管，登录 https://gitcode.com/Cangjie 即可下载仓颉 SDK，如图 2-1 所示。

仓颉通用版本申请链接
仓颉 Linux Beta 版本下载链接，版本更新时间：2024-09-11（通过申请后可见）
仓颉 Windows Beta 版本下载链接，版本更新时间：2024-09-11（通过申请后可见）
仓颉 Mac Beta 版本下载链接，版本更新时间：2024-09-11（通过申请后可见）
仓颉 VScode Plugin Beta 版本下载链接，版本更新时间：2024-09-12（通过申请后可见）
仓颉编程语言通用版本官方文档下载链接，版本更新时间：2024-09-11（通过申请后可见）

图 2-1 仓颉 SDK 列表

笔者使用的是 2024 年 9 月 11 日发布的仓颉 Windows Beta 0.55.3 版，下载页面如图 2-2 所示。

图 2-2 下载列表页面

既可以下载安装版文件"Cangjie–0.55.3–windows_x64.exe"，也可以下载压缩包版本文件"Cangjie–0.55.3–windows_x64.zip"。本书后面的内容，将以压缩包版本文件"Cangjie–0.55.3–windows_x64.zip"为例进行讲解。

2.3 搭建Visual Studio Code开发环境

目前华为官方提供了使用 Visual Studio Code 开发仓颉程序的完整插件，本节的内容，将详细讲解搭建仓颉语言 Visual Studio Code 开发环境的知识。

2.3.1 安装 Visual Studio Code

Visual Studio Code 是微软公司发布的一款免费开发工具，以 Windows 系统为例，安装步骤如下。

（1）登录 Visual Studio Code 官方下载页面，如图 2-3 所示。

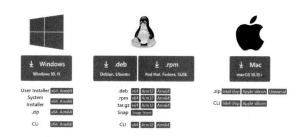

图 2-3　Visual Studio Code 官方下载页面

（2）单击图标 下载 Windows 版本的安装文件，下载成功后得到一个类似"VSCodeUser Setup-x64- 版本号 .exe"的可安装文件。

（3）双击这个".exe"文件进行安装，弹出"许可协议"界面，如图 2-4 所示，在此处选中"我同意此协议"选项。

图 2-4　"许可协议"界面

（4）单击"下一步"按钮进入"选择目标位置"界面，在此选择安装 Visual Studio Code 的位置，如图 2-5 所示。

图 2-5　"选择目标位置"界面

（5）单击"下一步"按钮进入"选择开始菜单文件夹"界面，在开始菜单中为 Visual Studio Code 设置一个快捷选项，如图 2-6 所示。

图 2-6　"选择开始菜单文件夹"界面

（6）单击"下一步"按钮进入"正在安装"界面，显示安装进度，如图 2-7 所示。

图 2-7　"正在安装"界面

（7）完成整个安装工作，打开 Visual Studio Code 后的效果如图 2-8 所示。

图 2-8　Visual Studio Code 主界面

2.3.2　配置仓颉环境

安装 Visual Studio Code 后，接下来以 Windows 系统为例介绍配置仓颉环境的方法。

（1）在仓颉托管网站 Gitcode 下载 Visual Studio Code 的仓颉插件，如图 2-9 所示。

图 2-9　Visual Studio Code 的仓颉插件

（2）下载成功后解压缩"Cangjie-vscode-0.55.3.tar.gz"得到文件"Cangjie-0.55.3.vsix"，然后解压缩本书 2.2 节中下载的文件"Cangjie-0.55.3-windows_x64.zip"。

（3）单击 Visual Studio Code 左侧列表中的 图标来到"扩展"界面，如图 2-10 所示。

图 2-10　"扩展"界面

（4）单击"扩展"后面的图标"···"，在弹出的界面中选择"从VSIX安装"选项，如图2-11所示。

图 2-11　选择"从 VSIX 安装"选项

（5）在弹出的"从 VSIX 文件安装"界面中选择解压缩后的文件"Cangjie-0.55.3.vsix"，如图 2-12 所示。

图 2-12　安装文件"Cangjie-0.55.3.vsix"

（6）完成安装后的界面效果如图 2-13 所示，右侧显示了扩展信息。

图 2-13　仓颉扩展信息

（7）单击左侧导航栏中"Cangjie"右下角的图标 ，在弹出的列表中选择"设置"选项，如图 2-14 所示。

图 2-14 选择"设置"选项

（8）弹出"扩展设置"界面，分别设置"Cangjie Sdk Path: CJNative Backend"和"Cangjie Sdk Path:CJVMBackend"的配置信息，此处的配置信息是解压缩仓颉 SDK 文件"Cangjie-0.55.3-windows_x64.zip"的路径，如笔者将文件"Cangjie-0.55.3-windows_x64.zip"解压缩到了 C:\Program Files (x86)\Cangjie，所以此处的配置信息如图 2-15 所示。

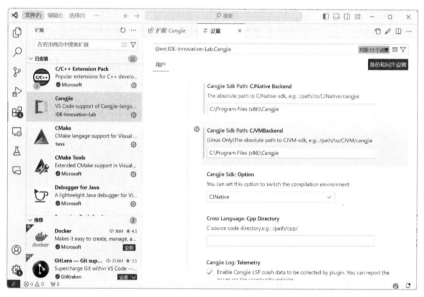

图 2-15 "扩展设置"界面

2.3.3 第一个仓颉程序

接下来的内容，介绍使用 Visual Studio Code 实现第一个仓颉程序的过程。

实例 2-1： 第一个仓颉程序（源码路径：codes\2\First\src\first.cj）

（1）打开 Visual Studio Code，按下键盘快捷键〈Ctrl + Shift + P〉打开 Visual Studio Code 的功能搜索栏，此处选择"Create Cangjie Project"选项，如图 2-16 所示。

图 2-16　选择"Create Cangjie Project"选项

（2）在弹出的界面中选择"Create CJNative Cangjie project"选项，如图 2-17 所示。

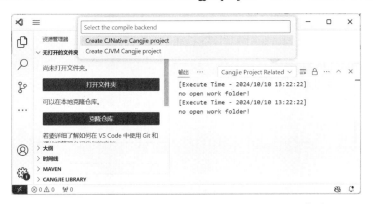

图 2-17　选择"Create CJNative Cangjie project"选项

（3）在弹出的界面中选择"Create Exectable Output Cangjie project"选项，如图 2-18 所示。

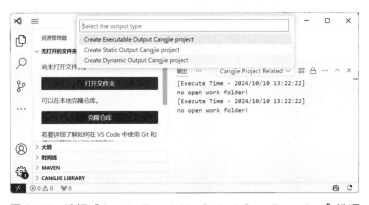

图 2-18　选择"Create Exectable Output Cangjie project"选项

（4）在弹出的"选择文件夹"界面中选择要创建项目程序的位置，然后在文本框中输入仓颉工程的名称，如输入"First"，如图 2-19 所示。

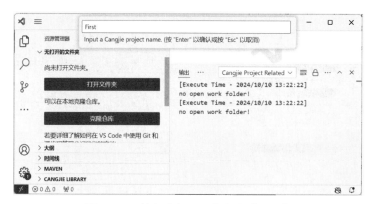

图 2-19 输入仓颉工程的名称"First"

(5) 按回车键后成功创建一个仓颉工程,工程名为"First",如图 2-20 所示。

图 2-20 创建仓颉工程"First"

(6) Visual Studio Code 会自动在"src"目录中创建一个名为"main.cj"的仓颉程序文件,并自动生成代码,如图 2-21 所示。

图 2-21 自动创建的仓颉程序文件"main.cj"

(7) 单击 Visual Studio Code 右上方的按钮 ▷ 即可运行文件 main.cj,在 Visual Studio Code 终端中展示运行结果,如图 2-22 所示。

图 2-22 Visual Studio Code 终端中的运行结果

（8）也可以在"src"目录中创建新的仓颉程序文件，方法是鼠标右击"src"目录，在弹出的选项列表中选择"新建文件"选项，如图 2-23 所示。

图 2-23 选择"新建文件"

（9）在表单中输入要创建的仓颉程序文件名，如"first.cj"，如图 2-24 所示。

图 2-24 新建仓颉程序文件"first.cj"

为文件 first.cj 编写如下所示的代码，大家先不用管仓颉代码的含义，相关知识将在本书后面的内容中进行讲解。

```
class Rectangle {
    let width: Int64                    // 不可变实例成员变量
    var height: Int64                   // 可变实例成员变量

    public init(width: Int64, height: Int64) {
        this.width = width
        this.height = height
    }
```

```
    // 使用冒号 ':' 指定返回类型,并去掉分号
    public func area() : Int64 {
        return width * height
    }
}

main() {
    // 使用位置参数创建对象
    let rect = Rectangle(10, 20)
    println("宽度: ${rect.width}")              // 输出:宽度: 10
    println("高度: ${rect.height}")             // 输出:高度: 20

    rect.height = 25                            // 修改高度
    println("修改后的高度: ${rect.height}")     // 输出:修改后的高度: 25
    println("面积: ${rect.area()}")             // 输出:面积: 250
}
```

在 Visual Studio Code 终端中输入下面的命令定位到 "src" 目录:

```
cd src
```

输入下面的命令编译仓颉程序文件 first.cj:

```
cjc first.cj -o first.exe
```

输入下面的命令运行仓颉程序文件 first.cj:

```
first
```

整个编译过程和运行结果如图 2-25 所示。

图 2-25　编译过程和运行结果

2.4 搭建 DevEco Studio 开发环境

DevEco Studio 是华为鸿蒙(HarmonyOS)应用程序开发的必选工具,开发者可以使用 DevEco Studio 开发基于仓颉语言的 HarmonyOS 应用程序。本节的内容,将详细讲解搭建 DevEco Studio 开发环境的知识。

2.4.1 DevEco Studio 的特点

作为一款专业的开发工具，DevEco Studio 除了具有基本的代码开发、编译构建及调测等功能外，还具有如下特点。

- 高效智能代码编辑：支持 eTS、JavaScript、C/C++ 等语言的代码高亮、代码智能补齐、代码错误检查、代码自动跳转、代码格式化、代码查找等功能，提升代码编写效率。更多详细信息，请参考编辑器使用技巧。
- 低代码可视化开发：具有丰富的 UI 界面编辑能力，支持自由拖曳组件和可视化数据绑定，可快速预览效果，所见即所得；同时支持卡片的零代码开发，降低开发门槛和提升界面开发效率。更多详细信息，请参考使用低代码开发应用/服务。
- 多端双向实时预览：支持 UI 界面代码的双向预览、实时预览、动态预览、组件预览以及多端设备预览，便于快速查看代码运行效果。更多详细信息，请参考使用预览器预览应用/服务界面效果。
- 多端设备模拟仿真：提供 HarmonyOS 本地模拟器、远程模拟器、超级终端模拟器，支持手机、智慧屏、智能穿戴等多端设备的模拟仿真，便捷获取调试环境。更多详细信息，请参考使用模拟器运行应用/服务。

2.4.2 下载并安装 DevEco Studio

下面以 Windows 系统为例，介绍下载并安装 DevEco Studio 的流程。

（1）登录华为开发者网站 "https://developer.huawei.com/consumer/cn/download/"，在此列出了 DevEco Studio 的下载链接，如图 2-26 所示。

图 2-26　单击 "Deveco Studio" 链接

（2）单击 "DevEco Studio for Windows 5.0.3.900(2.2GB)" 链接下载 Windows 系统版本的 DevEco Studio，下载完成后会得到一个 ".exe" 格式的安装文件，鼠标双击这个文件开始安装。在安装时将首先弹出一个 "欢迎使用 DevEco Studio 安装程序" 界面，如图 2-27 所示。

图 2-27 "欢迎使用 DevEco Studio 安装程序"界面

(3)单击"下一步"按钮来到"选择安装位置"界面,在此选择安装"Deveco Studio"的位置,如图 2-28 所示。

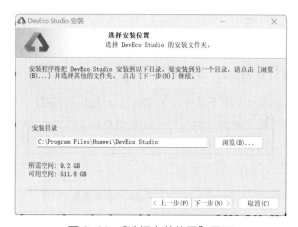

图 2-28 "选择安装位置"界面

(4)单击"下一步"按钮来到"安装选项"界面,在此勾选 3 个复选框,如图 2-29 所示。

图 2-29 "安装选项"界面

（5）单击"下一步"按钮来到"选择开始菜单目录"界面，此处使用默认选择，如图 2-30 所示。

图 2-30 "选择开始菜单目录"界面

（6）单击"安装"按钮来到"安装中"界面，显示安装进度条，如图 2-31 所示。

图 2-31 安装进度条界面

（7）安装完成后弹出"安装程序结束"界面，如图 2-32 所示，单击"完成"按钮完成安装。

图 2-32 "安装程序结束"界面

2.4.3 配置仓颉环境

要想使用 DevEco Studio 开发基于仓颉语言的鸿蒙程序，需要在 DevEco Studio 中配置仓颉插件。具体配置过程如下。

（1）在华为官网下载 DevEco Studio NEXT Cangjie Plugin，如图 2-33 所示，下载后得到压缩包文件"devecostudio-cangjie-plugin-windows-5.0.3.900.zip"。

图 2-33 下载 DevEco Studio NEXT Cangjie Plugin

（2）打开 DevEco Studio，依次选择菜单栏中的 File->Settings 选项，如图 2-34 所示。

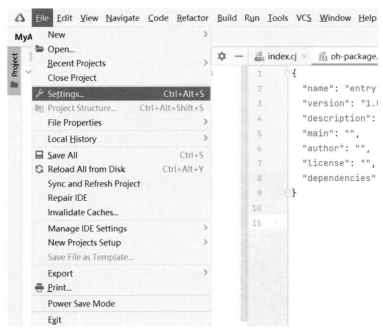

图 2-34 依次选择 File->Settings 选项

（3）在弹出的"Settings"界面中选择"Plugins"选项，在弹出的"Plugins"界面中单击齿轮图标，然后选择"Install Plugin from Disk"选项，如图 2-35 所示。

图 2-35 在"Plugins"界面中选择"Install Plugin from Disk"选项

（4）在弹出的"Choose Plugin File"对话框中选择前面下载的插件文件"devecostudio-cangjie-plugin-windows-5.0.3.900.zip"，如图 2-36 所示。

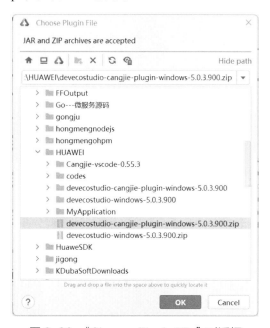

图 2-36 "Choose Plugin File"对话框

（5）返回 DevEco Studio，依次选择菜单栏中的 File > New > Create Project 选项来创建一个新工程，根据工程创建向导，可以选择 [Cangjie] Empty Ability 或 [Cangjie] Hybrid Project 模板，如图 2-37 所示。

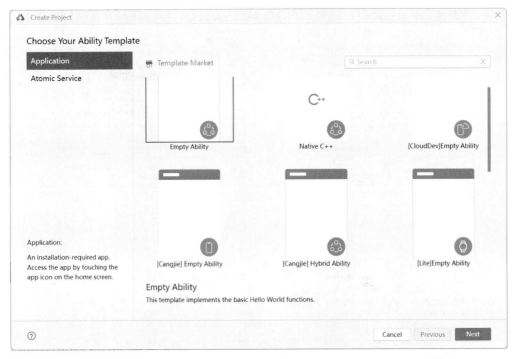

图 2-37 选择 [Cangjie] Empty Ability 或 [Cangjie] Hybrid Project 模板

（6）假设选择"[Cangjie] Empty Ability"模板，单击"Next"按钮后来到"Create Project"界面，如图 2-38 所示。

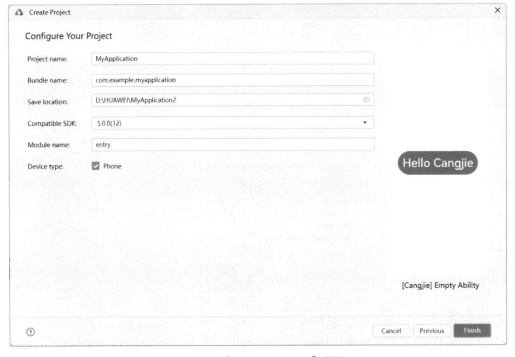

图 2-38 "Create Project"界面

在"Create Project"界面，需要根据向导配置工程的基本信息。
- Project name：工程的名称，可以自定义，由大小写字母、数字和下划线组成。
- Bundle name：标识应用的包名，用于标识应用的唯一性。
- Save location：工程文件本地存储路径，由大小写字母、数字和下划线等组成，不能包含中文字符。
- Compatible SDK：兼容的最低 API Version。
- Module name：模块的名称。
- Device type：该工程模板支持的设备类型。

（7）单击"Finish"按钮，DevEco Studio 会自动生成示例代码和相关资源，等待工程初始化，完成新工程创建，如图 2-39 所示。

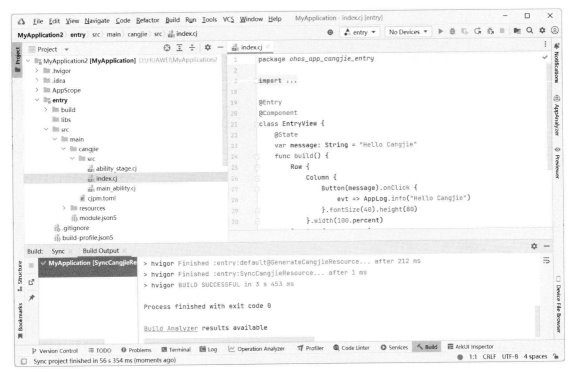

图 2-39　DevEco Studio 自动生成的代码

第 3 章
基础语法

　　和其他编程语言一样,在学习华为仓颉语言时也需要首先掌握其基本的语法知识,如变量和常量等内容。本章的内容,将详细讲解华为仓颉语言的基本语法知识,主要包括标识符、关键字、常量、变量、数据类型、操作符、字符串和注释等方面的知识。

3.1 标识符和关键字

标识符和关键字都是一种具有某种意义的标记和称谓，如一提到"大黑牛"就知道说的是某明星。在本书前面的演示代码中，已经多次用到了标识符和关键字。例如，let 和 Int8 等就是关键字，只要在程序中看到用 Int8 定义的变量，就知道这个变量是一个整数。在仓颉程序中，使用的变量名、函数名、标号等被统称为标识符。除了库函数的函数名由系统定义外，其余都是由用户自定义的。

3.1.1 标识符

在仓颉语言中，标识符是用于命名变量、函数、类、模块等各种程序元素的名称。标识符必须遵循一定的规则，以确保代码的正确性和可读性。仓颉语言标识符的命名规则如下。

- 字符组成：标识符可以包含字母（a-z、A-Z）、数字（0-9）和下划线（_）。标识符的第一个字符不能是数字，它必须以字母或下划线开头。
- 大小写敏感：仓颉语言中的标识符是大小写敏感的，这意味着 variable、Variable 和 VARIABLE 是三个不同的标识符。
- 合法性：标识符不能是仓颉语言中的关键字，关键字具有特定的功能和语法作用，不能用作标识符。
- 长度：标识符的长度通常没有严格限制，但为了保持代码的可读性，建议使用简洁且具有描述性的名称。

下面是合法标识符的示例。

```
let myVariable = 5            // 有效的标识符
let _privateValue = 10        // 以下划线开头的有效标识符
let my_variable = 20          // 包含下划线的有效标识符
let a123 = 30                 // 以字母开头且包含数字的有效标识符
let resultValue = 40          // 多个单词组成的有效标识符
```

下面是非法标识符的示例。

```
let 123abc = 5       // 以数字开头的无效标识符
let class = 10       // 使用了关键字的无效标识符
let my-variable = 15 // 包含非法字符的无效标识符
```

为了提高代码的可读性，通常遵循下面的命名约定。

- 驼峰命名法：用于变量和函数名，如 calculateArea。
- 帕斯卡命名法：用于类名，如 Person。
- 下划线分隔：用于分隔多个单词，如 my_variable。

上述约定能够帮助开发者编写一致且易于理解的代码，促进团队协作和代码维护工作。

3.1.2 关键字

关键字是仓颉语言系统保留使用的标识符，也就是说只有仓颉语言系统才能使用，程序员不能使用这样的标识符。关键字是仓颉语言中特殊的保留字，其中常用的关键字如表 3-1 所示。

表 3-1 仓颉语言中的关键字

关键字	关键字	关键字
as	abstract	break
Bool	case	catch
class	const	continue
Rune	do	else
enum	extend	for
func	false	finally
foreign	Float16	Float32
Float64	if	in
is	init	import
interface	Int8	Int16
Int32	Int64	IntNative
let	mut	main
macro	match	Nothing
open	operator	override
prop	public	package
private	protected	quote
redef	return	spawn
super	static	struct
synchronized	try	this
true	type	throw
This	unsafe	Unit
UInt8	UInt16	UInt32
UInt64	UIntNative	var
VArray	where	while

3.2 注释

注释是对程序语言的说明，有助于开发者和用户之间的交流，方便理解程序。在编译运行一个仓颉程序时，注释不会被编译运行。使用注释有如下好处。

- 提高可读性：注释可以帮助开发者和维护人员理解代码的目的和实现细节。注释应简洁明了，避免冗长。

- 解释复杂逻辑：对于复杂的代码逻辑或算法，可以通过注释提供额外的解释，以帮助理解代码的运作方式。
- 标记待办事项：注释可以用于标记代码中待完成的部分或需要改进的地方。例如，// TODO: 完成此部分代码。

在实际应用中，仓颉语言支持以下 3 种注释方式。

（1）单行注释：使用标识符"//"实现，用于对代码的单行进行注释。例如：

```
//这是一个单行注释
let x = 10  // 这行代码声明了一个变量 x 并赋值为 10
```

（2）多行注释：使用标识符"/* */"实现，用于对多行代码进行注释，开始标记为 /*，结束标记为 */。例如：

```
/*
 * 这是一个多行注释的示例
 * 可以跨越多行
 */
let y = 20  /* 这是另一种单行注释示例 */
```

（3）文档注释：使用标识符 /** */ 实现，用于生成代码文档的注释，通常用于对函数、类或模块进行详细描述。例如：

```
/**
 * 这是一个文档注释的示例
 * 用于对函数、类或模块进行详细描述
 *
 * @param x 变量 x 的描述
 * @return 返回值的描述
 */
function exampleFunction(x) {
    // 函数体
}
```

仓颉语言允许开发者在代码中有效地添加解释和说明，使用这些类型的注释，确保代码的可维护性和可读性。

3.3 常量和变量

在仓颉语言中，常量和变量都是用于存储数据的核心概念，但它们有着不同的特性和使用场景。变量的值随着程序的运行而随之发生变化，而常量的值在一旦定义后就一直固定不变。

3.3.1 常量

常量是不可变的值，一旦被初始化，值不能被修改。在仓颉语言中，使用 const 关键字定义常量，常用于存储程序中不变的值，比如数学常数或配置信息。常量的特点如下。

- 不可变：一旦赋值，不能再次更改。
- 必须初始化：定义时必须立即赋值，且必须为编译时可确定的值。

- 编译时常量：常量的值在编译时就已确定。

定义常量的语法如下：

```
const 名字: 类型 = 值;
```

- const：关键字 const 表示这是一个常量，意味着一旦赋值，该常量的值就不能被修改。常量在整个程序运行过程中保持不变。
- 名字：即常量的名称，用来引用这个常量。通常名字使用小写字母或驼峰命名法，也可以根据实际需求命名，例如 PI、maxConnections、welcomeMessage 等。
- 类型：指明了常量的数据类型，它明确了常量可以存储什么类型的值。在仓颉语言中，常量需要声明其类型，常见的类型包括 Int（整数）、Float（浮点数）、String（字符串）等。
- 值：指该常量被赋予的初始值。这个值在定义时必须提供，并且只能赋值一次。注意：该值的类型必须与声明的类型匹配，否则会导致编译错误。

例如，在下面的代码中定义了合法的常量：

```
const PI: Float = 3.141592;
const MAX_CONNECTIONS: Int = 100;
const WELCOME_MESSAGE: String = "Welcome to Cangjie!";
```

上述代码中的常量说明如下。

- PI 是一个 Float 类型的常量，表示数学中的 π，值约为 3.141592。
- MAX_CONNECTIONS 是一个 Int 类型的常量，用于存储最大连接数，值为 100。
- WELCOME_MESSAGE 是一个 String 类型的常量，用于存储欢迎消息。

实例 3-1：计算每天工作和休息的总时间（源码路径：codes\3\first\Shijian.cj）

本实例展示了如何通过定义常量来设定生活中的固定时间，并使用变量来计算总的时间消耗。

```
const WORK_HOURS_PER_DAY: Int8 = 8;    // 每天的工作时间（小时）
const BREAK_TIME_PER_DAY: Int8 = 2;    // 每天的休息时间（小时）
const SLEEP_HOURS_PER_DAY: Int8 = 8;   // 每天的睡眠时间（小时）

main() {
    let total_active_hours = WORK_HOURS_PER_DAY + BREAK_TIME_PER_DAY;  // 工作和休息的总时间
    let remaining_hours = 24 - (total_active_hours + SLEEP_HOURS_PER_DAY);  // 剩余的自由时间

    println("今天工作了 ${WORK_HOURS_PER_DAY} 小时, 休息了 ${BREAK_TIME_PER_DAY} 小时");
    println("今天睡觉 ${SLEEP_HOURS_PER_DAY} 小时, 还剩下 ${remaining_hours} 小时的自由时间");
}
```

上述代码的具体说明如下：

- WORK_HOURS_PER_DAY 是每天的工作时间，设定为 8 小时。
- BREAK_TIME_PER_DAY 是每天的休息时间，设定为 2 小时。
- SLEEP_HOURS_PER_DAY 是每天的睡眠时间，设定为 8 小时。

执行后会输出：

```
今天工作了 8 小时, 休息了 2 小时
```

今天睡觉 8 小时,还剩下 6 小时的自由时间

3.3.2 变量

在仓颉编程语言中,一个变量由对应的变量名、数据(值)和若干属性构成,开发者通过变量名访问变量对应的数据,但访问操作需要遵从相关属性的约束(如数据类型、可变性和可见性等)。定义变量的具体形式为:

修饰符 变量名: 变量类型 = 初始值

上面格式的具体说明如下。

1. 修饰符

修饰符用于指定变量的属性,包括可变性、可见性和静态性等。仓颉语言中的常用修饰符有 3 种:可变性修饰符、可见性修饰符和静态性修饰符。

(1)可变性修饰符。

- let:定义一个不可变变量,即在变量初始化后其值不能被更改。
- var:定义一个可变变量,即可以在初始化后修改其值。

(2)可见性修饰符。

- private:限制变量的访问范围,仅在定义该变量的作用域内可见。
- public:允许在程序的任何地方访问变量。

(3)静态性修饰符 static:定义一个静态变量,属于类本身而不是类的实例,所有类的实例共享同一个静态变量。下面定义变量的代码都是正确的:

```
private let constantValue: Int = 100        // 定义一个私有的不可变常量
public var variableValue: Float = 10.5       // 定义一个公共的可变变量
static var staticVariable: String = "Hello"  // 定义一个静态变量
```

2. 变量名

变量名是用于引用变量的名字,变量名必须符合仓颉语言的标识符规则,不能与语言中的关键字重复。下面的变量名都是合法的:

```
let age: Int = 30    // 变量名为 age
var temperature: Float = 23.5    // 变量名为 temperature
```

3. 变量类型

变量类型指定了变量可以存储的数据类型,如 Int64、Float32、String 等。类型可以在定义变量时明确指定,也可以通过类型推断省略。下面定义变量的代码都是正确的:

```
let count: Int = 100    // 明确指定变量 count 的类型为 Int
let name = "John"    // 类型推断,变量 name 的类型为 String
```

4. 初始值

初始值是用于初始化变量的表达式。它确保变量在使用之前被赋予一个有效的值。对于全局变量和静态变量,必须指定初始值;对于局部变量和实例成员变量,可以在定义时省略初始值,但需要在变量使用前进行初始化。下面定义变量的代码都是正确的:

```
let pi: Float64 = 3.14159    // 初始值为 3.14159
var score = 85    // 类型推断,初始值为 85
```

下面的代码是合法的,定义了两个 Int64 类型的不可变变量 a 和可变变量 b,随后修改了变量 b

的值，并调用 println 函数打印 a 与 b 的值。
```
main() {
    let a: Int64 = 20
    var b: Int64 = 12
    b = 23
    println("${a}${b}")
}
```
编译运行此程序，将输出：
```
2023
```
而下面的代码是非法的，尝试修改不可变变量，编译时会报错。
```
main() {
    let pi: Float64 = 3.14159
    pi = 2.71828 // Error, cannot assign to immutable value
}
```
当变量的初始值具有明确类型时，可以省略变量类型标注，例如：
```
main() {
    let a: Int64 = 2023
    let b = a
    println("a - b = ${a - b}")
}
```
在上述代码中，变量 b 的类型可以由其初值 a 的类型自动推断为 Int64，所以此程序也可以被正常编译和运行，执行后将输出：
```
a - b = 0
```

实例 3-2：家庭预算管理（源码路径：codes\3\first\Home.cj）

在本实例中假设正在管理家庭预算，并希望编写一个程序来计算和跟踪每月的开支。可以使用变量来表示各种开支项目和预算，然后计算总支出和剩余预算。

```
// 定义常量
const MONTHLY_BUDGET: Float32 = 3000.00    // 每月预算（美元）

main() {
    // 定义和初始化变量
    var groceries: Float32 = 200.00         // 食品开支
    var utilities: Float32 = 150.00         // 公用事业开支
    var entertainment: Float32 = 100.00     // 娱乐开支
    var total_expense: Float32              // 总支出
    let remaining_budget: Float32           // 剩余预算

    // 计算总支出
    total_expense = groceries + utilities + entertainment

    // 计算剩余预算
    remaining_budget = MONTHLY_BUDGET - total_expense

    // 输出结果
    println("本月预算：\$${MONTHLY_BUDGET}")
```

```
println("食品开支: \$${groceries}")
println("公用事业开支: \$${utilities}")
println("娱乐开支: \$${entertainment}")
println("总支出: \$${total_expense}")
println("剩余预算: \$${remaining_budget}")
}
```

上述代码的具体说明如下:
- 常量 MONTHLY_BUDGET 定义了每月的总预算,这个值是固定的,不会变化。
- 变量 groceries、utilities 和 entertainment 分别代表食品、公用事业和娱乐开支,可以根据实际情况调整这些值。
- 变量 total_expense 计算了所有开支的总和。
- 变量 remaining_budget 计算了剩余的预算。

执行后会输出:

```
本月预算: $3000.000000
食品开支: $200.000000
公用事业开支: $150.000000
娱乐开支: $100.000000
总支出: $450.000000
剩余预算: $2550.000000
```

3.3.3 值类型和引用类型变量

在仓颉编程语言中,变量的值类型和引用类型之间的差异影响了它们的行为和内存管理。

1. 值类型变量

值类型变量直接包含数据值,其数据存储在内存的栈区中(线程栈)。每个值类型变量都持有其数据的独立副本,赋值操作会创建数据的副本,而不会改变原始数据。值类型变量的特点如下。
- 拷贝行为:当一个值类型变量被赋值给另一个变量时,会复制数据的副本。原始变量和新变量在内存中拥有各自独立的数据。
- 内存分配:值类型变量通常分配在栈区,内存分配和释放较为快速。
- 不可变性:用 let 修饰的值类型变量在赋值后不能更改,但可以修改变量内的内容(如果类型允许)。

在下面的代码中,Copy 类型是值类型。c2 = c1 语句创建了 c1 的副本,之后对 c2 的修改不会影响到 c1。

```
struct Copy {
    var data = 2012
}

main() {
    let c1 = Copy()
    var c2 = c1   // c2 是 c1 的副本
    c2.data = 2023   // 修改 c2 的数据,不会影响 c1
    println("${c1.data}, ${c2.data}")   // 输出: 2012, 2023
}
```

执行后会输出：
```
2012, 2023
```

2. 引用类型变量

引用类型变量保存对数据的引用（或内存地址），数据本身存储在内存的堆区中（进程堆）。多个引用类型变量可以指向同一数据对象，操作一个引用会影响所有指向该对象的引用。引用类型变量的特点如下。

- 共享数据：当一个引用类型变量被赋值给另一个变量时，仅复制引用，而不复制数据本身。多个变量可以引用同一数据对象。
- 内存分配：引用类型变量通常分配在堆区，内存分配和释放可能较慢。
- 可变性：引用类型数据的内容可以被修改，即使引用本身是不可变的（用 let 修饰）。

在下面的代码中，Share 类型是引用类型。s2 = s1 语句仅创建了对相同 Share 实例的另一个引用。修改 s2 的数据也会影响 s1，因为它们引用的是同一个对象。

```
class Share {
    var data = 2012
}

main() {
    let s1 = Share()
    let s2 = s1  // s2 和 s1 引用同一个 Share 实例
    s2.data = 2023  // 修改 s2 的数据，同时也会影响 s1
    println("${s1.data}, ${s2.data}")  // 输出：2023, 2023
}
```

执行后会输出：
```
2023, 2023
```

3. 值类型与引用类型的比较

- 赋值操作：值类型变量的赋值操作会创建数据副本；引用类型变量的赋值操作仅复制引用，不会复制数据。
- 内存管理：值类型变量通常在栈区分配，内存分配和释放较快；引用类型变量在堆区分配，内存管理可能更复杂。
- 数据共享：值类型变量的数据不会被共享，每个变量有自己的数据副本；引用类型变量的数据可以被多个变量共享。

注意：值类型和引用类型在仓颉编程语言中有着不同的内存管理和数据操作机制。理解这两者的区别对于编写高效、正确的程序是至关重要的。通过掌握它们的特点，开发者可以更好地管理数据和变量，提高程序的可靠性和性能。

3.4 操作符

操作符是程序设计中重要的构成元素之一，和我们的生活息息相关，如数据计算、大小比较、关系判断等，都离不开操作符。操作符可以细分为算术操作符、位操作符、关系操作符、逻辑操作符和其他操作符。

3.4.1 算术操作符和赋值操作符

算术操作符（Arithmetic Operators）就是用来处理数学运算的符号，这是最简单的操作符号，也是最常用的操作符号。例如，算式 35 ÷ 5 = 7 中，除号就是操作符，整个式子就是一个表达式。在数字的处理中几乎都会用到算术操作符，算术操作符可以分为四则操作符、取余操作符和递增或递减操作符等几大类。

在仓颉语言中，赋值操作符用于将值分配给变量。最基本的赋值操作符是 =，它将右侧表达式的结果赋给左侧变量。此外，仓颉语言还支持复合赋值操作符，这些操作符结合了算术运算和赋值操作，简化了代码编写。例如，+= 表示将变量的当前值加上右侧的值并赋回变量，-= 则表示将变量的当前值减去右侧的值并赋回变量。这些复合赋值操作符可以提高代码的简洁性和可读性。总之，赋值操作符是实现变量值更新和存储的基础工具。

仓颉语言中算术操作符和赋值操作符的具体说明如表 3-2 所示。

表 3-2 算术操作符和赋值操作符说明及举例

操作符	示例	解释	结果
+	5 + 3	加法：计算两个数的和	8
−	7 − 2	减法：计算两个数的差	5
*	4 * 6	乘法：计算两个数的积	24
/	10 / 3	除法：计算两个数的商（浮点数）	3.3333
%	10 % 3	取模：计算两个数的余数	1
+=	x = 5; x += 3	加法赋值：x 变为 8	8
−=	x = 5; x −= 2	减法赋值：x 变为 3	3
*=	x = 4; x *= 2	乘法赋值：x 变为 8	8
/=	x = 8; x /= 2	除法赋值：x 变为 4	4
%=	x = 7; x %= 3	取模赋值：x 变为 1	1

实例 3-3：综合使用算术操作符（源码路径：codes\3\first\Suan.cj）

在本实例中演示了仓颉语言中算术操作符和复合赋值操作符的基本使用方法。

```
main() {
    let a: Int32 = 10
    let b: Int32 = 3

    let sum = a + b           // 结果为 13
    let difference = a - b    // 结果为 7
    let product = a * b       // 结果为 30
    let quotient = a / b      // 结果为 3.333333（浮点数）
    let remainder = a % b     // 结果为 1

    println("Sum: ${sum}")
    println("Difference: ${difference}")
    println("Product: ${product}")
```

```
    println("Quotient: ${quotient}")
    println("Remainder: ${remainder}")

    // 使用复合赋值操作符
    var x: Int32 = 5
    x += 3     // x 变为 8
    x -= 1     // x 变为 7
    x *= 4     // x 变为 28
    x /= 2     // x 变为 14
    x %= 6     // x 变为 2

    println("Updated x: ${x}")
}
```

上述代码的具体说明如下。

（1）首先，定义了两个整数变量 a 和 b，通过基本算术操作符计算它们的和、差、积、商和余数。具体来说：

- sum 计算 a 和 b 的和，结果为 13。
- difference 计算 a 和 b 的差，结果为 7。
- product 计算 a 和 b 的积，结果为 30。
- quotient 计算 a 除以 b 的商，结果为 3.333333（浮点数）。
- remainder 计算 a 除以 b 的余数，结果为 1。

（2）接下来，定义了一个可变变量 x 并应用了一系列复合赋值操作符对其进行更新：

- x += 3 将 x 增加 3，结果为 8。
- x -= 1 从 x 中减去 1，结果为 7。
- x *= 4 将 x 乘以 4，结果为 28。
- x /= 2 将 x 除以 2，结果为 14。
- x %= 6 计算 x 除以 6 的余数，结果为 2。

（3）最后，通过 println 函数打印所有计算结果，包括更新后的 x 的值。

执行后会输出：

```
Sum: 13
Difference: 7
Product: 30
Quotient: 3
Remainder: 1
Updated x: 2
```

3.4.2 比较操作符

在仓颉语言中，比较操作符用于对两个值进行比较，并返回一个布尔值（true 或 false），表示比较的结果。比较操作符主要用于控制流语句和条件判断。仓颉语言中的常见比较操作符及其功能如表 3-3 所示。

表 3-3　常见比较操作符及其功能

操作符	描述	示例	结果
==	等于	a == b	如果 a 等于 b，则返回 true，否则返回 false
!=	不等于	a != b	如果 a 不等于 b，则返回 true，否则返回 false
>	大于	a > b	如果 a 大于 b，则返回 true，否则返回 false
<	小于	a < b	如果 a 小于 b，则返回 true，否则返回 false
>=	大于等于	a >= b	如果 a 大于或等于 b，则返回 true，否则返回 false
<=	小于等于	a <= b	如果 a 小于或等于 b，则返回 true，否则返回 false

实例 3-4：电影评分比较（源码路径：codes\3\first\Film.cj）

在本实例中设置了一个电影评分的标准，如果评分高于某个阈值，我们就会认为这部电影值得推荐。

```
// 电影评分的标准
const RECOMMENDED_SCORE: Float32 = 7.5

main() {
    // 电影的评分
    let movie_score: Float32 = 8.2

    // 判断电影是否达到推荐标准
    let is_recommended = movie_score > RECOMMENDED_SCORE

    // 打印结果
    println("电影评分: ${movie_score}")
    println("推荐状态: ${is_recommended}")
}
```

上述代码的具体说明如下。

- 定义常量：RECOMMENDED_SCORE 设定为 7.5，这是我们用来判断是否推荐电影的评分标准。
- 定义变量：movie_score 存储电影的实际评分，如 8.2。
- 比较操作符：使用 > 操作符比较 movie_score 是否大于 RECOMMENDED_SCORE。
- 结果输出：打印电影的评分和是否推荐的结果。

执行后会输出：

```
电影评分: 8.200000
推荐状态: true
```

3.4.3　逻辑操作符

逻辑操作符用于处理布尔值，帮助执行逻辑运算。逻辑操作符通常用于控制流和条件判断，以帮助决定程序的执行路径。在仓颉编程语言中，有以下三种逻辑操作符。

（1）逻辑与（&&）：当且仅当两个操作数都为 true 时，结果才为 true。如果任意一个操作数为 false，结果为 false。例如：

```
let a = true
let b = false
let result = a && b              //结果为 false
```

（2）逻辑或（||）：当至少一个操作数为 true 时，结果为 true。只有当两个操作数都为 false 时，结果才为 false。例如：

```
let a = true
let b = false
let result = a || b              //结果为 true
```

（3）逻辑非（!）：对操作数取反。如果操作数为 true，结果为 false；如果操作数为 false，结果为 true。例如：

```
let a = true
let result = !a                  //结果为 false
```

实例 3-5：判断是否获得了奖学金（源码路径：codes\3\first\Ji.cj）

本实例展示了使用逻辑操作符来控制程序的执行路径，假设要判断一个学生是否及格，并且是否获得了奖学金。

```
// 定义常量
const PASSING_GRADE: Int32 = 60
const SCHOLARSHIP_THRESHOLD: Int32 = 85

main() {
    // 学生成绩
    let grade: Int32 = 90

    // 判断是否及格
    let is_passing = grade >= PASSING_GRADE

    // 判断是否获得奖学金
    let is_scholarship = grade >= SCHOLARSHIP_THRESHOLD

    // 使用逻辑操作符组合条件
    let is_eligible_for_award = is_passing && is_scholarship

    // 打印结果
    println("学生成绩: ${grade}")
    println("是否及格: ${is_passing}")
    println("是否获得奖学金: ${is_scholarship}")
    println("是否有资格获得奖励: ${is_eligible_for_award}")
}
```

上述代码的具体说明如下。

- **定义常量**：PASSING_GRADE 和 SCHOLARSHIP_THRESHOLD 分别设定及格线和奖学金门槛。
- **定义变量**：grade 存储学生的实际成绩。
- **判断条件**：使用逻辑与（&&）操作符来判断学生是否及格且获得奖学金。
- **打印结果**：输出成绩、及格情况、奖学金情况和是否有资格获得奖励的结果。

执行后会输出：

```
学生成绩：90
是否及格：true
是否获得奖学金：true
是否有资格获得奖励：true
```

3.4.4 位操作符

位操作符用于直接操作整数的二进制位。这类操作通常用于底层编程、性能优化以及特定的算法实现。仓颉语言中的位操作符有以下五种。

（1）位与（&）：对两个整数的每一位执行逻辑与操作。只有在两个相应位都为 1 时，结果的相应位才为 1，否则为 0。例如：

```
let a: Int32 = 12    // 二进制：1100
let b: Int32 = 7     // 二进制：0111
let result = a & b   // 结果为 4（二进制：0100）
```

（2）位或（|）：对两个整数的每一位执行逻辑或操作，只要在两个相应位中至少有一个为 1，结果的相应位就是 1。例如：

```
let a: Int32 = 12    // 二进制：1100
let b: Int32 = 7     // 二进制：0111
let result = a | b   // 结果为 15（二进制：1111）
```

（3）位异或（^）：对两个整数的每一位执行逻辑异或操作。如果两个相应位不同，结果的相应位为 1；如果相同，则为 0。例如：

```
let a: Int32 = 12    // 二进制：1100
let b: Int32 = 7     // 二进制：0111
let result = a ^ b   // 结果为 11（二进制：1011）
```

（4）左移（<<）：将整数的所有位向左移动指定的位数。左移操作会在右边补上 0，左移位数超过数据类型位数的部分被丢弃。例如：

```
let a: Int32 = 3     // 二进制：00000000 00000000 00000000 00000011
let result = a << 2  // 结果为 12（二进制：00000000 00000000 00000000 00001100）
```

（5）右移（>>）：将整数的所有位向右移动指定的位数。右移操作会根据符号位进行补码填充（算术右移）或用 0 填充（逻辑右移）。例如：

```
let a: Int32 = 12    // 二进制：00000000 00000000 00000000 00001100
let result = a >> 2  // 结果为 3（二进制：00000000 00000000 00000000 00000011）
```

实例 3-6：综合使用位操作符（源码路径：codes\3\first\Wyun.cj）

在本实例中使用了 5 种位操作符：按位与（&）、按位或（|）、按位异或（^）、按位左移（<<）、按位右移（>>）、按位非（~），演示使用这些操作符操作整数并输出结果。

```
main() {
    // 初始化变量
    var a: Int32 = 12    // 二进制：00000000 00000000 00000000 00001100
    var b: Int32 = 7     // 二进制：00000000 00000000 00000000 00000111

    // 使用按位与操作符
    let bitwise_and = a & b    // 结果为 4, 二进制：00000000 00000000 00000000 00000100
```

```
    // 使用按位或操作符
    let bitwise_or = a | b      // 结果为 15, 二进制: 00000000 00000000 00000000
00001111

    // 使用按位异或操作符
    let bitwise_xor = a ^ b     // 结果为 11, 二进制: 00000000 00000000 00000000
00001011

    // 使用按位左移操作符
    let bitwise_left_shift = a << 2    // 结果为 48, 二进制: 00000000 00000000
00000000 00110000

    // 使用按位右移操作符
    let bitwise_right_shift = a >> 2   // 结果为 3, 二进制: 00000000 00000000
00000000 00000011

    // 输出结果
    println("Bitwise AND: ${bitwise_and}")
    println("Bitwise OR: ${bitwise_or}")
    println("Bitwise XOR: ${bitwise_xor}")
    println("Bitwise Left Shift: ${bitwise_left_shift}")
    println("Bitwise Right Shift: ${bitwise_right_shift}")
}
```

上述代码的具体说明如下。

- 按位与（&）：对两个整数的每一位执行按位与操作。结果的每一位是两个操作数在对应位上都是 1 时的结果。12 & 7 计算结果为 4。
- 按位或（|）：对两个整数的每一位执行按位或操作。结果的每一位是两个操作数在对应位上至少有一个为 1 时的结果。12 | 7 计算结果为 15。
- 按位异或（^）：对两个整数的每一位执行按位异或操作。结果的每一位是两个操作数在对应位上不同时的结果。12 ^ 7 计算结果为 11。
- 按位左移（<<）：将整数的二进制位向左移动指定的位数。右边空出的位用 0 填充。12 << 2 计算结果为 48。
- 按位右移（>>）：将整数的二进制位向右移动指定的位数。左边空出的位根据符号位填充（对于有符号整数）。12 >> 2 计算结果为 3。

执行后会输出：

```
Bitwise AND: 4
Bitwise OR: 15
Bitwise XOR: 11
Bitwise Left Shift: 48
Bitwise Right Shift: 3
```

3.4.5 自增和自减操作符

在华为仓颉语言中，自增（++）和自减（--）操作符用于对整数变量的值进行递增或递减操作。它们是常见的一元操作符,用于简化代码并提高可读性。和其他编程语言(C、C++、Java 等)不同的是,在笔者写作本书时(2014 年 9 月),仓颉语言支持后置形式(a++ 和 a--),而不支持前置形式(++a 和 --a)。这意味着可以使用 a++ 来对变量 a 进行自增操作,但不能使用 ++a。

注意:C、C++、Java 等编程语言均支持自增和自减操作符的前置形式(++a 和 --a)和后置形式(a++ 和 a--)。

(1)自增操作符(++):将变量的值增加 1,使用方式如下所示:

```
a++
```

在上述格式中,首先使用变量的当前值,然后将变量的值增加 1。例如:

```
var a = 5
let b = a++   // b 的值是 5,a 的值变成 6
```

(2)自减操作符(--):将变量的值减少 1,使用方式如下所示:

```
a--
```

在上述格式中,首先使用变量的当前值,然后将变量的值减少 1。

```
var a = 5
let b = a--   // b 的值是 5,a 的值变成 4
```

实例 3-7:模拟一个时钟的小时数变化(源码路径:codes\3\first\Ziadd.cj)
本实例展示了如何使用自增和自减操作符来模拟一个时钟的小时数变化。

```
main() {
    var hours = 10   // 当前小时数
    // 使用自增操作符模拟小时的增加
    hours++   // 现在是11点
    println("一小时后是: ${hours}点")
    // 使用自减操作符模拟小时的减少
    hours--   // 现在是10点
    println("回到之前的时间是: ${hours}点")
}
```

上述代码的具体说明如下。
- 初始设置:从 10 点钟开始。
- 自增操作符:hours++ 将小时数增加 1,模拟时间的流逝,结果是 11 点。
- 自减操作符:hours-- 将小时数减少 1,回到原来的时间,即 10 点。

执行后会输出:

```
一小时后是: 11点
回到之前的时间是: 10点
```

3.4.6 操作符的优先级

数学中的运算都是从左向右运算的,仓颉语言中的大部分操作符也是从左向右结合的,数学运算操作符、赋值操作符是从右向左结合的,也就是说它们是从右向左运算的。乘法和加法是两个可结合的运算,也就是说,这两个操作符左右两边的操作符可以互换位置而不会影响结果。操作符有不同的优先级,所谓优先级就是在表达式运算中的运算顺序,表 3-4 中列出了包括分隔符在内的所有操作符的优先级顺序,上一行中的操作符总是优先于下一行的。

表 3-4　操作符的优先级

操作符	优先级	含义	示例	结合方向
@	0	宏调用	@id	右结合
.	1	成员访问	expr.id	左结合
[]	1	索引	expr[expr]	左结合
()	1	函数调用	expr(expr)	左结合
++	2	自增	var++	无
--	2	自减	var--	无
?	2	问号	expr?.id, expr?[expr], expr?(expr), expr?{expr}	无
!	3	按位求反、逻辑非	!expr	右结合
-	3	一元负号	-expr	右结合
**	4	幂运算	expr ** expr	右结合
*, /	5	乘法，除法	expr * expr, expr / expr	左结合
%	5	取模	expr % expr	左结合
+, -	6	加法，减法	expr + expr, expr-expr	左结合
<<	7	按位左移	expr << expr	左结合
>>	7	按位右移	expr >> expr	左结合
..	8	区间操作符	expr..expr	无
..=	8	含步长的区间操作符	expr..=expr	无
<	9	小于	expr < expr	无
<=	9	小于等于	expr <= expr	无
>	9	大于	expr > expr	无
>=	9	大于等于	expr >= expr	无
is	9	类型检查	expr is Type	无
as	9	类型转换	expr as Type	无
==	10	判等	expr == expr	无
!=	10	判不等	expr != expr	无
&	11	按位与	expr & expr	左结合
^	12	按位异或	expr ^ expr	左结合
|	13	按位或	expr | expr	左结合
&&	14	逻辑与	expr && expr	左结合

续表

操作符	优先级	含义	示例	结合方向
||	15	逻辑或	expr || expr	左结合
??	16	coalescing 操作符	expr ?? expr	右结合
|>	17	pipeline 操作符	id |> expr	左结合
~>	17	composition 操作符	expr ~> expr	左结合
=	18	赋值	id = expr	无
**=	18	复合运算符	id **= expr	无
*=	18	复合运算符	id *= expr	无
/=	18	复合运算符	id /= expr	无
%=	18	复合运算符	id %= expr	无
+=	18	复合运算符	id += expr	无
-=	18	复合运算符	id -= expr	无
<<=	18	复合运算符	id <<= expr	无
>>=	18	复合运算符	id >>= expr	无
&=	18	复合运算符	id &= expr	无
^=	18	复合运算符	id ^= expr	无
|=	18	复合运算符	id |= expr	无
&&=	18	复合运算符	id &&= expr	无
||=	18	复合运算符	id ||= expr	无

实例 3-8：计算商品的最终价格（源码路径：codes\3\first\San.cj）

在本实例中，假设正在为一款商品计算折扣价，该商品在促销时可以享受不同的折扣（如满减优惠和折扣百分比），可以用仓颉语言的操作符优先级来模拟这个场景。

```
main() {
    let originalPrice = 250.0    // 商品原价
    let discountRate = 0.10      // 折扣率 10%
    let threshold = 200.0        // 折扣条件门槛

    // 使用 var 关键字声明一个可变的折扣金额
    var discountAmount = 0.0

    // 判断是否满足折扣条件
    if (originalPrice > threshold) {
        discountAmount = discountRate
    }

    // 计算折扣后的价格
```

```
    let finalPrice = originalPrice - (originalPrice * discountAmount)
    println("最终价格是: ${finalPrice}")
}
```

在上述代码中，要计算的内容是：商品原价为 originalPrice，在进行满减优惠（如满 100 减 20）之后，再按折扣百分比（如 20%）进行折扣。这里的操作符优先级可以确保计算顺序正确。上述代码的实现流程如下。

（1）定义变量：定义 originalPrice 为商品的原价；定义 discountRate 为折扣率，即商品折扣的百分比。定义 threshold 为应用折扣的门槛价格；定义 discountAmount 为折扣金额的初始值。

（2）计算折扣金额：根据商品的原价和门槛价格，判断是否应用折扣。如果原价高于门槛价格，则折扣金额等于折扣率；否则，折扣金额为零。

（3）计算最终价格：根据折扣金额计算实际的折扣值，即原价乘以折扣金额。从原价中减去折扣值，得到最终价格。

（4）输出结果：打印最终价格，显示经过折扣后的商品价格。

执行后会输出：

最终价格是：225.000000

在本实例中，由于原价（250.0）大于门槛（200.0），折扣金额（discountAmount）被设置为折扣率（0.10）。最终价格通过以下计算得出：

```
最终价格 = 原价 - （原价 * 折扣金额）
        = 250.0 - (250.0 * 0.10)
        = 250.0 - 25.0
        = 225.0
```

这就是最终价格 225.0 的计算过程。

3.5 数据类型

在编程语言中，数据类型是用来定义数据的性质和操作方式的基本概念。常见的数据类型包括整数、浮点数、字符、布尔值等。每种数据类型都有其特定的存储方式和运算规则。例如，整数用于表示没有小数部分的数值，浮点数用于表示带有小数的数值，而布尔值用于表示逻辑真或假的状态。

注意：很多初学者可能会问，为什么编程语言中有这么多的数据类型，难道不能只用一种数据类型吗？编程语言中存在多种数据类型，是因为不同的应用场景和需求需要不同的数据表示和操作方式。使用多种数据类型能够更准确地表达和处理数据，提高代码的效率和安全性。例如，使用浮点数而非整数来处理需要精确小数的计算，可以避免因舍入误差带来的问题；布尔值用于逻辑判断和控制流，可以使代码逻辑更加清晰；字符类型则用于处理文本数据。每种数据类型都优化了特定的数据操作，使程序能够高效、准确地处理各种数据类型。因此，虽然理论上可以用一种数据类型来处理所有数据，但这种做法不仅不高效，还会增加编程和维护的复杂性。多种数据类型的存在使得编程更加灵活和高效，帮助程序员更好地管理和操作数据。

3.5.1 整数类型

在仓颉编程语言中,整数类型用于表示和处理整数数据,分为有符号和无符号两种。有符号整数类型包括 Int8、Int16、Int32、Int64 和平台相关的 IntNative,分别表示从 –128 到 127 以及更大范围的整数。无符号整数类型包括 UInt8、UInt16、UInt32、UInt64 和平台相关的 UIntNative,表示从 0 到更大范围的正整数。选择具体类型取决于数据的性质和范围。

1. 取值范围

在仓颉编程语言中,有符号整数类型和无符号整数类型的取值范围如下。

- 对于编码长度为 N 的有符号整数类型,其表示范围为:$-2^{N-1} \sim 2^{N-1}-1$。
- 对于编码长度为 N 的无符号整数类型,其表示范围为:$0 \sim 2^N-1$。

在表 3-5 中列出了所有整数类型的具体取值范围。

表 3-5 整数类型的具体取值范围

类型	表示范围
Int8	-2^7 到 2^7-1(-128 到 127)
Int16	-2^{15} 到 $2^{15}-1$($-32,768$ 到 $32,767$)
Int32	-2^{31} 到 $2^{31}-1$($-2,147,483,648$ 到 $2,147,483,647$)
Int64	-2^{63} 到 $2^{63}-1$($-9,223,372,036,854,775,808$ 到 $9,223,372,036,854,775,807$)
IntNative	平台相关
UInt8	0 到 2^8-1(0 到 255)
UInt16	0 到 $2^{16}-1$(0 到 $65,535$)
UInt32	0 到 $2^{32}-1$(0 到 $4,294,967,295$)
UInt64	0 到 $2^{64}-1$(0 到 $18,446,744,073,709,551,615$)
UIntNative	平台相关

在实际应用中,选择使用哪一种的整数类型取决于程序中需要处理的整数数据的特性和范围。如果 Int64 类型能满足需求,建议优先选择它,因为 Int64 的范围足够大,而且在没有其他上下文时,整数字面量默认推断为 Int64 类型,这样可以减少不必要的类型转换。

2. 整数类型的字面量

整数类型的字面量是表示整数值的常量,它们在编程语言中直接用数值表示,通常不需要进行计算或赋值。在仓颉编程语言中,有以下 4 种进制表示整数类型字面量的形式。

- 二进制(前缀为 0b 或 0B)。
- 八进制(前缀为 0o 或 0O)。
- 十进制(无前缀)。
- 十六进制(前缀为 0x 或 0X)。

例如,十进制数 24 可以表示为二进制 0b00011000、八进制 0o30、十六进制 0x18。在各进制表示中,可以使用下划线作为分隔符,如 0b0001_1000,以方便识别。如果字面量超出类型范围,编译器会报错。例如:

```
let x: Int8 = 128                    // 错误,128 超出 Int8 范围
let y: UInt8 = 256                   // 错误,256 超出 UInt8 范围
let z: Int32 = 0x8000_0000           // 错误,0x8000_0000 超出 Int32 范围
```

在使用整数类型字面量时,可以通过加入后缀来明确整数字面量的类型,后缀与类型的对应关系如表 3-6 所示。

表 3-6 后缀与类型的对应关系

后缀	类型	后缀	类型
i8	Int8	u8	UInt8
i16	Int16	u16	UInt16
i32	Int32	u32	UInt32
i64	Int64	u64	UInt64

带有后缀的整数字面量可以这样使用:

```
var x = 100i8      // x 的值是 100,类型为 Int8
var y = 0x10u64    // y 的值是 16,类型为 UInt64
var z = 0o432i32   // z 的值是 282,类型为 Int32
```

在上述代码中,i8、u64 和 i32 是后缀,指明了变量的整数类型。这样,就可以清楚地知道每个变量的类型及其对应的数值。

实例 3-9:打印输出某上市公司的年报信息(源码路径:codes\3\first\main.cj)

在本实例中创建了 Int16 类型变量 b,并赋值为 200。

```
main() {
    let b:Int16 = 200
    println("财联社快讯:A公司的2024年营业额是${b}亿元人民币")
}
```

输出结果如下:

财联社快讯:A公司的2024年营业额是200亿元人民币

3.5.2 浮点类型

前面介绍的整数类型有很大的局限性,只能表示整数。如果想使用小数表示某首歌曲的点播率,在仓颉中是如何实现呢?整数类型在计算机中肯定是不够用的,这时候就出现了浮点类型数据。仓颉语言的浮点类型包括三种类型:Float16、Float32 和 Float64,分别用于表示编码长度为 16-bit、32-bit 和 64-bit 的浮点数(带小数部分的数字,如 3.14159、8.24 和 0.1 等)的类型。Float16、Float32 和 Float64 分别对应 IEEE 754 中的半精度格式(即 binary16)、单精度格式(即 binary32)和双精度格式(即 binary64)。

Float64 的精度约为小数点后 15 位,Float32 的精度约为小数点后 6 位,Float16 的精度约为小数点后 3 位。使用哪种浮点类型,取决于代码中需要处理的浮点数的性质和范围。在多种浮点类型都适合的情况下,首选精度高的浮点类型,因为精度低的浮点类型的累计计算误差很容易扩散,并且它能精确表示的整数范围也很有限。

浮点类型字面量有两种进制表示形式:十进制、十六进制。在十进制表示中,一个浮点字面量

至少要包含一个整数部分或一个小数部分，没有小数部分时必须包含指数部分（以 e 或 E 为前缀，底数为 10）。在十六进制表示中，一个浮点字面量除了至少要包含一个整数部分或小数部分（以 0x 或 0X 为前缀），同时必须包含指数部分（以 p 或 P 为前缀，底数为 2）。例如，下面的代码展示了浮点字面量的使用方法：

```
let a: Float32 = 3.14
let b: Float32 = 2e3
let c: Float32 = 2.4e-1
let d: Float64 = .123e2
let e: Float64 = 0x1.1p0
let f: Float64 = 0x1p2
let g: Float64 = 0x.2p4
```

在使用十进制浮点数字面量时，可以通过加入后缀来明确浮点数字面量的类型，后缀与类型的对应关系如表 3-7 所示。

表 3-7 十进制浮点数后缀与类型的对应关系

后缀	类型
f16	Float16
f32	Float32
f64	Float64

在加入后缀后，浮点数字面量可以像下面的方式来使用：

```
let a = 3.14f32    // a is 3.14 with type Float32
let b = 2e3f32     // b is 2e3 with type Float32
let c = 2.4e-1f64  // c is 2.4e-1 with type Float64
let d = .123e2f64  // d is .123e2 with type Float64
```

假设某麦当劳餐厅的麦乐鸡的日销量是 1.2 万份，薯条的日销量是麦乐鸡的两倍，店内所有商品的日销量是 10 万份，下面的实例，分别计算了薯条和麦乐鸡所占总销量的百分比。

实例 3-10：计算麦乐鸡和薯条的日销量百分比（源码路径：codes\3\first\Percent.cj）
在本实例中定义了 3 个 Float32 变量 b、l 和 zong，代码如下：

```
main() {
    let b:Float32 = 1.2
    let l:Float32= 2.0 * b;            //定义Float32变量l的初始值是12.1
    let zong:Float32 = 10.0;           //定义Float32型变量b的初始值
    println("麦乐鸡的今日销量百分比是: ${b/zong*100.0}%")
    println("薯条的今日销量百分比是: ${l/zong*100.0}%")
}
```

执行后会输出下面的结果：

```
麦乐鸡的今日销量百分比是: 12.000000%
薯条的今日销量百分比是: 24.000000%
```

3.5.3 布尔类型

布尔类型是一种表示逻辑值的简单类型，用于表示逻辑上的"真"或"假"，它是所有的诸如

a < b 这样的关系运算的返回类型。仓颉语言中用关键字 Bool 定义布尔类型，其值只能是 true 或 false 中的一个，不能用 0 或者非 0 来代表，true 表示"真"，false 表示"假"。布尔类型在表达式中比较常见，如 if 表达式、while 表达式、do…while 表达式和 for…in 表达式。在下面的实例中，演示了使用布尔型比较麦乐鸡和薯条谁的销量更多的方法。

实例 3-11： 比较麦乐鸡和薯条销量（源码路径：codes\3\first\Buer.cj）

在本实例中定义了两个 boolean 类型变量 fengjie 和 gulinazha，并设置这两个变量的初始值分别是 true 和 false，代码如下：

```
main() {
        // 定义布尔变量fengjie
        let fengjie : Bool= true;
        // 打印薯条的销量信息
        print("薯条是今日的销量冠军吗? ${fengjie}\n" );

        // 定义布尔变量gulinazha
        let gulinazha : Bool= false;
        // 打印麦乐鸡的销量信息
        print("麦乐鸡是今日的销量冠军吗? ${gulinazha}\n"  );

        // 打印销量对比结果
        print("麦乐鸡的今日销量是1000，薯条的今日销量是2000，麦乐鸡是今日的销量冠军吗?
${(1000 > 2000)}" );
}
```

执行后会输出：

```
薯条是今日的销量冠军吗? true
麦乐鸡是今日的销量冠军吗? ? false
麦乐鸡的今日销量是1000，薯条的今日销量是2000，麦乐鸡是今日的销量冠军吗? false
```

3.5.4 字符类型

在仓颉语言中，字符类型是用于表示和操作单个字符的数据类型，使用 Rune 表示。字符类型可以表示 Unicode 字符集中的所有字符，适用于全世界所有书写系统，支持从基本拉丁字母到复杂的汉字及其他符号。

1. 字符类型定义与表示

字符类型 Rune 是一种专门用于处理单个字符的类型，可以表示任意的 Unicode 字符，每个字符都会存储为其对应的 Unicode 码点。在实际应用中，有以下三种表示字符字面量的形式。

（1）单个字符字面量：即直接以 r 开头，后跟单引号"'"或双引号" " "中的字符，例如：

```
let a: Rune = r'a'                  // 使用单引号
let b: Rune = r"b"                  // 使用双引号
```

（2）转义字符：有时需要表示无法直接输入的字符，如换行符、制表符等。使用反斜杠"\"作为转义符号来表示特殊字符。常见转义字符包括：

- \\：表示反斜杠本身。
- \n：表示换行符。
- \t：表示制表符。

例如，下面的演示代码：

```
let slash: Rune = r'\\'              // 反斜杠字符
let newLine: Rune = r'\n'            // 换行符
let tab: Rune = r'\t'                // 制表符
```

（3）通用字符：用于表示 Unicode 编码中的任意字符，通用字符以 \u 开头，后面加上花括号"{}"中的 1 到 8 个十六进制数，表示相应的 Unicode 码点。演示代码如下：

```
let he: Rune = r'\u{4f60}'           // 表示 Unicode 字符 "你"
let llo: Rune = r'\u{597d}'          // 表示 Unicode 字符 "好"
print(he)                            // 输出"你"
print(llo)                           // 输出"好"
```

请看下面的例子，通过使用 Rune 类型表示字符，并结合转义字符和通用字符来输出一段文字。

实例 3-12：打印表情符号和换行符（源码路径：codes\3\first\Zifu.cj）

在本实例中，Rune 类型被用来表示 Unicode 中的表情符号和常见字符，通过 \u{} 来插入通用字符，并结合换行符等转义字符，展示了如何灵活地在代码中使用不同字符集和符号。

```
main() {
    // 定义几个字符类型的变量
    let smile: Rune = r'\u{1F600}'               // Unicode 表示的 "😀" 表情符号
    let exclamation: Rune = r'!'                 // 常规字符 '!'
    let newline: Rune = r'\n'                    // 换行符

    // 打印输出，使用通用字符、转义字符和单个字符
    print("你好，欢迎使用仓颉语言！\n")              // 中文加换行
    print("今天的心情如何？ ${smile}${newline}")    // 打印表情符号和换行
    print("仓颉语言，世界的符号！${exclamation}")    // 打印带有符号的句子
}
```

执行后会输出：

```
你好，欢迎使用仓颉语言！
今天的心情如何？😀
仓颉语言，世界的符号！！
```

2. 字符类型对操作符的支持

在仓颉语言中，Rune 类型支持基本的关系操作符，用于比较字符的 Unicode 码点，这些操作符包括：

- 小于 < 和大于 >：比较两个字符的 Unicode 码点的大小。
- 小于等于 <= 和大于等于 >=：同样比较字符的 Unicode 码点，返回布尔值。

这些操作符不仅适用于单个字符，还可以用于判断字符的排序顺序，尤其在处理多语言字符串或国际化应用时非常有用。下面的例子，使用 Rune 类型的关系操作符来比较字符的 Unicode 码点，并判断它们的大小和排序顺序的用法。

实例 3-13：比较字符的大小（源码路径：codes\3\first\Bi.cj）

在本实例中不仅展示了仓颉语言对多种字符类型的支持，还展示了如何比较不同类型的字符，如字母、中文字符和表情符号，非常有趣。通过这种方式，可以用 Unicode 值排序字符，特别适用于国际化场景。

```
main() {
    // 定义几个字符
    let a: Rune = r'a'    // 字符 'a'
    let b: Rune = r'b'    // 字符 'b'
    let chineseChar: Rune = r'\u{4e00}'    // 中文字符 '一'
    let smile: Rune = r'\u{1F600}'    // 表情符号 '😀'

    // 比较字母 'a' 和 'b' 的 Unicode 码点
    print("a 比 b 小吗? ${a < b}\n")    // 输出 true

    // 比较字母 'a' 和中文字符 '一' 的 Unicode 码点
    print("a 比 '一' 小吗? ${a < chineseChar}\n")    // 输出 true

    // 比较表情符号 '😀' 和字母 'b' 的 Unicode 码点
    print("😀 比 b 大吗? ${smile > b}\n")    // 输出 true

    // 比较中文字符 '一' 和表情符号 '😀' 的 Unicode 码点
    print("'一' 比 😀 小吗? ${chineseChar < smile}\n")    // 输出 true
}
```

执行后会输出：

```
a 比 b 小吗? true
a 比 '一' 小吗? true
😀 比 b 大吗? true
'一' 比 😀 小吗? true
```

总之，仓颉语言中的字符类型 Rune 为开发者提供了全面的 Unicode 支持，并且灵活的字符字面量、转义字符和通用字符表示法，让开发者能够处理复杂的字符集。无论是进行字符比较、类型转换，还是处理国际化字符集，Rune 都是一个强大且易用的工具。这种字符处理方式使得仓颉语言非常适合开发需要跨语言支持的现代应用。

3.5.5 字符串类型

在华为仓颉语言中，使用 String 表示字符串类型，用于表达一串由 Unicode 字符组成的文本数据。字符串类型允许表示全世界各类书写系统中的字符。

1. 字符串字面量

在仓颉语言中，字符串字面量分为以下三种类型。

（1）单行字符串字面量。

单行字符串字面量是最基本的形式，定义在一对单引号（'）或双引号（"）之间。其内容可以是任意数量的字符（除非是非转义的双引号或单独出现的反斜杠 \）。这种字符串只能在一行内书写，不能跨越多行。例如，在下面的演示代码中，s3 通过转义符 \ 来输出带有双引号的字符串，而 s4 则通过 \n 插入了换行符。

```
let s1: String = ""    // 空字符串
let s2 = 'Hello Cangjie Lang'    // 单引号中的字符串
let s3 = "\"Hello Cangjie Lang\""    // 转义双引号
let s4 = 'Hello Cangjie Lang\n'    // 包含换行符的字符串
```

(2)多行字符串字面量。

多行字符串字面量允许跨越多行书写,使用三个双引号(""")或三个单引号(''')包裹内容。不同于单行字符串,多行字符串字面量可以包含多个换行符、空格等内容。例如,在下面的演示代码中,多行字符串字面量中的内容从开头的三个引号后的第一行开始,直到结尾的三个引号之前为止,其间可以跨越多个换行符,常用于格式化文本或编写长段落内容。

```
let s1: String = """
    """
let s2 = '''
    Hello,
    Cangjie Lang'''
```

(3)多行原始字符串字面量。

多行原始字符串字面量以一个或多个井号(#)和单引号(')或双引号(")开始。它与多行字符串字面量相似,但不同的是,多行原始字符串不支持转义字符,字符串中的内容会原样保留,即使是换行符 \n 或制表符 \t 也不会被转义。例如,在下面的演示代码中,s2 中的 \n 不会被解释为换行符,而是作为普通字符串来输出。

```
let s1: String = #"""#    // 原始字符串字面量
let s2 = ##'\n'##    // 其中的 \n 不会作为换行符,而是直接输出 "\n"
let s3 = ###"
    Hello,
    Cangjie
    Lang"###    // 原始字符串字面量可以跨越多行
```

实例 3-14:购物清单(源码路径:codes\3\first\Shop.cj)

本实例创建了一个简单的购物清单程序,它使用单行字符串、多行字符串和多行原始字符串字面量来处理和格式化文本。执行后能够打印输出一个详细的购物清单,并且用不同的字符串字面量展示清单的不同部分。

```
main() {
    // 单行字符串字面量 - 购物清单标题
    let title: String = "购物清单:\n"
    print(title)

    // 多行字符串字面量 - 购物清单内容
    let items: String = """
    1. 牛奶 - 2瓶
    2. 面包 - 1袋
    3. 鸡蛋 - 12个
    4. 水果 - 1公斤
    """
    print(items)

    // 多行原始字符串字面量 - 购物清单备注,不处理转义字符
    let note: String = ###"
    注意:
    1. 请记得带上购物袋。
    2. 如果水果不新鲜,可以选择其他品种。
    3. 完成购物后请检查是否有遗漏。
```

```
    "###
    print(note)
}
```

上述代码的具体说明如下。

- 单行字符串字面量 (title) 用于存储和输出购物清单的标题。
- 多行字符串字面量 (items) 用于格式化并展示购物清单的具体内容。它支持多行，并保持格式化，便于阅读。
- 多行原始字符串字面量 (note) 用于添加备注，这些备注中的转义字符会原样输出。例如，\n 只是普通字符，不会被解释为换行符。

执行后会输出：

```
购物清单：
    1．牛奶 - 2瓶
    2．面包 - 1袋
    3．鸡蛋 - 12个
    4．水果 - 1公斤

注意：
1．请记得带上购物袋。
2．如果水果不新鲜，可以选择其他品种。
3．完成购物后请检查是否有遗漏。
```

2. 插值字符串

插值字符串是一种包含插值表达式的字符串字面量，允许将变量或表达式的值嵌入字符串中，从而避免了字符串拼接的复杂性。在仓颉语言中，插值字符串提供了一个简洁的方式来构建包含动态内容的字符串。

在仓颉语言中，插值字符串使用 {} 包裹插值表达式，并在表达式前加上 $ 前缀。插值表达式可以包含变量、表达式或声明。插值字符串在求值时，会将插值表达式的结果替换到字符串的相应位置。假设正在为朋友的生日派对制作一份邀请函，希望动态地插入朋友的名字、派对的日期和地点，下面的例子演示了这一过程。

实例 3-15：生日派对邀请函（源码路径：codes\3\first\Cha.cj）

在这个例子中，使用仓颉语言的插值字符串功能来创建一份个性化的生日派对邀请函。通过定义朋友的名字、派对的日期和地点这三个变量，能够动态地将这些信息嵌入邀请函的内容中。插值字符串使得文本内容的生成更加灵活和简洁，无须手动拼接每个部分。最终，生成的邀请函包含了所有必要的细节，以友好和专业的方式邀请朋友参加派对。

```
main() {
    let friendName : String = "Alice"
    let partyDate: String = "2024-10-01"
    let partyLocation : String = "Central Park"

    // 使用插值字符串生成邀请函
    let invitation = "Dear ${friendName},\n" +
                    "You are cordially invited to a birthday party on ${partyDate}.\n" +
                    "The party will be held at ${partyLocation}.\n" +
```

```
                    "Looking forward to celebrating with you!\n" +
                    "Best wishes,\n" +
                    "The Party Planner"
    println(invitation)
}
```

上述代码的具体说明如下。
- 变量 friendName：定义了朋友的名字 "Alice"。
- 变量 partyDate：定义了派对的日期 "2024-10-01"。
- 变量 partyLocation：定义了派对的地点 "Central Park"。
- 插值字符串：使用 ${} 将变量 friendName、partyDate 和 partyLocation 插入邀请函的内容中。这样，生成的字符串动态地包含了所有相关的详细信息，而不需要手动拼接每个部分。

执行后会输出：

```
Dear Alice,
You are cordially invited to a birthday party on 2024-10-01.
The party will be held at Central Park.
Looking forward to celebrating with you!
Best wishes,
The Party Planner
```

3. 字符串类型支持的操作

在仓颉语言中，字符串类型提供了多种操作方式来处理文本数据。

（1）字符串比较。

字符串比较允许检查两个字符串是否相等或进行其他比较，仓颉语言支持以下关系操作符用于字符串比较。

- 相等（==）：检查两个字符串是否完全相同。
- 不等（!=）：检查两个字符串是否不同。
- 小于（<）：比较两个字符串的字典序（即按字符的 Unicode 码点顺序）。
- 大于（>）：比较两个字符串的字典序。
- 小于等于（<=）：比较两个字符串的字典序，检查是否小于或等于。
- 大于等于（>=）：比较两个字符串的字典序，检查是否大于或等于。

下面的演示代码，s1 和 s2 是两个不同的字符串。"abc" 和 "ABC" 在 Unicode 编码中是不同的字符，因此它们的相等比较结果是 false。

```
main() {
    let s1 = "abc"
    var s2 = "ABC"
    let r1 = s1 == s2
    println("The result of 'abc' == 'ABC' is: ${r1}")
}
```

输出结果为：

```
The result of 'abc' == 'ABC' is: false
```

（2）字符串拼接。

字符串拼接允许将两个或多个字符串连接在一起形成一个新的字符串，在仓颉中使用 + 操作符可以实现这一功能。下面的演示代码，s1 和 s2 被拼接在一起，形成了 "abcABC"。

```
main() {
    let s1 = "abc"
    var s2 = "ABC"
    let r2 = s1 + s2
    println("The result of 'abc' + 'ABC' is: ${r2}")
}
```

输出结果为：

```
The result of 'abc' + 'ABC' is: abcABC
```

（3）其他常见操作。

除了上面介绍的比较和拼接操作外，字符串类型在仓颉语言中还支持其他常见操作，例如：
- 拆分：根据指定的分隔符将字符串分割成多个部分。
- 替换：在字符串中替换指定的子字符串。
- 查找：在字符串中查找指定的子字符串或字符的出现位置。
- 转换：将字符串转换为大写、小写等形式。

这些操作使得字符串处理变得更加灵活和高效，能够满足不同的编程需求。在实际编程中，根据需要选择合适的操作来处理和操作字符串数据。

3.5.6 Unit 类型

在仓颉语言中，Unit 类型是一个特别的类型，用于表示那些只关注副作用而不关心返回值的表达式。Unit 类型在程序中用于表示那些执行操作但不返回有用结果的表达式。在仓颉语言中，Unit 类型的唯一值是 ()，这是它的字面量，类似于其他编程语言中的 void 类型。Unit 类型通常用于表示那些没有返回值的操作，如函数调用、赋值操作、循环等。这些操作的主要目的是产生副作用，而不是计算和返回一个具体的值。

在实际应用中，Unit 类型的适用场景如下。

（1）函数调用：例如 print 函数，print 函数的目的是输出内容到控制台，而不是返回一个值。

```
main() {
    print("Hello, Cangjie!")
    // 返回类型是 Unit，因为 print 只执行副作用（打印）
}
```

（2）赋值表达式：赋值操作会将一个值赋给一个变量，但表达式本身的结果是 Unit 类型。

```
main() {
    var x = 5
    x = 10
    // 赋值操作的结果是 Unit，因为它的主要目的是改变 x 的值
}
```

（3）复合赋值表达式：类似于 +=，这些操作会修改变量的值，并且结果也是 Unit。

```
main() {
    var y = 3
    y += 2
    // 复合赋值表达式的结果是 Unit
}
```

（4）自增和自减表达式：如 ++ 和 -- 操作符，执行后返回 Unit 类型。

```
main() {
    var z = 7
    z++
    // 自增操作的结果是 Unit
}
```

（5）循环表达式：for 循环和 while 循环等控制结构也是 Unit 类型，因为它们执行循环体中的操作，但不返回值。

```
main() {
    for i in 1..3 {
        print(i)
    }
    // 循环体中的操作结果是 Unit
}
```

3.6 类型转换

类型转换是指在编程中将一种数据类型转换为另一种数据类型的过程。这通常发生在需要对不同类型的数据进行操作时，如将整数转换为浮点数以进行小数精度的运算，或将数字转换为字符串以用于输出显示。类型转换的目的是确保数据在不同类型之间能够正确处理，但不当的转换可能导致数据丢失或错误，因此在编程中要谨慎处理。在仓颉语言中，类型转换必须显式地进行，不能依赖隐式类型转换。特别是对于数值类型之间的转换，程序员必须通过特定的语法明确地指示转换的发生。

3.6.1 数值类型转换

仓颉语言支持多种数值类型，包括有符号和无符号的整数类型（如 Int8、Int16、Int32、Int64、UInt8、UInt16、UInt32、UInt64），以及浮点类型（如 Float32、Float64）。当需要将一个数值从一种类型转换为另一种时，必须使用如下格式进行显式转换：

```
T(e)
```

- T：目标类型的名称，表示你想要将值转换成的类型。它可以是数值类型（如 Int8、Int16、Float64 等）。
- e：需要转换的值或表达式，它的类型和 T 之间可以是不同的数值类型。

这种显式类型转换可以保证不同类型之间的数据处理更加严格且精确，防止因隐式转换引发错误。

例如，下面的代码将 Int8 转换为 Int16：

```
let a: Int8 = 10
let b: Int16 = Int16(a)    // 将 a 转换为 Int16 类型
```

例如，下面的代码将 Float32 转换为 Float64：

```
let c: Float32 = 1.0
let d: Float64 = Float64(c)   // 将 c 转换为 Float64 类型
```

例如，下面的代码将 Int64 转换为 Float64：

```
let e: Int64 = 1024
let f: Float64 = Float64(e)    // 将 e 转换为 Float64 类型
```

例如，下面的代码将 Float64 转换为 Int64：

```
let g: Float64 = 1024.123
let h: Int64 = Int64(g)    // 将 g 转换为 Int64，舍弃小数部分
```

注意：
- 这种转换需要显式地指定，不会自动发生。
- 当将浮点数转换为整数时，小数部分会被丢弃。
- 确保目标类型能够表示转换后的值，避免溢出或丢失精度。

实例 3-16：实现数值类型之间的显式转换（源码路径：codes\3\first\Zhuan.cj）

本实例演示了在仓颉语言中实现数值类型之间显式转换的过程，并通过 println 函数输出结果以显示转换后的类型和值。

```
main() {
    let a: Int8 = 10
    let b: Int16 = 20
    let r1 = Int16(a)
    println("The type of r1 is 'Int16', and r1 = ${r1}")
    let r2 = Int8(b)
    println("The type of r2 is 'Int8', and r2 = ${r2}")

    let c: Float32 = 1.0
    let d: Float64 = 1.123456789
    let r3 = Float64(c)
    println("The type of r3 is 'Float64', and r3 = ${r3}")
    let r4 = Float32(d)
    println("The type of r4 is 'Float32', and r4 = ${r4}")

    let e: Int64 = 1024
    let f: Float64 = 1024.1024
    let r5 = Float64(e)
    println("The type of r5 is 'Float64', and r5 = ${r5}")
    let r6 = Int64(f)
    println("The type of r6 is 'Int64', and r6 = ${r6}")
}
```

上述代码的具体说明如下：
- r1 将 Int8 的 a 转换为 Int16，输出结果为 10。
- r2 将 Int16 的 b 转换为 Int8，输出结果为 20。
- 浮点数的转换中，r3 将 Float32 的 c 转换为 Float64，输出结果保留更多的精度。
- r4 将 Float64 的 d 转换为 Float32，精度略有减少，输出显示为四舍五入后的 1.123457。
- r5 将整数 Int64 转换为浮点数，输出为 1024.000000，保持了整数值的精度。
- r6 将浮点数转换为整数，丢弃了小数部分，输出为 1024。

执行后会输出：

```
The type of r1 is 'Int16', and r1 = 10
The type of r2 is 'Int8', and r2 = 20
The type of r3 is 'Float64', and r3 = 1.000000
The type of r4 is 'Float32', and r4 = 1.123457
The type of r5 is 'Float64', and r5 = 1024.000000
The type of r6 is 'Int64', and r6 = 1024
```

3.6.2 和 Rune 类型相关的转换

在仓颉语言中，Rune 类型表示一个 Unicode 标量值，用于存储字符，而 UInt32 类型则表示一个 32 位的无符号整数。Rune 和 UInt32 之间的转换主要基于它们的 Unicode 标量值。接下来详细介绍 Rune 到 UInt32 以及整数类型到 Rune 的转换。

1. Rune 类型到 UInt32 的转换

在仓颉语言中，可以使用 UInt32(e) 的形式将 Rune 类型转换为 UInt32 类型，其中 e 是一个 Rune 类型的表达式。这种转换将 Rune 中字符的 Unicode 标量值提取为对应的无符号整数值（UInt32）。当需要将字符的 Unicode 编码值作为数值操作时，这种转换非常有用。

下面的代码，字符 'a' 的 Unicode 标量值为 97，因此 r1 的值将是 97，类型为 UInt32。

```
let x: Rune = 'a'
let r1 = UInt32(x)
```

执行上述代码后会输出：

```
The type of r1 is 'UInt32', and r1 = 97
```

2. 整数类型到 Rune 类型的转换

在仓颉语言中，可以使用 Rune(num) 的形式将整数类型转换为 Rune 类型，其中 num 的类型可以是任意整数类型（如 Int8、Int16、UInt32 等）。在转换时，整数值 num 必须落在 Unicode 标量值的有效范围内，即 [0x0000, 0xD7FF] 或 [0xE000, 0x10FFFF]。如果整数值超出这个范围，编译时会报错，或者在运行时抛出异常，这是因为超出范围的数值不能映射到合法的 Unicode 字符。

下面的代码，整数 65 的 Unicode 标量值对应字符 'A'，因此 r2 的值将是 'A'，类型为 Rune。

```
let y: UInt32 = 65
let r2 = Rune(y)
```

执行上述代码后会输出：

```
The type of r2 is 'Rune', and r2 = A
```

注意：由于 Unicode 标量值有明确的范围约束，仓颉语言在整数到 Rune 的转换时具有内置的检查机制，确保数值在合法的范围内。如果不满足这个条件，编译器或运行时会报错，从而避免无效的字符转换。

实例 3-17：字符编码和解码（源码路径：codes\3\first\Pass.cj）

在生活中，人们常常需要知道字符的编码值，如在调试程序时，了解字符的 Unicode 编码值可以帮助人们理解数据的存储方式。本实例将展示如何将字符转换为其 Unicode 编码值，并再将编码值转换回字符，从而实现字符和其 Unicode 编码值之间的转换。

```
main() {
    // 定义一个字符
    let originalChar: Rune = 'A'
```

```
    // 将字符转换为 Unicode 编码值
    let unicodeValue: UInt32 = UInt32(originalChar)
    println("字符 '${originalChar}' 的 Unicode 编码值是 ${unicodeValue}")

    // 将 Unicode 编码值转换回字符
    let decodedChar: Rune = Rune(unicodeValue)
    println("Unicode 编码值 ${unicodeValue} 对应的字符是 '${decodedChar}'")
}
```

上述代码的具体说明如下:
- 字符到编码值：将字符 'A' 转换为其 Unicode 编码值 65。这是通过 UInt32(originalChar) 完成的，originalChar 是 Rune 类型，而 unicodeValue 是 UInt32 类型。
- 编码值到字符：将编码值 65 转换回字符 'A'。这是通过 Rune(unicodeValue) 完成的，unicodeValue 是 UInt32 类型，而 decodedChar 是 Rune 类型。

执行后会输出：

```
字符 'A' 的 Unicode 编码值是 65
Unicode 编码值 65 对应的字符是 'A'
```

总之，Rune 类型和 UInt32 型之间的转换可以通过显式的类型转换来实现。这种转换在处理字符的 Unicode 编码值时非常有用，确保了字符和数值表示之间的正确映射，同时通过严格的范围限制，保障了程序的安全性和正确性。

3.6.3 is 和 as 操作符

在仓颉语言中，is 和 as 操作符分别用于实现类型检查和类型转换功能。

1. is 操作符

is 操作符用于判断某个表达式的运行时类型是否为指定的类型或其子类型，其语法格式如下：

```
e is T
```

其中 e 是待检查的表达式，T 是类型。当 e 的运行时类型是 T 或其子类型时，e is T 返回 true，否则返回 false。

2. as 操作符

在仓颉语言中，as 操作符用于将一个表达式转换为指定类型。如果类型转换成功返回 Option<T>.Some(e)，否则返回 Option<T>.None。这种设计使得类型转换更加安全，因为失败的转换不会抛出异常，而是返回 None。使用 as 操作符语法格式如下所示：

```
e as T
```

其中 e 是待转换的表达式，T 是目标类型。

实例 3-18：使用 is 和 as 操作符（源码路径：codes\3\first\Asis.cj）

在本实例中展示了如何使用 is 来检查值的类型，如何使用 as 来尝试实现类型转换功能。

```
main() {
// 创建一些变量
let number = 42              // 这是一个数字
let text = "Hello, World"    // 这是一个字符串
```

```
// 使用 is 操作符来检查变量的类型
let checkNumber = number is Int // 判断 number 是不是整数
println("Is number an integer? ${checkNumber}") // true

let checkText = text is String // 判断 text 是不是字符串
println("Is text a string? ${checkText}") // true

let checkTextAsNumber = text as Int // 尝试将 text 转换为整数
println("Text as integer: ${checkTextAsNumber}") // Option<Int>.None

let checkNumberAsString = number as String // 尝试将 number 转换为字符串
println("Number as string: ${checkNumberAsString}") // Option<String>.Some("42")
}
```

上述代码的具体说明如下。

（1）is 操作符。
- number is Int 判断 number 是不是整数，结果是 true。
- text is String 判断 text 是不是字符串，结果是 true。

（2）as 操作符。
- text as Int 尝试将 text 转换为整数，由于 text 不是整数，转换失败，结果是 Option<Int>.None。
- number as String 尝试将 number 转换为字符串，成功转换，结果是 Option<String>.Some（"42"）。

执行后会输出：

```
Is number an integer? true
Is text a string? true
Text as integer: None
Number as string: None
```

3.7 输入和输出

仓颉语言提供了内置函数来实现打印输出和输入功能，这些函数允许开发者方便地与控制台进行交互。在本节的内容中，将详细讲解仓颉语言利用内置函数实现的输入和输出功能的方法。

3.7.1 函数 print

在仓颉语言中，通过内置函数 print 打印输出各种数据类型（如布尔值、整数、浮点数、字符和字符串）到控制台。仓颉语言中所有 print 函数的具体说明如表 3-8 所示。

表 3-8　print 函数的具体说明

函数签名	功能描述	参数
public func print(b: Bool, flush!: Bool = false): Unit	输出布尔值的字符串表示	b: Bool
public func print(f: Float16, flush!: Bool = false): Unit	输出 Float16 类型数据的字符串表示	f: Float16

续表

函数签名	功能描述	参数
public func print(f: Float32, flush!: Bool = false): Unit	输出 Float32 类型数据的字符串表示	f: Float32
public func print(f: Float64, flush!: Bool = false): Unit	输出 Float64 类型数据的字符串表示	f: Float64
public func print(i: Int16, flush!: Bool = false): Unit	输出 Int16 类型数据的字符串表示	i: Int16
public func print(i: Int32, flush!: Bool = false): Unit	输出 Int32 类型数据的字符串表示	i: Int32
public func print(i: Int64, flush!: Bool = false): Unit	输出 Int64 类型数据的字符串表示	i: Int64
public func print(i: Int8, flush!: Bool = false): Unit	输出 Int8 类型数据的字符串表示	i: Int8
public func print(c: Rune, flush!: Bool = false): Unit	输出 Rune 类型数据的字符串表示	c: Rune
public func print(str: String, flush!: Bool = false): Unit	输出指定字符串	str: String
public func print(i: UInt16, flush!: Bool = false): Unit	输出 UInt16 类型数据的字符串表示	i: UInt16
public func print(i: UInt32, flush!: Bool = false): Unit	输出 UInt32 类型数据的字符串表示	i: UInt32
public func print(i: UInt64, flush!: Bool = false): Unit	输出 UInt64 类型数据的字符串表示	i: UInt64
public func print(i: UInt8, flush!: Bool = false): Unit	输出 UInt8 类型数据的字符串表示	i: UInt8
public func print<T>(arg: T, flush!: Bool = false): Unit where T <: ToString	输出 T 类型实例的字符串表示	arg: T

实例 3-19：打印输出不同类型的数据（源码路径：codes\3\first\Shu01.cj）

在本实例中使用了 print 函数，展示了打印输出不同类型数据的用法。

```
main() {
    // 定义不同类型的变量
    let name: String = "Alice"
    let age: Int32 = 30
    let height: Float64 = 1.75
    let isStudent: Bool = true

    // 使用 print 函数输出不同类型的数据
    print("Name: " + name + "\n")                              // 输出字符串
    print("Age: " + age.toString() + "\n")                     // 输出整数
    print("Height: " + height.toString() + "\n")               // 输出浮点数
    print("Is Student: " + isStudent.toString() + "\n")        // 输出布尔值
}
```

上述代码的具体说明如下。
- 定义了不同类型的变量（字符串、整数、浮点数和布尔值）。
- 使用 print 函数输出每个变量的值。
- 将非字符串类型转换为字符串，以便可以与其他字符串连接。
- 在字符串中使用 \n 可以让输出在控制台中换到下一行。

执行后会输出：

```
Name: Alice
```

```
Age: 30
Height: 1.750000
Is Student: false
```

3.7.2 函数 println

函数 println 的功能与前面介绍的函数 print 类似，但在输出后自动添加换行符，具体说明如表 3-9 所示。

表 3-9 println 函数的具体说明

函数签名	功能描述	参数
public func println(): Unit	向标准输出输出换行符	无
public func println(b: Bool): Unit	输出布尔值，末尾添加换行	b: Bool
public func println(f: Float16): Unit	输出 Float16 类型数据，末尾添加换行	f: Float16
public func println(f: Float32): Unit	输出 Float32 类型数据，末尾添加换行	f: Float32
public func println(f: Float64): Unit	输出 Float64 类型数据，末尾添加换行	f: Float64
public func println(i: Int16): Unit	输出 Int16 类型数据，末尾添加换行	i: Int16
public func println(i: Int32): Unit	输出 Int32 类型数据，末尾添加换行	i: Int32
public func println(i: Int64): Unit	输出 Int64 类型数据，末尾添加换行	i: Int64
public func println(i: Int8): Unit	输出 Int8 类型数据，末尾添加换行	i: Int8
public func println(c: Rune): Unit	输出 Rune 类型数据，末尾添加换行	c: Rune
public func println(str: String): Unit	输出指定字符串，末尾添加换行	str: String
public func println(i: UInt16): Unit	输出 UInt16 类型数据，末尾添加换行	i: UInt16
public func println(i: UInt32): Unit	输出 UInt32 类型数据，末尾添加换行	i: UInt32
public func println(i: UInt64): Unit	输出 UInt64 类型数据，末尾添加换行	i: UInt64
public func println(i: UInt8): Unit	输出 UInt8 类型数据，末尾添加换行	i: UInt8

实例 3-20：打印输出不同类型的数据（源码路径：codes\3\first\Shu02.cj）

在本实例中使用了 println 函数，展示了输出不同类型的数据的用法。

```
main() {
    // 定义一些变量
    let name: String = "Alice"
    let age: Int32 = 30
    let height: Float64 = 1.75
    let isStudent: Bool = false

    // 使用 println 输出变量, 转换类型为字符串
    println("Name: " + name)                          // 输出字符串
    println("Age: " + age.toString())                 // 输出整数
    println("Height: " + height.toString())           // 输出浮点数
```

```
    println("Is Student: " + isStudent.toString())        // 输出布尔值
}
```

在上述代码中，使用 toString() 方法将 Int32、Float64 和 Bool 类型转换为字符串，以便正确连接和输出。执行后会输出：

```
Name: Alice
Age: 30
Height: 1.750000
Is Student: false
```

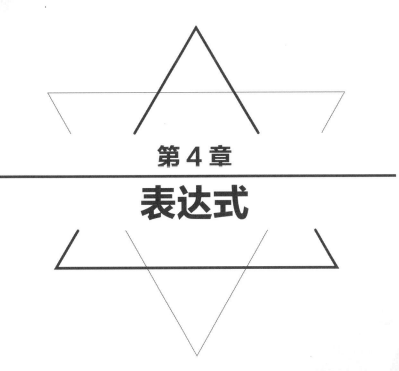

第 4 章
表达式

　　在仓颉编程语言中，表达式不仅仅局限于传统的算术运算表达式，它们被扩展为条件表达式、循环表达式以及控制转移表达式（如 break 和 continue）。这些表达式都可以被求值且具有明确的类型，这使得它们可以用作变量的初值或函数的实参等。仓颉语言的这种扩展和简化使得表达式的使用更加灵活和强大。

4.1 条件表达式

仓颉语言中条件表达式就是其他编程语言（C、Java、Python等）中的分支语句或条件语句，使用条件表达式语句，可以改变程序代码的执行顺序。仓颉语言中条件表达式分为 if 表达式和 if-let 表达式两种，它们的值与类型需要根据使用场景来确定。其中 if-let 表达式和 while-let 表达式都与模式匹配相关，将在本书后面的章节中进行讲解。

4.1.1 if 表达式语句

在仓颉语言中，if 表达式语句是假设语句，关键字 if 的中文意思是"如果"。使用 if 表达式语句的语法格式如下：

```
if (条件) {
   分支 1
} else {
   分支 2
}
```

在上述表达式语句中，"条件"必须是布尔类型（Bool），根据"条件"的值决定执行"分支1"还是"分支2"。如果条件为 true，执行"分支 1"；否则执行"分支 2"。如果没有 else 分支，则类型为 Unit（值为()），表示只有一个可能执行的代码块。if 语句的具体执行流程如图 4-1 所示。

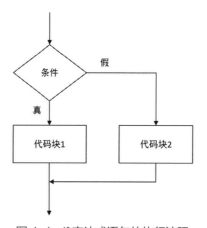

图 4-1　if 表达式语句的执行流程

实例 4-1： 判断奇偶数（源码路径：codes\4\tiao\If01.cj）

在本实例中生成了一个随机整数，并判断这个整数是偶数还是奇数。

```
import std.random.*

main() {
    let number: Int8 = Random().nextInt8()
    println(number)
    if (number % 2 == 0) {
        println("偶数")
    } else {
        println("奇数")
```

```
    }
})
```

上述代码的具体说明如下。
- 使用 Random().nextInt8() 生成一个 Int8 类型的随机整数，范围从 –128 到 127，并将其赋值给变量 number。
- 打印生成的随机整数 number。
- 使用 if 表达式判断 number 是否能被 2 整除。如果 number % 2 == 0，则打印"偶数"；否则，打印"奇数"。

本实例展示了如何生成随机数并基于条件输出不同结果，由于 Int8 类型的随机数可能是负数，所以有可能产生负偶数和负奇数的输出。因为是随机的，所以每次执行判断的数字不同，执行后会输出：

```
69
奇数
```

读者需要注意，仓颉编程语言是强类型的，if 表达式的条件只能是布尔类型，不能使用整数或浮点数等类型，和 C 语言等不同，仓颉不以条件取值是否为 0 作为分支选择依据。例如，下面的程序是错误的，会发生编译错误。

```
main() {
    let number = 1
    if (number) { // Error, mismatched types
        println("非零数")
    }
}
```

4.1.2 if…else if…else 表达式语句

在仓颉语言程序中，当一个条件不成立时，可能还需要判断另一个或多个条件，再执行对应的动作。仓颉语言支持多级条件判断和分支执行，允许在 else 之后跟随新的 if 表达式，此时可以使用 if…else if…else 表达式语句，具体语法格式如下：

```
if (条件表达式1) {
    代码块1
} else if (条件表达式2) {
    代码块2
} else if (条件表达式3) {
    代码块3
...
} else if (条件表达式n) {
    代码块3
} else {
    代码块n+1
}
```

上述格式首先会判断第一个"条件表达式 1"的值，当为 true 时执行后面的"代码块 1"，当"条件表达式 1"为 false 时，跳过"代码块 1"，判断"条件表达式 2"的值；当"条件表达式 2"为 true 时执行后面的"代码块 2"，当"条件表达式 2"为 false 时跳过"代码块 2"，判断"条件表达式 3"的值……；当前面所有的"条件表达式"都不成立时执行"代码块 n+1"。

if…else if…else 语句的执行流程如图 4-2 所示。

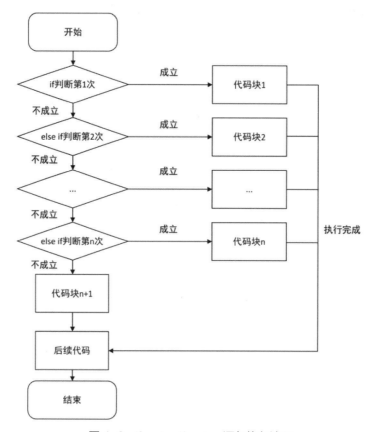

图 4-2　if…else if…else 语句执行流程

实例 4-2：网店购物折扣系统（源码路径：codes\4\tiao\Shop.cj）

本实例模拟了一个根据购物金额决定折扣的场景，随机生成了一个购物金额，并根据金额确定折扣等级。这类似于在实际购物时，根据消费金额享受不同的折扣优惠。

```
import std.random.*

main() {
    let amount = Random().nextFloat64() * 500.0
    println("购物金额: ${amount} 元")
    if (amount > 400.0) {
        println("恭喜! 你获得了 20% 的折扣! ")
    } else if (amount > 200.0) {
        println("你获得了 10% 的折扣。")
    } else if (amount > 100.0) {
        println("你获得了 5% 的折扣。")
    } else {
        println("购物金额不足，暂时没有折扣。")
    }
}
```

上述代码的实现流程如下。
（1）生成随机金额：首先，生成一个随机购物金额，范围从 0 到 500 元。
（2）打印金额：接着，显示这个随机生成的金额。
（3）判断折扣：根据金额的大小，通过一系列条件判断来确定折扣。
- 如果金额大于 400 元，提供 20% 的折扣。
- 如果金额在 200 到 400 元之间，提供 10% 的折扣。
- 如果金额在 100 到 200 元之间，提供 5% 的折扣。
- 如果金额低于 100 元，则没有折扣。

（4）输出折扣信息：根据判断结果，输出相应的折扣信息或提示。
因为是随机的，所以每次的执行结果不同，执行后会输出：

```
购物金额：347.454658 元
你获得了 10% 的折扣。
```

4.1.3　if 表达式语句的类型检查

在仓颉语言中，if 表达式的处理方式允许开发者在不同的上下文中使用它，而不必担心类型检查的复杂性。

1. 含 else 分支的 if 表达式

当 if 表达式包含 else 分支时，它的类型需要根据上下文确定。如果上下文中有明确的类型要求，那么 if 表达式的每个分支代码块的类型必须是该类型的子类型。如果不满足这个条件，编译器会报错。

如果上下文没有明确要求类型，则 if 表达式的类型是所有分支代码块类型的最小公共父类型。如果找不到这样的公共父类型，编译也会失败。

2. 不含 else 分支的 if 表达式

对于没有 else 分支的 if 表达式，由于某些分支可能不会被执行，因此 if 表达式的类型被规定为 Unit，值为 ()。这意味着这些 if 表达式主要用于执行不同的操作而不关注返回值。

实例 4-3：基于条件判断来初始化一个变量 bit（源码路径：codes\4\tiao\Jian.cj）
在本实例中通过一个条件判断语句来决定变量 bit 的值。根据 voltage 的值（在这个例子中是 5.0），bit 将被设置为 1。如果 voltage 的值小于 2.5，bit 将被设置为 0。

```
main() {
    let zero: Int8 = 0
    let one: Int8 = 1
    let voltage = 5.0
    let bit = if (voltage < 2.5) {
        zero
    } else {
        one
    }
}
```

上述代码的实现流程如下。
（1）定义了一个 Int8 类型的变量 zero，并将其初始化为 0。

（2）定义了一个 Int8 类型的变量 one，并将其初始化为 1。

（3）定义了一个 Double 类型的变量 voltage，并将其初始化为 5.0。

（4）定义了一个变量 bit，并用 if 表达式来初始化。

（5）判断条件是 voltage 是否小于 2.5。如果条件为真（即 voltage 小于 2.5），则 bit 的值为 zero（即 0）。如果条件为假（即 voltage 大于等于 2.5），则 bit 的值为 one（即 1）。

（6）由于 voltage 的值为 5.0，大于 2.5，所以 if 表达式的 else 分支会被执行。因此，变量 bit 将被初始化为 1。执行后会输出：

```
1
```

总之，仓颉语言通过这种类型系统处理 if 表达式，使得在不同情况下能够灵活处理条件分支，同时确保类型一致性和避免不必要的类型检查。

4.1.4 if 表达式语句的嵌套

在仓颉语言中，if 表达式语句的嵌套是完全支持的，也就是可以在一个 if 表达式语句中嵌套使用另外一个合法的 if 表达式语句。例如，如下所示的语法格式：

```
if (条件1) {
    if (条件2) {
        代码块1
    } else {
        代码块2
    }
} else {
    代码块3
}
```

- 条件 1：第一个条件，用于判断是否进入嵌套的 if 表达式。
- 条件 2：在"条件 1"为 true 时，进一步判断的条件。
- 代码块 1：当"条件 1"和"条件 2"都为 true 时执行的代码。
- 代码块 2：当"条件 1"为 true 但"条件 2"为 false 时执行的代码。
- 代码块 3：当"条件 1"为 false 时执行的代码。

实例 4-4：判断是不是闰年（源码路径：codes\4\tiao\Run.cj）

在本实例中使用嵌套的 if 表达式来判断一个年份是否为闰年。首先，外层 if 表达式检查年份是否能被 4 整除；如果是，则进入下一个 if 表达式。接着，检查年份是否能被 100 整除；如果能，则再检查是否能被 400 整除，以确定是否为闰年。如果不能被 100 整除，则直接确定为闰年。如果年份不能被 4 整除，则不为闰年。最终，根据 isLeapYear 的值，输出该年份是否为闰年的结果。

```
import std.io.*

main() {
    let year = 2024
    let isLeapYear = if (year % 4 == 0) {
        if (year % 100 == 0) {
            if (year % 400 == 0) {
                true
            } else {
```

```
            false
        }
    } else {
        true
    }
} else {
    false
}

if (isLeapYear) {
    println("${year} 是闰年")
} else {
    println("${year} 不是闰年")
}
}
```

上述代码的实现流程如下。

（1）定义变量 year，并初始化为 2024。定义变量 isLeapYear，用于存储是否为闰年的判断结果。

（2）外层 if 表达式：首先判断 year % 4 == 0，这一步检查年份是否能被 4 整除。如果不能被 4 整除，年份不可能是闰年，isLeapYear 被赋值为 false，跳过接下来的嵌套判断。

（3）中层 if 表达式：如果年份能被 4 整除则继续判断 year % 100 == 0，接下来检查年份是否能被 100 整除。如果不能被 100 整除，年份依然可能是闰年，isLeapYear 被赋值为 true，跳过接下来的嵌套判断。

（4）内层 if 表达式：如果年份能被 100 整除，进一步检查 year % 400 == 0，这一步检查年份是否能被 400 整除。如果能被 400 整除，年份为闰年，isLeapYear 被赋值为 true。如果不能被 400 整除，年份不是闰年，isLeapYear 被赋值为 false。

（5）根据 isLeapYear 的值判断：如果 isLeapYear 为 true，输出"{year} 是闰年"。如果 isLeapYear 为 false，输出"{year} 不是闰年"。

执行后会输出：

2024 是闰年

4.2 循环结构

在华为仓颉语言中，循环结构是指反复执行某段代码，直到满足特定条件。仓颉语言支持常见的循环结构，如 for 循环和 while 循环。for 循环通常用于已知循环次数的情况，通过设置初始值、条件和增量来控制循环的执行。while 循环则是在满足条件时执行，适合处理条件不确定的场景。仓颉语言的循环结构语句可以与控制流语句，如 break 和 continue 结合使用，以灵活控制循环的中断或跳过某次迭代。

4.2.1 while 表达式

在华为仓颉语言中，while 表达式是常见的循环控制结构之一，用于在满足特定条件时重复执行一段代码。

使用 while 表达式的语法格式如下：

```
while (循环条件) {
    循环体
}
```

上面表达式格式的具体说明如下。

（1）循环条件：这是一个布尔类型的表达式，它决定了循环是否继续执行。每次进入循环之前都会先计算条件表达式的值：

- 如果循环条件的计算结果为 true，则进入循环体执行代码。
- 如果循环条件的计算结果为 false，则跳出循环，执行后续代码。

（2）循环体：这是一个代码块，包含要重复执行的语句。只要条件为 true，循环体的内容就会被反复执行，直到条件为 false 时才会停止。

while 表达式的执行步骤如下。

（1）计算条件表达式：程序首先计算条件部分的布尔表达式。如果值为 true，则进入循环体继续执行；如果值为 false，则跳过循环，直接进入 while 表达式之后的代码。

（2）执行循环体：当条件为 true 时，进入循环体执行其中的代码。执行完一次循环体后，程序会返回到第 1 步，再次检查条件。

（3）结束循环：一旦条件表达式的值为 false，循环将停止，程序跳出 while，继续执行后续的代码。

while 表达式语句的执行流程如图 4-7 所示。

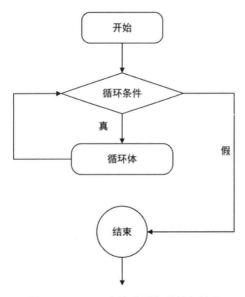

图 4-3　while 表达式语句的执行流程

下面是一个与日常生活相关的有趣例子：自动冲咖啡机运行直到水位耗尽的模拟。这个例子使用 while 循环来模拟咖啡机在有足够水时不断冲泡咖啡，直到水用完为止。

实例 4-5：模拟咖啡机运行（源码路径：codes\4\tiao\Cofe.cj）

在本实例中模拟了咖啡机的工作过程，展示了通过 while 循环持续检测水箱状态过程。类似的逻辑可以应用于家用电器（如洗衣机或热水壶）中，直到某个资源（如水、电等）耗尽或满足某个条件为止，设备才会停止运行。

```
main() {
    var waterLevel = 5  //  水箱中有5个单位的水

    while (waterLevel > 0) {
        println("正在冲泡咖啡...")
        waterLevel--    //  每次冲泡，水量减少1
        println("剩余水量: ${waterLevel} 单位")
    }

    println("水已耗尽，请加水！")
}
```

上述代码的具体说明如下：

- var：声明变量 waterLevel，初始值为 5。
- while 循环：循环判断水量是否大于 0，若为真则继续冲泡，并在每次循环中递减水量。
- 字符串模板：使用 ${} 来输出变量的值。

执行后会输出：

```
正在冲泡咖啡...
剩余水量: 4 单位
正在冲泡咖啡...
剩余水量: 3 单位
正在冲泡咖啡...
剩余水量: 2 单位
正在冲泡咖啡...
剩余水量: 1 单位
正在冲泡咖啡...
剩余水量: 0 单位
水已耗尽，请加水！
```

再看下面的例子，使用 while 表达式结合 if 表达式计算数字 2 的平方根。

实例 4-6：基于二分法计算数字 2 的近似平方根（源码路径：codes\4\tiao\Gen.cj）

本实例通过二分法（也称为折半查找法）来近似求解数字 2 的平方根，在一系列迭代中不断缩小上下限范围，直到误差达到指定的容忍度为止。

```
main() {
    var root = 0.0
    var min = 1.0
    var max = 2.0
    var error = 1.0
    let tolerance = 0.1 ** 10

    while (error ** 2 > tolerance) {
        root = (min + max) / 2.0
        error = root ** 2 - 2.0
        if (error > 0.0) {
            max = root
        } else {
            min = root
```

```
        }
    }
    println("2 的平方根约等于: ${root}")
}
```

上述代码的实现流程如下：

（1）变量初始化。
- 初始化 root 变量，用于存储当前计算出的平方根值，初始值为 0。
- 设定 min 和 max 作为搜索的上下界，初始范围在 1 到 2 之间，因为 2 的平方根位于该范围内。
- 定义 error 变量为 1.0，记录计算值与实际值的误差。
- 定义 tolerance 作为容忍度，用来判断误差的精度。这里的容忍度为 0.1 的 10 次方，表示计算结果的精度要求非常高。

（2）检查 while 循环条件：在循环开始前，检查误差平方是否大于容忍度。如果误差平方超过设定的精度，就会进入循环继续计算。

（3）计算中间值：在每次迭代中，将 root 设置为 min 和 max 的中间值 (min + max) / 2，这是当前搜索范围的中点。

（4）更新误差：通过计算 root 的平方减去 2，更新误差值 error。这个误差用于判断当前的近似值与实际值的偏差。

（5）调整搜索范围。
- 如果计算出的误差为正值，说明中间值的平方大于 2，因此更新上界 max 为当前的 root，缩小搜索范围。
- 如果误差为负值，则更新下界 min 为 root，继续在较小的范围内搜索。

（6）循环终止：当误差的平方小于或等于容忍度时，循环终止，表示计算出的平方根已经满足所需的精度要求。

（7）输出结果：循环结束后，打印输出 root，即 2 的平方根的近似值。

执行后会输出：

```
2 的平方根约等于: 1.414215
```

4.2.2 do-while 表达式

在华为仓颉语言中，do-while 表达式与 while 表达式的主要区别在于循环体至少会执行一次，不论初始条件是否为 true。这种结构在某些情况下非常有用，如希望确保循环体的代码至少执行一次，然后再决定是否继续执行。

使用 do-while 表达式的语法格式如下：

```
do {
    循环体
} while (循环条件)
```

上述格式的具体说明如下：

（1）循环条件：这是一个布尔类型的表达式，决定循环是否继续执行。当程序执行完循环体后会计算条件表达式的值。
- 如果循环条件的计算结果为 true，则重新执行循环体，回到第一步。

- 如果循环条件的计算结果为 false，则结束循环，程序继续执行循环后面的代码。

（2）循环体：这是一个代码块，包含要重复执行的语句。因为 do-while 表达式先执行循环体，再判断条件，所以循环体至少执行一次。

do-while 表达式的执行步骤如下。

（1）执行循环体：首先执行 do 语句块中的代码，无须先判断条件。这保证了循环体至少执行一次。

（2）计算条件表达式：执行完一次循环体后，程序会计算 while 部分的条件表达式。如果结果为 true，程序会返回到步骤 1，再次执行循环体；如果结果为 false，则程序退出循环。

（3）结束循环：当循环条件的计算结果为 false 时，程序跳出循环，继续执行 do-while 表达式之后的代码。

do…while 表达式语句的执行流程如图 4-4 所示。

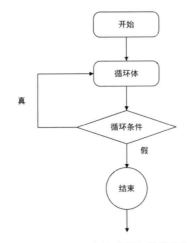

图 4-4　do…while 表达式语句的执行流程

实例 4-7：基于蒙特卡洛算法计算近似计算圆周率的值（源码路径：codes\4\tiao\Pass.cj）

在本实例中通过模拟随机投点法（蒙特卡洛方法）来估算圆周率 π 的值。在一个正方形中随机取点，并判断这些点是否落在该正方形的内接圆里，通过计算落在圆内的点占总点数的比例来估算圆周率。

```
import std.random.*

main() {
    let random = Random()
    var totalPoints = 0
    var hitPoints = 0

    do {
        // 在 ((0, 0), (1, 1)) 这个正方形中随机取点
        let x = random.nextFloat64()
        let y = random.nextFloat64()
        // 判断是否落在正方形内接圆里
        if ((x - 0.5) ** 2 + (y - 0.5) ** 2 < 0.25) {
            hitPoints++
```

```
        }
        totalPoints++
    } while (totalPoints < 1000000)

    let pi = 4.0 * Float64(hitPoints) / Float64(totalPoints)
    println("圆周率近似值为：${pi}")
}
```

上述代码的实现流程如下：

（1）初始化变量：创建随机数生成器 Random()。定义两个变量 totalPoints 和 hitPoints，分别用于统计总投点数和命中圆内的点数。初始值都为 0。

（2）使用 do-while 循环：在 do-while 循环中，每次从正方形 ((0, 0), (1, 1)) 中随机生成一个点 (x, y)，其中 x 和 y 的取值范围是 [0, 1]。然后，计算这个点是否位于圆的内部。圆的方程是 $(x - 0.5)^2 + (y - 0.5)^2 < 0.25$，其中圆的半径是 0.5，圆心位置在 (0.5, 0.5)。如果点 (x, y) 满足这个方程，说明它落在圆内，此时将命中计数 hitPoints 增加 1。无论点是否在圆内，总投点数 totalPoints 每次循环后都会增加 1。循环会持续进行，直到投点数达到 1,000,000。

（3）估算圆周率：根据蒙特卡洛方法，圆的面积占正方形面积的比例约为命中圆内点的数量除以总点数的比例。由于圆的面积与圆周率相关，π 的估算值可以通过公式 4.0 * hitPoints / totalPoints 得到。

执行后会输出：

圆周率近似值为：3.141872

注意：仓颉的 do-while 表达式和 while 表达式的功能相似，两者的主要区别如下。

（1）while 表达式。

- 判断条件：在每次循环之前，先判断条件表达式的值。如果条件为 true，则执行循环体；如果条件为 false，则跳过循环体。
- 适用场景：适用于循环次数不确定，需要在每次循环前检查条件的情况。例如，当不确定循环是否应该开始时。

（2）do-while 表达式。

- 执行循环体：在每次循环之前，先执行循环体中的代码，无论条件是否满足。
- 判断条件：循环体执行完后，检查条件表达式。如果条件为 true，则继续循环；如果条件为 false，则结束循环。
- 适用场景：适用于至少需要执行一次循环体的情况。例如，希望确保某个操作至少进行一次，即使条件不满足时也要执行一次。

总之，while 表达式适用于条件可能一开始就为 false 的情况，可能完全不进入循环体。do-while 表达式适用于需要确保循环体至少执行一次的情况，特别是当操作必须执行一次才能判断条件时。

4.2.3 for-in 表达式

在华为仓颉语言中，for-in 表达式语句用于遍历可迭代对象的循环结构。for-in 提供了一种简洁的方式来遍历实现了 Iterable<T> 接口的数据结构，如区间、数组和集合。使用 for-in 表达式的语法格式如下：

```
for (迭代变量 in 序列) {
    循环体
}
```

上述格式的具体说明如下：

- 迭代变量：指一个单个标识符或多个标识符组成的元组，用于绑定每次迭代中当前的数据。在每次循环中，"迭代变量"会被赋值为当前迭代器指向的数据。可以在"循环体"中使用这些变量进行操作。
- 序列：指一个表达式，表示一个可迭代的对象。该对象必须实现 Iterable<T> 接口。"序列"表达式在循环开始时计算一次，遍历操作是基于这个表达式的值进行的，而不是每次迭代时重新计算。

在仓颉程序中，for-in 表达式的执行流程如下所示。

（1）计算"序列"表达式，得到一个可迭代的对象，并初始化这个对象的"迭代器"。

（2）更新"迭代器"：更新迭代器以获取下一个数据项。如果"迭代器"已经遍历完所有数据项，循环终止，转到第 4 步。如果"迭代器"还未完成遍历，转到第 3 步。

（3）绑定数据并执行循坏体：将当前迭代器指向的数据项与"迭代变量"绑定，并执行"循坏体"中的代码块。当"循环体"执行完毕后，返回到第 2 步，继续更新"迭代器"并遍历下一个数据项。

（4）结束循环：当"迭代器"遍历完成所有数据项后，退出 for-in 循环，继续执行 for-in 表达式后面的代码。

实例 4-8：计算一周内每天工作的总小时数（源码路径：codes\4\tiao\For01.cj）

在本实例中使用了 for-in 表达式循环遍历数组，来计算和输出一周内每天工作的总小时数。有关数组的知识，将在本书后面的内容中详细讲解。

```
main() {
    // 记录一周内每天的工作小时数（所有元素都使用 Float64 类型）
    let workHours = [8.0, 7.5, 6.0, 8.5, 7.0, 6.5, 7.0]  // 工作小时数（从周一到周日）
    let daysOfWeek = ["星期一", "星期二", "星期三", "星期四", "星期五", "星期六", "星期日"]

    var totalHours = 0.0  // 初始化总小时数

    println("每天工作小时数：")

    // 使用索引遍历工作小时数
    for (i in 0..6) {   // 遍历从 0 到 6 的区间
        let hours = workHours[i]
        let day = daysOfWeek[i]
        println("${day}: ${hours}小时")
        totalHours += hours   // 累加每天的工作小时数
    }

    println("一周总工作小时数：${totalHours}小时")
}
```

上述代码的实现流程如下。
- 使用 workHours 数组和 daysOfWeek 分别保存了一周的工作小时数和星期名称。变量 totalHours 被初始化为 0.0，用于计算一周的总小时数。
- 循环变量 i 从 0 到 6 遍历，表示一周的每一天。在每次循环中，通过 i 从 workHours 数组中获取当天的工作小时数，并从 daysOfWeek 数组中获取当天的名称。
- 打印输出当前天的工作小时数和星期名称，将当前天的工作小时数加到 totalHours 中。
- 循环结束后，打印输出一周的总工作小时数。

执行后会输出：

```
每天工作小时数：
星期一：8.000000小时
星期二：7.500000小时
星期三：6.000000小时
星期四：8.500000小时
星期五：7.000000小时
星期六：6.500000小时
一周总工作小时数：43.500000小时
```

4.2.4 遍历区间

在仓颉语言中，for-in 表达式不仅可以用于遍历数组和集合，还可以遍历区间类型的实例。区间类型用于表示一个连续的范围，通常用于表示从一个值到另一个值的所有整数或其他类型的值。使用 for-in 表达式遍历区间的基本形式如下：

```
for (迭代变量 in 区间) {
    循环体
}
```

- 迭代变量：在每次循环中，迭代变量会被赋值为区间中的当前值。
- 区间：一个表示范围的表达式，通常是两个值之间的连续范围。
- 循环体：在每次循环中执行的代码块。

在仓颉语言中，区间类型表示从一个起始值到一个结束值的所有值。区间可以是闭区间或开区间：

- 闭区间（包括起始值和结束值）：1..100 表示从 1 到 100，包括 1 和 100。
- 开区间（不包括起始值或结束值）：有时使用 1..<100 来表示从 1 到 99，但不包括 100（在仓颉语言中也支持这种表示法）。

下面是一个使用 for-in 表达式遍历区间的例子：

```
main() {
    var sum = 0
    for (i in 1..=100) {
        sum += i
    }
    println(sum)
}
```

上述代码的具体说明如下。

- sum 被初始化为 0，用于累加区间内所有整数的和。
- for (i in 1..=100)：1..=100 表示一个闭区间，从 1 到 100（包括 100）。循环中的 i 变量将依次取区间中的每个值，从 1 到 100。
- 在每次循环中，将当前值 i 加到 sum 变量中。即 sum += i，这个过程累加了从 1 到 100 的所有整数的和。
- 循环结束后，sum 的值是从 1 到 100 的所有整数的和，即 5050。

执行以上程序将输出 5050，这是从 1 到 100 所有整数的和。该结果验证了程序正确遍历了区间并计算了区间内所有整数的总和。

4.2.5 where 条件

在仓颉语言中，for-in 表达式提供了一种方便的方式在遍历过程中进行条件筛选。这种方式通过 where 关键字引入一个布尔条件表达式，使得只有满足该条件的迭代变量值才会执行循环体。在 for-in 表达式语句中用 where 条件的语法格式如下：

```
for (迭代变量 in 序列 where 条件表达式) {
    循环体
}
```

上述格式的具体说明如下。
- 迭代变量：循环过程中每次迭代的当前值。
- 序列：一个表示范围或集合的表达式。
- 条件表达式：一个布尔类型的表达式，决定是否执行循环体。
- 循环体：满足条件的情况下执行的代码块。

  上述格式的执行步骤如下。
  （1）计算序列：计算"序列"表达式的值，初始化迭代器。
  （2）更新迭代器：遍历"序列"中的每一个值。
  （3）条件检查。
- 在每次进入循环体之前，先计算"条件表达式"。
- 如果"条件表达式"的值为 true，则执行"循环体"。
- 如果"条件表达式"的值为 false，则跳过当前迭代，进入下一次循环。

  （4）结束循环：当迭代器终止时，结束循环，继续执行"循环体"之后的代码。

where 条件在 for-in 表达式中提供了便捷的方式来筛选迭代值，提高了代码的简洁性和可读性。特别适用于需要对迭代过程进行条件过滤的场景，能够有效减少循环体内部的复杂逻辑。

实例 4-9：筛选周末活动（源码路径：codes\4\tiao\Gou.cj）

在本实例中假设你正在计划一个周末活动清单，并希望从中筛选出适合家庭聚会的活动，可以使用 for-in 循环和 where 条件来实现这一目标。

```
main() {
    // 活动清单，每个活动是一个包含名称和价格的元组
    let activities = [
        ("动物园", 15.0),
        ("博物馆", 20.0),
        ("水上乐园", 25.0),
```

```
        ("家庭影院", 12.0),
        ("滑雪场", 50.0),
        ("儿童游乐场", 10.0)
    ]

    // 预算上限
    let budget = 20.0

    // 筛选预算范围内的活动
    println("在预算内的活动有：")
    for (activity in activities where activity[1] <= budget) {
        let (name, price) = activity
        println("${name} : ${price}元")
    }
}
```

上述代码的具体说明如下。

- 定义活动清单：activities 是一个包含多个元组的数组。每个元组表示一个活动，其中第一个元素是活动名称（如"动物园"），第二个元素是活动的价格（如 15.0）。
- 预算设置：变量 budget 定义了预算上限，为 20.0 元。
- 筛选和输出活动：使用 for-in 循环遍历 activities 数组，在 where 关键字后跟一个布尔条件 activity[1] <= budget，用于筛选价格在预算范围内的活动。在循环体内，使用 let (name, price)= activity 解构元组，将活动的名称和价格分别赋值给 name 和 price 变量。
- 打印符合预算的活动名称和价格，执行后会输出：

```
在预算内的活动有：
动物园 : 15.000000元
博物馆 : 20.000000元
家庭影院 : 12.000000元
儿童游乐场 : 10.000000元
```

注意：使用 where 条件可以使代码更简洁、可读性更高，尤其在需要对迭代值进行过滤时。相比在循环体内部使用 if 语句和 continue 表达式，where 条件提供了一种更直观的过滤方式，将过滤逻辑直接集成在循环结构中。

4.2.6 while 表达式的嵌套

在仓颉语言中，while 表达式的嵌套指的是在一个 while 循环内部再使用一个或多个 while 循环。这种嵌套结构允许在循环的每个步骤中执行多个层级的循环操作，通常用于处理复杂的逻辑或多维数据结构。通过嵌套 while 循环，可以在一个循环中包含另一个循环，从而实现更细粒度的控制。例如，嵌套 while 循环可以用来处理二维数组或矩阵，或者在复杂的算法中进行多层次的遍历和计算。

实例 4-10：遍历一个 3x3 的棋盘（源码路径：codes\4\tiao\Qian01.cj）

在本实例中假设有一个 2D 棋盘，需要在每个位置上执行某些操作，如检查每个格子中的内容，可以使用嵌套的 while 循环来遍历每一行和每一列。

```
main() {
```

```
var row = 0
var col = 0
let numRows = 3
let numCols = 3

// 外部循环遍历每一行
while (row < numRows) {
    col = 0  // 每次开始新的一行时，列重置为0

    // 内部循环遍历每一列
    while (col < numCols) {
        println("处理位置：(${row}, ${col})")
        col++  // 移动到下一列
    }

    row++  // 移动到下一行
}
```

上述代码的具体说明如下。

- 外部 while 循环：控制当前处理的行，从 row = 0 开始，到 row < numRows 结束。每次外部循环迭代结束时，row 增加 1，表示进入下一行。
- 内部 while 循环：在每一行中控制列的遍历，从 col = 0 开始，到 col < numCols 结束。每次内部循环迭代结束时，col 增加 1，表示移动到下一列。

执行后会输出：

```
处理位置：(0, 0)
处理位置：(0, 1)
处理位置：(0, 2)
处理位置：(1, 0)
处理位置：(1, 1)
处理位置：(1, 2)
处理位置：(2, 0)
处理位置：(2, 1)
处理位置：(2, 2)
```

4.2.7　for-in 表达式的嵌套

在仓颉语言中，for-in 表达式的嵌套指的是在一个 for-in 循环内部再使用一个或多个 for-in 循环。这种嵌套结构允许在遍历多层数据结构或多维集合时，执行更复杂的操作。例如，可以使用嵌套 for-in 循环打印小九九乘法表，下面的代码演示了这一功能。

```
main() {
    // 打印小九九乘法表
    for (i in 1..10) { // 外部循环控制行
        for (j in 1..10) { // 内部循环控制列
            // 输出每个乘法结果，并以空格分隔
            print("${i}*${j}=${i*j} ")
        }
```

```
        // 输出换行符以开始新的一行
        println()
    }
}
```

上述代码的具体说明如下。
- 外部 for-in 循环：for (i in 1..10)：控制乘法表的行数。i 代表当前的行号，从 1 到 9。
- 内部 for-in 循环：for (j in 1.. 10)：控制每一行的列数。j 代表当前的列号，从 1 到 9。

执行后会输出：

```
1*1=1  1*2=2  1*3=3  1*4=4  1*5=5  1*6=6  1*7=7  1*8=8  1*9=9
2*1=2  2*2=4  2*3=6  2*4=8  2*5=10 2*6=12 2*7=14 2*8=16 2*9=18
3*1=3  3*2=6  3*3=9  3*4=12 3*5=15 3*6=18 3*7=21 3*8=24 3*9=27
4*1=4  4*2=8  4*3=12 4*4=16 4*5=20 4*6=24 4*7=28 4*8=32 4*9=36
5*1=5  5*2=10 5*3=15 5*4=20 5*5=25 5*6=30 5*7=35 5*8=40 5*9=45
6*1=6  6*2=12 6*3=18 6*4=24 6*5=30 6*6=36 6*7=42 6*8=48 6*9=54
7*1=7  7*2=14 7*3=21 7*4=28 7*5=35 7*6=42 7*7=49 7*8=56 7*9=63
8*1=8  8*2=16 8*3=24 8*4=32 8*5=40 8*6=48 8*7=56 8*8=64 8*9=72
9*1=9  9*2=18 9*3=27 9*4=36 9*5=45 9*6=54 9*7=63 9*8=72 9*9=81
```

4.3 跳转表达式

为了使程序能够更轻松、更有弹性地达到预期目标，仓颉语言提供了两种跳转表达式：break 和 continue。这两种跳转表达式语句可以在程序执行到某个地方时，直接跳转到另一个地方继续执行。例如，当某一循环出现某种预期目标时，跳出循环。

4.3.1 break 表达式

在仓颉语言的循环表达式结构中，break 表达式用于提前终止当前循环的执行，无论是 for 循环还是 while 循环。break 表达式的主要作用是立即退出循环体，不再执行该循环体中剩余的代码，并且不再执行循环体中的后续迭代。在退出循环后，程序会继续执行 break 所在循环表达式之后的代码。

在实际应用中，当需要根据特定条件立即结束循环时，使用 break 是一种常见的做法。例如，找到符合特定条件的元素后，可以使用 break 来停止继续遍历剩余的元素，以提高效率。

实例 4-11：找购物清单中第一个缺货的商品（源码路径：codes\4\tiao\Que.cj）

假设正在逛超市，并且有一张购物清单，清单中列出了需要购买的商品。需要在每个商品架子上查看是否有库存，如果发现第一个缺货的商品，就会停止继续查看其他商品，因为只关心第一个缺货商品的情况。此时可以使用 break 表达式来实现，在本实例中模拟了这种场景。

```
main() {
    // 购物清单，每个商品是一个包含名称和库存数量的元组
    let shoppingList = [
        ("牛奶", 10),
        ("面包", 0),
        ("鸡蛋", 5),
```

```
        ("水果", 7)
    ]

    // 遍历购物清单
    println("缺货的第一个商品是：")
    for (item in shoppingList) {
        let (name, stock) = item
        if (stock == 0) {
            println(name)
            break  // 找到第一个缺货的商品后，停止遍历
        }
    }
}
```

上述代码的具体说明如下。

- 初始化购物清单：shoppingList 是一个包含多个元组的列表，每个元组包含一个商品名称和其对应的库存数量。
- 遍历清单：使用 for-in 表达式遍历购物清单中的每个商品。
- 检查库存：在循环体中检查每个商品的库存数量。如果发现库存为 0（即缺货），则执行 println(name) 打印缺货商品的名称，并使用 break 表达式立即停止循环。
- 停止遍历：当找到第一个缺货商品时，break 表达式终止了循环，后续的商品将不再被检查。

执行后会输出下面的结果，这说明在购物清单中，面包是第一个出现库存为零的商品。程序通过 break 语句确保了只检查到第一个缺货商品，而不是继续检查其他商品。

```
缺货的第一个商品是:
面包
```

4.3.2 continue 表达式

在仓颉语言中，continue 表达式在循环结构中用于提前结束当前迭代的执行，跳过循环体中剩余的代码，直接进入下一轮循环，这个特点在处理循环中的条件跳过时非常有用。使用 continue 表达式的语法格式如下：

```
for (迭代变量 in 序列) {
    // 条件判断
    if (条件) {
        continue
    }
    // 循环体
}
```

- continue：如果条件为 true，则 continue 表达式会立即终止当前循环迭代，并进入下一轮迭代。
- 循环体：在 continue 表达式之前的代码块将被跳过，continue 表达式之后的代码不会被执行。

实例 4-12：筛选出奇数（源码路径：codes\4\tiao\Jixu.cj）

在本实例中，为了从整数数组中筛选并打印所有的奇数，使用 continue 表达式来跳过所有偶数。

```
main() {
```

```
let numbers = [12, 18, 25, 36, 49, 55]
for (number in numbers) {
    if (number % 2 == 0) {
        continue
    }
    println(number)
}
```

上述代码的具体说明如下。
- 使用 if 表达式检查当前数字是不是偶数,如果是偶数,则执行 continue,跳过本轮循环的剩余部分。
- 如果 number 是奇数,则 continue 不会被执行,程序将打印该数字。

执行后会输出:

```
25
49
55
```

在实际应用中,使用 continue 表达式的场景如下。
- 过滤数据:当需要从数据集中排除某些不符合条件的数据时,可以使用 continue 表达式。例如,从一个包含多种产品的列表中筛选出价格高于某个值的产品时,可以跳过那些不符合价格条件的产品。
- 跳过错误数据:在处理输入数据时,如果遇到格式错误的数据,可以使用 continue 表达式跳过这些数据,从而避免程序因错误数据而崩溃。
- 简化条件逻辑:通过在循环开始时检查条件,可以避免嵌套的 if 语句,使代码更加简洁和易读。

总之,continue 表达式通过跳过当前迭代中不需要处理的部分,可以使循环的控制逻辑更加清晰和高效。

break 和 continue 表达式的比较说明如下。

(1) break 表达式。
- 作用:break 表达式用于立即终止当前循环,无论循环是否已完成预定的迭代次数。它会退出整个循环,控制流会继续执行循环体后面的代码。这对于在满足特定条件时提前结束循环非常有用。例如,当需要在找到第一个符合条件的元素时停止遍历其余元素,可以使用 break。
- 应用场景:假设处理一个列表,需要找到第一个满足某个条件的项。一旦找到该项,继续遍历列表已经没有意义,此时使用 break 可以立即退出循环,从而提高效率并避免不必要的计算。

(2) continue 表达式。
- 作用:continue 表达式用于跳过当前循环的剩余代码,直接进入下一次循环的迭代。它不会终止整个循环,只会跳过当前循环体中未执行的部分。当满足某个条件时,如果不希望执行后续的代码块,可以使用 continue 来跳过当前的迭代,继续处理下一个元素。
- 应用场景:如果处理一个列表并且需要跳过某些特定的元素(如偶数),可以在遇到这些元素时使用 continue,从而避免执行不必要的代码。这种方式可以使代码更加简洁并提高处理效率。

第 5 章
元组和数组

  在仓颉语言中，元组（Tuple）和数组（Array）是用于存储和管理多个值的两种基本数据结构。元组是一个固定大小的集合，可以包含不同类型的元素，并且一旦创建，元组的大小和内容不能更改。元组通常用于将多个相关数据组合在一起，例如，一个包含名称和价格的活动记录。数组则是一个可变大小的集合，用于存储同一类型的元素，可以动态地添加、删除或修改数组中的元素。数组通常用于需要对一组数据进行频繁操作的场景，比如存储和处理一系列数字或字符串。元组和数组在仓颉语言中都扩展了迭代器接口，可以方便地进行遍历和操作。

5.1 元组

在仓颉语言中，元组是一种将多个不同类型的值组合在一起的数据结构。元组允许将多种数据类型的值封装在一个单一的实体中，并且提供了便捷的方式来处理和访问这些值。

5.1.1 元组的定义

在仓颉语言中，元组的突出特点是将不同类型的值组织在一起，使得相关的数据可以被一起处理。

1. 元组的基本定义

（1）定义格式：在仓颉语言的元组中，使用圆括号 ( ) 包含多个值，每个值之间用逗号","分隔。例如，在下面的代码中创建了一个包含三个元素的元组：一个 Int64 类型的值 42、一个 Float64 类型的值 3.14 和一个 String 类型的值 "Hello"。

```
let tuple = (42, 3.14, "Hello")
```

（2）固定长度：元组的长度在定义时确定，一旦创建了一个元组实例，它的长度不能更改。例如，定义一个 (Int64, String) 类型的元组，其长度始终为 2。

（3）不可变性：元组的元素不可变，即一旦定义了一个元组实例，它的内容不能被修改。例如：

```
let tuple = (1, 2, 3)
tuple[0] = 4 // Error, elements of tuple cannot be modified
```

2. 元组的元素类型

（1）元素类型：元组的每个元素可以是不同的类型。定义一个元组时，可以指定不同类型的元素。例如，下面的这个元组包含了一个 String 类型的名称、一个 Int64 类型的年龄和一个 Float64 类型的身高。

```
let person = ("Alice", 30, 1.6)
```

（2）类型标记：元组可以在定义时显式指定类型参数名，以提高代码的可读性。例如：

```
func getBookInfo(): (title: String, author: String, year: Int64) {
    return ("1984", "George Orwell", 1949)
}
```

3. 元组的初始化和访问

（1）初始化：使用字面量来初始化元组时，元素之间用逗号分隔。例如，下面的这个元组表示一个包含两个整数的二元组。

```
let coordinates = (10, 20)
```

（2）访问元素：通过下标访问元组中的元素，下标从 0 开始，例如：

```
let coordinates = (10, 20)
println(coordinates[0]) // 输出：10
println(coordinates[1]) // 输出：20
```

4. 元组的解构

（1）解构赋值：可以通过解构赋值将元组的元素分配给多个变量，例如：

```
let (x, y) = (10, 20)
println(x) // 输出：10
```

```
println(y) // 输出：20
```
（2）忽略值：在解构赋值中，使用"_"可以忽略某个位置的值。例如：
```
let (name, _, age) = ("Alice", "Unknown", 30)
println(name) // 输出：Alice
println(age)  // 输出：30
```

实例 5-1： 使用元组和解构赋值（源码路径：codes\5\Array\Yuan01.cj）

本实例展示了仓颉语言中元组的基本用法及其解构赋值的特性，通过解构赋值，可以方便地将元组中的元素分配给多个变量，并可以选择性地忽略某些值。

```
main() {
    // 定义一个包含姓名、年龄和身高的元组
    let person = ("Alice", 30, 1.6)

    // 解构赋值，将元组中的每个值赋给对应的变量
    let (name, age, height) = person
    println(name)   // 输出：Alice
    println(age)    // 输出：30
    println(height) // 输出：5.6

    // 使用不同的变量名进行解构
    let (_, _, newHeight) = ("Bob", "Unknown", 6.0)
    println(newHeight) // 输出：6.0
}
```

上述代码的具体说明如下。

- let person = ("Alice", 30, 1.6)：定义了一个三元组，其中包含一个字符串 "Alice"，一个整数 30 和一个浮点数 1.6。
- let (name, age, height) = person：使用解构赋值将元组中的值分别赋给变量 name、age 和 height。这样，可以直接访问元组的每个元素而不需要使用下标。
- println(name)：输出元组中的第一个元素，即 "Alice"。
- println(age)：输出元组中的第二个元素，即 30。
- println(height)：输出元组中的第三个元素，即 1.6。
- let (_, _, newHeight) = ("Bob", "Unknown", 6.0)：使用下划线 _ 忽略元组中的前两个值（即 "Bob" 和 "Unknown"），只将第三个值 6.0 赋给变量 newHeight。
- println(newHeight)：输出 6.0，这是第三个元素的值。

执行后会输出：
```
Alice
30
1.600000
6.000000
```

5.1.2 元组的操作

在仓颉语言中，对元组的操作主要包括创建、访问、修改（注意：元组本身是不可变的）、解构和忽略元素等操作。

1. 创建元组

元组的创建使用括号"()"包裹多个元素，元素之间用逗号","分隔。元组可以包含不同类型的元素，并且长度固定。例如：

```
let person = ("Alice", 30, 1.6)
let mixedTuple = (42, "Hello", 3.14, true)
```

2. 访问元组元素

通过索引访问元组中的元素。索引从 0 开始。访问语法为 tuple[index]，其中 index 是整数类型的下标。例如：

```
let person = ("Alice", 30, 1.6)
println(person[0]) // 输出：Alice
println(person[1]) // 输出：30
println(person[2]) // 输出：5.6
```

3. 元组是不可变的

一旦定义了一个元组，其长度和内容不能更改。因此，不能对元组的元素进行修改。尝试修改元素将导致编译错误。例如：

```
let person = ("Alice", 30, 1.6)
// person[1] = 31 // Error: 元组元素不可更改
```

4. 解构赋值

可以使用解构赋值将元组的元素分配给多个变量。解构赋值要求左边是一个元组形式的变量列表，右边是一个元组字面量。例如：

```
let (name, age, height) = ("Alice", 30, 1.6)
println(name)   // 输出：Alice
println(age)    // 输出：30
println(height) // 输出：5.6
```

5. 忽略值

在解构赋值时，可以使用下划线"_"忽略某些元组元素。这在只关心某些元素时很有用，例如：

```
let (_, age, _) = ("Alice", 30, "Unknown")
println(age) // 输出：30
```

6. 元组的类型标记

可以为元组的元素指定类型标记，使元组的结构更加明确。标记是元组的可选部分，用于提高代码的可读性和维护性。例如：

```
func getPersonDetails() -> (name: String, age: Int64) {
    return ("Alice", 30)
}
let (name, age) = getPersonDetails()
println(name) // 输出：Alice
println(age)  // 输出：30
```

在日常生活中，人们经常需要处理与人有关的多个数据项，比如个人信息、成绩单或工作记录。下面是一个操作元组的例子，用于表示一组学生的成绩单。现在将使用元组来组织学生的姓名、学号以及每门课程的成绩，并演示如何对这些数据进行访问、解构其中元素的用法。

实例 5-2：查看学生的成绩单（源码路径：codes\5\Array\Yuan02.cj）

在本实例中使用元组来存储和处理学生的详细信息，包括姓名、ID 和各科成绩。

```
main() {
    // 创建一个包含学生姓名、ID 和成绩的元组
    let student = ("Alice", 12345, ("数学", 90, "英语", 85, "物理", 88))

    // 解构元组，提取学生的姓名、ID 和成绩
    let (name, id, (subject1, score1, subject2, score2, subject3, score3)) = student

    // 输出学生的详细信息
    println("学生姓名: ${name}")
    println("学生ID: ${id}")
    println("${subject1}: ${score1}分")
    println("${subject2}: ${score2}分")
    println("${subject3}: ${score3}分")
}
```

上述代码的具体说明如下。

- 创建元组 student，这个元组包含了学生的姓名、ID 和一个嵌套的元组，其中嵌套元组包含了三门科目及其对应的分数。
- 解构元组：let (name, id, (subject1, score1, subject2, score2, subject3, score3)) = student 这行代码将元组的各个部分解构到不同的变量中，使得后续的代码可以方便地访问这些值。
- 输出信息：使用 println 打印输出学生的信息和成绩。

执行后会输出：

```
学生姓名: Alice
学生ID: 12345
数学: 90分
英语: 85分
物理: 88分
```

实例 5-3：遍历元组中的学生成绩（源码路径：codes\5\Array\Yuan03.cj）

在本实例中假设有一个包含学生姓名、ID 和成绩的元组，然后使用 for-in 循环遍历元组中的成绩信息。

```
main() {
    // 创建一个包含学生姓名、ID 和成绩的元组
    let student = ("Alice", 12345, ("数学", 90, "英语", 85, "物理", 88))

    // 解构元组，提取学生的姓名、ID 和成绩元组
    let (name, id, grades) = student

    // 输出学生的基本信息
    println("学生姓名: ${name}")
    println("学生ID: ${id}")

    // 遍历成绩元组
```

```
    for ((subject, score) in [(grades[0], grades[1]), (grades[2], grades[3]),
(grades[4], grades[5])]) {
        println("${subject}: ${score}分")
    }
}
```

上述代码的具体说明如下。

（1）解构元组：使用 let (name, id, grades) = student 将学生信息元组解构为学生姓名、ID 和成绩的元组。

（2）遍历嵌套元组：使用 for-in 语句遍历嵌套的成绩元组，通过构建一个包含多个元组的数组 [(grades[0], grades[1]), (grades[2], grades[3]), (grades[4], grades[5])] 来解构成绩信息。

执行后会输出：

```
学生姓名：Alice
学生ID：12345
数学：90分
英语：85分
物理：88分
```

5.1.3 元组的嵌套

元组的嵌套是指在一个元组中包含其他元组作为元素，这种嵌套结构可以用来表示更复杂的数据关系和组织方式。例如，在下面的这个例子中，nestedTuple 是一个包含两个元组的元组，第一个内层元组是 ("Alice", 30)，第二个内层元组是 ("Bob", 25)。

```
let nestedTuple = (("Alice", 30), ("Bob", 25))
```

要访问嵌套元组中的元素，可以使用多层下标访问或逐层解构方法实现。

（1）通过下标访问：下面的代码，使用下标访问可以获取到嵌套元组中的元素。

```
let nestedTuple = (("Alice", 30), ("Bob", 25))
println(nestedTuple[0])        // 输出：(Alice, 30)
println(nestedTuple[0][0])     // 输出：Alice
println(nestedTuple[0][1])     // 输出：30
println(nestedTuple[1])        // 输出：(Bob, 25)
println(nestedTuple[1][0])     // 输出：Bob
println(nestedTuple[1][1])     // 输出：25
```

在上面的代码中，nestedTuple[0] 访问第一个内层元组 ("Alice", 30)，而 nestedTuple[0][0] 进一步访问这个元组中的第一个元素 Alice。

（2）元组解构：下面的代码，使用解构可以方便地提取嵌套元组中的元素。

```
let nestedTuple = (("Alice", 30), ("Bob", 25))
let (person1, person2) = nestedTuple
let (name1, age1) = person1
let (name2, age2) = person2

println(name1)  // 输出：Alice
println(age1)   // 输出：30
println(name2)  // 输出：Bob
println(age2)   // 输出：25
```

在上面的代码中，nestedTuple 被解构为 person1 和 person2，然后 person1 和 person2 又被解构为姓名和年龄。

实例 5-4：家庭成员的饮食习惯（源码路径：codes\5\Array\Yuan04.cj）

在本实例中，三餐部分的每一餐都是一个单独的元组，表示餐名和食物，然后再嵌套在整体的家庭成员信息中。

```
main() {
    // 创建一个包含家庭成员姓名、年龄和每日三餐饮食情况的元组嵌套
    let familyMember = (
        "John",
        35,
        (("早餐", "煎蛋"), ("午餐", "三明治"), ("晚餐", "意大利面"))
    )

    // 解构元组，提取家庭成员的姓名、年龄和三餐信息
    let (name, age, meals) = familyMember

    // 输出家庭成员的基本信息
    println("家庭成员: ${name}")
    println("年龄: ${age} 岁")

    // 手动解构并访问每个餐的信息
    let (breakfast, lunch, dinner) = meals
    let (mealTime1, meal1) = breakfast
    let (mealTime2, meal2) = lunch
    let (mealTime3, meal3) = dinner

    // 输出每餐的信息
    println("${mealTime1}: ${meal1}")
    println("${mealTime2}: ${meal2}")
    println("${mealTime3}: ${meal3}")
}
```

上述代码的实现流程如下。

（1）创建嵌套元组：首先，程序创建了一个嵌套的元组，包含了家庭成员的姓名、年龄和三餐信息。三餐信息是一个嵌套的元组，其中每餐的时间和食物作为一组数据被存储。

（2）解构元组：程序通过解构操作，从这个嵌套元组中分别提取出家庭成员的姓名、年龄以及三餐信息。此时，三餐信息仍然是一个由三个元组组成的子元组。

（3）输出家庭成员的基本信息：通过解构出来的 name 和 age 变量，程序输出家庭成员的姓名和年龄。

（4）手动解构三餐信息：对三餐信息再次进行解构，将早餐、午餐和晚餐分别解构为包含时间和食物的两个元素的元组。然后，进一步解构每个元组以提取出具体的餐点时间和食物名称。

（5）打印输出每餐的详细信息：最后，使用解构后的变量，将每一餐的时间和食物名称逐一输出，展示出家庭成员的三餐详情。执行后会输出：

```
家庭成员：John
年龄：35 岁
早餐：煎蛋
```

午餐：三明治
晚餐：意大利面

通过这种手动解构嵌套元组的方式，能够逐层访问并输出嵌套元组中的具体信息。

在仓颉程序中，也可以使用嵌套循环表达式（while 或 for-in）来访问嵌套元组的中内容。

实例 5-5：通过嵌套循环获取嵌套元组中的元素（源码路径：codes\5\Array\Yuan05.cj）

在本实例中，首先构造了一个包含多个元组的元组，然后使用两个 while 循环嵌套的方式来访问这些元素。

```
main() {
    // 创建一个包含家庭成员姓名、年龄和每日三餐饮食情况的元组嵌套
    let familyMember = (
        "John",
        35,
        (("早餐", "煎蛋"), ("午餐", "三明治"), ("晚餐", "意大利面"))
    )

    // 解构元组，提取家庭成员的姓名、年龄和三餐信息
    let (name, age, meals) = familyMember

    // 输出家庭成员的基本信息
    println("家庭成员：${name}")
    println("年龄：${age} 岁")

    // 手动解构并访问每个餐的信息
    let (breakfast, lunch, dinner) = meals

    // 手动构造一个列表来表示三餐
    let mealArray = [breakfast, lunch, dinner]

    // 外层循环遍历 mealArray 中的每个餐
    var mealIndex = 0
    let numMeals = 3 // 因为我们知道 mealArray 有3个元素

    while (mealIndex < numMeals) {
        // 访问当前餐的元组
        let (mealTime, mealItem) = mealArray[mealIndex]
        println("正在处理：${mealTime}")

        // 内层循环输出餐名和食物
        var itemIndex = 0
        let mealItems = [mealItem] // 当前餐的所有食物（这里只是一个单元素的数组）
        let numItems = 1 // 这里只含有一个食物

        while (itemIndex < numItems) {
            println("  ${mealTime}: ${mealItems[itemIndex]}")
            itemIndex += 1
        }

        mealIndex += 1
```

```
        }
}
```

在本实例中，外层 while 循环用于遍历不同的餐，而内层 while 循环用于处理当前餐中的所有食物项（尽管在此示例中每餐只有一个食物项）。这种方法可以扩展到处理每餐有多个食物项的情况。上述代码的具体说明如下。

- 外层循环：mealIndex 用于遍历 mealArray 中的每个餐，打印输出当前正在处理的餐的时间 (mealTime)。
- 内层循环：itemIndex 用于遍历当前餐的食物。由于每餐只有一个食物项，numItems 为 1，打印输出当前餐的食物项 (mealItem)。

执行后会输出：

```
家庭成员：John
年龄：35 岁
正在处理：早餐
  早餐：煎蛋
正在处理：午餐
  午餐：三明治
正在处理：晚餐
  晚餐：意大利面
```

5.2 一维数组

在仓颉程序中，数组是一种十分常见的数据类型，能够将相同类型的数据用一个标识符来封装到一起。一个数组可以保存多个数据元素，如可以保存一周中的 7 天：星期一、星期二、星期三、星期四、星期五、星期六、星期日。如果按照数组内的维数来划分，可以将数组分为一维数组和多维数组。在日常编程应用中，最为常见的是一维数组。

5.2.1 数组的声明与创建

在仓颉语言中，数组的声明与创建与 Java 语言有一些相似之处，但也有其独特的语法和方式。

1. 数组声明

在仓颉语言中，数组的声明方式如下：

```
var 数组名：Array<元素类型>
```

其中，Array< 元素类型 > 表示声明一个类型为 "元素类型" 的数组。例如：

```
var intArray: Array<Int64>           // 声明一个 Int64 类型的数组
var stringArray: Array<String>       // 声明一个 String 类型的数组
```

2. 创建数组

在声明数组后，需要创建这个数组，创建数组是为了为数组分配相应的存储空间。在仓颉语言中，数组的创建可以通过字面量、构造函数等方式来实现。

（1）使用字面量创建数组：可以使用方括号 "[]" 来创建数组并初始化元素，例如：

```
let intArray = [1, 2, 3, 4, 5] // 创建并初始化一个 Int64 类型的数组
```

```
let stringArray = ["apple", "banana", "cherry"] // 创建并初始化一个 String 类型的
数组
```

（2）使用构造函数创建数组：可以使用构造函数来创建数组，并指定其初始值。例如：

```
let emptyArray = Array<Int64>() // 创建一个空的 Int64 类型数组
let arrayWithDefaultValues = Array<Int64>(5, item: 0) // 创建一个长度为5，所有元素
初始化为0的 Int64 类型数组
let arrayWithInitFunction = Array<Int64>(3, {i => i + 1}) // 创建一个长度为3的
Int64 类型数组，元素值由初始化函数决定
```

（3）数组的赋值访问：在仓颉语言中，数组的赋值和访问是通过下标进行的。数组的下标从 0 开始，到数组长度减 1 为止。例如，创建一个名为 a 的 Array<Int64> 类型数组，其中包含 7 个元素，可以这样写：

```
let a = [1, 2, 3, 5, 8, 9, 10] // 创建并初始化一个包含 7 个元素的 Int64 类型数组
```

在上面的代码中，a 是一个 Array<Int64> 类型的数组，包含了 7 个整数元素。数组的下标范围是从 0 到 6。可以使用下标来访问和修改数组中的元素。数组的下标从 0 开始，到 size-1 结束。下面的代码演示了对数组 a 元素的访问过程。

```
let a = [1, 2, 3, 5, 8, 9, 10] // 创建并初始化数组

// 访问数组中的元素
let firstElement = a[0] // 访问第一个元素，值为 1
let secondElement = a[1] // 访问第二个元素，值为 2
```

3. 数组内部结构

在仓颉语言中，数组的内部结构和下标表示方式与其他语言类似，如图 5-1 所示。数组 a 的下标从 0 到 6，对应的元素值分别是 1、2、3、5、8、9 和 10。数组的名称 a 可以用下标来访问或修改其中的元素。例如：

- a[0] 表示数组 a 的第一个元素，其值为 1。
- a[1] 表示数组 a 的第二个元素，其值为 2。
- 以此类推，a[6] 表示数组 a 的最后一个元素，其值为 10。

通过这种方式，可以清晰地表示和操作数组中的每一个元素。

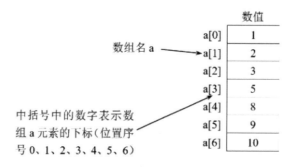

图 5-1 一维数组内部结构

注意：

- 数组的长度在创建后是固定的，不能增加或减少元素。
- 数组的元素类型在声明时确定，所有元素必须是相同类型。

5.2.2 使用一维数组

接下来讲解一维数组的基本使用功能，包括获取数组长度和修改数组内容等。

1. 获取数组的长度

在仓颉语言中，一旦创建了数组，可以使用 size 属性来获取数组的长度，即数组中元素的个数。size 属性返回一个 Int64 类型的值，表示数组中元素的数量。例如：

```
let intArray = [1, 2, 3, 5, 8, 9, 10] // 创建并初始化一个数组
let size = intArray.size // 获取数组的长度
println("The size of the array is ${size}") // 输出数组的长度
```

在上面的代码中，intArray.size 返回数组 intArray 的元素个数，并将其赋值给变量 size。然后使用 println 输出数组的长度。

2. 修改数组

在仓颉语言中，可以通过下标访问和修改数组中的元素。数组的下标从 0 开始，到 size-1 结束。要修改数组中的元素，可以使用下标来指定要修改的元素位置，并赋予新值。例如：

```
let a = [1, 2, 3, 5, 8, 9, 10] // 创建并初始化一个数组

// 访问数组中的元素
let firstElement = a[0] // 访问第一个元素，值为 1
let secondElement = a[1] // 访问第二个元素，值为 2

// 修改数组中的元素
a[0] = 100 // 将第一个元素的值修改为 100
a[1] = 200 // 将第二个元素的值修改为 200

// 打印修改后的数组
println("Modified array: ${a}") // 输出修改后的数组内容
```

在上面的代码中：

- a[0] 访问数组 a 的第一个元素，其初始值为 1。
- a[1] 访问数组 a 的第二个元素，其初始值为 2。
- 使用下标 0 和 1 修改了数组中的元素，分别将它们的值更改为 100 和 200。

3. 遍历数组

在仓颉语言中，遍历数组是处理数组元素的常见操作。遍历数组意味着逐一访问数组中的每个元素，以便进行某些操作，如打印、计算等。在仓颉语言中，常用的遍历数组的方法是使用 for-in 循环。for-in 循环可以简洁地遍历数组中的所有元素，语法格式如下：

```
for (element in array) {
    // 对元素进行操作
}
```

- element：是当前循环中数组中的一个元素。
- array：是要遍历的数组。

实例 5-6：用 for-in 循环遍历数组（源码路径：codes\5\Array\Array01.cj）

在本实例中使用 for-in 循环遍历数组并打印每个元素。

```
// 创建并初始化数组
```

```
let numbers = [1, 2, 3, 4, 5]

// 遍历数组并打印每个元素
for (number in numbers) {
    println("The number is ${number}")
}
```

执行后会输出：

```
The number is 1
The number is 2
The number is 3
The number is 4
The number is 5
```

另外一种遍历数组的方法是使用 for-in 循环与数组的下标结合，这样可以获取数组元素的下标，同时访问元素。例如：

```
// 创建并初始化数组
let fruits = ["Apple", "Banana", "Cherry"]

// 遍历数组的下标
for (i in 0..fruits.size) {
    // 通过下标访问元素
    let fruit = fruits[i]
    println("Fruit at index ${i} is ${fruit}")
}
```

执行后会输出：

```
Fruit at index 0 is Apple
Fruit at index 1 is Banana
Fruit at index 2 is Cherry
```

实例 5-7：水果超市的库存系统（源码路径：codes\5\Array\ArrayX.cj）

在本实例中将创建一个包含几种水果的数组，并使用元组来存储水果的名称和它们的颜色。然后，遍历数组并对每种水果进行修改，如添加每种水果的数量。

```
main() {
    // 创建包含水果名称和颜色的元组数组
    let fruits = [
        ("Apple", "Red"),
        ("Banana", "Yellow"),
        ("Cherry", "Red"),
        ("Grapes", "Purple"),
        ("Orange", "Orange")
    ]

    // 创建一个包含水果数量的数组
    let quantities = [10, 20, 15, 25, 30]

    // 打印原始水果及其颜色
    println("Original Fruit List:")
    for (i in 0..fruits.size) {
```

```
        let (name, color) = fruits[i]
        println("Fruit ${i}: ${name} with color ${color} and quantity
${quantities[i]}")
    }

    // 修改每种水果的数量,假设我们将数量加倍
    for (i in 0..quantities.size) {
        quantities[i] = quantities[i] * 2
    }

    // 打印更新后的水果及其数量
    println("\nUpdated Fruit List with Doubled Quantities:")
    for (i in 0..fruits.size) {
        let (name, color) = fruits[i]
        println("Fruit ${i}: ${name} with color ${color} and updated quantity
${quantities[i]}")
    }
}
```

上述代码的具体说明如下。
- 创建元组数组:创建数组 fruits,数组中的每个元素是一个包含水果名称和颜色的元组。
- 创建数量数组:数组 quantities 用于存储每种水果的数量。
- 遍历并打印:通过 for (i in 0..fruits.size) 遍历 fruits 和 quantities 数组,打印每种水果的名称、颜色和数量。
- 修改数量:将数组 quantities 中的每个元素的值加倍(模拟库存量的变化)。

执行后会输出:

```
Original Fruit List:
Fruit 0: Apple with color Red and quantity 10
Fruit 1: Banana with color Yellow and quantity 20
Fruit 2: Cherry with color Red and quantity 15
Fruit 3: Grapes with color Purple and quantity 25
Fruit 4: Orange with color Orange and quantity 30

Updated Fruit List with Doubled Quantities:
Fruit 0: Apple with color Red and updated quantity 20
Fruit 1: Banana with color Yellow and updated quantity 40
Fruit 2: Cherry with color Red and updated quantity 30
Fruit 3: Grapes with color Purple and updated quantity 50
Fruit 4: Orange with color Orange and updated quantity 60
```

5.2.3 数组元素求和

在仓颉语言中,对数组中的数字进行求和通常涉及几个简单步骤。首先,声明并初始化一个包含数字的数组。然后,通过使用 for-in 循环遍历数组中的每个元素,将每个元素的值累加到一个总和变量中。最后,输出计算得到的总和。这个过程可以有效地将数组中的所有数值加在一起,并输出结果,适用于各种需要求和的应用场景。

实例 5-8：计算数组中各个元素中的和（源码路径：codes\5\Array\Arrsum.cj）

在本实例中通过 for-in 循环遍历数组中的每个元素，并将它们累加到一个总和变量中。

```
main() {
    // 声明并初始化一个包含数字的数组
    let numbers = [5, 10, 15, 20, 25]

    // 初始化总和变量
    var totalSum = 0

    // 遍历数组中的每个数字
    for (num in numbers) {
        // 将当前数字累加到总和中
        totalSum = totalSum + num
    }

    // 输出总和
    println("数组中的数字总和是: ${totalSum}")
}
```

上述代码的具体说明如下。

- 创建一个名为 numbers 的数组，包含了 5 个整数。
- 变量 totalSum 用于存储计算得到的总和，初始值为 0。
- 使用 for-in 循环遍历数组 numbers 中的每一个元素 num，并将其累加到 totalSum 变量中。

执行后会输出：

数组中的数字总和是: 75

5.3 多维数组

可以将多维数组看成由数组构成的数组。其中，二维数组是以一维数组为元素构成的一维数组，三维数组是以二维数组为元素构成的一维数组，四维数组是以三维数组为元素构成的一维数组，以此类推。本节以二维数组为例来讲解多维数组，初学者可以将二维数组看作一个围棋的棋盘，要描述其中一个元素的位置，必须通过纵向和横向两个坐标来描述。

5.3.1 多维数组的声明与创建

二维数组也被称为数组的数组或嵌套数组，可以用于存储表格、矩阵等结构化数据。在仓颉语言中，可以通过嵌套数组来声明和初始化二维数组，使用下标语法访问和修改数组内的元素，并可以通过循环结构进行遍历操作。二维数组这种结构非常适合用于表示矩阵、表格或其他二维数据集。接下来的内容，将以二维数组为例来讲解多维数组的声明与创建方法，其方法可以推广到任意多维数组中。

1. 二维数组的声明

二维数组的声明方式和一维数组类似，但使用嵌套的数组来表示。声明二维数组的语法格式如下：

```
let matrix = Array<Array<Int64>>()
```

在上述格式中，Array<Array<Int64>> 表示这是一个包含 Int64 类型元素的二维数组。

2. 二维数组的初始化

可以通过直接使用嵌套的数组字面量来初始化二维数组，类似于下面的方式：

```
let matrix = [
    [1, 2, 3],
    [4, 5, 6],
    [7, 8, 9]
]
```

在上面的代码中，matrix 是一个包含 3 行 3 列的二维数组，存储的是整数。

3. 访问二维数组的元素

要访问二维数组的某个元素，可以使用双重下标访问。例如：

```
let element = matrix[1][2]  // 访问第2行，第3列的元素，值为6
```

4. 修改二维数组的元素

可以通过下标语法直接修改二维数组中的某个元素。例如：

```
matrix[0][1] = 10  // 将第1行第2列的元素修改为10
```

5. 遍历二维数组

可以使用嵌套的循环来遍历二维数组中的所有元素。例如，下面是使用 while 循环遍历二维数组的例子。

```
var rowIndex = 0
while (rowIndex < 3) {
    var colIndex = 0
    while (colIndex < 3) {
        let element = matrix[rowIndex][colIndex]
        println("元素(${rowIndex}, ${colIndex}) = ${element}")
        colIndex += 1
    }
    rowIndex += 1
}
```

在上述代码中，使用嵌套循环分别遍历了二维数组的行和列，然后逐个输出每个元素。

6. 获取二维数组的行数和列数

通过直接管理行数和列数来控制对二维数组的访问。例如：

```
let numRows = matrix.size  // 获取行数
let numCols = matrix[0].size  // 获取列数
```

在上述代码中，matrix.size 返回二维数组的行数，而 matrix[0].size 返回第一行的列数。

实例 5-9：矩阵的创建和遍历（源码路径：codes\5\Array\Two01.cj）

在本实例中创建了一个 3×3 的二维数组（矩阵），并使用嵌套的 while 循环遍历矩阵中的每一个元素。外层循环负责遍历行，内层循环负责遍历每一行中的列。代码通过下标访问矩阵的元素，并将每个元素及其在矩阵中的位置输出，直到遍历完整个矩阵。

```
main() {
    // 创建一个 3×3 的二维矩阵
```

```
let matrix = [
    [1, 2, 3],
    [4, 5, 6],
    [7, 8, 9]
]

// 获取矩阵的行数和列数
let numRows = 3
let numCols = 3

// 初始化行索引和列索引
var rowIndex = 0

// 外层循环遍历矩阵的行
while (rowIndex < numRows) {
    var colIndex = 0

    // 内层循环遍历当前行的列
    while (colIndex < numCols) {
        // 访问矩阵中的元素
        let element = matrix[rowIndex][colIndex]
        // 输出当前元素
        println("元素(${rowIndex}, ${colIndex}) = ${element}")

        // 更新列索引
        colIndex += 1
    }

    // 更新行索引
    rowIndex += 1
}
```

上述代码的具体说明如下。

- 矩阵的创建：用方括号定义了一个 3×3 的二维数组，其中每个元素都代表矩阵中的一个数值。
- 矩阵的行数和列数：通过定义 numRows 和 numCols 变量，明确了矩阵的行数和列数，分别为 3。
- 嵌套的 while 循环：外层循环通过 rowIndex 变量控制对每一行的遍历，内层循环通过 colIndex 遍历每一行中的列。在内层循环中，通过 matrix[rowIndex][colIndex] 访问矩阵中的每个元素，并将每个元素及其对应的索引打印输出。

执行后会输出：

```
元素(0, 0) = 1
元素(0, 1) = 2
元素(0, 2) = 3
元素(1, 0) = 4
元素(1, 1) = 5
元素(1, 2) = 6
元素(2, 0) = 7
```

```
元素(2, 1) = 8
元素(2, 2) = 9
```

实例 5-10:计算学生的平均成绩(源码路径:codes\5\Array\Two02.cj)

在本实例中展示了创建一个二维数组来存储学生的成绩,计算每个学生的平均成绩,并修改某个特定学生的成绩的过程。

```
main() {
    // 创建一个二维数组存储 3 名学生的成绩,每个学生有 3 门课
    let grades = [
        [85, 90, 78],  // 学生 1 的成绩
        [92, 88, 95],  // 学生 2 的成绩
        [76, 84, 80]   // 学生 3 的成绩
    ]

    // 初始化行索引(代表学生)
    var studentIndex = 0

    // 外层循环遍历学生
    while (studentIndex < grades.size) {
        var total = 0
        var subjectIndex = 0

        // 内层循环遍历每个学生的科目成绩
        while (subjectIndex < grades[studentIndex].size) {
            total += grades[studentIndex][subjectIndex]
            subjectIndex += 1
        }

        // 计算平均成绩
        let average = total / grades[studentIndex].size
        println("学生 ${studentIndex + 1} 的平均成绩是 ${average}")

        // 更新学生索引
        studentIndex += 1
    }

    // 修改学生 1 第 2 门课的成绩为 95 分
    grades[0][1] = 95
    println("修改后,学生 1 的成绩是: ${grades[0]}")
}
```

上述代码的具体说明如下。
- 创建了一个二维数组 grades,存储 3 名学生的成绩,每个学生有 3 门课。
- 使用嵌套的 while 循环遍历每个学生的成绩,计算每位学生的平均成绩并输出。
- 最后,还修改了学生 1 的第 2 门课的成绩,并显示修改后的成绩。

执行后会输出:
```
学生 1 的平均成绩是 84
学生 2 的平均成绩是 91
```

```
学生 3 的平均成绩是 80
修改后，学生 1 的成绩是：[85, 95, 78]
```

在上述代码中，将学生 1 的第 2 门课的成绩从 90 修改为 95，并输出修改后的成绩 [85, 95, 78]。

5.3.2 初始化二维数组的其他方法

在仓颉语言中，除了使用数组字面量或手动循环初始化二维数组外，还可以通过构造函数结合 Lambda 表达式来创建和初始化二维数组。

1. 直接使用 Array<T> 构造函数

我们可以通过 Array<T> 构造函数创建数组，并在构造时指定长度和初始化每个元素的规则，使用 Lambda 表达式可以为每个元素设置具体的初始值。下面的代码，创建了固定大小的二维数组并用索引值初始化。

```
let numRows = 3
let numCols = 3
// 创建一个 3×3 的二维数组，并将每个元素初始化为其行列索引的和
var matrix = Array<Array<Int64>>(numRows, {i => Array<Int64>(numCols, {j => i + j})})

// 输出数组内容
for (i in 0..matrix.size) {
    for (j in 0..matrix[i].size) {
        println("matrix[${i}][${j}] = ${matrix[i][j]}")
    }
}
```

在上述代码中，外层数组 Array<Array<Int64>> 创建了一个包含 numRows 行的二维数组，内层数组 Array<Int64>(numCols, {j => i + j}) 为每一行创建一个 numCols 列的数组，并将每个元素初始化为当前行列索引的和（i+j）。执行后会输出：

```
matrix[0][0] = 0
matrix[0][1] = 1
matrix[0][2] = 2
matrix[1][0] = 1
matrix[1][1] = 2
matrix[1][2] = 3
matrix[2][0] = 2
matrix[2][1] = 3
matrix[2][2] = 4
```

2. 初始化每个元素为特定值

如果想初始化二维数组的每个元素为一个固定值，可以使用 Lambda 表达式返回该固定值。下面的代码创建了一个 5×5 的二维数组并将所有元素初始化为 42。

```
let numRows = 5
let numCols = 5
// 创建一个 5×5 的二维数组，所有元素初始化为 42
var matrix = Array<Array<Int64>>(numRows, {i => Array<Int64>(numCols, {j =>
```

```
42})})

// 输出数组内容
for (i in 0..matrix.size) {
    for (j in 0..matrix[i].size) {
        println("matrix[${i}][${j}] = ${matrix[i][j]}")
    }
}
```

在上述代码中，外层数组用于创建 numRows 行，内层数组的每一行创建 numCols 列，并将每个元素初始化为 42。执行后会输出：

```
matrix[0][0] = 42
matrix[0][1] = 42
matrix[0][2] = 42
matrix[0][3] = 42
matrix[0][4] = 42
...
```

总之，通过 Array<T> 构造函数和 Lambda 表达式，仓颉语言可以灵活地初始化二维数组。无论是按索引规则、固定值，还是更复杂的数学序列，都可以通过这种方式轻松实现。

实例 5-11：输出杨辉三角（源码路径：codes\5\Array\Yang.cj）

杨辉三角是二项式系数在三角形中的一种几何排列，在中国南宋数学家杨辉 1261 年所著的《详解九章算法》一书中出现。在欧洲，帕斯卡（1623—1662）在 1654 年发现这一规律，所以这个表又叫作帕斯卡三角形。帕斯卡的发现比杨辉要迟 393 年，比贾宪要迟 600 年。杨辉三角的基本性质如图 5-2 所示。

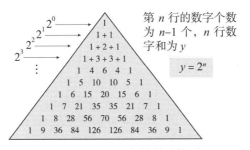

图 5-2　杨辉三角的基本性质

使用二维数组可以输出杨辉三角中的数值，可以分析出数组每个元素的规则。

- 行的数量等于每行的元素数量，行数 = 列数。
- 每一行的第 1 个元素和末尾元素都是 1。
- 从第 3 行开始，"首个元素和最后那个元素之间"的每一个元素（i>1，0<j<i）等于上一行本列元素 + 上一行前一列元素。

在本实例中定义了 1 个二维整型数组来存储杨辉三角的元素，然后使用遍历二维数组的方式来输出前 10 行杨辉三角。

```
main() {
    // 设定要输出的行数
    let numRows = 10
```

```
    // 创建一个二维数组来存储杨辉三角的值
    var triangle = Array<Array<Int64>>(numRows, {i => Array<Int64>(i + 1, {j => 0})})

    // 填充杨辉三角的值
    var row = 0
    while (row < numRows) {
        var col = 0
        while (col <= row) {
            if (col == 0 || col == row) {
                // 每一行的第一个和最后一个元素都是1
                triangle[row][col] = 1
            } else {
                // 每个元素等于它左上方和正上方元素的和
                triangle[row][col] = triangle[row - 1][col - 1] + triangle[row - 1][col]
            }
            col += 1
        }
        row += 1
    }

    // 输出杨辉三角
    row = 0
    while (row < numRows) {
        var col = 0
        while (col <= row) {
            print("${triangle[row][col]} ")
            col += 1
        }
        println()
        row += 1
    }
}
```

上述代码的具体说明如下。
- 首先,通过构造函数创建了一个二维数组,用于存储杨辉三角的值。数组的每一行长度递增,行数由 numRows 变量决定。
- 接下来,通过两层 while 循环遍历数组并填充杨辉三角的值。对于每一行的第一个和最后一个元素,直接赋值为 1;而对于中间的元素,使用公式计算:该元素等于上一行左上方和正上方元素的和。
- 最后,再次通过 while 循环遍历数组,逐行打印杨辉三角的每个元素。

执行后会输出:
```
1
1 1
1 2 1
1 3 3 1
1 4 6 4 1
```

```
1 5 10 10 5 1
1 6 15 20 15 6 1
1 7 21 35 35 21 7 1
1 8 28 56 70 56 28 8 1
1 9 36 84 126 126 84 36 9 1
```

5.4 VArray数组

在仓颉语言中，除了使用前面介绍的引用类型 Array 创建数组外，还可以使用值类型数组 VArray，用于实现更高效的内存管理功能。

5.4.1 定义与声明

在仓颉程序中，VArray 是一个固定长度的值类型数组，使用 VArray 创建数组的语法格式如下：

```
VArray<T, $N>
```

- T：表示数组元素的类型；
- $N：指以 $ 加上整型数字字面量来表示数组的长度。

在下面的代码中定义了一个长度为 3、名字为 varr1、元素类型为 Int64 的 VArray 数组。

```
type varr1 = VArray<Int64, $3> /
```

需要注意的是，VArray<T, $N> 中的 T 和 $N 是必填的，不能省略，否则会报错。例如，以下定义是错误的：

```
type varr2 = VArray // Error：缺少元素类型和长度定义
```

VArray 是值类型数组，与 Array 相比，它的内存分配在栈上而不是堆上，因此它减少了内存的垃圾回收压力。但在传递或赋值 VArray 时，整个数组会被复制，可能引起额外的性能开销。所以在实际应用中，不建议在性能敏感的场景下使用长度较大的 VArray 数组。

5.4.2 VArray 的初始化和操作

在仓颉语言中，可以通过字面量或构造函数来初始化 VArray 数组。

（1）字面量初始化：可以直接用字面量来为 VArray 赋值，但必须明确标识数组的类型和长度。例如：

```
var a: VArray<Int64, $3> = [1, 2, 3]  // 初始化为 [1, 2, 3]
```

（2）构造函数初始化：VArray 提供了如下两种构造方式。

- 通过 Lambda 表达式初始化：每个元素的值可以由 Lambda 表达式生成，表达式中的 i 是元素的索引。例如：

```
let b = VArray<Int64, $5>({ i => i })  // 初始化为 [0, 1, 2, 3, 4]
```

- 通过统一的默认值初始化：为数组中的每个元素赋同样的初始值。例如：

```
let c = VArray<Int64, $5>(item: 0)  // 初始化为 [0, 0, 0, 0, 0]
```

在实际应用中，可以对 VArray 数组实现如下操作。

（1）下标访问和修改：可以通过下标语法访问和修改数组中的元素，下标类型必须是 Int64。例如：

```
var a: VArray<Int64, $3> = [1, 2, 3]
let i = a[1]   // 读取第 1 个元素，i 的值为 2
a[2] = 4       // 修改第 2 个元素，a 变为 [1, 2, 4]
```

（2）获取数组长度：VArray 提供了 size 属性来获取数组的长度，返回值类型为 Int64。例如：

```
var a: VArray<Int64, $3> = [1, 2, 3]
let s = a.size   // s 的值为 3
```

注意：由于仓颉语言运行时的限制，VArray<T, $N> 的元素类型 T 或 T 的成员不能包含以下类型。

- 引用类型。
- 枚举类型。
- Lambda 表达式（CFunc 除外）。
- 未实例化的泛型类型。

这种限制保证了 VArray 能够在栈上高效地进行内存管理，避免与引用类型混淆。

实例 5-12：记录一周的温度并计算平均温度（源码路径：codes\5\Array\Vzu.cj）

在本实例中模拟记录了一周的天气温度，假设一周内每天记录的温度是固定的。通过数组存储、遍历和条件判断，模拟了一个简单的温度监控系统，计算出平均温度，并在超过一定温度时发出提醒。

```
main() {
    // 创建一个 VArray 来记录一周7天的温度，假设温度单位为摄氏度
    var temperatures: VArray<Float64, $7> = [25.0, 28.5, 22.3, 30.0, 27.8, 26.4, 29.1]

    // 计算一周的平均温度
    var total: Float64 = 0.0
    var day = 0
    while (day < temperatures.size) {
        total += temperatures[day]
        println("Day ${day + 1}: Temperature = ${temperatures[day]}° C")
        day += 1
    }

    // 将 temperatures.size 转换为 Float64 类型
    let average = total / Float64(temperatures.size)
    println("The average temperature of the week is: ${average}° C")

    // 设定温度警报：超过 28° C 时发出提醒
    day = 0
    while (day < temperatures.size) {
        if (temperatures[day] > 28.0) {
            println("Alert! Day ${day + 1}: High temperature of ${temperatures[day]}° C")
        }
        day += 1
```

```
    }
}
```

上述代码的实现流程如下。

- 首先创建一个 VArray 数组 temperatures，用于存储一周七天的温度。VArray 是一个定长的值类型数组，本实例使用 VArray<Float64, $7> 创建了一个包含 7 个 Float64 类型元素的数组 temperatures，并通过字面量初始化温度数据。
- 接下来通过 while 循环遍历数组中的温度值，使用一个累加器 total 计算一周的温度总和，同时输出每天的温度值。
- 为了计算平均温度，将累加的温度总和 total 除以数组的大小 temperatures.size，由于 temperatures.size 是 Int64 类型，在进行除法运算时需要将其转换为 Float64 类型，确保类型一致。
- 最后，通过一个循环遍历温度数组，检查每一天的温度是否超过 28℃。如果超过设定的温度警戒值，则发出高温提醒。执行后会输出：

```
Day 1: Temperature = 25.000000℃
Day 2: Temperature = 28.500000℃
Day 3: Temperature = 22.300000℃
Day 4: Temperature = 30.000000℃
Day 5: Temperature = 27.800000℃
Day 6: Temperature = 26.400000℃
Day 7: Temperature = 29.100000℃
The average temperature of the week is: 27.014286℃
Alert! Day 2: High temperature of 28.500000℃
Alert! Day 4: High temperature of 30.000000℃
Alert! Day 7: High temperature of 29.100000℃
```

5.5 内置Array操作函数

在仓颉语言中，Array 是一种动态数组结构，允许存储和管理一组同类型的元素。Array 提供了多个内置操作函数，如添加、删除、查找和排序等，使得数组的操作更加便捷和高效。此外，Array 还支持多维数组，使得处理复杂数据结构变得更加简单。

5.5.1 拷贝与克隆

在仓颉语言中，Array 提供了如下两个拷贝与克隆数组元素的函数。

- clone(): Array<T>：用于深拷贝整个数组，返回一个新的数组副本，确保原数组和副本之间互不影响。
- clone(range: Range<Int64>): Array<T>：允许用户深拷贝数组的指定区间，返回该区间的新的数组副本，方便对数组的部分数据进行操作和管理。
- copyTo(dst: Array<T>, srcStart: Int64, dstStart: Int64, copyLen: Int64): Unit：将当前数组中的一段数据拷贝到目标数组中。

实例 5-13：拷贝数组中的内容（源码路径：codes\5\Array\Acao01.cj）

本实例演示了如何在仓颉语言中创建一个原始数组并进行深拷贝的过程，包括整个数组的拷贝和指定区间的拷贝。通过修改原始数组，可以验证深拷贝的效果，确保克隆的数组不受原始数组更改的影响。

```
main() {
    // 创建一个原始数组
    let originalArray = [1, 2, 3, 4, 5]
    println("原始数组: ${originalArray}") // 输出 "原始数组: [1, 2, 3, 4, 5]"

    // 深拷贝整个数组
    let clonedArray = originalArray.clone()
    println("深拷贝的数组: ${clonedArray}") // 输出 "深拷贝的数组: [1, 2, 3, 4, 5]"

    // 修改原始数组
    originalArray[0] = 10
    println("修改后的原始数组: ${originalArray}") // 输出 "修改后的原始数组: [10, 2, 3, 4, 5]"
    println("深拷贝的数组: ${clonedArray}") // 输出 "深拷贝的数组: [1, 2, 3, 4, 5]"

    // 深拷贝指定区间
    let rangeClonedArray = originalArray.clone(1..4) // 拷贝从索引 1 到 4 的元素
    println("指定区间的深拷贝数组: ${rangeClonedArray}") // 输出 "指定区间的深拷贝数组: [2, 3, 4]"

    // 创建目标数组
    let targetArray = [0, 0, 0, 0, 0]

    // 使用 copyTo 函数将指定区间的数据拷贝到目标数组
    originalArray.copyTo(targetArray, 1, 2, 3) // 从原数组索引 1 开始拷贝 3 个元素到目标数组索引 2 开始
    println("目标数组: ${targetArray}") // 输出 "目标数组: [0, 0, 2, 3, 4]"
}
```

执行后会输出：

```
原始数组: [1, 2, 3, 4, 5]
深拷贝的数组: [1, 2, 3, 4, 5]
修改后的原始数组: [10, 2, 3, 4, 5]
深拷贝的数组: [1, 2, 3, 4, 5]
指定区间的深拷贝数组: [2, 3, 4]
目标数组: [0, 0, 2, 3, 4]
```

5.5.2 连接与合并

在仓颉语言中，函数 concat(other: Array<T>) 用于连接两个数组，返回一个新数组，其中包含当前数组和另一个数组的元素。通过这个功能，用户可以轻松地将多个数组合并为一个，以便进行更复杂的数据操作和处理。

实例 5-14：合并两个数组（源码路径：codes\5\Array\Acao02.cj）

在本实例中创建了两个数组 array1 和 array2，然后使用函数 concat 将它们合并为一个新数组

combinedArray。最后，打印输出合并后的数组。

```
main() {
    // 创建两个数组
    let array1: Array<Int32> = [1, 2, 3]
    let array2: Array<Int32> = [4, 5, 6]

    // 连接两个数组
    let combinedArray: Array<Int32> = array1.concat(array2)

    // 输出合并后的数组
    println("合并后的数组: ${combinedArray}") // 输出 "合并后的数组: [1, 2, 3, 4, 5, 6]"
}
```

执行后会输出：

```
合并后的数组: [1, 2, 3, 4, 5, 6]
```

5.5.3 翻转与切片

翻转与切片是仓颉语言中对数组操作的重要功能，函数 reverse() 可以反转数组中元素的顺序，使得第一个元素变为最后一个元素，以此类推。而函数 slice(start: Int64, len: Int64) 则用于获取数组的一部分，返回从指定起始索引 start 开始、长度为 len 的新数组。

- reverse(): Unit：反转数组中的元素顺序。
- slice(start: Int64, len: Int64): Array<T>：获取数组的切片。

实例 5-15：对数组进行翻转和切片操作（源码路径：codes\5\Array\Acao03.cj）

在本实例中首先创建了数组 originalArray，然后使用函数 reverse() 反转它。接着使用函数 slice 获取从索引 1 开始的 3 个元素，并打印出切片后的数组。

```
main() {
    // 创建一个数组
    let originalArray = [1, 2, 3, 4, 5]
    println("原始数组: ${originalArray}") // 输出 "原始数组: [1, 2, 3, 4, 5]"

    // 反转数组
    originalArray.reverse()
    println("反转后的数组: ${originalArray}") // 输出 "反转后的数组: [5, 4, 3, 2, 1]"

    // 切片获取从索引 1 开始的 3 个元素
    let slicedArray = originalArray.slice(1, 3)
    println("切片数组: ${slicedArray}") // 输出 "切片数组: [4, 3, 2]"
}
```

执行后会输出：

```
原始数组: [1, 2, 3, 4, 5]
反转后的数组: [5, 4, 3, 2, 1]
切片数组: [4, 3, 2]
```

5.5.4 访问与搜索

在仓颉语言中，数组提供了多个函数实现数组的访问与搜索的功能，使得操作数组变得灵活而方便。

- operator [](index: Int64): T：获取数组下标 index 对应的值，如果越界将抛出异常。
- operator [](index: Int64, value!: T): Unit：修改数组中下标 index 对应的值。
- operator [](range: Range<Int64>): Array<T>：根据给定区间获取数组切片。
- contains(element: T): Bool：检查数组是否包含指定元素。
- indexOf(elements: Array<T>): Option<Int64>：返回子数组在数组中第一次出现的位置。
- indexOf(element: T): Option<Int64>：获取元素在数组中第一次出现的索引。
- lastIndexOf(elements: Array<T>): Option<Int64>：返回子数组在数组中最后一次出现的位置。
- lastIndexOf(element: T): Option<Int64>：获取元素在数组中最后一次出现的索引。
- get(index: Int64): Option<T>：获取数组中指定下标的元素，如果越界则返回 None。

实例 5-16：对数组进行访问与搜索操作（源码路径：codes\5\Array\Acao04.cj）

本实例展示了如何创建和操作数组的用法，包括访问和修改元素、检查元素是否存在、获取切片以及查找元素的索引。另外还演示了如何安全地访问元素，并处理越界情况。

```
main() {
    // 创建一个数组
    let array = [5, 10, 15, 20, 25, 30, 100]
    println("原始数组：${array}") // 输出 "原始数组：[5, 10, 15, 20, 25, 30]"

    // 访问数组中的元素
    let secondElement = array[1]
    println("第二个元素：${secondElement}") // 输出 "第二个元素：10"

    // 使用get函数安全访问元素
    let elementAtIndex = array.get(2) // 获取索引2的元素
    println("索引2的元素：${elementAtIndex}") // 输出 "索引2的元素：Some(15)"

    // 检查数组是否包含某个元素
    let containsElement = array.contains(20)
    println("数组包含 20：${containsElement}") // 输出 "数组包含 20：true"

    // 尝试获取越界元素
    let outOfBounds = array.get(4)
    println("索引10的元素：${outOfBounds}") // 输出 "索引4的元素：None"

    // 修改数组中的元素
    array[3] = 100
    println("修改后的数组：${array}") // 输出 "修改后的数组：[5, 10, 15, 100, 25, 30]"

    // 获取数组切片
    let sliceArray = array[2..5]
    println("数组切片：${sliceArray}") // 输出 "数组切片：[15, 100, 25, 30]"
```

```
    // 获取元素的索引
    let index = array.indexOf(15)
    println("元素 15 的索引: ${index}") // 输出 "元素 15 的索引: Some(2)"

    // 获取最后一次出现的索引
    let lastIndex = array.lastIndexOf(30)
    println("元素 30 的最后一次出现索引: ${lastIndex}") // 输出 "元素 30 的最后一次出现索引: Some(5)"

    // 获取最后一次出现的元素的索引
    let lastIndex100 = array.lastIndexOf(100)
    println("元素 100 的最后一次出现索引: ${lastIndex100}") // 输出 "元素 100 的最后一次出现索引: Some(3)"
}
```

执行后会输出：

```
原始数组: [5, 10, 15, 20, 25, 30, 100]
第一个元素: 10
索引2的元素: Some(15)
数组包含 20: true
索引10的元素: Some(25)
修改后的数组: [5, 10, 15, 100, 25, 30, 100]
数组切片: [15, 100, 25]
元素 15 的索引: Some(2)
元素 30 的最后一次出现索引: Some(5)
元素 100 的最后一次出现索引: Some(6)
```

5.5.5 转换与输出

在仓颉语言中，数组的转换与输出功能包括获取数组的迭代器用于遍历元素、将数组转换为自身的副本以便于修改和使用，以及将数组转换为可输出的字符串形式，便于进行调试和展示。实现数组的转换与输出功能的函数如下。

- iterator(): Iterator<T>：获取数组的迭代器，用于遍历数组。
- toArray(): Array<T>：将数组转换为自己的副本。
- toString(): String：将数组转换为可输出的字符串形式。

实例 5-17：对数组进行转换与输出操作（源码路径：codes\5\Array\Acao05.cj）

在本实例中创建了一个整数数组并输出其内容，然后使用迭代器遍历数组元素，并将数组转换为副本进行输出。

```
main() {
    // 创建一个数组
    let array = [1, 2, 3, 4, 5]
    println("原始数组: ${array.toString()}") // 输出 "原始数组: [1, 2, 3, 4, 5]"

    // 使用迭代器遍历数组
    let it = array.iterator()
    println("数组元素:")
    for (element in it) {
```

```
        println(element)
    }

    // 转换为数组副本
    let copiedArray = array.toArray()
    println("副本数组: ${copiedArray.toString()}") // 输出 "副本数组: [1, 2, 3, 4, 5]"
}
```

执行后会输出：

```
原始数组: [1, 2, 3, 4, 5]
数组元素:
1
2
3
4
5
副本数组: [1, 2, 3, 4, 5]
```

5.5.6 比较

在仓颉语言中，数组比较功能通过重载运算符 == 和 != 实现。运算符 == 用于判断两个数组是否相等，当两个数组的长度相同且对应元素相等时返回 true；而运算符 != 则判断两个数组是否不相等，当数组的长度不同或至少有一个对应元素不相等返回 true。这些比较操作使得开发者能够方便地对数组进行相等性测试。

- operator !=(that: Array<T>): Bool：判断当前数组和另一个数组是否不相等。
- operator ==(that: Array<T>): Bool：判断当前数组和另一个数组是否相等。

实例 5-18：对数组进行比较操作（源码路径：codes\5\Array\Acao06.cj）

本实例演示了如何使用运算符比较数组是否相等的用法，首先创建了两个相同的数组和一个不同的数组，然后通过比较运算符输出它们的比较结果。

```
main() {
    // 创建两个数组
    let array1 = [1, 2, 3, 4]
    let array2 = [1, 2, 3, 4]
    let array3 = [1, 2, 3, 5]

    // 比较数组
    println("array1 == array2: ${array1 == array2}") // 输出 "array1 == array2: true"
    println("array1 != array3: ${array1 != array3}") // 输出 "array1 != array3: true"

    // 修改 array3 使其相等于 array1
    array3[3] = 4
    println("array1 == array3: ${array1 == array3}") // 输出 "array1 == array3: true"
}
```

执行后会输出：

```
array1 == array2: true
array1 != array3: true
```

```
array1 == array3: true
```

5.5.7 数组元素数量

在仓颉语言中，数组元素数量的管理通过属性 size 和函数 isEmpty 实现。属性 size 用于获取数组中元素的总数量，而函数 isEmpty 用于判断数组是否为空，返回一个布尔值，便于开发者快速检查数组的状态。

- prop size: Int64：获取数组中元素的数量。
- isEmpty(): Bool：判断数组是否为空。

实例 5-19：获取数组的元素数量并判断数组是否为空（源码路径：codes\5\Array\Acao07.cj）

本实例演示了使用仓颉语言获取数组的元素数量和判断数组是否为空的方法，首先创建了一个非空数组和一个空数组，然后打印输出它们的大小及是否为空的结果。

```
main() {
    // 创建一个数组
    let array = [1, 2, 3, 4, 5]
    println("数组元素数量: ${array.size}") // 输出 "数组元素数量: 5"

    // 检查数组是否为空
    let isEmptyArray = array.isEmpty()
    println("数组是否为空: ${isEmptyArray}") // 输出 "数组是否为空: false"

    // 创建一个空数组并指定类型
    let emptyArray: Array<Int32> = Array<Int32>()
    println("空数组元素数量: ${emptyArray.size}") // 输出 "空数组元素数量: 0"
    println("空数组是否为空: ${emptyArray.isEmpty()}") // 输出 "空数组是否为空: true"
}
```

执行后会输出：

```
数组元素数量: 5
数组是否为空: false
空数组元素数量: 0
空数组是否为空: true
```

第 6 章
函数

在仓颉语言中,函数是程序最重要的构成部分之一,通过编写函数和对函数的调用可以实现软件项目需要的功能。仓颉语言的函数采用高度并行化的编程模型,允许开发者通过简洁的语法描述复杂的并行计算任务。仓颉语言的函数注重性能优化,能够在不同的硬件架构上灵活运行,并通过自动调度和优化策略提升计算效率,特别适用于人工智能、机器学习和大数据等领域。

6.1 函数基础

在仓颉语言中，函数是为了实现某个功能而编写的。要实现不同的功能，可以提前编写好对应的函数。在本书前面实例中多次用到的 print(s) 就是一个函数，它是仓颉语言官方提供的内置函数。

6.1.1 定义函数

在仓颉语言中，使用关键字 func 来定义函数，具体语法格式如下：

```
func 函数名(参数列表): 返回值类型 {
    函数体
}
```

上述格式的具体说明如下。

- func：定义函数的关键字。
- 函数名：函数名是一个合法的标识符，表示函数的名称。必须以字母开头，可以包含字母、数字和下划线。
- 参数列表：定义函数接收的参数（可以有多个参数或无参数），参数列表放在圆括号 () 内。每个参数由参数名和类型组成，使用冒号"："分隔。
- 返回值类型：定义函数的返回值类型，使用冒号"："连接参数列表和返回值类型。返回值类型是可选的，如果省略，编译器将尝试自动推导。
- 函数体：由一对花括号"{}"包围，包含函数的执行逻辑和操作。函数体可以包括变量定义、运算、条件判断等。

在下面的代码中定义了函数 add。

```
func add(a: Int64, b: Int64): Int64 {
    return a + b
}
```

上述代码的具体说明如下。

- 参数列表：两个参数 a 和 b，它们的类型是 Int64。
- 返回值类型：Int64。
- 函数体：将 a 和 b 相加，并返回结果。

如果函数没有返回值，那么可以省略返回值类型，或者明确指定为 Unit，如在下面的代码中，函数 printMessage 接收一个字符串参数 msg，没有返回值。此时，返回值类型是由编译器推导出来的 Unit。

```
func printMessage(msg: String) {
    println(msg)
}
```

6.1.2 参数列表

在仓颉语言中，参数列表是函数定义的重要组成部分，用于指定函数接受的输入。参数列表中的参数可以分为非命名参数和命名参数，这两类参数在函数调用和定义时有一定的区别。

1. 非命名参数

非命名参数的定义方式为 p: T，其中 p 是参数名，T 是参数的类型。非命名参数在函数调用时不需要显式指定参数名，直接按照位置传递值。例如，在下面的代码中，函数 add 中的 a 和 b 是两个非命名参数，类型为 Int64。

```
func add(a: Int64, b: Int64): Int64 {
    return a + b
}
```

在调用上面的函数 add 时可以直接传递数值。

```
add(3, 5)  // 返回 8
```

2. 命名参数

命名参数的定义方式为 p!: T，与非命名参数的区别在于参数名 p 后面带有 !。命名参数在函数调用时必须指定参数名，调用时会更具可读性。

```
func add(a!: Int64, b!: Int64): Int64 {
    return a + b
}
```

在调用上面的函数 add 时需要显式指定参数名。

```
add(a: 3, b: 5)  // 返回 8
```

3. 参数的默认值

在仓颉语言中，命名参数可以有默认值，通过 p!: T = e 的方式定义，其中 e 是该参数的默认值。当调用这种函数时，如果没有传入参数值时会使用默认值。例如，在下面的代码中，为命名参数 a 和 b 都分别设置了默认值 1。

```
func add(a!: Int64 = 1, b!: Int64 = 1): Int64 {
    return a + b
}
```

在调用上面的函数 add 时可以省略参数，使用默认值：

```
add()         // 返回 2
add(a: 3)     // 返回 4
add(b: 5)     // 返回 6
```

4. 参数顺序

仓颉语言允许在定义函数时混合使用非命名参数和命名参数，但非命名参数必须定义在命名参数之前，否则会出现语法错误。这是为了确保函数调用时非命名参数能够按位置顺序正确传递。例如，下面是不合法的定义例子：

```
func add(a!: Int64, b: Int64): Int64 {
    // 错误：命名参数 `a` 必须出现在非命名参数 `b` 之后
    return a + b
}
```

而下面是合法的定义例子，此时函数 add 可以混合使用非命名参数和命名参数，但必须遵守非命名参数在前的规则。

```
func add(a: Int64, b!: Int64 = 2): Int64 {
    return a + b
}
```

5. 参数的不可变性

在仓颉语言中，函数参数是不可变的，即在函数内部不能对参数重新赋值。如果尝试修改参数的值，会导致编译错误。例如：

```
func add(a: Int64, b: Int64): Int64 {
    a = a + b  // 错误: 不能对参数 `a` 重新赋值
    return a
}
```

正确的做法是使用局部变量来保存新的值：

```
func add(a: Int64, b: Int64): Int64 {
    var result = a + b
    return result
}
```

6. 参数的作用域

参数的作用域从函数定义处开始，到函数体结束。参数可以在函数体内访问，但在同一个作用域中不能重新定义同名的变量。例如：

```
func add(a: Int64, b: Int64): Int64 {
    var a_ = a   // 合法: 使用新变量名 `a_`
    var b = b    // 错误: `b` 已作为参数声明, 不能重新定义
    return a_ + b
}
```

6.1.3 函数返回值类型

在仓颉语言中，函数返回值类型是定义一个函数时的重要组成部分，指明函数执行完后返回的值的类型。返回值类型的设计提供了显式和隐式推导两种方式，并且可以通过不同的语法实现灵活地返回类型控制。

1. 显式定义返回值类型

仓颉语言允许在函数定义时显式地定义返回值类型，返回值类型紧随在参数列表之后，使用冒号":"分隔。例如：

```
func add(a: Int64, b: Int64): Int64 {
    return a + b
}
```

在上述代码中，函数 add 的返回值类型是 Int64，因此要求函数体中的 return 表达式必须返回 Int64 类型的值。如果返回的值与定义的返回值类型不匹配，编译器将报错。例如：

```
func add(a: Int64, b: Int64): Int64 {
    return (a, b)   // 错误: 返回值类型与定义的不匹配, 无法返回元组
}
```

运行上述代码，编译器会提示类型不匹配的错误，因为返回的是一个元组 (a, b)，而不是 Int64 类型。

2. 返回值类型推导

仓颉语言支持自动推导返回值类型，如果在函数定义时没有显式声明返回值类型，那么编译器会根据函数体的最后一个表达式自动推导返回类型。通常，返回值类型由函数体内的 return 语句的

值来决定。例如，在下面的代码中，虽然并没有显式指定 add 函数的返回值类型，但编译器可以根据 return a + b 推导出返回值类型为 Int64，因为 a + b 是 Int64 类型的表达式。

```
func add(a: Int64, b: Int64) {
    return a + b
}
```

注意：并不是所有情况下编译器都能够成功推导出函数的返回值类型，如果推导失败，编译器会提示错误，要求显式声明返回值类型。

3. Unit 类型作为返回值类型

如果函数不需要返回值（类似于其他编程语言中的 void），此时可以将返回值类型指定为 Unit。当返回类型是 Unit 时，在函数体中可以不用显式的 return 值，或者可以使用 return () 来表示返回一个空值。Unit 类型表示函数在执行完毕后不会有具体的返回值。例如，在下面的代码中，函数 logMessage 的返回值类型是 Unit，意味着函数不需要返回任何值，主要是执行打印操作。

```
func logMessage(message: String): Unit {
    print(message)
}
```

4. return 表达式的要求

在函数体中使用 return 语句返回值时，return 后面的表达式类型必须与函数定义的返回值类型保持一致。如果不一致，编译器将会报错。例如，在下面的代码中，将函数声明为返回 String 类型，但试图返回 Int64，会导致编译错误。

```
func foo(): String {
    return 100   // 错误：无法将 `Int64` 转换为 `String`
}
```

如果函数没有显式声明返回值类型，且函数体中的 return 表达式能够被编译器推导为特定类型，那么函数的返回值类型将与该推导一致。

5. 函数返回值的灵活性与推导失败

在某些情况下，返回值类型的推导可能失败，尤其是当函数的逻辑复杂或者含有多个 return 分支时，建议显式指定返回值类型，以避免推导不准确或推导失败。例如，在下面的代码中，尽管返回了 a 或 b，但如果没有指定返回类型，编译器可以推导出 process 函数的返回值类型为 Int64。

```
func process(a: Int64, b: Int64) {
    if a > b {
        return a
    } else {
        return b
    }
}
```

6. 特殊的 Nothing 类型

在使用 return 语句时，即使跟随了某个表达式，return 的类型始终是 Nothing 类型。这是一个特殊类型，表示程序的控制流会在 return 之后立即结束，不会继续执行后续的代码。例如，在下面的代码中，当 a 小于 0 时函数立即返回 –1，且 return 本身不会有后续的表达式类型影响。

```
func earlyReturn(a: Int64): Int64 {
    if a < 0 {
```

```
        return -1  // `return` 的类型是 `Nothing`
    }
    return a
```

注意:在仓颉语言中,可以通过显式声明和编译器的自动推导来确定函数返回值类型。对于复杂的函数,明确返回值类型有助于代码的可读性和调试,而在简单场景中可以利用推导机制来减少代码冗余。同时,Unit 类型用于表示不返回任何值的函数,而 Nothing 则处理那些执行完 return 语句后立即终止的逻辑。

仓颉语言的函数返回类型如下:

(1)返回值为元组的函数:可以使用元组类型作为函数的返回类型,将多个值作为一个复合返回值返回。例如,下面的例子,它的返回是一个元组 (a, b),返回类型是 (Int32, Int32)

```
func returnAB(a: Int32, b: Int32): (Int32, Int32) { (a, b) }
```

(2)函数类型作为返回类型:可以使用函数类型作为另一个函数的返回类型,如在下面的例子中,在 ":" 后紧跟的是 add 函数的类型 (Int32, Int32) -> Int32。

```
func returnAdd(a: Int32, b: Int32): (Int32, Int32) -> Int32 {
    return {a, b => a + b} // Return a lambda expression.
}
```

(3)如果指定了函数的返回类型,则在函数定义的参数列表后使用 :Type 指定,此时要求函数的返回类型必须与函数体中的实际返回值类型一致,或者是其子类型,否则会导致编译错误。

(4)如果没有指定函数的返回类型,则编译器会根据函数体的类型以及函数体中的所有 return 表达式来共同推导出函数的返回类型。此过程不是完备的,如遇到(互)递归函数而无法推导它们的返回类型时,编译报错。注意,不能为没有函数体的函数推导其返回类型。函数的返回类型推导规则如下。

函数体是表达式和声明的序列,将序列的最后一项的类型记为 T0(若块的最后一项是表达式,则为表达式的类型;若最后一项为声明,则 T0 = Unit),再将函数体中所有 return e(包括所有子表达式中的 return e)表达式中 e 的类型记为 T1 ... Tn,则函数的返回类型是 T0, T1, ..., Tn 的最小公共父类型。如果不存在最小公共父类型,则产生一个编译错误。例如:

```
open class Base {}
class Child <: Base {}
func f(a: Rune) {
if (false) {
return Base()
}
return Child()
}
```

上述代码的具体说明如下:

- 函数体的类型是块的最后一项的类型,即 return Child() 的类型,其类型为 Nothing。
- 第一个 return e 表达式 return Base() 中 e 的类型是 Base。
- 第二个 return e 表达式 return Child() 中 e 的类型为 Child。
- 由于 Nothing、Base、Child 三者的最小公共父类型是 Base,所以该函数的返回类型为 Base。

6.1.4 函数体

在仓颉语言中，函数体是函数的核心部分，定义了函数在被调用时执行的操作。函数体可以包含变量定义、表达式、函数调用，甚至可以嵌套定义其他函数。函数体负责实现函数的逻辑，并通过 return 表达式将结果返回给调用者。

例如，在下面的代码中，函数体通过定义局部变量 r 来保存计算结果，并通过 return r 将其返回。

```
func add(a: Int64, b: Int64): Int64 {
    var r = 0    // 局部变量定义
    r = a + b    // 表达式赋值
    return r     // 返回值
}
```

函数体本身也有类型，其类型由函数体的最后一项决定。如果最后一项是一个表达式，则函数体的类型是该表达式的类型；如果最后一项是变量定义或函数声明，则函数体的类型为 Unit。

例如，在下面的代码中，add 函数体的最后一项是表达式 a + b，其类型为 Int64，因此函数体的类型与函数的返回值类型一致。

```
func add(a: Int64, b: Int64): Int64 {
    a + b    // 函数体的类型为 Int64
}
```

例如，在下面的代码中，函数体的最后一项是 print(s)，其类型为 Unit，与函数的返回值类型相匹配。

```
func foo(): Unit {
    let s = "Hello"
    print(s)    // 函数体的类型为 Unit
}
```

在函数体执行时，代码从上到下依次执行，直到遇到 return 语句或函数体的最后一行。如果在函数体中出现了多个 return 表达式，函数将在执行到第一个 return 时终止。例如，在下面的代码中，函数体根据条件执行不同的 return 表达式，提前终止函数的执行。

```
func process(a: Int64, b: Int64): Int64 {
    if a > b {
        return a    // 如果 a > b, 则直接返回 a
    }
    return b    // 否则，返回 b
}
```

6.2 调用函数

在定义了一个仓颉语言函数后，在程序中需要通过对函数的调用来执行函数体。本节将详细介绍调用仓颉函数的知识和用法。在仓颉语言程序中，调用函数的基本格式如下：

```
f(arg1, arg2, ..., argn)
```

如果函数没有参数，则调用形式为 f()。函数调用时，传递的实参类型必须与函数定义中的形参类型相匹配或是其子类型。

6.2.1 非命名参数的调用

当函数的参数为非命名参数时，调用时传递的实参是一个表达式，且调用顺序必须与定义时的参数顺序保持一致。

实例 6-1：计算两个整数的和（源码路径：codes\6\Func\src\Diao01.cj）

本实例中定义了函数 add，用于计算两个参数 a 和 b 的和，然后调用函数 add 计算 a 和 b 的和。

```
func add(a: Int64, b: Int64): Int64 {
    return a + b
}

main() {
    let x = 1
    let y = 2
    let r = add(x, y)    // 传入非命名参数
    println("The sum of x and y is ${r}")
}
```

在上述代码中，函数 add 有两个参数 a 和 b，它们的类型为 Int64，该函数返回两数之和。在函数 main 中，定义了两个变量 x 和 y，并按照顺序将它们作为实参传递给 add 函数。在调用时，必须确保实参的顺序与函数定义中的形参顺序一致。最后，通过 println 打印输出计算结果，显示 x 和 y 的和为 3。执行后会输出：

```
The sum of x and y is 3
```

6.2.2 命名参数的调用

在仓颉语言函数中，在定义命名参数时使用"！"标记，在调用时必须显式传递参数名，即使用"p: e"形式，其中 p 是参数名，e 是传递的实参。与非命名参数不同的是，命名参数的传参顺序可以与定义顺序不同。在仓颉语言中，命名实参是指在函数调用时必须在实参值前加上形参名。只有在函数定义时使用"！"标记的命名形参，才可以在调用时使用命名实参语法。命名实参的定义和调用规则如下。

- 规则 1：所有命名参数必须使用命名实参传递值，否则报错。
- 规则 2：命名实参后不允许再出现非命名实参。
- 规则 3：命名实参的顺序可以与形参列表的顺序不同。

实例 6-2：使用命名参数计算两个整数的和（源码路径：codes\6\Func\src\Diao02.cj）

本实例中定义了函数 add，用于计算两个参数 a 和 b 的和，在定义时使用"！"标记定义了命名参数。

```
func add(a!: Int64, b!: Int64): Int64 {
    return a + b
}

main() {
    let x = 1
    let y = 2
    let r = add(b: y, a: x)    // 使用命名参数，传参顺序可不同
    println("The sum of x and y is ${r}")
}
```

在上述代码中，函数 add 的参数 a 和 b 使用了"！"标记为命名参数，在调用时必须显式指定参数名。在函数 main 中，使用命名参数调用了 add 函数，即通过 b: y, a: x 的形式传参，参数顺序可以与函数定义中的顺序不同。尽管参数顺序改变，函数仍然正确计算 x 和 y 的和，并输出结果为 3。执行后会输出：

```
The sum of x and y is 3
```

6.2.3 默认参数的函数调用

在仓颉语言中，函数的命名参数可以设置默认值，在定义默认参数时通过" p!: T = e "的形式来指定，其中 p 是参数名，T 是参数类型，e 是参数的默认值。在调用这种有默认参数的函数时，可以选择不传递对应的实参。在这种情况下，未传递实参的参数会自动使用其定义时的默认值。只有命名参数才能设置默认值，非命名参数不支持默认值。

实例 6-3： 点餐机器人（源码路径：codes\6\Func\src\Diao03.cj）

在本实例中模拟了一个简单的点餐机器人，实现了函数 orderMeal，可以根据客户点的餐和饮品来返回一个确认信息。在默认情况下，如果客户没有指定饮品，机器人会自动为客户选择"可乐"。

```
func orderMeal(mainDish: String, drink!: String = "Coke"): String {
    return "Your order: ${mainDish} with ${drink}. Enjoy your meal!"
}

main() {
    let meal1 = orderMeal("Burger")                    // 只点了主菜，饮料默认是 Coke
    let meal2 = orderMeal("Pizza", drink: "Tea")       // 点了主菜和饮料
    println(meal1)
    println(meal2)
}
```

上述代码的具体说明如下。

- 在 orderMeal("Burger") 中，只点了主菜 "Burger"，没有指定饮料，机器人自动为客户选择了默认饮料 "Coke"。
- 在 orderMeal("Pizza", drink: "Tea") 中，点了主菜 "Pizza" 和指定饮料 "Tea"，机器人确认了客户的自定义选择。

执行后会输出：

```
Your order: Burger with Coke. Enjoy your meal!
Your order: Pizza with Tea. Enjoy your meal!
```

6.3 函数的嵌套调用和递归调用

在仓颉语言中，允许对函数进行嵌套调用和递归调用，其中嵌套调用是指在某个函数内调用了另外一个函数，而递归调用是指函数自己调用自己。

6.3.1 函数的嵌套调用

嵌套函数是指定义在另一个函数内部的函数，与全局函数不同，它只能在包含它的外层函数内

被调用，或者作为返回值返回给外部使用。嵌套函数可以访问外层函数中的变量和上下文，通常用于封装功能，使代码更加模块化和简洁。

在仓颉语言中，嵌套函数的定义形式与普通函数相同，但它只能在所在的函数体内使用。嵌套函数的主要特点如下。

- 限制函数的作用域：将函数的逻辑封装在一个特定的上下文内，不暴露给全局范围。
- 函数返回：可以将嵌套函数作为返回值，从而实现更复杂的功能。
- 嵌套函数在外部函数内可以调用，也可以作为返回值在外部使用。
- 嵌套函数可以访问外层函数的变量和状态，增强了函数间的协作能力。
- 嵌套函数的使用使代码封装性更强和易维护，适合在局部作用域内定义和使用函数逻辑。

实例 6-4：函数的嵌套调用（源码路径：codes\6\Func\src\Diao04.cj）

在本实例中展示了嵌套函数的使用，在函数 foo 内定义了一个嵌套函数 nestAdd。

```
func foo() {
    // 定义了一个嵌套函数 nestAdd，它只能在 foo 函数内调用
    func nestAdd(a: Int64, b: Int64) {
        a + b + 3   // 计算 a 和 b 的和，再加 3
    }

    // 在 foo 函数内部调用 nestAdd 函数
    println(nestAdd(1, 2))   // 输出 6 (1 + 2 + 3)

    // 返回嵌套函数 nestAdd，使其可以在 foo 函数外被调用
    return nestAdd
}

main() {
    // 调用 foo 函数，并接收返回的嵌套函数 nestAdd
    let f = foo()

    // 在 foo 函数外部通过 f 调用嵌套函数 nestAdd
    let x = f(1, 2)
    println("result: ${x}")   // 输出 result: 6
}
```

上述代码的具体说明如下。

- 在函数 foo 中定义了一个嵌套函数 nestAdd，它的作用是将两个数字相加并加上 3。
- 在函数 foo 内部，nestAdd 被调用并打印出结果 6（因为 1 + 2 + 3 = 6）。
- 函数 foo 将嵌套函数 nestAdd 作为返回值返回。
- 在函数 main 中，通过变量 f 接收了 foo 返回的嵌套函数，并通过 f(1, 2) 再次调用嵌套函数，输出 6。

执行后会输出：

```
6
result: 6
```

6.3.2 函数的递归调用

在仓颉语言中，一个函数在它的函数体内调用它自身称为递归调用，这种函数被称为递归函

数。在递归调用过程中，主调函数又是被调函数。执行递归函数将反复调用其自身，每调用一次就进入新的一层。递归调用通常用于解决具有自相似结构的问题，如计算阶乘、斐波那契数列等。

递归函数通常包括以下两个部分。

- 递归基准（Base Case）：用于终止递归的条件，防止函数无限调用自身。
- 递归步骤（Recursive Case）：函数在调用自身时会减少问题的规模或修改参数，以最终达到基准条件。

在递归函数内部，通过调用自身来处理问题的子问题。这种调用方式允许函数在不同的调用栈中重复执行，直到达到终止条件。

实例6-5：计算阶乘（源码路径：codes\6\Func\src\Diao05.cj）

在本实例中使用仓颉语言的递归函数计算阶乘。

```
func factorial(n: Int64): Int64 {
    if (n == 0) {
        return 1   // 基准条件：0 的阶乘为 1
    } else {
        return n * factorial(n - 1)   // 递归步骤：n! = n * (n-1)!
    }
}

main() {
    let result = factorial(5)
    println("The factorial of 5 is ${result}")   // 输出结果：120
}
```

上述代码的具体说明如下。

- 基准条件：当 n 为 0 时，函数返回 1，避免无限递归。
- 递归步骤：如果 n 不为 0，函数会调用自身计算 factorial(n – 1)，并将结果与 n 相乘。

执行后会输出：

```
The factorial of 5 is 120
```

实例6-6：解决汉诺塔问题（源码路径：codes\6\Func\src\Diao06.cj）

寺院里有 3 根柱子，第 1 根有 64 个盘子，从上往下盘子越来越大，其他两根柱子上没有盘子。方丈要求小和尚 A_1 把这 64 个盘子全部移到第 3 根柱子上。在移动的时候，始终只能小盘子压着大盘子，而且每次只能移动一个。

方丈发出命令后，小和尚 A_1 马上开始工作，下面是他的工作过程。

- 聪明的小和尚 A_1 在移动时，觉得很难，另外他也非常懒惰，所以找小和尚 A_2 来帮他。他觉得要是 A_2 能把前 63 个盘子先移动到第 2 根柱子上，自己再把最后一个盘子直接移动到第 3 根柱子上，然后让 A_2 把刚才的前 63 个盘子从第 2 根柱子上移动到第 3 根柱子上，于是他执行了如下操作。

  ·命令 A_2 把前 63 个盘子移动到第 2 根柱子上。
  ·自己把第 64 个盘子移动到第 3 根柱子上。
  ·命令 A_2 把前 63 个盘子移动到第 3 根柱子上。

- 小和尚 A_2 接到任务后也觉得很难，所以他也和 A_1 想的一样：要是有一个小和尚能把前 62 个盘子先移动到第 3 根柱子上，自己再把最后一个盘子直接移动到第 2 根柱子上，然后让那个小和尚把刚才的前 62 个盘子从第 3 根柱子上移动到第 2 根柱子上，任务就算完成了。所以他也找了另外一个小和尚 A_3，执行了如下操作。
- 命令 A_3 把前 62 个盘子移动到第 3 根柱子上。
- 自己把第 63 个盘子移动到第 2 根柱子上。
- 命令 A_3 把前 62 个盘子移动到第 2 根柱子上。

- 小和尚 A_3 接了任务，又把移动前 61 个盘子的任务"依葫芦画瓢"地交给了小和尚 A_4，这样一直递推下去，直到把任务交给第 64 个小和尚 A_{64} 为止。
- 此时此刻，任务马上就要完成了，唯一的工作就是 A_{63} 和 A_{64} 的工作了。小和尚 A_{64} 移动第 1 个盘子，把它移到第 2 根柱子上，然后小和尚 A_{63} 移动第 2 个盘子，把它移到第 3 根柱子上。小和尚 A_{64} 再把第 1 个盘子移动到第 2 个盘子上。到这里，A_{64} 的任务完成，A_{63} 完成了 A_{62} 交给他的任务的第 1 步。

算法分析：从上面小和尚的工作过程可以看出，只有 A_{64} 的任务完成后，A_{63} 的任务才能完成，只有小和尚 $A_2 \sim A_{64}$ 的任务完成后，小和尚 A_1 的任务才能完成。只有小和尚 A_1 的任务完成，才能完成方丈吩咐给他的任务。由此可见，整个过程是一个典型的递归问题。接下来以 3 个盘子为例来进行分析。

- 第 1 个小和尚发出命令。
  - 第 2 个小和尚先把第 1 根柱子前 2 个盘子移动到第 2 根柱子，借助第 3 根柱子。
  - 第 1 个小和尚自己把第 1 根柱子最后的盘子移动到第 3 根柱子上。
  - 第 2 个小和尚把前 2 个盘子从第 2 根柱子移动到第 3 根柱子上。
- 显然，第 2 步很容易实现。其中第 1 步，第 2 个小和尚有 2 个盘子，于是他发出以下命令。
  - 第 3 个小和尚把第 1 根柱子第 1 个盘子移动到第 3 根柱子。
  - 第 2 个小和尚自己把第 1 根柱子第 2 个盘子移动到第 2 根柱子上。
  - 第 3 个小和尚把第 1 个盘子从第 3 根柱子移动到第 2 根柱子上。

同样，第 2 步很容易实现，但第 3 个小和尚只需要移动 1 个盘子，所以他也不用再下派任务了（注意：这就是停止递归的条件，也叫边界值）。

- 第 3 步中第 2 个小和尚还是有 2 个盘子，于是他发出以下命令。
  - 第 3 个小和尚把第 2 根柱子上的第 1 个盘子移动到第 1 根柱子上。
  - 第 2 个小和尚把第 2 个盘子从第 2 根柱子移动到第 3 根柱子上。
  - 第 3 个小和尚把第 1 根柱子上的盘子移动到第 3 根柱子上。

分析组合起来就是：1→3，1→2，3→2，由第 2 个和第 3 个小和尚完成；1→3，是第 1 个小和尚留给自己的活；2→1，2→3，1→3，还是由第 2 个和第 3 个小和尚完成。总体看来，整个移动过程一共需要 7 步来完成。

如果是 4 个盘子，则第 1 个小和尚的命令中第 1 步和第 3 步各有 3 个盘子，所以各需要 7 步，再加上第 1 个小和尚的第 1 步，所以 4 个盘子总共需要移动 7+1+7=15 步；同样，5 个盘子需要 15+1+15=31 步，6 个盘子需要 31+1+31=63 步……由此可以知道，移动 n 个盘子需要（2^n-1）步。

假设用 move(n,a,b,c) 表示把第 1 根柱子上的 n 个盘子借助第 2 根柱子移动到第 3 根柱子上，由此可以得出结论：第 1 步的操作是 move (n−1,1,3,2)，第 3 步的操作是 move (n−1,2,1,3)。

在本实例中根据上述算法编写了递归函数 move() 解决汉诺塔问题，代码如下。

```
func move(n: Int64, from: String, to: String, aux: String): Unit {
```

```
    if (n == 1) {
        println("${from} --> ${to}")    // 直接将一个盘子从"from"柱子移动到"to"柱子
    } else {
        move(n - 1, from, aux, to)      // 将 n-1 个盘子从"from"柱子移动到"aux"柱子,
借助"to"柱子
        println("${from} --> ${to}")    // 将第 n 个盘子从"from"柱子移动到"to"柱子
        move(n - 1, aux, to, from)      // 将 n-1 个盘子从"aux"柱子移动到"to"柱子,借
助"from"柱子
    }
}
main() {
    let n = 3    // 设定盘子的数量
    println("解决汉诺塔问题的移动步骤为:")
    move(n, "A", "C", "B")    // 从柱子 A 移动到柱子 C,借助柱子 B
}
```

在上述代码中,递归函数 move 实现了将 n 个盘子从一个柱子移动到另一个柱子的任务。具体说明如下。

(1)递归基准条件:如果 n 为 1(即只剩下一个盘子),则直接将该盘子从源柱子移动到目标柱子。这是递归的终止条件,确保在递归过程中能够终结。

(2)递归步骤。

- 移动 n-1 个盘子:首先,将 n-1 个盘子从源柱子(from)移动到辅助柱子(aux),这需要借助目标柱子(to)。这里的递归调用处理的是小规模的问题,通过不断减少盘子的数量,逐步简化问题。
- 移动第 n 个盘子:然后,将第 n 个盘子(当前最大的盘子)从源柱子(from)移动到目标柱子(to)。这个操作是直接的,不需要递归。
- 再次移动 n-1 个盘子:最后,将之前移动到辅助柱子(aux)上的 n-1 个盘子移动到目标柱子(to),这次需要借助源柱子(from)。这一步完成了所有盘子的最终移动,将问题逐步分解到较小的规模。

(3)主程序:在主程序中,设定盘子的数量并调用 move 函数,开始解决汉诺塔问题。这涉及将盘子从一个柱子(起始柱)移动到另一个柱子(目标柱),并指定一个辅助柱子。设置设定盘子的数量为 3,执行后会输出:

```
解决汉诺塔问题的移动步骤为:
A --> C
A --> B
C --> B
A --> C
B --> A
B --> C
A --> C
```

在本实例中,整个实现通过递归的方式分解问题,将大问题(移动 n 个盘子)分解为多个小问题(移动 n-1 个盘子),直到基准条件满足。每次递归都涉及三个步骤:移动 n-1 个盘子到辅助柱子,移动最大盘子到目标柱子,再将 n-1 个盘子从辅助柱子移动到目标柱子。

6.4 Lambda 表达式

Lambda 表达式用于简洁地定义一次性使用的函数，通过 Lambda 表达式，可以在代码中快速创建内联函数，支持参数和返回值的类型推断，并且能够在定义的同时立即调用。Lambda 表达式通常用于简化代码、提升可读性，并广泛应用于函数式编程、回调函数和高阶函数中。

6.4.1 Lambda 表达式的定义

在仓颉语言中，定义 Lambda 表达式的语法格式如下：

```
{ p1: T1, ..., pn: Tn => expressions | declarations }
```

上述格式的具体说明如下。
- 参数列表 (p1: T1, ..., pn: Tn)：包含一个或多个参数，参数和类型之间用冒号 ":" 分隔，多个参数之间用逗号 "," 分隔。也可以省略参数类型，让编译器进行类型推断。
- 箭头符号 (=>)：用于分隔参数列表和表达式部分。
- 表达式或声明 (expressions | declarations)：表示表达式或声明序列，是 Lambda 表达式的主体部分。

在下面的代码中实现了一个基本的表达式，add 是一个 Lambda 表达式，接收两个参数 a 和 b，并返回它们的和。

```
let add = { a: Int64, b: Int64 => a + b }
```

在下面的代码中，greet 是一个无参数的 Lambda 表达式，它打印 "Hello"。

```
var greet = { => println("Hello") }
```

在下面的代码中，参数 a 和 b 的类型是由 sum1 变量的类型推断出来的。

```
var sum1: (Int64, Int64) -> Int64 = { a, b => a + b }
```

在下面的代码中实现了指定返回类型的 Lambda 表达式，square 是一个 Lambda 表达式，接受一个 Int64 类型的参数 n，返回 n 的平方。

```
let square: (Int64) -> Int64 = { n: Int64 => n * n }
```

6.4.2 Lambda 表达式的返回类型

在华为仓颉语言中，Lambda 表达式的返回类型通常由上下文推断，如果上下文中已经明确了返回类型，则 Lambda 表达式的返回类型就会被指定为该类型。

1. 返回类型推断

Lambda 表达式的返回类型通常是由上下文来推断的。例如，当 Lambda 表达式被赋值给一个具有特定返回类型的变量时，编译器会根据该变量的类型来推断 Lambda 表达式的返回类型。例如，在下面的代码中，Lambda 表达式 { x: Int64 => x + 1 } 被赋值给变量 increment，而 increment 的类型被明确指定为 (Int64) -> Int64。因此，Lambda 表达式的返回类型被推断为 Int64，因为 x + 1 的结果类型是 Int64。

```
let increment: (Int64) -> Int64 = { x: Int64 => x + 1 }
```

2. 返回类型为 Unit

如果 Lambda 表达式的返回类型为 Unit，编译器会自动在 Lambda 表达式的末尾插入 return ()。Unit 类型表示没有实际的返回值，通常用于表示函数的副作用，如打印信息或执行其他操作。在下面的代码中，Lambda 表达式没有显式的返回类型，并且它的返回类型被推断为 Unit。由于 Lambda 表达式体中只包含一个打印操作，编译器会自动在表达式的末尾插入 return ()，确保 Lambda 表达式的返回类型为 Unit。这个 Lambda 表达式执行时会打印 "Done"，但不会返回任何有意义的值。

```
let printMessage = { => println("Done") }
```

3. 上下文中的返回类型

如果在上下文中类型没有明确设置 Lambda 表达式的返回类型，那么遵循如下规则。

- 作为变量的类型：当 Lambda 表达式被赋值给一个具有特定类型的变量时，编译器会根据变量的类型推断 Lambda 的返回类型。
- 作为函数参数：当 Lambda 表达式作为函数参数传递时，其返回类型根据函数参数类型进行推断。
- 作为函数返回值：当 Lambda 表达式作为函数的返回值时，其返回类型会根据函数的返回类型进行推断。

在下面的代码中，函数 process 接受一个参数 f，其类型为 (Int64) -> Int64。因此，传递的 Lambda 表达式 { x: Int64 => x * 2 } 的返回类型也被推断为 Int64。main 函数调用 process，并将结果返回。

```
func process(f: (Int64) -> Int64): Int64 {
    return f(5)
}

main(): Int64 {
    let result = process { x: Int64 => x * 2 }
    return result
}
```

6.4.3 Lambda 表达式的调用

在仓颉语言中，Lambda 表达式是一种匿名函数，可以像普通函数一样被调用。Lambda 表达式的调用方式多种多样，既可以立即调用，也可以将其赋值给变量后再进行调用。Lambda 表达式调用的关键在于它如何与上下文交互，以及如何处理参数和返回类型。

1. 立即调用

仓颉语言支持 Lambda 表达式的立即调用。在定义 Lambda 表达式的同时，可以直接传入参数并执行 Lambda 表达式。这种调用方式类似于直接调用匿名函数。例如，在下面的代码中，定义了一个 Lambda 表达式 { a: Int64, b: Int64 => a + b }，并且在定义的同时，使用 (3, 4) 传入参数进行立即调用，结果为 7。

```
let result = { a: Int64, b: Int64 => a + b }(3, 4)   // result = 7
```

这种调用方式类似于内联函数的调用，编译器在解析时会将该 Lambda 表达式视作一次函数调用。通过解析表达式体及参数列表，计算出结果并返回。原地调用能提高代码的可读性和效率，适合不需要反复使用的逻辑片段。

假设在准备晚餐时，可能会用到一种转换配方的工具，比如计算餐量的工具，此时可以定义一个 Lambda 表达式来计算根据人数调整配方量。下面的示例，展示如何用 Lambda 表达式立即调用来计算一个简易的披萨配方量。

实例 6-7：调整披萨配方量（源码路径：codes\6\Func\src\Biao01.c）

在本实例中假设有一个基本的披萨配方，足够 2 个人吃。如果要调整配方以供 5 个人吃，可以使用 Lambda 表达式来完成这项工作。

```
// 定义一个 Lambda 表达式，用于根据人数调整配方量
let adjustRecipe = { servings: Int64, baseAmount: Int64 => baseAmount * servings / 2 }

main(): Int64 {
    // 调用 Lambda 表达式，计算 5 个人所需的披萨配方量
    let pizzaAmountFor5People = adjustRecipe(5, 250)

    // 打印结果
    println("为 5 个人准备的披萨面粉量为: ${pizzaAmountFor5People} 克")

    return 0  // 表示程序正常结束
}
```

上述代码的具体说明如下。

- adjustRecipe 是一个 Lambda 表达式，它根据给定的份数 (servings) 和 2 人的基本配方量 (baseAmount)，来计算新的配方量。
- adjustRecipe(5, 250) 立即调用 Lambda 表达式，表示 5 个人的披萨面粉量，基础量是 250 克。

执行后会输出下面的结果，由此可见，这种 Lambda 表达式立即调用的方式能够迅速调整配方而无须写额外的函数，直接获得所需的结果，简单而高效。

```
为 5 个人准备的披萨面粉量为: 625 克
```

2. 通过变量名调用

也可以将 Lambda 表达式赋值给变量，之后通过该变量进行调用。这个模式使得 Lambda 表达式可以在代码中多次调用，且通过变量名引用具有更高的复用性。在下面的代码中，变量 add 存储了 Lambda 表达式 { x, y => x + y }，之后通过 add(10, 20) 调用表达式。这与函数调用非常相似，但 Lambda 表达式的匿名特性使得这种方式更灵活。

```
let add: (Int64, Int64) -> Int64 = { x, y => x + y }
let result = add(10, 20)
```

编译器在处理通过变量名调用这种情况时，会将变量绑定到匿名函数对象上，变量名本质上是一个函数的引用。调用时，编译器会通过变量找到 Lambda 实体并执行其函数体。这种模式提高了 Lambda 表达式的灵活性，允许在多处使用同一段逻辑。下面是一个仓颉语言 Lambda 表达式通过变量名调用的例子，模拟了一个计算咖啡因摄入量的情境。

实例 6-8：计算咖啡因的摄入量（源码路径：codes\6\Func\src\Biao02.c）

在本实例中假设每天喝不同种类的咖啡，每种咖啡含有不同的咖啡因含量。通过 Lambda 表达式根据喝的杯数和每杯咖啡的咖啡因含量，计算总的咖啡因摄入量。

```
// 定义一个 Lambda 表达式，用于计算总的咖啡因摄入量
let calculateCaffeine: (Int64, Int64) -> Int64 = { cups, caffeinePerCup =>
cups * caffeinePerCup }
```

```
main(): Int64 {
    // 调用 Lambda 表达式，计算每天喝 3 杯普通咖啡（每杯含 95 毫克咖啡因）的咖啡因摄入量
    let totalCaffeine = calculateCaffeine(3, 95)

    // 打印结果
    println("今天喝咖啡的总咖啡因摄入量为：${totalCaffeine} 毫克")

    // 计算喝 2 杯浓缩咖啡（每杯含 150 毫克咖啡因）的咖啡因摄入量
    let espressoCaffeine = calculateCaffeine(2, 150)

    // 打印结果
    println("今天喝浓缩咖啡的总咖啡因摄入量为：${espressoCaffeine} 毫克")

    // 计算总摄入量
    let totalIntake = totalCaffeine + espressoCaffeine
    println("今天总共摄入的咖啡因为：${totalIntake} 毫克")

    return 0    // 表示程序正常结束
}
```

上述代码的具体说明如下。
- Lambda 定义：calculateCaffeine 是一个 Lambda 表达式，接受两个参数——杯数和每杯咖啡的咖啡因含量，返回总咖啡因摄入量。
- Lambda 调用：通过 calculateCaffeine 变量调用这个 Lambda 表达式来计算每天喝普通咖啡和浓缩咖啡的咖啡因摄入量。
- 灵活性：通过变量名 calculateCaffeine 调用多次 Lambda，计算了不同种类咖啡的摄入量，并展示了如何重复利用相同的逻辑。

执行后会输出：

```
今天喝咖啡的总咖啡因摄入量为：285 毫克
今天喝浓缩咖啡的总咖啡因摄入量为：300 毫克
今天总共摄入的咖啡因为：585 毫克
```

从输出结果可以看到，Lambda 表达式成功计算出了两种不同咖啡的咖啡因摄入量，并将它们相加，得到了今天总共摄入 585 毫克咖啡因。由此可以看出仓颉语言中 Lambda 表达式的灵活性，既可以用于单次计算，也能通过变量多次调用，适合日常生活中的逻辑处理。

3. 作为函数参数传递

Lambda 表达式可以作为函数的参数传递，并在函数体内进行调用。这是函数式编程的重要特性，允许将行为作为参数传递，实现更高层次的抽象和灵活的逻辑控制。在下面的代码中，Lambda 表达式 { x, y => x * y } 作为参数传递给函数 applyOperation，并在函数内部被调用。这种模式使得可以通过参数化的方式动态改变函数的行为，在不同情况下传递不同的操作符。

```
func applyOperation(op: (Int64, Int64) -> Int64, a: Int64, b: Int64): Int64 {
    return op(a, b)
}

let result = applyOperation({ x, y => x * y }, 10, 20)
```

编译器在作为函数参数传递这种模式下，首先将 Lambda 表达式打包为一个匿名函数对象，并将该对象作为参数传递给目标函数。在函数内部，Lambda 被解包并执行。这种方式的好处在于能够将行为抽象为参数，使代码具备更强的可扩展性和动态性。

实例 6-9：自动选择运动计划（源码路径：codes\6\Func\src\Biao03.c）

本实例展示了使用 Lambda 表达式作为函数参数传递的用法，模拟了一个自动选择适合当天运动的活动计划的场景。假设有不同的运动模式（如慢跑、骑行、游泳等），并根据当天的天气、心情、时间等来选择适合的运动方式。

```
// 定义一个函数，用于应用运动方式的选择
func applyActivity(activity: (String) -> String, mood: String): String {
    return activity(mood)
}

// 定义不同的运动方式，作为 Lambda 表达式
let run: (String) -> String = { mood =>
    if (mood == "energized") {
        return "今天适合慢跑, 消耗500卡路里! "
    } else {
        return "今天情绪不高, 建议散步, 消耗200卡路里! "
    }
}

let bike: (String) -> String = { mood =>
    if (mood == "energized") {
        return "今天适合骑车, 消耗600卡路里! "
    } else {
        return "轻松骑行吧, 消耗300卡路里! "
    }
}

// 定义主函数，模拟今天的运动计划
main(): Int64 {
    // 假设今天的心情
    let todayMood = "energized"

    // 根据心情选择运动方式并输出结果
    let chosenActivity1 = applyActivity(run, todayMood)
    println(chosenActivity1)

    let chosenActivity2 = applyActivity(bike, todayMood)
    println(chosenActivity2)

    return 0  // 表示程序正常结束
}
```

上述代码的具体说明如下。

- 函数 applyActivity 接受一个运动模式（Lambda 表达式）和当天的心情，并根据心情返回适合的运动方式。

- run 和 bike 是两个不同的运动方式 Lambda 表达式，它们根据传入的心情决定是否做高强度的运动，还是轻松运动。
- 在主函数中，假设今天的心情是"energized"（充满活力），并使用函数 applyActivity 分别调用了慢跑和骑行的 Lambda 表达式。

执行后会输出：

```
今天适合慢跑，消耗500卡路里！
今天适合骑车，消耗600卡路里！
```

本实例展示了 Lambda 表达式作为函数参数传递的灵活性，通过动态传递不同的运动方式，程序可以根据不同的情况自动生成适合的运动计划。

4. 作为返回值

Lambda 表达式还可以作为函数的返回值，允许将函数内定义的逻辑返回并在外部调用。这种方式常用于高阶函数和延迟计算场景。在下面的代码中，函数 createMultiplier 返回了一个 Lambda 表达式，之后该表达式被赋值给 multiplier 变量并用于计算。在需要动态生成行为或封装逻辑的场景中，这种模式非常有用。

```
func createMultiplier(factor: Int64): (Int64) -> Int64 {
    return { x => x * factor }
}

let multiplier = createMultiplier(5)
let result = multiplier(10)    // 结果为 50
```

在实际应用中，返回值的 Lambda 表达式会被捕获为闭包（closure），可以捕获其定义时的上下文状态，如例子中的 factor。编译器在生成闭包时，会处理上下文中涉及的变量和状态，将其打包到返回的函数对象中，以便在调用时能够访问这些状态。

实例 6-10：购物折扣计算器（源码路径：codes\6\Func\src\Biao04.c）

在本实例中创建一个函数来生成"购物折扣计算器"，根据用户所选择的折扣比例生成不同的折扣计算逻辑。用户可以传入不同的折扣百分比，来计算购物金额。

```
// 定义一个函数，用于创建不同折扣计算器的 Lambda 表达式
func createDiscountCalculator(discountRate: Int64): (Int64) -> Int64 {
    return { originalPrice => originalPrice * (100 - discountRate) / 100 }
}

main(): Int64 {
    // 创建一个 20% 折扣的计算器
    let discount20 = createDiscountCalculator(20)
    // 创建一个 50% 折扣的计算器
    let discount50 = createDiscountCalculator(50)

    // 计算原价为100的商品在 20% 和 50% 折扣下的价格
    let priceAfter20Discount = discount20(100)
    let priceAfter50Discount = discount50(100)

    // 输出结果
    println("原价 100 元的商品，使用 20% 折扣后的价格为：${priceAfter20Discount} 元")
    println("原价 100 元的商品，使用 50% 折扣后的价格为：${priceAfter50Discount} 元")
```

```
    return 0    // 表示程序正常结束
}
```

上述代码的具体说明如下。
- 函数 createDiscountCalculator 返回一个 Lambda 表达式，Lambda 表达式根据传入的原价和折扣率来计算打折后的价格。
- 参数 discountRate 表示折扣百分比，如传入 20 表示 20% 折扣，50 表示 50% 折扣。
- 在函数 main 中创建了两个不同的折扣计算器，一个是 20% 的折扣，一个是 50% 的折扣，然后用这些折扣计算器来计算原价 100 元的商品在不同折扣下的价格。
- 计算完结果后，通过 println 打印输出最终的折扣价格。

执行后会输出：

```
原价 100 元的商品，使用 20% 折扣后的价格为：80 元
原价 100 元的商品，使用 50% 折扣后的价格为：50 元
```

本实例展示了 Lambda 表达式作为返回值的灵活性。通过创建不同的折扣计算器，用户可以根据需要计算不同的商品折扣，模拟现实生活中的购物体验。这种方式非常适合用于动态生成逻辑和计算的场景。

5. 尾随 Lambda 表达式

在仓颉语言中，当 Lambda 表达式是函数的最后一个参数时，允许使用尾随 Lambda 表达式的语法糖，即将 Lambda 放在函数调用的括号外部，使代码更加简洁和易读。在下面的代码中，Lambda 表达式 { println("This is a trailing lambda.") } 作为 perform 函数的参数，但被放置在括号外部。这种语法对于提高可读性特别有用，尤其是在处理较长的 Lambda 表达式时。

```
func perform(action: () -> Unit) {
    action()
}

perform {
    println("This is a trailing lambda.")
}
```

在实际应用中，尾随 Lambda 表达式是编译器的语法糖，简化了语法解析过程。编译器在处理尾随 Lambda 时，会将其视作函数调用的最后一个参数，并在内部进行重构，使其与标准的 Lambda 表达式调用一致。

实例 6-11：自定义做早餐的步骤（源码路径：codes\6\Func\src\Biao05.c）

在本实例中实现了函数 makeBreakfast，这个负责执行做早餐的步骤，通过尾随 Lambda 表达式自定义想做的早餐内容。

```
// 定义一个函数，接受一个 Lambda 表达式参数，表示早餐的步骤
func makeBreakfast(action: () -> Unit) {
    println("开始做早餐...")
    action()    // 执行传入的 Lambda 表达式
    println("早餐做好了！")
}

main(): Int64 {
```

```
    // 使用尾随 Lambda 表达式来自定义做早餐的步骤
    makeBreakfast {
        println("煮鸡蛋")
        println("烤面包")
        println("倒橙汁")
    }

    // 使用尾随 Lambda 表达式自定义另一份早餐
    makeBreakfast {
        println("煎蛋")
        println("煎培根")
        println("倒牛奶")
    }

    return 0   // 表示程序正常结束
}
```

上述代码的具体说明如下。
- 函数 makeBreakfast 接受一个不带参数也不返回值的 Lambda 表达式 action，表示要执行的早餐步骤。
- 在函数 main 中，第一次调用 makeBreakfast 时，通过尾随 Lambda 传入了步骤：煮鸡蛋、烤面包和倒橙汁。第二次调用则是煎蛋、煎培根和倒牛奶。
- Lambda 表达式被放置在函数调用的括号外部，使得代码更加简洁并且更具可读性。

执行后会输出：

```
开始做早餐...
煮鸡蛋
烤面包
倒橙汁
早餐做好了!
开始做早餐...
煎蛋
煎培根
倒牛奶
早餐做好了!
```

总之，仓颉语言中的 Lambda 表达式调用方式提供了极高的灵活性，无论是即时调用、通过变量调用，还是作为参数和返回值使用，Lambda 表达式都展现出强大的函数式编程特性。编译器通过智能的类型推断和闭包管理，确保 Lambda 表达式能够灵活地集成到代码逻辑中。

6.5 变量作用域

在仓颉语言中，变量的作用域（scope）决定了在代码中哪些位置可以访问该变量。了解作用域规则有助于编写清晰和可维护的代码。本节的内容，将详细讲解颉语言中变量作用域的知识。

6.5.1 局部变量作用域

局部变量是在函数或代码块内部定义的变量,它们的作用域限制在定义它们的函数或代码块内,因此只能在该特定范围内访问。局部变量在其所在的作用域结束时即被销毁,不能在函数外部或其他函数中访问。在仓颉语言中,局部变量的主要特点如下。

- 局部可见性:局部变量仅在其所在的函数或代码块中有效。
- 作用域范围:只能在定义它们的函数或代码块内进行访问。
- 生命周期:局部变量的生命周期与其所在函数或代码块相同,当函数或代码块执行完成后,局部变量会被销毁。

在下面的代码中,x 只在函数 example 内部有效,在函数外部无法访问它。

```
func example() {
    let x: Int64 = 10   // x 在此函数内有效

    println(x)    // OK
}

println(x)  // 报错: Error: x is not defined outside the function
```

实例 6-12:局部变量的使用(源码路径:codes\6\Func\src\Zuo01.c)

本实例展示了局部变量的用法,在函数外部或其他函数中无法访问。

```
// 函数展示局部变量的作用域
func example() {
    let x: Int64 = 10    // 局部变量 x,在此函数内有效

    println("Inside example function:")
    println(x)    // OK, x 在此函数内有效
}

// 主函数
main(): Int64 {
    example()   // 调用函数 example

    // 尝试在函数外部访问局部变量 x
    println("In main function:")
    //println(x)   // Error: x is not defined outside the function

    return 0   // 表示程序正常结束
}
```

上述代码的具体说明如下。

- 局部变量 x:在函数 example 内部定义。它只能在 example 函数中访问,无法在 main 函数或其他地方访问。
- 函数 example:访问并打印局部变量 x。在该函数内部,局部变量 x 是有效的。
- 主函数 main:尝试在 main 函数中访问 x,会导致编译错误,因为 x 是 example 函数内部的局部变量,所以在 main 函数中不可用。

执行后会输出:

```
Inside example function:
10
In main function:
```

6.5.2 全局变量作用域

全局变量是在程序的所有函数和代码块之外定义的变量，这些变量在程序的整个生命周期内都有效，并且可以在所有函数和代码块中访问，除非在某个函数内定义了同名的局部变量，这将遮蔽全局变量。在仓颉语言中，全局变量的主要特点如下。

- 全局可见性：全局变量在整个程序中都可以访问，不论是在函数内部还是外部。
- 作用域范围：从定义位置起，整个程序的所有函数和代码块都能访问全局变量。
- 遮蔽机制：如果在函数内部定义了同名的局部变量，则该局部变量会遮蔽全局变量，在该函数内部对该变量的访问将会使用局部变量。

下面的代码展示了在仓颉语言中使用全局变量的用法，包括如何在函数和主程序中访问它。

```
// 定义全局变量
let globalVar: Int64 = 100

// 函数展示如何访问全局变量
func example() {
    println("Inside example function:")
    println(globalVar)   // 访问全局变量
}

// 主函数
main(): Int64 {
    example()   // 调用函数，展示全局变量
    println("In main function:")
    println(globalVar)   // 访问全局变量
    return 0   // 表示程序正常结束
}
```

上述代码的具体说明如下。

- 全局变量 globalVar：在程序最外层定义，具有全局作用域。它在所有的函数和代码块中都是可见的。
- 函数 example：访问并打印全局变量 globalVar。函数内部直接访问全局变量，无须额外声明。
- 主函数 main：在主函数 example 中再次访问并打印全局变量 globalVar，显示了全局变量在不同函数中的可见性。执行后会输出：

```
Inside example function:
100
In main function:
100
```

6.5.3 函数作用域

在仓颉语言中，在一个函数内定义的变量只在该函数内有效，这就是函数作用域。换句话说，

函数内部定义的局部变量在函数外部无法访问。这种作用域帮助保护函数内部的状态，并防止外部代码意外修改函数内部的数据。

仓颉语言函数作用域的特点如下。

- 局部变量：函数内部定义的变量（局部变量）在函数体内有效，函数外部无法访问。
- 隔离性：不同函数的局部变量互不干扰，即使它们的名称相同也不会冲突。
- 函数调用：每次函数被调用时，局部变量都会重新创建，函数调用结束后，局部变量被销毁。

实例 6-13：计算购买商品的总花费（源码路径：codes\6\Func\src\Zuo02.c）

本实例展示了函数作用域的用法，在函数 calculateTotalCost 内部定义了一个局部变量 totalCost，用于计算每种商品的总花费。这一变量只在函数 calculateTotalCost 内部有效，在次函数外部无法访问。

```
// 函数计算总花费
func calculateTotalCost(itemCost: Int64, quantity: Int64): Int64 {
    let totalCost: Int64 = itemCost * quantity  // 局部变量 totalCost 只在函数内部有效
    return totalCost
}

// 主函数
main(): Int64 {
    let itemPrice: Int64 = 20  // 主函数内的变量
    let itemQuantity: Int64 = 5  // 主函数内的变量

    let cost: Int64 = calculateTotalCost(itemPrice, itemQuantity)

    println("总花费是：${cost} 元")

    // 尝试访问函数内部的局部变量 totalCost
    // println(totalCost)  // Error: totalCost 在函数外不可见

    return 0  // 表示程序正常结束
}
```

执行后会输出：

总花费是：100 元

6.6 闭包

在仓颉语言中，闭包是由一个函数或 Lambda 表达式和其捕获的变量一起构成的结构。闭包允许在函数或 Lambda 表达式定义的作用域之外访问这些捕获的变量，即使这些变量在其定义的作用域之外已经不可见。

6.6.1 变量捕获

闭包的核心概念是变量捕获，当一个函数或 Lambda 表达式从其定义的静态作用域中捕获变量时，便形成了闭包。捕获的变量在闭包中仍然能够访问，尽管它们原本的作用域可能已经结束。

在仓颉语言中，变量捕获包括以下几种情况。

- 参数缺省值中的捕获：函数的参数缺省值中访问了函数之外定义的局部变量。
- 闭包体中的捕获：函数或 Lambda 表达式内部访问了外部定义的局部变量。
- 类 / 结构体中函数的捕获：在类或结构体中，非成员函数或 Lambda 表达式可以访问实例成员变量或 this。

在仓颉语言中，以下几种变量的访问不属于变量捕获。

- 对函数或 Lambda 内定义的局部变量的访问。
- 对函数或 Lambda 表达式参数的访问。
- 对全局变量和静态成员变量的访问。
- 对实例成员变量在成员函数或属性中的访问。

在仓颉语言中，实现变量捕获的规则如下。

- 变量必须在闭包定义时可见：如果试图捕获尚未定义的变量，编译器会报错。
- 变量必须在闭包定义时初始化：捕获的变量必须在闭包创建时已经初始化，否则编译报错。

6.6.2 使用闭包

在仓颉语言中，闭包是一种函数与其定义环境中的变量一起绑定的概念。这意味着闭包可以"捕获"其定义时上下文中的变量，并在其后续执行时继续访问这些变量。

1. 捕获局部变量

局部变量是定义在函数内部或其他局部作用域中的变量，仅在该作用域内有效。例如，函数内部定义的变量只能在该函数的代码块中访问。在下面的代码中，内部函数 add 捕获了局部变量 num，即使 num 的作用域已经结束，返回的闭包仍然可以访问 num。

```
func returnAddNum(): (Int64) -> Int64 {
    let num: Int64 = 10

    func add(a: Int64): Int64 {
        return a + num
    }
    return add
}

main() {
    let f = returnAddNum()
    println(f(10))   // 输出 20
}
```

在下面的代码中捕获了未定义变量（编译报错），y 在 Lambda 表达式定义之后才定义，因此无法被捕获。

```
func f() {
    let x = 99
    let f2 = { =>
        println(y)   // Error: 无法捕获未定义的变量 'y'
    }
    let y = 88
    f2()
}
```

在下面的代码中捕获了未初始化的变量（编译报错），捕获的变量 x 在闭包定义时尚未初始化，因此编译报错。

```
func f() {
    let x: Int64
    func f1() {
        println(x)      // Error: x 尚未初始化
    }
    x = 99
    f1()
}
```

2. 捕获引用类型的变量

在仓颉语言中，闭包不仅能捕获基本数据类型的变量，还能捕获引用类型的变量。当闭包捕获的是引用类型变量时，闭包能够修改该变量的实例成员，因为引用类型变量的状态是存储在堆中的，而不是栈中。下面的代码展示了如何通过闭包捕获一个引用类型的变量并修改其属性：

```
class C {
    public var num: Int64 = 0
}

func returnIncrementer(): () -> Unit {
    let c: C = C()

    func incrementer() {
        c.num++
    }

    return incrementer
}

main() {
    let f = returnIncrementer()
    f()    // c.num 增加 1
}
```

上述代码的具体说明如下。
- 定义引用类型：class C 定义了一个类 C，其中包含一个可变属性 num。
- 创建和捕获：returnIncrementer 函数创建了一个 C 类的实例 c，并定义了一个闭包 incrementer，该闭包捕获了 c 对象。闭包内部对 c.num 的增量操作将直接影响 c 对象的状态。
- 返回和调用：returnIncrementer 返回捕获了 c 的闭包。主函数 main 中调用了该闭包，通过 f()，即闭包的调用，实际修改了 c 对象的 num 属性。

3. 捕获 var 声明的变量的限制

当闭包捕获了由 var 声明的变量时，这类闭包存在一定限制，不能作为"一等公民"使用。例如，不能将捕获 var 变量的闭包赋值给变量或作为函数的返回值。这是为了避免在不安全的场景下访问或修改变量。下面的代码演示了这些限制：

```
func f() {
```

```
    var x = 1

    func g() {
        println(x)    // OK,捕获了可变变量 x
    }

    let b = g    // Error, g 不能赋值给变量
    g()    // OK,可以调用
}
```

上述代码的具体说明如下。

- 变量捕获：闭包 g 捕获了函数 f 内的可变变量 x。因此,闭包可以访问和使用 x 的当前值。
- 使用限制：闭包 g 不能被赋值给变量 b,这是因为捕获了 var 变量的闭包具有潜在的副作用,可能会在变量的生命周期内被错误地引用或修改。编译器阻止这种用法以防止不安全的场景。
- 调用行为：尽管不能将闭包 g 赋值给变量,但仍可以直接调用 g()。这是因为函数调用不涉及持久化的状态改变,避免了与变量 x 状态相关的潜在风险。

4. 捕获的传递性

如果函数 f 调用了捕获 var 变量的函数 g,并且 g 捕获的 var 变量不在 f 内部定义,那么 f 也会捕获这个 var 变量,并且 f 同样不能作为"一等公民"使用。下面的代码展示了这种捕获的传递性：

```
func h() {
    var x = 1

    func g() { x }    // 捕获了可变变量 x

    func f() {
        g()    // 调用了 g
    }

    return f    // Error, f 无法作为返回值
}
```

上述代码的具体说明如下。

- 变量捕获：函数 g 捕获了 var 声明的变量 x,这意味着 g 具有对 x 的访问权限,可以读取或修改 x 的值。
- 传递性：函数 f 调用了 g,因此 f 也间接捕获了 x,因为 f 内部调用了捕获了 x 的 g,这就导致了 f 自身也捕获了可变的 var 变量 x。
- 限制：由于 f 间接捕获了 var 变量 x,编译器禁止将 f 作为"一等公民"使用。例如,f 不能作为返回值返回,因为这可能会导致意外的副作用或不安全的行为。

5. 全局变量和静态成员变量

访问全局变量和静态成员变量不属于变量捕获,因此闭包仍然可以作为"一等公民"使用。例如,下面的代码展示了这一点,在这个例子中,全局变量和静态成员变量的修改不会影响闭包的捕获行为。

```
class C {
    static public var a: Int32 = 0
    static public func foo() {
```

```
        a++    // OK
    }
}

var globalV1 = 0

func countGlobalV1() {
    globalV1++
    C.a = 99
}

func g() {
    let f = countGlobalV1 // OK
    f()
}
```

实例 6-14：闭包实现的温度转换器（源码路径：codes\6\Func\src\Bi01.c）

在本实例中演示了如何使用闭包来创建一个简单的温度转换器，创建函数 createConverter 返回一个闭包，用于将摄氏温度转换为华氏温度，这样可以根据需要创建不同的转换器。

```
func createConverter(): (Int64) -> Int64 {
    let conversionFactor: Int64 = 9 / 5
    let baseOffset: Int64 = 32

    // 返回一个闭包，用于将摄氏温度转换为华氏温度
    return { celsius: Int64 => (celsius * conversionFactor) + baseOffset }
}

main() {
    // 使用 createConverter 函数创建一个温度转换器
    let celsiusToFahrenheit = createConverter()

    // 使用闭包将 25 摄氏度转换为华氏度
    let fahrenheit = celsiusToFahrenheit(25)
    println("25 摄氏度等于 ${fahrenheit} 华氏度")

    // 另一个示例
    let fahrenheit2 = celsiusToFahrenheit(0)
    println("0 摄氏度等于 ${fahrenheit2} 华氏度")

    return 0
}
```

上述代码的具体说明如下。

- 函数 createConverter：创建并返回一个闭包。这个闭包捕获了 conversionFactor 和 baseOffset 变量，利用它们来计算华氏温度。
- 闭包 celsiusToFahrenheit：使用 createConverter 创建。这个闭包可以将任何摄氏温度转换为华氏温度。
- 在函数 main 中：调用 celsiusToFahrenheit 来执行转换操作，并打印结果。

执行后会输出：
```
25 摄氏度等于 57 华氏度
0 摄氏度等于 32 华氏度
```

6.6.3 闭包作用域

在仓颉语言中创建闭包时，闭包能够捕获并访问其创建时上下文中的变量。即使闭包在定义其变量的函数或作用域之外被调用，这些变量依然可用。闭包不仅能访问其自身定义的局部变量，还可以访问它们在定义时的上下文环境中的变量。这种特性允许创建具有持久状态的函数，尤其在实现回调函数或延迟计算时非常有用。

实例 6-15： 使用闭包计算折扣（源码路径：codes\6\Func\src\Zuo03.c）

假设要创建一个工具来计算和追踪客户的优惠折扣，在本实例中将定义一个闭包来实现折扣计算，并捕获折扣率，这样即使在定义折扣函数后依然可以使用捕获的折扣率进行计算。

```
func createDiscountCalculator(discountRate: Int64): (Int64) -> Int64 {
    // 创建闭包，捕获 discountRate
    return { price => price - (price * discountRate / 100) }
}

main() {
    // 创建一个折扣计算器，折扣率为 20%
    let discountCalculator = createDiscountCalculator(20)

    // 使用折扣计算器计算折扣后的价格
    let originalPrice: Int64 = 100
    let discountedPrice = discountCalculator(originalPrice)

    // 打印结果
    println("原始价格：${originalPrice} 元")
    println("折扣后的价格：${discountedPrice} 元")
}
```

上述代码的具体说明如下。

- 函数 createDiscountCalculator 返回一个闭包，这个闭包捕获了 discountRate 变量，用于计算折扣后的价格。
- 在函数 main 中创建了一个折扣计算器，设定折扣率为 20%。
- 调用折扣计算器闭包来计算原始价格 100 元的折扣后价格，并输出结果。

执行后会输出：
```
原始价格：100 元
折扣后的价格：80 元
```

6.7 函数重载

函数重载 是一种允许在同一作用域中定义多个同名但参数列表不同的函数的特性。函数重载的目的是让一个函数名称可以用于处理不同类型或数量的参数，从而提高代码的可读性和灵活性。通过函数重载，可以在不需要改变函数名称的情况下，根据不同的参数调用不同的函数实现。

6.7.1 函数重载的规则

在仓颉编程语言中，一个作用域中可见的同一个函数名对应的函数定义不构成重定义时便构成重载。当函数存在重载时，在进行函数调用时需要根据函数调用表达式中的实参的类型和上下文信息明确是哪一个函数定义被使用。仓颉语言函数重载的规则如下。

- 函数声明：允许在同一作用域中重载函数声明，但静态成员函数与实例成员函数、enum 类型的构造函数和静态成员函数之间不能重载。
- 泛型函数：同名泛型函数可以通过更改泛型参数名来重载，但泛型函数的非泛型部分如果相同，则会导致重复定义错误。
- 类构造函数：在同一类内定义的构造函数参数不同，构成重载。主构造函数和 init 构造函数也被视为同一名称的函数，可以重载。
- 不同作用域中的函数：在不同作用域中定义的同名函数（如父类和子类中的函数）可以构成重载，只要它们的参数列表不同。

1. 参数数量不同的函数重载

在仓颉语言中，参数数量不同的函数重载是一种常见的功能，使得可以定义多个同名函数，只要它们的参数数量不同。这样可以使用相同的函数名来处理不同数量的参数，从而简化函数调用和增强代码的可读性。

实例 6-16：计算不同数量的餐具（源码路径：codes\6\Func\src\Zai01.c）

本实例展示了如何在仓颉语言中使用函数重载来处理不同数量的参数，并且根据不同的参数调用合适的函数版本的用法。函数重载允许定义多个同名函数，但这些函数的参数列表必须不同。

```
func calculateCutlery(forks: Int64, knives: Int64, spoons: Int64): Int64 {
    return forks + knives + spoons
}

func calculateCutlery(forks: Int64, knives: Int64): Int64 {
    return forks + knives
}

main() {
    let basicCutlery = calculateCutlery(4, 4)         // 调用第二个 calculateCutlery 函数
    let completeCutlery = calculateCutlery(4, 4, 4)   // 调用第一个 calculateCutlery 函数

    println("Basic cutlery needed: " + basicCutlery.toString())         // 输出: Basic cutlery needed: 8
    println("Complete cutlery needed: " + completeCutlery.toString())   // 输出: Complete cutlery needed: 12
}
```

上述代码的具体说明如下。
- 函数重载：定义了两个 calculateCutlery 函数，其中一个处理两个参数（forks 和 knives），另一个处理三个参数（forks、knives 和 spoons），这种重载允许根据所需的参数数量选择合适的函数。
- 函数调用：在 main 函数中，分别调用了两个版本的 calculateCutlery 函数，一个用于计算基本餐具数量（仅包括叉子和刀子），另一个用于计算完整的餐具数量（包括叉子、刀子和勺子）。
- 输出：通过 println 打印输出计算结果，显示了所需的基本餐具和完整餐具的数量。

执行后会输出：

```
Basic cutlery needed: 8
Complete cutlery needed: 12
```

2. 参数类型不同的函数重载

在仓颉语言中，函数重载不仅可以通过参数数量的不同来实现，还可以通过参数类型的不同来实现。这意味着可以定义多个同名的函数，但这些函数的参数类型必须有所不同，以区分它们的功能。

实例 6-17：计算商品折扣率（源码路径：codes\6\Func\src\Zai02.c）

在本实例中定义了两个 calculateDiscount 函数，利用函数重载来处理不同的折扣计算方式，使代码更具灵活性。

```
func calculateDiscount(price: Float64, discountRate: Float64): Float64 {
    return price * discountRate
}

func calculateDiscount(price: Float64, discountCode: String): Float64 {
    if (discountCode == "SUMMER21") {
        return price * 0.9  // 10% off
    } else {
        return price
    }
}

main() {
    let discountedPrice1 = calculateDiscount(100.0, 0.15)          // 调用第一个
calculateDiscount 函数
    let discountedPrice2 = calculateDiscount(100.0, "SUMMER21")    // 调用第二个
calculateDiscount 函数

    println("Discounted price with rate: " + discountedPrice1.toString())
// 输出: Discounted price with rate: 85.0
    println("Discounted price with code: " + discountedPrice2.toString())
// 输出: Discounted price with code: 90.0
}
```

上述代码的具体说明如下。
- 第一个 calculateDiscount 函数：接受两个 Float64 类型的参数 price 和 discountRate，用于计算打折后的价格。此函数通过将 price 乘以 discountRate 来计算折扣。
- 第二个 calculateDiscount 函数：接受一个 Float64 类型的参数 price 和一个 String 类型的参数 discountCode，用于根据折扣码应用折扣。它检查 discountCode 是否为 "SUMMER21"，如果

是，则应用 10% 的折扣；否则，不应用折扣。
- discountedPrice1：调用第一个 calculateDiscount 函数，传入 100.0 和 0.15，计算 15% 的折扣。输出结果为 85.0。
- discountedPrice2：调用第二个 calculateDiscount 函数，传入 100.0 和 "SUMMER21"，应用 10% 的折扣。输出结果为 90.0。

在本实例中，第一个 calculateDiscount 函数用于处理百分比折扣，第二个 calculateDiscount 函数处理基于折扣码的折扣。这种重载机制使得代码更加灵活，能够处理多种不同的输入类型和业务逻辑。执行后会输出：

```
Discounted price with rate: 15.000000
Discounted price with code: 90.000000
```

3. 不同作用域中的函数重载

在仓颉语言中，函数重载不仅限于在同一个作用域内，还可以跨越不同的作用域。不同作用域中的函数重载指的是，在不同的代码块、函数、类或模块中定义具有相同名称但参数列表不同的函数。这种特性允许在不同的上下文中使用相同的函数名来实现不同的功能，从而提高代码的可读性和维护性。不同作用域中的函数的规则如下。

- 在同一作用域：同一作用域中的函数可以通过参数列表的不同来实现重载。
- 在不同作用域：不同的作用域中的函数，即使名称相同，只要参数列表不同，也可以视为重载。例如，在一个函数内部定义的函数和外部函数可以有相同的名称，只要参数列表不同即可。

实例 6-18：不同作用域中的函数重载（源码路径：codes\6\Func\src\Zai03.c）

在本实例的全局作用域中定义了一个函数 f，接受 Int64 类型的参数并打印输出；而在函数 g 内部定义了一个局部函数 f，接受 Float64 类型的参数并打印输出。在 main 函数中，调用全局的 f 函数和局部的 f 函数，展示在不同的作用域中处理函数重载的过程。通过这种方式，程序能够根据不同的上下文和参数类型调用正确的函数版本。

```
// 全局作用域中的函数 f
func f(a: Int64): Unit {
    println("Global f function called with Int64: " + a.toString())
}

// 函数 g 内部定义的函数 f
func g() {
    // 局部作用域中的 f 函数
    func f(a: Float64): Unit {
        println("Local f function called with Float64: " + a.toString())
    }

    // 调用局部作用域中的 f 函数
    f(3.14)  // 调用的是局部作用域中的 f 函数
}

// 主函数，程序的入口
main() {
    // 调用全局作用域中的 f 函数
    f(10)  // 调用的是全局作用域中的 f 函数
```

```
    // 调用函数 g，其中包含局部作用域中的 f 函数
    g()
}
```

上述代码的具体说明如下。

- func f(a: Int64): Unit：这是一个定义在全局作用域中的函数 f，接受一个 Int64 类型的参数 a，并打印一条消息，显示传入参数的值。
- func g()：这是一个函数 g，其内部定义了另一个函数 f。这个内部定义的 f 函数具有不同的参数类型（Float64），并且只在函数 g 的局部作用域内有效。
- func f(a: Float64): Unit：这是在 g 函数内部定义的局部作用域函数 f，接受一个 Float64 类型的参数 a，并打印消息，显示传入参数的值。
- 在函数 g 内部调用 f(3.14) 时，实际调用的是局部作用域中的 f 函数，因为它是在 g 的作用域内定义的。
- f(10)：在 main 函数中调用全局作用域中的 f 函数，传递参数 10。
- g()：调用函数 g，在 g 内部会调用局部定义的 f 函数。

执行后会输出：

```
Global f function called with Int64: 10
Local f function called with Float64: 3.140000
```

6.7.2 函数重载决议

在调用函数时，如果存在多个符合条件的重载函数，编译器需要通过以下重载决议来确定具体调用哪个函数。

（1）优先选择作用域级别高的函数：在嵌套的函数中，内层函数的作用域级别更高。编译器会优先选择作用域级别更高的函数进行调用。

（2）选择最匹配的函数：如果作用域级别相同，编译器会选择参数列表与实际调用参数最匹配的函数。如果没有唯一的最匹配函数，则会报错。

实例 6-19：使用元组和解构赋值（源码路径：codes\6\Func\src\Zai04.c）

在本实例中演示了如何通过不同作用域和参数类型来解决函数重载的用法，在 main 函数和 doWork 函数中通过优先选择作用域级别高的函数和最匹配的参数列表，编译器能够正确地确定具体调用哪个函数版本。这种机制允许在不同的上下文中使用相同的函数名称来处理不同的数据类型或操作，使代码更具灵活性和可读性。

```
// 全局作用域中的函数 `process`
func process(a: Int64): String {
    return "Processing Int64: " + a.toString()
}

// 全局作用域中的函数 `process`，另一个重载版本
func process(a: Float64): String {
    return "Processing Float64: " + a.toString()
}
```

```
// 函数 `doWork` 内部定义的函数 `process`
func doWork() {
    // 局部作用域中的 `process` 函数
    func process(a: String): String {
        return "Processing String: " + a
    }

    // 调用局部作用域中的 `process` 函数
    let result = process("hello")    // 调用的是局部作用域中的 `process` 函数
    println(result)
}

// 主函数,程序的入口
main() {
    // 调用全局作用域中的 `process` 函数
    let result1 = process(10)        // 调用的是全局作用域中的 Int64 版本
    let result2 = process(3.14)      // 调用的是全局作用域中的 Float64 版本

    println(result1)    // 输出: Processing Int64: 10
    println(result2)    // 输出: Processing Float64: 3.14

    // 调用函数 `doWork`,其中包含局部作用域中的 `process` 函数
    doWork()            // 输出: Processing String: hello
}
```

上述代码的具体说明如下。

(1) 全局作用域中的函数 process。

- process(a: Int64): 接受一个 Int64 类型的参数,并打印出处理信息。
- process(a: Float64): 接受一个 Float64 类型的参数,并打印出处理信息。

(2) 函数 doWork: 在函数 doWork 内部定义了一个局部函数 process, 这个函数接受一个 String 类型的参数,并打印出处理信息。函数 doWork 调用了这个局部函数 process,处理 String 类型的 "hello"。

(3) 主函数 main。

- 调用全局作用域中的函数 process,传入 Int64 类型的 10,从而选择全局作用域中的 process(a: Int64) 版本。
- 调用全局作用域中的函数 process,传入 Float64 类型的 3.14,从而选择全局作用域中的 process(a: Float64) 版本。
- 调用函数 doWork,其中包含局部作用域中的 process 函数,处理 String 类型的参数。
  执行后会输出:

```
Processing Int64: 10
Processing Float64: 3.140000
Processing String: hello
```

本实例展示了仓颉语言的如下语法特点。

- 作用域级别: 当调用 process 函数时,编译器会优先选择作用域级别高的函数。局部作用域中的 process 函数在 doWork 函数内部定义,因此它的作用域高于全局作用域中的 process 函数。

- 参数匹配：如果作用域级别相同，编译器会根据参数列表与实际调用参数的匹配程度来选择函数。例如，process(10) 调用的是接受 Int64 参数的版本，而 process(3.14) 调用的是接受 Float64 参数的版本。

6.8 内置函数

内置函数是编程语言中预先定义的函数，开发者可以直接使用这些函数而无须自己编写实现。它们通常提供常用的功能，如输入输出、数学运算、字符串处理、数据转换等。内置函数的优势在于它们经过优化，可以提高代码的效率和可读性，同时帮助开发者更快地实现特定功能。由于它们是语言的一部分，因此通常不需要额外的库或模块即可使用。

6.8.1 随机函数

在仓颉语言中，可以使用 Random 中的内置函数生成随机数，包括生成布尔值、整数、浮点数以及符合高斯分布的随机数。Random 中的常用内置函数如下。

- next(bits: UInt64)：生成一个指定位长的随机整数。
- nextBool()：获取一个随机布尔值（true 或 false）。
- nextFloat16()：获取一个范围在 [0.0, 1.0) 的随机 Float16 类型数。
- nextFloat32()：获取一个范围在 [0.0, 1.0) 的随机 Float32 类型数。
- nextFloat64()：获取一个范围在 [0.0, 1.0) 的随机 Float64 类型数。
- nextInt8()：获取一个随机的 Int8 类型整数。
- nextInt8(upper: Int8)：获取一个范围在 [0, upper) 的随机 Int8 类型整数。
- nextInt16()：获取一个随机的 Int16 类型整数。
- nextInt16(upper: Int16)：获取一个范围在 [0, upper) 的随机 Int16 类型整数。
- nextInt32()：获取一个随机的 Int32 类型整数。
- nextInt32(upper: Int32)：获取一个范围在 [0, upper) 的随机 Int32 类型整数。
- nextInt64()：获取一个随机的 Int64 类型整数。
- nextInt64(upper: Int64)：获取一个范围在 [0, upper) 的随机 Int64 类型整数。
- nextUInt8()：获取一个随机的 UInt8 类型整数。
- nextUInt8(upper: UInt8)：获取一个范围在 [0, upper) 的随机 UInt8 类型整数。
- nextUInt16()：获取一个随机的 UInt16 类型整数。
- nextUInt16(upper: UInt16)：获取一个范围在 [0, upper) 的随机 UInt16 类型整数。
- nextUInt32()：获取一个随机的 UInt32 类型整数。
- nextUInt32(upper: UInt32)：获取一个范围在 [0, upper) 的随机 UInt32 类型整数。
- nextUInt64()：获取一个随机的 UInt64 类型整数。
- nextUInt64(upper: UInt64)：获取一个范围在 [0, upper) 的随机 UInt64 类型整数。

实例 6-20：生成指定的随机数（源码路径：codes\6\Func\src\Sui01.cj）

在本实例中使用 Random 生成了随机布尔值和整数，包括一个范围在 1 到 100 之间的随机整数。通过设置随机种子，确保每次运行时生成的随机数序列相同，便于调试和测试。

```
import std.random.*

main() {
    let rng: Random = Random()
    /* 创建 Random 对象并设置种子来获取随机对象 */
    rng.seed = 3

    // 生成布尔值和多个随机整数
    let randomBool: Bool = rng.nextBool()
    let randomInt8: Int8 = rng.nextInt8()
    let randomInt16: Int16 = rng.nextInt16()
    let randomInt32: Int32 = rng.nextInt32() % 100 + 1 // 生成1到100之间的随机数

    // 输出结果
    println("Random Boolean: ${randomBool}")
    println("Random Int8: ${randomInt8}")
    println("Random Int16: ${randomInt16}")
    println("Random Int32 (1 100): ${randomInt32}")

    return 0
}
```

上述代码的实现流程如下：
- 首先创建一个 Random 对象，并设置其种子以确保生成的随机数序列是可重复的。
- 接着，调用 nextBool() 方法生成一个随机布尔值，以及调用 nextInt32() 方法生成一个范围在 1 到 100 之间的随机整数。
- 最后，使用 print 和 println 打印输出这些随机数的类型和具体值。

执行后会输出：

```
Random Boolean: true
Random Int8: -25
Random Int16: 21971
Random Int32 (1-100): 78
```

6.8.2　格式化函数

在仓颉语言中，包 std.format 提供了强大的字符串格式化处理函数，使用户能够将各种基本数据类型转换为格式化字符串。std.format 内置了对 Rune、Int8、Int32、Float32 等类型的支持，用户也可为自定义类型实现该接口。包 std.format 中常用的格式化函数如下。

- format(format_spec)：通用的格式化函数，接受格式化参数，将类型实例转换为字符串。
- formatBool()：格式化布尔值。
- formatInt(base, width)：格式化整数，可以指定进制和宽度。
- formatFloat(precision)：格式化浮点数，支持指定小数位数和科学记数法。
- formatRune()：格式化字符类型。
- formatHex()：将整数格式化为十六进制字符串。
- formatBinary()：将整数格式化为二进制字符串。

- formatOctal()：将整数格式化为八进制字符串。

下面是一个在仓颉语言中使用 std.format 的例子，展示了多种格式化函数的用法。

实例 6-21：使用多种格式化函数（源码路径：codes\6\Func\src\Ge01.c）

本实例演示了使用格式化函数将不同数据类型（整数、浮点数、布尔值和字符）转换为特定格式的字符串的过程，展示了多种格式化选项，包括十进制、二进制、十六进制和科学记数法。

```
import std.format.*

main() {
    // 定义不同类型的变量
    var intValue: Int32 = 42
    var floatValue: Float32 = 1234.5678
    var boolValue: Bool = true
    var runeValue: Rune = 'A'

    // 格式化整数
    println("十进制格式化: \"${intValue.format("10")}\"")    // 右对齐
    println("二进制格式化: \"${intValue.format("b")}\"")     // 二进制格式
    println("十六进制格式化: \"${intValue.format("x")}\"")   // 十六进制格式

    // 格式化浮点数
    println("浮点数格式化（科学记数法）: \"${floatValue.format("20.2e")}\"") // 科学记数法
    println("浮点数格式化（普通格式）: \"${floatValue.format("10.2")}\"")   // 两位小数

    // 格式化布尔值
    println("布尔值格式化: \"${boolValue}\"") // 输出 "true"

    // 格式化字符
    println("字符格式化: \"${runeValue}\"") // 输出 "A"

    return 0
}
```

执行后会输出：

```
十进制格式化: "        42"
二进制格式化: "101010"
十六进制格式化: "2a"
浮点数格式化（科学记数法）: "            1.23e+03"
浮点数格式化（普通格式）: "   1234.57"
布尔值格式化: "true"
字符格式化: "A"
```

下面是一个在仓颉语言中设置小数精度的例子。

实例 6-22：设置小数的精度（源码路径：codes\6\Func\src\Ge02.c）

在本实例中通过指定格式化参数，打印输出了圆周率和一个小数值，分别保留了 2 位和 3 位小数。

```
import std.format.*
```

```
main() {
    var pi: Float32 = 3.14159265
    var smallNumber: Float32 = 0.123456789

    // 设置小数点后2位的精度
    println("π 的值（保留2位小数）: \"${pi.format("20.2")}\"") // 输出: "    3.14"

    // 设置小数点后3位的精度
    println("小数值（保留3位小数）: \"${smallNumber.format("10.3")}\"") // 输出: "     0.123"
}
```

执行后会输出：

```
π 的值（保留2位小数）: "                3.14"
小数值（保留3位小数）: "     0.123"
```

6.8.3 数学运算函数

在仓颉语言中，包 std.math 提供了功能丰富的数学运算函数，主要功能如下。

- 科学常数与类型常数定义：如 π 和 e 等常数，方便进行精确计算。
- 浮点数处理：包括浮点数的判断、规整等操作，确保计算的准确性。
- 常用位运算：如与、或、非等位运算，适用于低级别的位操作。
- 通用数学函数：如绝对值、三角函数、指数和对数计算，支持各种数学运算。
- 最大公约数与最小公倍数：提供便捷的方法计算整数的最大公约数和最小公倍数，适用于数论问题。
- 这个包为仓颉语言提供了强大的数学计算能力，适合科学计算、工程应用等领域。

在下面的内容中，列出了包 std.math 中的常用数学运算函数。

1. 绝对值函数

- abs(Float16)：半精度浮点数的绝对值。
- abs(Float32)：单精度浮点数的绝对值。
- abs(Float64)：双精度浮点数的绝对值。
- abs(Int8)：8 位有符号整数的绝对值。
- abs(Int16)：16 位有符号整数的绝对值。
- abs(Int32)：32 位有符号整数的绝对值。
- abs(Int64)：64 位有符号整数的绝对值。
- checkedAbs(Int8)：检查并求 8 位有符号整数的绝对值。
- checkedAbs(Int16)：检查并求 16 位有符号整数的绝对值。
- checkedAbs(Int32)：检查并求 32 位有符号整数的绝对值。
- checkedAbs(Int64)：检查并求 64 位有符号整数的绝对值。

2. 三角函数

- acos(Float16), acos(Float32), acos(Float64)：反余弦函数，单位为弧度。
- asin(Float16), asin(Float32), asin(Float64)：反正弦函数，单位为弧度。
- atan(Float16), atan(Float32), atan(Float64)：反正切函数，单位为弧度。

- cos(Float16), cos(Float32), cos(Float64)：余弦函数，单位为弧度。
- sin(Float16), sin(Float32), sin(Float64)：正弦函数，单位为弧度。
- tan(Float16), tan(Float32), tan(Float64)：正切函数，单位为弧度。

3. 指数与对数

- exp(Float16), exp(Float32), exp(Float64)：自然常数 e 的 x 次幂。
- log(Float16), log(Float32), log(Float64)：以 e 为底的对数。
- log10(Float16), log10(Float32), log10(Float64)：以 10 为底的对数。
- log2(Float16), log2(Float32), log2(Float64)：以 2 为底的对数。
- logBase(Float16, Float16), logBase(Float32, Float32), logBase(Float64, Float64)：以 base 为底的对数。

4. 基本运算

- pow(Float32, Float32), pow(Float64, Float64)：浮点数的幂运算。
- sqrt(Float16), sqrt(Float32), sqrt(Float64)：算术平方根。
- cbrt(Float16), cbrt(Float32), cbrt(Float64)：立方根。

5. 统计与范围

- min, max：计算最小值和最大值（支持多种数据类型）。
- clamp(Float16, Float16, Float16)：限制浮点数在指定范围内。

6. 位运算

- countOne：计算二进制中 1 的个数。
- leadingZeros：计算连续的高位 0 的个数。
- trailingZeros：计算连续的低位 0 的个数。
- reverse：按位反转无符号整数。
- rotate：按位旋转整数。

上述内置函数提供了强大的数学和位运算能力，适用于多种应用场景。

实例 6-23：使用 std.math 进行数学运算（源码路径：codes\6\Func\src\Shuxue01.cj）

在本实例中演示了使用数学函数计算绝对值、平方根和最大公约数的用法，执行后会得到变量的绝对值、144 的平方根以及两个整数的最大公约数。

```
import std.math

main() {
    // 定义一些变量
    let a: Int32 = -16
    let b: Int32 = 24

    // 计算绝对值
    let absValue: Int32 = math.abs(a)
    println("绝对值: ${absValue}") // 输出 "绝对值: 16"

    // 计算平方根
    let sqrtValue: Float64 = math.sqrt(144.0)
    println("平方根: ${sqrtValue}") // 输出 "平方根: 12.0"
```

```
    // 计算最大公约数
    let gcdValue: Int32 = math.gcd(a, b)
    println("最大公约数: ${gcdValue}") // 输出 "最大公约数: 8"
}
```

执行后会输出：

```
绝对值: 16
平方根: 12.000000
最大公约数: 8
```

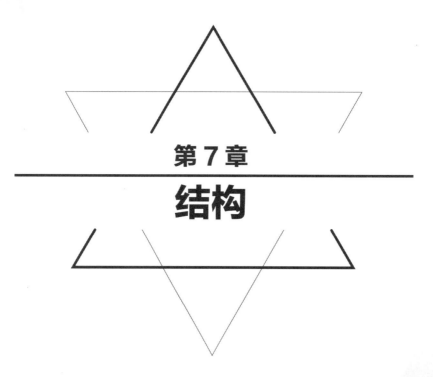

第 7 章
结构

　　前面内容已经学习的数组和元组类型,能够存储多个同种类型的数据。但是在实际应用中,有时需要在一组数据中保存多个不同类型的数据。例如,在学生登记表中,姓名应该是字符型,学号可以是整型或字符型,年龄应为整型,性别应为字符型,成绩可以为整型或实型。很显然,不能用一个数组来存放学生登记表中的所有信息。为了能够同时存储不同类型的数据,仓颉语言给出了另外一种常用的数据类型:结构(struct,结构体)。

7.1 结构体基础

在仓颉语言中，结构体也被称为结构，是仓颉语言中一种常用的构造数据类型，它由若干"成员"组成的，每一个成员可以是一个基本数据类型或者又是一个构造类型。

7.1.1 定义结构体

在仓颉语言中，使用 struct 关键字定义结构体，后面跟随结构体名称，结构体中的成员用一对花括号"{}"包围。结构体的中成员包含成员变量、构造函数、成员函数等。定义结构体的语法格式如下：

```
struct 结构体名 {
    // 成员变量
    let 成员变量名: 类型
    var 成员变量名: 类型

    // 构造函数
    public init(参数名: 类型, ...) {
        this.成员变量名 = 参数名
        // 初始化其他成员变量
    }

    // 成员函数
    public func 函数名() -> 返回类型 {
        // 函数体
    }

    // 静态成员变量
    static let 静态成员变量名: 类型 = 初始值

    // 静态成员函数
    public static func 静态函数名() -> 返回类型 {
        // 静态函数体
    }
}
```

上述格式的具体说明如下。

- 成员变量：可以使用 let 定义不可变成员变量，或使用 var 定义可变成员变量，后面紧跟类型。
- 构造函数：构造函数使用 init 关键字，并通过 this 关键字来引用当前结构体的实例成员变量。
- 成员函数：可以定义实例成员函数，使用 func 关键字。实例成员函数可以通过 this 访问结构体实例的成员变量。
- 静态成员：静态成员变量和成员函数使用 static 关键字，静态成员只能通过结构体名访问，而不能通过结构体实例访问。

在下面的代码中定义了一个名为 Rectangle 的结构体类型，展示了仓颉语言定义成员变量、构造函数以及实例成员函数的基本用法。

```
struct Rectangle {
```

```
    let width: Int64
    let height: Int64

    public init(width: Int64, height: Int64) {
        this.width = width
        this.height = height
    }

    public func area() {
        width * height
    }
}
```

上述代码的具体说明如下。
- 成员变量：width 和 height 是两个 Int64 类型的成员变量，用于表示矩形的宽度和高度。
- 构造函数：构造函数 init 通过传入的 width 和 height 参数对成员变量进行初始化，使用 this 关键字来区分成员变量和构造函数参数。
- 成员函数：area 是一个计算矩形面积的成员函数，它通过返回 width * height 来计算面积。

7.1.2 结构体的成员变量

在仓颉语言中，结构体 struct 的成员变量可以分为实例成员变量和静态成员变量，它们在定义、初始化和访问方式上有所不同。

1. 实例成员变量

实例成员变量是每个 struct 实例独有的变量，在每次创建一个 struct 实例时，都会有一套属于该实例的成员变量。实例成员变量的主要特点如下。
- 初始化：实例成员变量可以在定义时指定初始值，或者在构造函数中进行初始化。如果没有提供初始值，则必须在构造函数中对其进行初始化，否则会编译报错。
- 访问：实例成员变量只能通过 struct 实例来访问。即需要通过"实例名.成员变量名"的方式进行读取或修改。

实例 7-1： 使用结构体计算面积（源码路径：codes\7\Jiegou\src\Jie.cj）

在本实例中使用仓颉语言中的 struct 定义了一个结构体类型 Rectangle，然后使用它来计算矩形的面积。

```
struct Rectangle {
    let width: Int64
    let height: Int64

    // 构造函数中对实例成员变量进行初始化
    public init(width: Int64, height: Int64) {
        this.width = width
        this.height = height
    }

    // 计算面积的方法
    public func area(): Int64 {
```

```
        return width * height
    }
}

main() {
    let rect = Rectangle(10, 20)
    println("Area: " + rect.area().toString())   // 输出: Area: 200
}
```

上述代码的具体说明如下。

- struct Rectangle：定义了一个名为 Rectangle 的结构体。结构体可以用来封装数据和行为。
- let width: Int64 和 let height: Int64：定义了 Rectangle 的两个实例成员变量 width 和 height，它们分别表示矩形的宽度和高度，类型是 Int64。
- 构造函数 init：这是 Rectangle 结构体的构造函数，用于在创建 Rectangle 实例时对成员变量 width 和 height 进行初始化。
- this.width = width：关键字 this 表示当前结构体的实例。这里将传入的 width 参数赋值给当前实例的 width 成员变量。同理，this.height = height 也是将传入的 height 参数赋值给实例的 height 成员变量。
- 函数 area：这是 Rectangle 结构体的一个实例成员函数，用于计算矩形的面积，返回类型为 Int64。面积的计算公式是 width * height，即宽度乘以高度。
- let rect = Rectangle(10, 20)：创建了一个 Rectangle 实例，矩形的宽度为 10，高度为 20。构造函数 init(width: height:) 被调用来初始化这个实例。
- 调用成员函数 area：通过 rect.area() 调用了 area 成员函数，计算该矩形的面积，并将结果转换为字符串形式打印出来。

当程序运行时，Rectangle 实例的宽度为 10，高度为 20，面积为 200。这个面积通过 println 函数输出到终端，显示为 "Area: 200"。执行后会输出：

```
Area: 200
```

而在下面的代码中中，在定义 width 和 height 时就设置了默认值，因此不需要构造函数进行初始化。

```
struct Rectangle {
    let width: Int64 = 10
    let height: Int64 = 20

    public func area(): Int64 {
        return width * height
    }
}

main() {
    let rect = Rectangle()
    println("Area: " + rect.area().toString())   // 输出: Area: 200
}
```

上述代码执行后也会输出：

```
Area: 200
```

2. 静态成员变量

在仓颉语言中，使用 static 修饰符定义静态成员变量，它属于 struct 类型本身，而不是某个具体的实例。静态成员变量的主要特点如下。

- 初始化：静态成员变量必须在定义时赋初值，或者通过静态初始化器进行初始化。静态成员变量只能在静态初始化器或定义时设置初值，不能通过构造函数或其他实例方法进行初始化。
- 访问：静态成员变量只能通过 struct 的类型名访问，而不是通过实例。即需要使用"类型名.静态成员变量名"的方式访问。

实例 7-2：使用静态成员变量和实例成员变量计算矩形面积（源码路径：codes\7\Jiegou\src\Jing.cj）

在本实例中定义了一个 Rectangle 结构体，并使用静态成员变量和实例成员变量来计算矩形的面积。

```
struct Rectangle {
    let width: Int64
    let height: Int64
    static let unit: String = "cm"

    public init(width: Int64, height: Int64) {
        this.width = width
        this.height = height
    }

    public func area(): Int64 {
        return width * height
    }
}

main() {
    let rect = Rectangle(10, 20)
    println("Area: " + rect.area().toString() + " " + Rectangle.unit)   // 输出：Area: 200 cm
}
```

上述代码的具体说明如下。

（1）结构体成员变量。

- 实例成员变量：width 和 height 是 Rectangle 的实例成员变量，每个 Rectangle 实例都有自己独立的 width 和 height 值。
- 静态成员变量：unit 是一个静态成员变量，它表示面积的单位为 "cm"。静态成员变量是属于整个结构体类型的，所有 Rectangle 实例共享同一个 unit 值。

（2）构造函数：构造函数 init 用于初始化 Rectangle 的实例成员变量 width 和 height，确保在创建矩形时指定其宽度和高度。

（3）面积计算函数：函数 area 返回 width 与 height 的乘积，用于计算矩形的面积。

（4）主函数 main：创建了一个 Rectangle 实例，宽度为 10，高度为 20。然后调用函数 area 计算矩形的面积，并将结果与静态成员变量 unit 组合输出为 "Area: 200 cm"。

（5）静态成员的使用：静态成员变量 Rectangle.unit 直接通过结构体类型 Rectangle 访问，而不是通过具体实例访问，这表明 unit 是整个类型共有的属性。

执行后会输出:
```
Area: 200 cm
```

3. 静态初始化器

静态初始化器的作用是对静态成员变量进行初始化。静态初始化器在 struct 被加载时执行,只会执行一次。在仓颉语言中,静态初始化器的主要特点如下。

- 使用 static init() 定义静态初始化器。
- 静态成员变量必须在静态初始化器或定义时初始化,否则会编译报错。
- 一个 struct 只能定义一个静态初始化器。

在下面的代码中,defaultWidth 和 defaultHeight 是静态成员变量,通过静态初始化器 static init() 进行初始化。

```
struct Rectangle {
    let width: Int64
    let height: Int64
    static let defaultWidth: Int64
    static let defaultHeight: Int64

    static init() {
        defaultWidth = 5
        defaultHeight = 10
    }

    public init() {
        this.width = Rectangle.defaultWidth
        this.height = Rectangle.defaultHeight
    }

    public func area(): Int64 {
        return width * height
    }
}
main() {
    let rect = Rectangle()
    println("Area: " + rect.area().toString())   // 输出: Area: 50
}
```

执行后会输出:
```
Area: 50
```

7.1.3 成员函数

在仓颉语言中,结构体的成员函数可以分为实例成员函数和静态成员函数,两者的访问方式和作用不同。

1. 实例成员函数

实例成员函数通过结构体的实例来调用,可以访问该实例的成员变量。每个结构体的实例都有自己独立的成员变量，实例成员函数通常用于对这些变量进行操作。例如，在下面的代码中，area 是一个实例成员函数，用于计算矩形的面积，返回 width 和 height 的乘积。关键字 this 用于明确访问当前实例的成员变量。

```
struct Rectangle {
    let width: Int64 = 1
    let height: Int64 = 1

    public func area() {
        this.width * this.height
    }
}
```

2. 静态成员函数

在仓颉语言中，使用 static 修饰符定义静态成员函数。静态成员函数属于整个结构体类型，而不是某个具体实例，所以它不能访问实例的成员变量或实例成员函数，但可以访问静态成员变量或静态成员函数。例如，在下面的代码中，typeName 是一个静态成员函数，通过 Rectangle.typeName() 直接调用，不需要创建实例。静态成员函数适合与整个类型相关的操作或信息。

```
struct Rectangle {
    let width: Int64 = 10
    let height: Int64 = 20

    public static func typeName(): String {
        "Rectangle"
    }
}
```

注意：实例成员函数只能通过具体的结构体实例调用，通常操作实例的成员变量。静态成员函数只能通过结构体类型名调用，无法访问实例成员变量。

实例 7-3：计算冰淇淋的价格（源码路径：codes\7\Jiegou\src\Han.cj）

本实例实现了一个有趣且贴近日常生活的示例，使用结构体、实例成员函数和静态成员函数模拟了一个冰淇淋店，计算单个冰淇淋的价格，并展示冰淇淋店的名称。

```
struct IceCream {
    let flavor: String
    let price: Float64
    let scoops: Int64
    static let shopName: String = "Sunny's Ice Cream"

    // 构造函数，用于初始化冰淇淋的口味、价格和勺数
    public init(flavor: String, price: Float64, scoops: Int64) {
        this.flavor = flavor
        this.price = price
        this.scoops = scoops
    }

    // 实例成员函数，用于计算冰淇淋的总价格
    public func totalPrice(): Float64 {
        return price * Float64(scoops)    // 使用 Float64() 来进行类型转换
```

```
    }
    // 静态成员函数，返回冰淇淋店的名称
    public static func shopInfo(): String {
        return "Welcome to " + shopName + "! The best ice cream in town!"
    }
}

main() {
    // 创建一个冰淇淋实例
    let myIceCream = IceCream("Vanilla", 2.5, 3)

    // 输出冰淇淋店信息
    println(IceCream.shopInfo())    // 输出: Welcome to Sunny's Ice Cream! The best ice cream in town!

    // 输出冰淇淋口味和勺数
    println("I ordered " + myIceCream.scoops.toString() + " scoops of " +
myIceCream.flavor + " ice cream.")

    // 计算并输出冰淇淋的总价格
    println("Total price: $" + myIceCream.totalPrice().toString())    // 输出:
Total price: $7.5
}
```

上述代码的具体说明如下。

（1）结构体定义。

在结构体 IceCream 中定义了冰淇淋的三个实例成员变量：flavor（口味）、price（每勺的价格）和 scoops（勺数），还定义了一个静态成员变量 shopName，用来存储冰淇淋店的名称，这个变量对所有冰淇淋实例共享。

（2）构造函数：使用 init 构造函数来初始化每个冰淇淋对象。调用时传入冰淇淋的口味、价格和勺数。

（3）实例成员函数：totalPrice() 是一个实例成员函数，用于计算冰淇淋的总价。通过将 scoops（勺数）转换为 Float64 后与 price 相乘，得出总价。

（4）静态成员函数：shopInfo() 是一个静态成员函数，返回店铺信息，这个函数不需要实例化 IceCream 对象，通过结构体名即可调用。

（5）主函数。

- 创建了一个 IceCream 实例 myIceCream，表示点了 3 勺香草口味的冰淇淋，每勺价格为 2.5。
- 通过调用静态成员函数 shopInfo() 输出店铺的欢迎信息。
- 使用 println 输出订购信息，包括勺数和口味。
- 最后，调用实例成员函数 totalPrice() 计算总价，并将结果输出。

执行后会输出：

```
Welcome to Sunny's Ice Cream! The best ice cream in town!
I ordered 3 scoops of Vanilla ice cream.
Total price: $7.500000
```

7.1.4 结构体成员的访问修饰符

在仓颉语言中，结构体的成员可以通过访问修饰符来控制它们的可见性。结构体成员可用访问修饰符包括 private、internal、protected 和 public，不同的修饰符控制了结构体成员在不同范围内的访问权限。

- private：表示结构体成员只能在该结构体定义的内部访问，外部无法访问。这种修饰符通常用于保护数据不被外部代码直接修改，只允许通过结构体内部的方法进行访问和修改。
- internal（缺省修饰符）：默认的访问修饰符，表示结构体成员只能在当前包及其子包中访问，在其他包中无法访问。内部成员适合在同一模块中的相关代码之间共享，而不对外暴露。
- protected：表示当前模块（或子模块）内可见，允许在继承链中或同一模块内访问。它介于 internal 和 public 之间，用于模块范围内的保护性访问。
- public：允许结构体成员在模块内外都可以被访问。这是最高级别的可见性修饰符，适用于希望广泛使用的成员或方法。

在下面演示代码中，在 package a 中定义了结构体 Rectangle。

```
package a
public struct Rectangle {
    public var width: Int64       // 可以被模块内外访问
    var height: Int64             // 只有在当前包及其子包内可见（默认internal）
    private var area: Int64       // 仅在结构体内可见

func samePkgFunc() {
    var r = Rectangle(10, 20)
    r.width = 8                   // Ok: public 'width' 可以访问
    r.height = 24                 // Ok: 默认internal的 'height' 在同包内可访问
    r.area = 30                   // Error: private 'area' 无法在外部访问
}
}
```

上述代码的具体说明如下。
- width 是 public 修饰的，表示可以在所有包和模块中访问它。
- height 没有显示的修饰符，默认是 internal，表示只能在当前包及其子包中访问。
- area 被 private 修饰，只能在 Rectangle 结构体内部访问，不能在外部访问。
- r.width 可以正常访问，因为它是 public 成员。
- r.height 也是可以访问的，因为 samePkgFunc 位于同一个包 a 中。
- r.area 不能访问，因为 area 是 private，只能在 Rectangle 内部使用。

如果尝试在不同包中进行访问，如在下面演示代码中，在 package b 中导入了 package a。

```
package b
import a.*
main() {
    var r = Rectangle(10, 20)
    r.width = 8                   // Ok: public 'width' 可以跨包访问
    r.height = 24                 // Error: internal 'height' 无法跨包访问
    r.area = 30                   // Error: private 'area' 无法访问
}
```

上述代码的具体说明如下。
- r.width 仍然可以访问，因为它是 public 成员。
- r.height 无法访问，因为它是 internal，只能在包 a 内及其子包中访问，跨包访问被禁止。
- r.area 依然无法访问，因为它是 private，只能在 Rectangle 结构体内部使用。

7.2 结构体实例

在本章前面的例子中已经多次展示了在仓颉语言中创建并使用结构体实例的用法，结构体实例的创建过程通常是通过调用结构体的构造函数来实现的。在本节的内容中，将进一步介绍创建结构体实例的知识。

7.2.1 创建结构体实例

定义了 struct 类型后，可以通过调用结构体的构造函数来创建其实例。在仓颉语言中，创建结构体实例的基本形式是通过 struct 类型名加上构造函数的参数，例如：

```
let r = Rectangle(10, 20)
```

此时，r 是 Rectangle 结构体的一个实例。

在创建结构体实例后，可以通过实例来访问结构体的成员变量和成员函数。例如，在下面的代码中，r.width 和 r.height 用于获取 r 的宽度和高度，r.area() 用于计算并返回矩形的面积。

```
let r = Rectangle(10, 20)
let width = r.width     // 获取 r.width 的值，结果为 10
let height = r.height   // 获取 r.height 的值，结果为 20
let a = r.area()        // 计算 r 的面积，结果为 200
```

7.2.2 不同类型的结构体成员变量

在华为仓颉语言中，结构体成员可以是不同类型的变量，可以在同一个结构体中定义多个不同类型的成员变量。例如，结构体的成员既可以是整数类型（如 Int64），也可以是浮点数、字符串、布尔类型，甚至是其他自定义类型的变量。在下面的代码中，结构体 Person 有四个不同类型的成员变量：name（字符串）、age（整数）、height（浮点数）和 isEmployed（布尔类型）。

```
struct Person {
    let name: String
    let age: Int64
    let height: Float64
    let isEmployed: Bool
}
```

实例 7-4：查看员工的信息（源码路径：codes\7\Jiegou\src\Duo.cj）

在本实例中创建了结构体 Person，用于存储一个人的姓名、年龄、身高和就业状态，并通过输出这些信息来展示这名员工的详细资料。

```
struct Person {
    let name: String
```

```
    let age: Int64
    let height: Float64
    let isEmployed: Bool

    // 构造函数,初始化所有成员变量
    public init(name: String, age: Int64, height: Float64, isEmployed: Bool) {
        this.name = name
        this.age = age
        this.height = height
        this.isEmployed = isEmployed
    }
}

main() {
    // 正确调用构造函数
    let person = Person("Alice", 30, 1.68, true)

    println("Name: " + person.name)
    println("Age: " + person.age.toString())
    println("Height: " + person.height.toString())
    println("Employed: " + person.isEmployed.toString())
}
```

上述代码的具体说明如下。

- 定义结构体:定义了一个名为 Person 的结构体,包含四个成员变量:name(字符串类型)、age(整型)、height(浮点型)、和 isEmployed(布尔型)。这些成员变量在构造函数 init 中被初始化。
- 创建结构体实例:在 main 函数中,调用 Person 的构造函数创建了一个名为 person 的实例,传入了 name、age、height 和 isEmployed 四个参数。
- 输出成员变量:通过 println 函数输出 person 实例的各个成员变量的值,包括 name、age、height 和 isEmployed。每个值都被转换成字符串形式进行打印。

执行后会输出:

```
Name: Alice
Age: 30
Height: 1.680000
Employed: true
```

7.2.3 修改结构体的成员变量

在仓颉语言中,可以通过结构体实例来访问和修改结构体的成员变量。在修改成员变量时,需要满足如下所示的两个主要条件。

- 结构体实例必须是可变的,要修改成员变量,首先要将结构体实例声明为可变(使用 var 关键字)。
- 成员变量必须是可变的,只有那些使用 var 关键字声明的成员变量才能被修改,使用 let 声明的成员变量是不可修改的。

在实际应用中，对可变和不可变成员变量的修改做如下说明。
- 可变成员变量（var）：可以在创建实例后进行修改。
- 不可变成员变量（let）：一旦初始化，不能再修改。

在下面的代码中，r 是一个可变的 Rectangle 实例，width 和 height 是可变成员，因此可以直接修改它们的值。

```
var r = Rectangle(10, 20)        // 初始时 r.width = 10, r.height = 20
r.width = 8                      // 修改 r.width，新的值为 8
r.height = 24                    // 修改 r.height，新的值为 24
let a = r.area()                 // 计算新的面积，结果为 192
```

实例 7-5：修改结构体的成员变量（源码路径：codes\7\Jiegou\src\Xiu.cj）

在本实例中演示了如何创建一个结构体实例并修改其成员变量的过程，并计算及输出了结构体实例的属性值。

```
struct Rectangle {
    public var width: Int64   // 可变成员变量
    public var height: Int64  // 可变成员变量

    public init(width: Int64, height: Int64) {
        this.width = width
        this.height = height
    }

    public func area(): Int64 {
        return width * height
    }
}

main() {
    var r = Rectangle(10, 20)  // 创建一个可变实例
    r.width = 8                // 修改 r 的 width 值
    r.height = 24              // 修改 r 的 height 值
    let a = r.area()           // 计算新的面积，结果为 192
    println("New area: " + a.toString())   // 输出: New area: 192
}
```

上述代码的具体说明如下。
- 定义结构体：定义了结构体 Rectangle，包含两个可变的成员变量 width 和 height，以及一个初始化函数 init 用于设置这两个成员变量的初值。另外，还定义了一个实例成员函数 area，用于计算矩形的面积。
- 创建和修改实例：在 main 函数中，首先创建了一个 Rectangle 的可变实例 r，初始宽度为 10，高度为 20。随后，通过实例 r 修改了 width 和 height 的值，将宽度更新为 8，高度更新为 24。
- 计算和输出结果：使用修改后的 width 和 height 值计算新的矩形面积，并将结果输出到控制台。

执行后会输出：
```
New area: 192
```

如果成员变量是用 let 声明的，那么在实例创建后，它的值不能被修改。尝试修改这样的成员变

量将会导致编译错误。在下面的代码中，width 和 height 是不可变的成员变量，因此不能修改。

```
struct Rectangle {
    public let width: Int64   // 不可变成员变量
    public let height: Int64  // 不可变成员变量

    public init(width: Int64, height: Int64) {
        this.width = width
        this.height = height
    }
}

main() {
    let r = Rectangle(10, 20)
    r.width = 8   // Error: 'width' is immutable and cannot be modified
}
```

7.2.4 结构体的复制行为

在仓颉语言中，结构体的复制行为意味着每次将一个结构体实例赋值给另一个变量时，都会创建一个新的实例，而不是共享同一个实例的引用。这种复制行为确保了每个实例都是独立的，对一个实例的修改不会影响其他实例。

- 赋值复制：当将一个结构体实例赋值给另一个变量时，系统会创建一个新的结构体实例，并将原实例的值复制到新实例中。两个实例在内存中是独立的，不共享数据。
- 修改独立：对一个实例的成员变量进行修改不会影响到另一个实例。例如，如果修改了一个实例的 width 或 height，这不会对另一个实例的相应成员变量产生影响，因为它们各自拥有自己的数据副本。
- 实例计算：由于每个实例都独立，计算一个实例的属性（如面积）时，只会影响该实例的数据，不会影响其他实例的结果。

在下面的代码中，将 r1 赋值给 r2 后，修改 r1 的 width 和 height 不会影响 r2 的值，r1 和 r2 是两个独立的实例。

```
var r1 = Rectangle(10, 20)  // r1.width = 10, r1.height = 20
var r2 = r1                 // 复制 r1，生成新的实例 r2, r2.width = 10, r2.height = 20
r1.width = 8                // 修改 r1.width，新的值为 8
r1.height = 24              // 修改 r1.height，新的值为 24
let a1 = r1.area()          // 计算 r1 的面积，结果为 192
let a2 = r2.area()          // r2 仍然保持原值，面积结果为 200
```

实例 7-6：复制"笔记本"的内容（源码路径：codes\7\Jiegou\src\Fu.cj）

在本实例中使用一个"笔记本"作为结构体，代表不同的笔记本，每个笔记本都有自己的页数和标题。当将一个笔记本复制给另一个时它们会成为独立的实例，这样可以展示复制行为的效果。

```
struct Notebook {
    public var title: String
    public var pages: Int64
```

```
    // 构造函数，初始化标题和页数
    public init(title: String, pages: Int64) {
        this.title = title
        this.pages = pages
    }

    // 显示笔记本信息
    public func showInfo() {
        println("Notebook Title: " + title)
        println("Number of Pages: " + pages.toString())
    }
}

main() {
    // 创建一个名为 "Daily Journal" 的笔记本，包含 100 页
    var notebook1 = Notebook("Daily Journal", 100)

    // 复制 notebook1 生成 notebook2，注意它们是独立的实例
    var notebook2 = notebook1

    // 修改 notebook1 的标题和页数
    notebook1.title = "Travel Diary"
    notebook1.pages = 200

    // 显示 notebook1 和 notebook2 的信息，展示它们是独立的
    println("Notebook 1 Info:")
    notebook1.showInfo()    // 输出: Travel Diary, 200 页

    println("\nNotebook 2 Info:")
    notebook2.showInfo()    // 输出: Daily Journal, 100 页

    // notebook1 和 notebook2 是独立的，修改 notebook1 不会影响 notebook2
}
```

上述代码的具体说明如下。
- 首先创建了一个名为 notebook1 的笔记本，标题是 "Daily Journal"，页数是 100。
- 然后将 notebook1 复制给 notebook2。此时，notebook2 是一个独立的副本。
- 接着，修改了 notebook1 的标题为 "Travel Diary"，页数为 200。这一修改不会影响到 notebook2。
- 最后，分别显示 notebook1 和 notebook2 的信息，验证它们是独立的实例，尽管最初来自同一个副本。

执行后会输出：

```
Notebook 1 Info:
Notebook Title: Travel Diary
Number of Pages: 200

Notebook 2 Info:
Notebook Title: Daily Journal
Number of Pages: 100
```

7.3 mut函数

在仓颉语言中，通过使用 mut 修饰符，可以在实例成员函数中对结构体的字段进行原地修改，使得结构体实例的状态可以被更新。这样，mut 函数提供了一种方式来实现对结构体数据的变更，扩展了结构体在仓颉语言中的使用灵活性。

7.3.1 mut 函数介绍

在仓颉语言中，结构体的实例成员函数存在一些限制。首先，在默认情况下，实例成员函数不能修改结构体实例的成员变量。由于结构体是值类型，每次调用函数时，传递的是实例的副本，因此函数内部对成员变量的修改不会影响原始实例。这意味着，结构体实例的状态在其生命周期中是不可变的，除非特别处理。

为了解决这个限制，仓颉语言引入了 mut 函数。mut 函数是一种特殊的实例成员函数，它允许对结构体实例的成员变量进行修改。通过在函数定义前加上 mut 关键字，开发者可以在函数内部直接改变实例的状态。这种函数使得结构体可以在运行时保持可变性，从而提供了对实例数据进行原地更新的能力。

与普通的实例成员函数相比，mut 函数具有以下特点。
- 定义方式：mut 函数通过在函数定义前添加 mut 关键字来标识。这使得该函数具有修改结构体实例状态的权限。
- 作用范围：mut 函数只能用于实例成员函数，不能用于静态成员函数或类（class）的成员函数。结构体作为值类型，mut 函数允许在不改变实例引用的情况下对实例本身进行修改。

在下面的代码中，updateValue 是一个 mut 函数，它可以直接修改 MyStruct 的实例成员变量 value。

```
struct MyStruct {
    var value: Int64
    public mut func updateValue(newValue: Int64) {
        value = newValue
    }
}
```

实例 7-7：模拟植物的生长过程（源码路径：codes\7\Jiegou\src\Mu.cj）

本实例展示了使用 mut 函数修改结构体实例的状态的用法，在实例中定义了一个 Plant 结构体，其中包含了植物的高度和水分水平，并实现了一个 mut 函数 water。这个 mut 函数允许在函数内部直接修改植物的水分水平和高度。在初始状态下，植物的水分水平低于最大值，通过浇水操作，water 函数更新了水分水平，并在需要时增加植物的高度。通过这种方式，mut 函数使得结构体实例可以在运行时保持可变性，实现了对植物状态的实时更新。

```
struct Plant {
    var height: Float64 // 当前植物的高度
    var waterLevel: Float64 // 当前植物的水分水平

    // 构造函数，初始化植物的高度和水分水平
    public init(height: Float64, waterLevel: Float64) {
```

```
        this.height = height
        this.waterLevel = waterLevel
    }

    // 增加水分,并更新植物的高度
    public mut func water(amount: Float64) {
        waterLevel += amount
        if (waterLevel > 10.0) { // 修正: 添加圆括号
            height += 1.0
            waterLevel = 5.0 // 使水分水平减少到一个合理值
        }
    }

    // 显示植物的当前状态
    public func status(): String { // 修正: 移除 '->'
        return "Height: " + height.toString() + " cm, Water Level: " + waterLevel.toString() + "/10"
    }
}

main() {
    // 创建一个植物实例
    var myPlant = Plant(10.0, 4.0)

    // 显示植物的初始状态
    println("Initial status: " + myPlant.status())

    // 给植物浇水
    myPlant.water(7.0)

    // 显示植物的新状态
    println("After watering: " + myPlant.status())
}
```

上述代码的具体说明如下。

- Plant 结构体表示一个植物,包含两个成员变量: height 和 waterLevel。
- 构造函数 init 用于初始化植物的高度和水分水平。
- 函数 water 是一个 mut 函数,用于增加植物的水分并根据水分水平更新植物的高度。如果水分水平超过 10,则植物会生长,且水分水平被调整为一个合理值(5)。
- 函数 status 用于显示植物的当前状态,包括高度和水分水平。
- 在主函数 main 中创建了一个 Plant 实例,用于给植物浇水并显示更新后的状态。

执行后会输出:

```
Initial status: Height: 10.000000 cm, Water Level: 4.000000/10
After watering: Height: 11.000000 cm, Water Level: 5.000000/10
```

在本实例中,首先创建了一个植物实例 myPlant,初始高度为 10 cm,水分水平为 4/10。然后调用 water 函数给植物浇水 7 单位,由于水分水平超过 10,植物的高度增加了 1 cm,水分水平被调整回 5/10。

7.3.2 mut 函数的限制

在仓颉语言中使用 mut 函数时,需要注意以下限制。

- **this 不能被捕获**:在 mut 函数中,this 不能作为值传递或在闭包中捕获。这意味着不能在 mut 函数内部创建一个闭包并尝试捕获 this。this 的特殊语义仅限于 mut 函数内部直接操作实例的状态。
- **this 不能作为表达式**:在 mut 函数中,this 不能被用作表达式。不能将 this 作为返回值或用于其他计算。mut 函数的目的是修改实例的内部状态,而不是进行复杂的 this 表达式操作。
- **直接操作实例成员变量**:尽管 this 不能作为表达式或被捕获,但可以直接在 mut 函数中操作实例成员变量。这允许修改结构体实例的状态,以便对其进行原地更新。

实例 7-8:试图在 mut 函数中处理 this(源码路径:codes\7\Jiegou\src\Xian.cj)

在本实例中展示了 mut 函数的限制问题,特别是 this 不能被捕获和作为表达式的限制。本实例实现了结构体 Counter,试图在 mut 函数中处理 this 的各种情况。

```
// 定义一个 Counter 结构体
struct Counter {
    var count: Int64 // 计数器的值

    // 构造函数,用于初始化计数器的值
    public init(initialCount: Int64) {
        this.count = initialCount
    }

    // mut 函数,用于增加计数器的值
    public mut func increment() {
        count += 1

        // 尝试将 this 捕获到闭包中(这将会产生错误)
        let captureThis = { => this } // Error: 'this' in mut functions cannot be captured

        // 尝试将 this 作为表达式使用(这也会产生错误)
        let result = this.count + 1 // Error: 'this' in mut functions cannot be used as expressions
    }
}

main() {
    // 创建一个 Counter 实例
    var myCounter = Counter(10)

    // 调用 mut 函数
    myCounter.increment()

    // 输出计数器的值
    println("Counter value: " + myCounter.count.toString())
}
```

上述代码的具体说明如下。
（1）结构体定义：在结构体 Counter 有一个成员变量 count，用于表示计数器的值。
（2）构造函数：初始化计数器的值。
（3）mut 函数 increment。

- 尝试捕获 this：在 mut 函数中，不能将 this 捕获到闭包中，因此 let captureThis = { => this } 这一行会产生错误。
- 尝试使用 this 作为表达式：在 mut 函数中，不能将 this 作为表达式使用，因此 let result = this.count + 1 这一行也会产生错误。

（4）主函数：创建 Counter 实例并调用 increment 函数，然后输出计数器的值。

为了纠正本实例中的错误，可以重新编写代码，去掉捕获 this 的尝试，专注于演示 mut 函数如何直接修改实例成员变量。下面是修改后的代码：

```
// 定义一个 Counter 结构体
struct Counter {
    var count: Int64 // 计数器的值

    // 构造函数，用于初始化计数器的值
    public init(initialCount: Int64) {
        this.count = initialCount
    }

    // mut 函数，用于增加计数器的值
    public mut func increment() {
        count += 1

        // 正确地修改实例成员变量，但不尝试捕获 this 或将 this 作为表达式使用
    }
}

main() {
    // 创建一个 Counter 实例
    var myCounter = Counter(10)

    // 调用 mut 函数
    myCounter.increment()

    // 输出计数器的值
    println("Counter value: " + myCounter.count.toString())
}
```

上述代码的具体说明如下。

- 构造函数：初始化 count 的值。
- mut 函数 increment：直接在函数中增加了 count 的值，没有尝试捕获 this 或将 this 作为表达式使用。
- 主函数：创建 Counter 实例，调用 increment 函数，然后输出计数器的值。

这样，mut 函数正确地修改了结构体实例的状态，同时避免了仓颉语言中对 this 的限制问题。

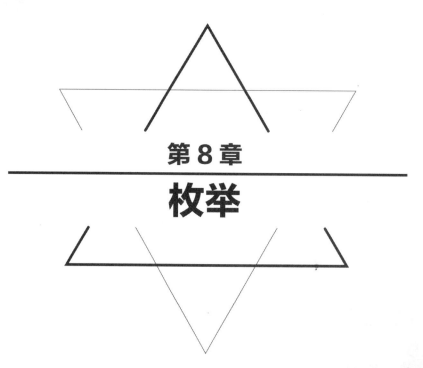

第 8 章
枚举

在仓颉语言中，枚举（enum）是一种用于定义一组相关值的自定义数据类型，通常用于表示有限的可能状态或选项。通过 enum 关键字，开发者可以将一组逻辑上相关的值封装在一起，如交通信号灯的状态、订单的处理阶段等。枚举支持关联值和方法，允许每个枚举成员携带额外数据或行为。与 switch 语句结合使用，枚举可以帮助编写简洁且安全的代码，适合处理状态管理、类型分类等场景。

8.1 枚举基础

枚举在仓颉语言中是一种强大的工具，用于定义一组相关的有限值。通过枚举，可以提高代码的可读性和可维护性，特别是在处理状态、类型等具有有限可能值的场景中。结合关联值和方法，枚举的功能更加丰富，能够有效地管理和操作复杂的数据结构。

8.1.1 推出枚举的背景

在日常生活中，经常会遇到集合类的问题，这些问题的状态通常是有限的几个。例如，以人体为中心进行方位描述时，可以包括 6 个状态：上、下、前、后、左和右。如果在计算机中要表示这 6 种方位信息，可以定义一组整型常量，如以下代码所示：

```
const UP = 1
const DOWN = 2
const BEFORE = 3
const BACK = 4
const LEFT = 5
const RIGHT = 6
```

从上面的定义来看，这 6 个常量虽然表达了同一种类型的信息，但是在语法上它们是彼此独立的个体，并没有形成一个完整的逻辑整体。就像在基础数据类型中，Int64 描述的是一个特定范围内的整数集合，现在希望能够定义一种类型来表示仅包含上述 6 个方位的集合。

为了解决这个问题，仓颉语言引入了枚举。枚举类型允许定义一个有限的、逻辑上相关的值集合，将这些常量集中在一个类型中，使其成为一个整体。通过枚举，开发者可以清晰地表示有限状态集合中的元素，使代码更加易读和安全。

8.1.2 定义枚举类型

在仓颉语言中，使用 enum 关键字定义枚举类型，具体语法格式如下：

```
enum 枚举名称 {
    | 构造器1 | 构造器2 | 构造器3 | ...
}
```

上述格式的具体说明如下。
- 关键字 enum：用于声明一个枚举类型。
- 枚举名称：枚举类型的名称，遵循命名规范。
- 花括号 "{}"：包含所有枚举的构造器。
- 竖线 "|"：用于分隔不同的构造器，首个构造器前的 "|" 是可选的。

例如，在下面的代码中定义了一个名为 RGBColor 的枚举类型，包含三个无参构造器：Red、Green 和 Blue。

```
enum RGBColor {
    | Red | Green | Blue
}
```

1. 有参构造器

枚举的构造器可以携带参数，称为有参构造器，这允许每个枚举值携带额外的信息或数据。定义枚举有参构造器的语法格式如下：

```
enum 枚举名称 {
    | 构造器1(参数类型1, 参数类型2, ...) | 构造器2(参数类型1, ...) | ...
}
```

在下面的代码中，枚举 RGBColor 中的每个构造器都携带一个 UInt8 类型的参数，用于表示颜色的亮度级别。

```
enum RGBColor {
    | Red(UInt8) | Green(UInt8) | Blue(UInt8)
}
```

2. 同名构造器

在仓颉语言中，允许在同一个枚举中定义多个同名构造器，但要求这些构造器的参数个数不同。这样可以根据需要选择不同的构造器来创建枚举值。定义同名构造器的语法格式如下：

```
enum 枚举名称 {
    | 构造器1 | 构造器2 | ...
    | 构造器1(参数类型1, ...) | 构造器2(参数类型1, ...) | ...
}
```

在下面的代码中，在枚举 RGBColor 中同时定义了无参和有参的 Red、Green、Blue 构造器，虽然构造器的名字相同，但是参数个数不同，在使用时允许根据需要选择不同的构造器。

```
enum RGBColor {
    | Red | Green | Blue
    | Red(UInt8) | Green(UInt8) | Blue(UInt8)
}
```

3. 递归定义

仓颉语言中的枚举类型支持递归定义，即枚举的构造器可以使用该枚举类型自身作为参数类型。这对于定义复杂的数据结构（如表达式树）非常有用。枚举递归定义的语法格式如下：

```
enum 枚举名称 {
    | 构造器1(类型1, 类型2, ...) | 构造器2(类型1, ...) | ...
}
```

例如，在下面的代码中使用 enum 定义了一种表达式（即 Expr），此表达式只能有 3 种形式：单独的一个数字 Num（携带一个 Int64 类型的参数）、加法表达式 Add（携带两个 Expr 类型的参数）、减法表达式 Sub（携带两个 Expr 类型的参数）。对于 Add 和 Sub 这两个构造器，其参数中递归地使用到了 Expr 自身。

```
enum Expr {
    | Num(Int64)
    | Add(Expr, Expr)
    | Sub(Expr, Expr)
}
```

在上述代码中，枚举 Expr 可以表示一个数字（Num）、加法表达式（Add）或减法表达式（Sub）。Add 和 Sub 构造器的参数都是 Expr 类型，实现了递归嵌套。

4. 成员函数与属性

在枚举体内可以定义成员函数、操作符函数以及成员属性，需要注意的是，构造器、成员函数和成员属性的名称不能重复。

```
enum 枚举名称 {
    | 构造器1 | 构造器2 | ...

    [访问修饰符] func 函数名称(参数列表) :返回类型 {
        // 函数体
    }

    [访问修饰符] var 属性名称：属性类型 {
        // 属性实现
    }

    // 其他成员定义
}
```

在下面的代码中，在枚举 RGBColor 中定义了一个名为 printType 的静态成员函数，用于打印输出字符串 "RGBColor"。

```
enum RGBColor {
    | Red | Green | Blue

    public static func printType() {
        print("RGBColor")
    }
}
```

8.1.3 使用枚举

在定义了枚举类型之后，就可以创建此类型的实例（即枚举值），枚举值只能取 enum 类型定义中的一个构造器。枚举没有构造函数，可以通过"类型名.构造器"格式，或者直接使用构造器的方式来构造一个 enum 值（对于有参构造器，需要传实参）。

1. 创建枚举实例

在仓颉语言中，可以通过枚举的构造器来创建枚举值，有以下两种使用构造器的方式。
- 通过"枚举类型.构造器"来创建。
- 如果没有命名冲突，可以直接使用构造器名。

在下面的代码中，在枚举类型 RGBColor 中有三个构造器 Red、Green 和 Blue(UInt8)。

```
enum RGBColor {
    | Red | Green | Blue(UInt8)
}

main() {
    let r = RGBColor.Red    // 使用类型名创建
    let g = Green           // 直接使用构造器名
    let b = Blue(100)       // 带参数的构造器
}
```

2. 命名冲突时的处理

如果构造器的名称与某些变量名、函数名或类名冲突，必须显式使用"枚举类型.构造器"格式使用枚举，否则将选择同名的非枚举定义。例如，在下面的代码中，定义了变量 Red 并赋值为 1；同时定义了一个函数 Green，它接受一个 UInt8 类型的参数并返回该参数。随后，定义了一个枚举 RGBColor，包含三个构造器：Red、Green(UInt8) 和 Blue(UInt8)。在使用时，r1 选择了之前定义的变量 Red，因此 r1 的值为 1，而 r2 明确使用了枚举构造器 RGBColor.Red。g1 调用了函数 Green，而 g2 则使用了枚举构造器 RGBColor.Green(100)。最后，b 试图调用枚举构造器 Blue(UInt8)，但是由于同名类 Blue 的存在，编译器选择了类 Blue，所以会导致编译错误。

```
let Red = 1

func Green(g: UInt8) {
    return g
}

enum RGBColor {
    | Red | Green(UInt8) | Blue(UInt8)
}

let r1 = Red                     // 选择 'let Red'
let r2 = RGBColor.Red            // 枚举构造器

let g1 = Green(100)              // 选择函数 'func Green'
let g2 = RGBColor.Green(100)     // 枚举构造器

let b = Blue(100)                // 构造 'class Blue'，报错
```

3. 解决命名冲突

如果遇到与类或函数同名的情况，必须使用完整的枚举类型名来消除歧义。例如，在下面代码中，定义了一个名为 Blue 的类，并且还定义了一个枚举 RGBColor，其中也有一个构造器 Blue(UInt8)。由于类和枚举中的构造器同名，为了解决命名冲突，必须使用枚举的完整类型名来调用构造器。例如，r 和 g 分别使用了 RGBColor.Red 和 RGBColor.Green(100) 枚举构造器，而 b 需要显式地使用 RGBColor.Blue(100) 以避免与类 Blue 发生冲突。通过这种方式，可以确保正确使用枚举构造器，而不会调用到其他同名的类或函数。

```
class Blue {}

enum RGBColor {
    | Red | Green(UInt8) | Blue(UInt8)
}

let r = RGBColor.Red             // 枚举构造器
let g = RGBColor.Green(100)      // 枚举构造器
let b = RGBColor.Blue(100)       // 必须使用类型名，避免与类 'Blue' 冲突
```

实例 8-1： 使用枚举来处理不同天气情况（源码路径：codes\8\EnumEX\src\Mei.cj）

在本实例中定义了一个 Weather 枚举，包含四种天气状态：晴天、雨天、风天和雪天。

```
enum Weather {
```

```
    | Sunny | Rainy | Windy | Snowy
}
main() {
    let todayWeather = Weather.Rainy
    let message = match (todayWeather) {
        case Sunny => "It's a bright and sunny day!"
        case Rainy => "Don't forget your umbrella!"
        case Windy => "Hold on to your hat!"
        case Snowy => "Time for some snowball fights!"
    }
    println(message)
}
```

在上述代码的 main 函数中，设置了 todayWeather 为 Weather.Rainy，并使用 match 语法来根据当前天气生成相应的消息。最后，通过 println 输出消息，提示用户不要忘记带伞。执行后会输出：
`Don't forget your umbrella!`

8.1.4　match 表达式

在仓颉语言中，match 表达式是一种强大的控制流结构，用于根据不同的模式匹配执行相应的代码块。match 表达式主要有以下两种类型。
- 包含待匹配值的 match 表达式。
- 不包含待匹配值的 match 表达式。

在下面的内容中，将详细介绍这两种类型的 match 表达式，包括定义、语法、使用场景及注意事项。

1. 含匹配值的 match 表达式

在仓颉语言中，包含待匹配值的 match 表达式用于将一个具体的值与多个模式进行匹配，根据匹配结果执行对应的代码块。含匹配值的 match 表达式的语法格式如下所示：

```
match (待匹配值) {
    case 模式1 => 执行代码1
    case 模式2 => 执行代码2
    ...
    case 模式N => 执行代码N
}
```

上述格式的具体说明如下。
- 待匹配值：match 关键字后面的表达式，可以是任意类型的表达式。
- 模式 1…N：每个 case 后面的模式，用于匹配待匹配值。
- 模式守卫（Pattern Guard）：可选的条件，用于进一步限制匹配的条件。
- 执行代码：匹配成功后执行的代码块。

含匹配值的 match 表达式的主要特点如下。
- 穷尽性：所有可能的取值必须被涵盖，通常通过在最后一个 case 使用通配符"_"来确保穷尽。
- 匹配优先级：从上到下依次匹配，匹配成功后立即执行对应的代码块并退出 match 表达式

实例 8-2：根据不同的折扣券类型给出不同的折扣（源码路径：codes\8\EnumEX\src\Match01.cj）

在本实例中假设有三种折扣券：PercentageCoupon 代表按百分比折扣，FixedAmountCoupon 代表固定金额折扣，NoCoupon 代表没有折扣。

```
// 定义一个枚举，表示不同类型的折扣券
enum Coupon {
    | PercentageCoupon(Float64)      // 百分比折扣
    | FixedAmountCoupon(Float64)     // 固定金额折扣
    | NoCoupon                       // 没有折扣
}

// 计算应用折扣后的最终价格
func calculatePrice(originalPrice: Float64, coupon: Coupon): Float64 {
    // 使用 match 表达式处理不同类型的折扣券
    match (coupon) {
        case PercentageCoupon(p) =>
            // 使用百分比折扣
            let discount = originalPrice * (p / 100.0)    // 修改这里
            let finalPrice = originalPrice - discount
            println("应用百分比折扣: " + p.toString() + "%, 折扣金额: " + discount.toString())
            finalPrice

        case FixedAmountCoupon(amount) =>
            // 使用固定金额折扣
            let finalPrice = originalPrice - amount
            println("应用固定金额折扣: " + amount.toString() + ", 折后价格: " + finalPrice.toString())
            finalPrice

        case NoCoupon =>
            // 没有折扣
            println("没有折扣券，原价为: " + originalPrice.toString())
            originalPrice
    }
}

// 主函数
main() {
    let price = 100.0

    // 定义一些折扣券
    let coupon1 = PercentageCoupon(15.0)       // 15% 折扣券
    let coupon2 = FixedAmountCoupon(20.0)      // 20元折扣券
    let coupon3 = NoCoupon                     // 没有折扣券

    // 计算应用折扣后的价格
    let finalPrice1 = calculatePrice(price, coupon1)
    let finalPrice2 = calculatePrice(price, coupon2)
    let finalPrice3 = calculatePrice(price, coupon3)
```

```
    println("最终价格（百分比折扣）: " + finalPrice1.toString())
    println("最终价格（固定金额折扣）: " + finalPrice2.toString())
    println("最终价格（无折扣）: " + finalPrice3.toString())
}
```

上述代码的具体说明如下。

（1）定义折扣类型：使用枚举 Discount 定义三种折扣券类型：百分比折扣、固定金额折扣，以及没有折扣券。

（2）初始化原始价格：设置商品的原价为 100。

（3）匹配折扣类型：通过 match 表达式，针对不同的折扣类型执行相应的折扣计算。

- 对于百分比折扣，计算出折扣金额并输出。
- 对于固定金额折扣，直接从原价中减去固定的金额。
- 对于无折扣券，保持原价不变。

（4）计算最终价格：根据折扣类型，打印输出每种情况下的最终商品价格。执行后会输出：

```
应用百分比折扣: 15.000000%, 折扣金额: 15.000000
应用固定金额折扣: 20.000000, 折后价格: 80.000000
没有折扣券，原价为: 100.000000
最终价格（百分比折扣）: 85.000000
最终价格（固定金额折扣）: 80.000000
最终价格（无折扣）: 100.000000
```

2. 不含待匹配值的 match 表达式

在仓颉语言中，不含待匹配值的 match 表达式不依赖于具体的值进行匹配，而是根据布尔表达式的结果来选择执行的代码块。实现不含待匹配值的 match 表达式的语法格式如下：

```
match {
    case 条件表达式1 => 执行代码1
    case 条件表达式2 => 执行代码2
    ...
    case 条件表达式N => 执行代码N
}
```

上述格式的具体说明如下。

- 条件表达式：每个 case 后面的表达式，必须返回布尔值（Bool）。
- 执行代码：条件表达式为 true 时执行的代码块。

不含待匹配值的 match 表达式的特点如下。

- 穷尽性：所有可能的布尔表达式组合必须被涵盖，通常通过在最后一个 case 使用通配符"_"来确保穷尽。
- 匹配优先级：从上到下依次判断条件表达式，遇到第一个为 true 的 case 即执行对应的代码块并退出 match 表达式。

在下面的代码中，演示了使用不含待匹配值的 match 表达式根据变量 x 的值判断其正负性的用法。

```
main() {
    let x = -1
    match {
```

```
        case x > 0 => print("x > 0")
        case x < 0 => print("x < 0") // Matched.
        case _ => print("x = 0")
    }
    // 输出: x < 0
}
```

上述代码的具体说明如下。

- 定义了一个变量 x，其值为 –1。
- 使用 match 表达式依次检查 x 是否大于 0、小于 0，最后通过通配符 _ 处理等于 0 的情况。
- 由于 x < 0 为 true，执行对应的代码块，输出 "x < 0"。

3. Pattern Guard（模式守卫）

模式守卫是 match 表达式中用于进一步限制匹配条件的布尔表达式，它在模式匹配成功后额外检查一个条件表达式，只有在条件为 true 时匹配才算成功。实现模式守卫的语法格式如下：

```
match (待匹配值) {
    case 模式1 where 条件表达式1 => 执行代码1
    case 模式2 where 条件表达式2 => 执行代码2
    ...
    case 模式N => 执行代码N
}
```

实例 8-3：使用模式守卫根据颜色强度调整输出信息（源码路径：codes\8\EnumEX\src\Match02.cj）

在本实例中定义了枚举类型 RGBColor，包含三种颜色构造器 Red、Green 和 Blue，每个构造器接受一个 Int16 参数。

```
enum RGBColor {
    | Red(Int16) | Green(Int16) | Blue(Int16)
}

main() {
    let c = RGBColor.Green(-100)
    let cs = match (c) {
        case Red(r) where r < 0 => "Red = 0"
        case Red(r) => "Red = ${r}"
        case Green(g) where g < 0 => "Green = 0" // Matched.
        case Green(g) => "Green = ${g}"
        case Blue(b) where b < 0 => "Blue = 0"
        case Blue(b) => "Blue = ${b}"
    }
    print(cs) // 输出: Green = 0
}
```

在上述代码的主函数中，通过 match 表达式对颜色值进行匹配和处理。当颜色为 Green 且值小于 0 时，将输出 "Green = 0"；否则，将输出颜色的实际值。在这个例子中，RGBColor.Green(-100) 被匹配并处理为 "Green = 0"。执行后会输出：

```
Green = 0
```

4. 匹配表达式的类型

在仓颉语言中，根据上下文的不同，match 表达式的返回类型也会有所变化，具体说明如下。

（1）上下文类型明确：当 match 表达式的结果需要赋值给一个明确类型的变量时，每个 case 分支的执行代码块必须是该类型的子类型。例如，将 match 表达式的结果赋值给 String 类型的变量。

（2）上下文类型不明确：当 match 表达式的结果没有明确的类型要求时，其类型为所有 case 分支执行代码块的最小公共父类型。如果 match 表达式的值未被使用，其类型为 Unit。

下面是一个上下文类型明确的例子：

```
let x = 2
let s: String = match (x) {
    case 0 => "x = 0"
    case 1 => "x = 1"
    case _ => "x != 0 and x != 1" // Matched.
}
// s 的类型为 String, 值为 "x != 0 and x != 1"
```

在上述代码中定义了变量 s，其类型为 String。match 表达式根据 x 的值匹配对应的字符串，最终 s 的值为 "x != 0 and x != 1"。

下面是一个上下文类型不明确的例子：

```
let x = 2
let s = match (x) {
    case 0 => "x = 0"
    case 1 => "x = 1"
    case _ => "x != 0 and x != 1" // Matched.
}
// s 的类型为 String, 值为 "x != 0 and x != 1"
```

在上述代码中定义了变量 s，没有明确指定类型。由于所有 case 分支返回的是 String 类型的值，match 表达式的类型推断为 String，因此 s 的类型也是 String。

5. 注意事项

（1）确保穷尽性：match 表达式必须涵盖所有可能的模式，通常通过最后一个 case _ 来确保穷尽性。例如：

```
match (value) {
    case Pattern1 => // 执行代码1
    case Pattern2 => // 执行代码2
    case _ => // 执行默认代码
}
```

（2）使用模式守卫：合理使用 where 关键字添加额外的条件，提高匹配的精确性。例如：

```
match (value) {
    case Pattern1 where condition => // 执行代码1
    case Pattern2 => // 执行代码2
    case _ => // 执行默认代码
}
```

（3）避免命名冲突：当枚举构造器名称与其他变量、函数或类名冲突时，必须使用完整的枚举类型名来调用构造器，避免歧义。例如：

```
enum RGBColor {
```

```
    | Red | Green(UInt8) | Blue(UInt8)
}

class Blue {}

main() {
    let r = RGBColor.Red
    let g = RGBColor.Green(100)
    let b = RGBColor.Blue(100)  // 必须使用枚举类型名
}
```

（4）利用泛型：Option<T> 枚举展示了如何使用泛型枚举类型，增强代码的复用性和灵活性。

总之，match 表达式与枚举的结合在仓颉语言中提供了一种简洁、强大且类型安全的方式来处理不同的状态和条件。通过理解其语法结构、使用场景及注意事项，可以编写出更加清晰、可维护的代码。在日常生活中，这种模式匹配的概念能够帮助开发者更好地模拟和处理各种复杂的逻辑条件。

8.2 模式匹配

在华为仓颉语言中，模式匹配（Pattern Matching）是处理复杂数据结构和条件逻辑的强大工具。通过模式匹配，开发者可以高效地解构数据、进行条件判断，并执行相应的操作。本节将深入介绍仓颉语言支持的各种模式，包括常量模式、通配符模式、绑定模式、元组模式、类型模式和枚举模式。

8.2.1 常量模式

常量模式用于匹配具体的值，如整数字面量、浮点数字面量、字符字面量、布尔字面量、字符串字面量（不支持字符串插值）、Unit 字面量等。常量模式匹配的主要特点如下。
- 值相等：匹配成功的条件是待匹配的值与常量模式表示的值相等。
- 类型一致性：常量模式的类型必须与待匹配值的类型相同。例如，匹配一个整型变量时，常量模式也应该是整型。
- 多选项匹配：可以使用"|"操作符将多个常量组合在一起，以匹配其中任意一个常量。

实例 8-4：根据顾客选择的咖啡类型返回相应的描述（源码路径：codes\8\EnumEX\src\Pi01.cj）
本实例模拟了一次咖啡订单的处理，根据顾客选择的咖啡类型返回相应的描述。

```
main() {
    // 假设顾客选择的咖啡类型
    let coffeeType = "Latte"

    // 使用 match 表达式处理咖啡类型
    let orderDescription = match (coffeeType) {
        case "Espresso" => "一杯浓郁的意式浓缩咖啡！"
        case "Americano" => "加了热水的意式浓缩，口感醇厚。"
        case "Latte" => "浓郁的奶泡与浓缩咖啡完美结合，温暖你的心。"
        case "Cappuccino" => "上面覆盖着丰富奶泡和可可粉，真是美味！"
        case "Mocha" => "巧克力和咖啡的完美结合，甜蜜无比！"
```

```
        case _ => "您选择的是未知的咖啡,欢迎尝试新口味!"
    }

    // 输出订单描述
    println("您的咖啡订单:" + orderDescription) // 输出:您的咖啡订单:浓郁的奶泡与
浓缩咖啡完美结合,温暖你的心。
}
```

上述代码的具体说明如下。
- 咖啡类型:变量 coffeeType 保存了顾客选择的咖啡类型(这里是 "Latte")。
- 匹配逻辑:使用 match 表达式根据不同的咖啡类型返回相应的描述。如果匹配成功,将会输出对应的咖啡信息。
- 默认处理:使用通配符模式处理未知的咖啡类型,给顾客一些鼓励尝试新口味的建议。

执行后会输出:

您的咖啡订单:浓郁的奶泡与浓缩咖啡完美结合,温暖你的心。

8.2.2 通配符模式匹配

通配符模式匹配是仓颉语言中一种灵活的模式匹配方式,它使用下划线"_"作为通配符,能够匹配任意值。通配符模式匹配的主要特点如下。
- 匹配任意值:通配符模式可以匹配所有类型的值,不论它们是什么。这使得它非常适合用作模式匹配的最后一个选项,以处理所有未被其他模式覆盖的情况。
- 通常作为默认选项:在 match 表达式中,通配符模式通常放在最后一个 case 分支,用于捕获所有其他未明确处理的情况。

实例 8-5:使用通配符模式实现匹配处理(源码路径:codes\8\EnumEX\src\Pi02.cj)
在本实例中,展示了如何使用通配符模式匹配来处理不同的饮料选择的用法。

```
main() {
    let drink = "可乐"  // 假设用户选择的饮料

    let response = match (drink) {
        case "水" => "喝水是保持健康的好方法!"
        case "茶" => "茶可以让你放松心情。"
        case "咖啡" => "咖啡能让你精神焕发!"
        case "果汁" => "果汁富含维生素,真美味!"
        case "啤酒" => "适量饮用啤酒可以增添乐趣。"
        case _ => "这是我没听说过的饮料,给我来一杯试试吧!" // 通配符模式
    }

    println(response)
}
```

上述代码的具体说明如下。
- 变量声明:变量 drink 用于存储用户选择的饮料名称。
- 匹配表达式:使用 match 表达式根据 drink 的值返回不同的响应。如果用户选择的饮料是"水""茶""咖啡""果汁"或"啤酒",程序将返回相应的鼓励或赞美。

- 通配符处理：如果用户选择了一种不在列表中的饮料，通配符模式将匹配，程序会回应："这是我没听说过的饮料，给我来一杯试试吧！"

执行后会输出：

这是我没听说过的饮料，给我来一杯试试吧！

8.2.3 绑定模式匹配

绑定模式匹配是仓颉语言中一种强大的模式匹配机制，允许将匹配到的值绑定到一个变量，从而在后续的代码中引用这个变量。绑定模式通过使用一个合法的标识符（id）来定义。匹配时，如果待匹配的值与绑定模式匹配成功，系统将该值绑定到指定的变量，之后可以通过这个变量来引用该值。

在下面的代码中，如果 input 与 pattern 匹配成功，pattern 中的绑定模式会将匹配到的值赋给变量。

```
let result = match (input) {
    case pattern => action
}
```

绑定模式的基本特点如下。
- 可以匹配任意值：与通配符模式类似，绑定模式可以匹配任何值。
- 变量作用域：绑定的变量作用域从绑定处开始，直到下一个 case 结束。这意味着在同一个 case 中，不能重新定义同名变量。
- 只读：一旦绑定，变量的值在该作用域内是不可修改的。

实例 8-6：使用绑定模式匹配来处理用户输入（源码路径：codes\8\EnumEX\src\Pi03.cj）

在本实例中，变量 userInput 用于存储用户输入的指令。通过绑定模式，程序可以清楚地识别出用户的输入，并给出相应的反馈。

```
enum InputOption {
    | Start
    | Stop
    | Pause
    | Resume
}

main() {
    let userInput = InputOption.Pause

    let response = match (userInput) {
        case Start => "系统已启动！"
        case Stop => "系统已停止。"
        case Pause => "系统已暂停。" // 绑定模式
        case Resume => "系统已恢复运行。"
        case _ => "未知指令，请重试。" // 通配符模式
    }

    println(response)    // 输出：系统已暂停。
}
```

在上述代码中定义了枚举类型 InputOption，包含四个操作选项：Start、Stop、Pause 和 Resume。在主函数中，根据用户输入的指令（在这个例子中是 Pause），通过模式匹配来生成相应的响应信息。每个操作选项对应不同的响应文本，当用户输入的指令不在定义的选项中时，程序会返回"未知指令，请重试"。最终，程序输出对应的响应信息，这里是"系统已暂停。"执行后会输出：

系统已暂停。

在使用绑定模式时需要注意以下两个方面。
- 不可重定义：在同一个 case 中，不能使用相同的变量名，否则会引发重定义错误。
- 与其他模式结合使用：绑定模式可以与常量模式、通配符模式等其他模式结合使用，但在使用"|"连接多个模式时，不能包含绑定模式。

总之，绑定模式匹配是仓颉语言中非常有用的一种模式，它使代码的可读性和可维护性提高，同时也简化了对匹配结果的操作。合理使用绑定模式，可以使复杂的条件逻辑更易于实现和理解。

8.2.4 元组模式匹配

在仓颉语言中，元组模式匹配是一种用于处理元组数据结构的模式匹配方法。元组是一个固定大小的有序元素集合，元组模式通过定义一组模式来描述元组的结构，从而提取其中的值。和元组模式相关的基本概念如下。
- 定义元组模式：元组模式的定义与元组字面量相似，使用括号包围，元素之间用逗号分隔。每个元素可以是任意类型的模式，包括常量模式、绑定模式或其他元组模式。
- 匹配规则：当待匹配的元组值与元组模式进行匹配时，只有当待匹配的元组中每个位置的值都能与对应位置的模式匹配时，匹配才算成功。
- 嵌套匹配：元组模式可以嵌套其他模式，这意味着可以在一个元组模式内再使用一个元组模式，或者结合其他类型的模式进行复杂的匹配。

元组模式匹配在处理复杂数据结构、函数返回值的解构、事件处理等场景中非常有用，能够提高代码的可读性和可维护性。

实例 8-7：宠物信息管理系统（源码路径：codes\8\EnumEX\src\Pi04.cj）

在本实例中模拟了一个"宠物信息管理"的场景，使用元组来表示宠物的名字、类型和年龄，并根据不同的宠物类型给出不同的描述。

```
// 定义宠物类型的枚举
enum PetType {
    | Dog
    | Cat
    | Bird
}

// 主函数
main() {
    // 创建一个包含宠物信息的元组
    let petInfo = ("Buddy", PetType.Dog, 5)

    // 使用元组模式匹配来提取宠物信息
    let description = match (petInfo) {
```

```
        case (name, PetType.Dog, age) => "${name} is a brave dog and is ${age}
years old!" // 匹配狗
        case (name, PetType.Cat, age) => "${name} is a curious cat and is
${age} years old!" // 匹配猫
        case (name, PetType.Bird, age) => "${name} is a cheerful bird and is
${age} years old!" // 匹配鸟
        case (name, _, _) => "${name} is an unknown pet." // 匹配其他情况
    }

    // 输出宠物描述
    println(description)    // 输出: Buddy is a brave dog and is 5 years old!
}
```

上述代码的具体说明如下。
- 定义宠物类型的枚举：定义了一个名为 PetType 的枚举，包含狗、猫和鸟三种宠物类型。
- 创建宠物信息的元组：元组 petInfo 包含宠物的名字、类型和年龄。
- 元组模式匹配：使用 match 表达式来根据 petInfo 元组的内容生成不同的描述。根据宠物的类型，匹配到对应的描述。
- 输出结果：根据匹配的结果打印输出对应的宠物描述，执行后会输出：

```
Buddy is a brave dog and is 5 years old!
```

8.2.5 类型模式匹配

类型模式匹配是仓颉语言中一种强大的模式匹配方式，用于在运行时检查一个值的类型并进行相应处理。它允许程序根据值的实际类型进行分支，适用于多态和继承结构中。在实际应用中，可以使用以下两种实现类型模式的语法格式。
- 通配符类型模式：_: Type，使用下划线"_"表示匹配任意值，且该值的类型必须是 Type 的子类型。匹配成功后，不会进行变量绑定。
- 绑定类型模式：id: Type，使用合法的标识符"id"表示匹配任意值，且该值的类型必须是 Type 的子类型。匹配成功后，匹配到的值会被绑定到"id"上，便于后续使用。

当进行类型模式匹配时，系统会检查待匹配值的运行时类型。如果该值的类型是所给类型的子类型则匹配成功，否则匹配失败。

下面的代码展示了如何使用类型模式匹配来处理类的继承关系。在这个例子中，Base 是一个基础类，包含一个属性 a，其默认值为 10。Derived 类继承自 Base，并在其构造函数中将 a 的值设置为 20。在 main 函数中，创建了一个 Derived 类的实例 d，并使用 match 表达式来判断 d 的运行时类型。如果 d 是 Base 类型的实例，匹配成功后返回 b.a 的值。

```
open class Base {
    var a: Int64
    public init() {
        a = 10
    }
}

class Derived <: Base {
    public init() {
```

```
        a = 20
    }
}

main() {
    var d = Derived()
    var r = match (d) {
        case b: Base => b.a // Matched.
        case _ => 0
    }
    println("r = ${r}")
}
```

执行上述代码后会输出 r 的值：

```
r = 20
```

而下面的代码展示了类型模式匹配失败的情况。

```
open class Base {
    var a: Int64
    public init() {
        a = 10
    }
}

class Derived <: Base {
    public init() {
        a = 20
    }
}

main() {
    var b = Base()
    var r = match (b) {
        case d: Derived => d.a // Type pattern match failed.
        case _ => 0 // Matched.
    }
    println("r = ${r}")
}
```

在上述代码中，首先，定义了一个基础类 Base，其中包含一个属性 a，初始化为 10。Derived 类继承自 Base，在构造函数中将 a 的值设为 20。在 main 函数中，创建了 Base 类的实例 b，然后尝试通过 match 表达式来匹配其类型。如果 b 是 Derived 类型的实例，匹配将成功，并返回 d.a 的值。但由于 b 实际上是 Base 的实例，类型匹配失败，程序进入 case _，返回 0。最终执行后会输出下面的内容，这表明类型匹配未成功。

```
r = 0
```

总之，类型模式匹配是一种强大的功能，允许开发者根据对象的实际类型灵活地编写逻辑。这对于使用继承和多态的程序设计尤其重要，能够提高代码的灵活性和可读性。

注意：

（1）有关类的知识将在本书后面的内容中进行讲解。
（2）类型模式匹配非常适合以下场景。
- 多态性处理：通过基类引用处理不同子类的实例。
- 动态类型检查：在运行时根据对象的实际类型执行相应的逻辑。
- 提高代码的可读性和可维护性：通过明确的类型分支，清晰地表达程序逻辑。

8.2.6 枚举模式匹配

枚举模式匹配是仓颉语言中用于匹配枚举类型实例的一种强大机制。枚举是定义一组相关常量的方式，通常用于表示离散的值，比如状态、命令或其他分类。枚举模式匹配允许根据枚举的不同构造器和参数类型来处理不同的情况，可以使用 match 表达式对枚举值进行匹配。每个 case 后面跟随一个模式，该模式通常是枚举构造器。

使用枚举模式匹配的规则如下。
- 构造器匹配：匹配时，枚举实例的构造器名称必须与 case 中的构造器名称一致。如果构造器带参数，则参数的模式也需匹配。
- 完全覆盖：在使用 match 进行匹配时，所有可能的构造器都应该被覆盖。如果未覆盖，编译器会发出错误提示。

8.2.7 模式的嵌套与组合匹配

模式的嵌套与组合匹配是仓颉语言中一种强大的特性，它允许开发者通过将不同类型的模式组合在一起，构建复杂的匹配逻辑。这种灵活性让处理复杂数据结构（如嵌套的元组或枚举）变得简单而直观。

1. 模式的嵌套

模式的嵌套指的是在一个模式内部使用另一个模式，这样可以对更复杂的数据结构进行精确的匹配。例如，可以在一个元组模式中嵌套另一个元组模式，或者在枚举模式中嵌套元组模式。假设有一个枚举类型，表示时间单位，可以包含年份和月份：

```
enum TimeUnit {
    | Year(UInt64)
    | Month(UInt64)
}
```

可以将 TimeUnit 的构造器嵌套在一个更复杂的命令枚举中：

```
enum Command {
    | SetTimeUnit(TimeUnit)
    | GetTimeUnit
    | Quit
}
```

2. 组合匹配

在仓颉语言中，组合匹配是指可以在一个 match 表达式中同时使用多种模式。例如，可以结合使用枚举模式和元组模式，通过逻辑连接多个 case 来实现更复杂的条件。例如，在下面的代码中定义了两个枚举类型：TimeUnit 和 Command。枚举 TimeUnit 表示时间单位，可以是年份或月份，分别包含一个 UInt64 类型的参数。枚举 Command 包含三个命令：设置时间单位、获取当前时间单位和退出程序。

```
enum TimeUnit {
    | Year(UInt64)
    | Month(UInt64)
}

enum Command {
    | SetTimeUnit(TimeUnit)
    | GetTimeUnit
    | Quit
}

main() {
    let command = SetTimeUnit(Year(2025))

    match (command) {
        case SetTimeUnit(Year(year)) => println("设置年份为 ${year}")     // 匹配
SetTimeUnit 中的 Year
        case SetTimeUnit(Month(month)) => println("设置月份为 ${month}")  // 匹配
SetTimeUnit 中的 Month
        case GetTimeUnit => println("获取当前时间单位")
        case Quit => println("退出程序")
    }
}
```

在上面的主函数 main 中创建了一个 command 变量，初始化为 SetTimeUnit(Year(2025))。接着，通过 match 表达式对 command 进行模式匹配，输出相应的消息。如果 command 是 SetTimeUnit(Year(year))，则打印设置的年份；如果是 SetTimeUnit(Month(month))，则打印设置的月份；如果是 GetTimeUnit，则打印获取时间单位的信息；最后，如果是 Quit，则打印输出退出程序的信息。执行后会输出：

```
设置年份为 2025
```

在实际应用中，实现模式的嵌套与组合的好处如下。
- 清晰性：通过嵌套和组合匹配，代码结构更清晰，逻辑更加明确，便于维护和阅读。
- 灵活性：可以对复杂的数据结构进行灵活的处理，支持多种组合方式。
- 安全性：编译器在编译时进行模式匹配检查，减少运行时错误的可能性。

实例 8-8：购物清单管理程序（源码路径：codes\8\EnumEX\src\Pi05.cj）

在本实例中通过嵌套和组合模式实现了一个简单的购物清单管理程序，可以处理不同的商品类型及其数量，并打印输出购物信息。

```
enum Item {
    | Fruit(String, UInt64)            // 水果名称和数量
    | Vegetable(String, UInt64)        // 蔬菜名称和数量
    | Dairy(String, UInt64)            // 乳制品名称和数量
}

enum ShoppingList {
```

```
    | Items(Array<Item>)                    // 商品清单
}
func totalQuantity(items: Array<Item>): UInt64 {
    var total: UInt64 = 0
    for (item in items) {
        match (item) {
            case Item.Fruit(_, quantity) => total += quantity
            case Item.Vegetable(_, quantity) => total += quantity
            case Item.Dairy(_, quantity) => total += quantity
        }
    }
    return total
}

main() {
    let shoppingList = ShoppingList.Items([
        Item.Fruit("苹果", 5),
        Item.Vegetable("西红柿", 3),
        Item.Fruit("香蕉", 2),
        Item.Dairy("牛奶", 4)
    ])

    match (shoppingList) {
        case ShoppingList.Items(items) =>
            println("购物清单：")
            for (item in items) {
                match (item) {
                    case Item.Fruit(name, quantity) =>
                        println("买了 ${quantity} 个 ${name}。")
                    case Item.Vegetable(name, quantity) =>
                        println("买了 ${quantity} 个 ${name}。")
                    case Item.Dairy(name, quantity) =>
                        println("买了 ${quantity} 瓶 ${name}。")
                }
            }
            let total = totalQuantity(items)
            println("总共买了 ${total} 件商品。")
    }
}
```

上述代码的具体说明如下。

（1）定义枚举。

- 定义了枚举 Item，用于表示不同类型的商品，包括水果、蔬菜和乳制品，每种商品都包含名称和数量。
- 定义了枚举 ShoppingList，用于表示购物清单，包含一个商品数组。

（2）总数量计算函数：实现了函数 totalQuantity，该函数接收一个商品数组，并通过遍历计算所有商品的总数量。使用模式匹配来识别商品类型并累加数量。

（3）主函数。
- 在 main 函数中，创建了一个购物清单实例，包含多种商品。
- 使用模式匹配来解析购物清单，逐一输出每种商品的名称和数量。
- 调用 totalQuantity 函数计算总商品数量，并打印输出结果。

（4）输出结果：程序运行后，用户可以看到每种商品的详细信息以及总的购买数量，体现了嵌套和组合匹配的优势。执行后会输出：

```
购物清单：
买了 5 个 苹果。
买了 3 个 西红柿。
买了 2 个 香蕉。
买了 4 瓶 牛奶。
总共买了 14 件商品。
```

注意：在实现嵌套和组合模式时，务必注意模式的唯一性和匹配逻辑的准确性，以避免冗余和不必要的复杂性。在使用通配符模式时，要确保它不会干扰其他模式的匹配逻辑。

8.2.8 模式的可匹配性

在华为仓颉语言中，"可匹配性"（Refutability）将模式分为可拒绝模式（refutable）和不可拒绝模式（irrefutable）。

1. 可拒绝模式（Refutable Patterns）

可拒绝模式是指在匹配时有可能无法与待匹配值相匹配的模式，这类模式在匹配时并不总是成功的。常用的可拒绝模式类型如下。

- 常量模式：例如，匹配某个具体的值（如 1 或 2），如果待匹配值不是这些常量，则匹配失败。在下面的代码中定义了函数 constPat，用于匹配输入值 x 的常量模式。在匹配过程中，如果 x 的值是 1，函数返回字符串 "one"；如果是 2，返回 "two"；如果 x 的值既不是 1 也不是 2，则使用通配符模式返回 "_"。因此，这个函数展示了如何根据具体值进行匹配，并处理可能的匹配失败情况。

```
func constPat(x: Int64) {
    match (x) {
        case 1 => "one"
        case 2 => "two"
        case _ => "_"
    }
}
```

- 类型模式：匹配特定类型的实例，若实例的类型与预期不符，则匹配失败。在下面的代码中定义了函数 typePat，用于匹配输入值 x 的类型模式。函数 typePat 接受一个接口类型 I 的参数，并通过模式匹配检查 x 的实际类型。如果 x 是 Derived 类型的实例，返回字符串 "Derived"；如果是 Base 类型的实例，返回 "Base"；如果 x 的类型既不是 Derived 也不是 Base，则使用通配符模式返回 "Other"。这个函数展示了如何根据对象的类型进行匹配，并处理匹配失败的情况。

```
func typePat(x: I) {
    match (x) {
        case a: Derived => "Derived"
```

```
        case b: Base => "Base"
        case _ => "Other"
    }
}
```

- 元组模式：元组的每个元素都是可拒绝模式，若某个元素无法匹配，则整个元组匹配失败。例如，在下面的代码中定义了函数 tuplePat，用于匹配输入参数 x 的元组模式。该函数接受一个包含两个 Int64 类型元素的元组作为参数，并通过模式匹配检查其值。首先，它检查元组是否为具体值 (1, 2)，如果匹配成功，则返回字符串 "(1, 2)"。其次，如果元组的第二个元素为 2，则使用绑定模式 a 来捕获第一个元素，并返回 "(${a}, 2)"。最后，若前两个模式都未匹配，则使用绑定模式捕获元组中的两个元素，返回 "(${a}, ${b})"。需要注意的是，元组的每个元素都是可拒绝模式，任何一个元素无法匹配都会导致整个元组匹配失败。

```
func tuplePat(x: (Int64, Int64)) {
    match (x) {
        case (1, 2) => "(1, 2)"
        case (a, 2) => "(${a}, 2)"
        case (a, b) => "(${a}, ${b})"
    }
}
```

2. 不可拒绝模式（Irrefutable Patterns）

不可拒绝模式是指在匹配时总是可以与待匹配值相匹配的模式，这类模式在匹配时始终成功。常用的不可拒绝模式类型如下。

- 通配符模式：匹配任何值，始终成功。在下面的代码中定义了函数 wildcardPat，用于匹配任意值。此函数接收一个 Int64 类型的参数 x，并通过模式匹配进行处理。在匹配中，使用了通配符模式，这意味着无论 x 的值是什么，该模式都会匹配成功。因此，无论输入值如何，函数都会返回字符串 "_"。通配符模式在这里的作用是确保匹配总是成功，适用于需要处理所有可能输入的场景。

```
func wildcardPat(x: Int64) {
    match (x) {
        case _ => "_"
    }
}
```

- 绑定模式：将待匹配值绑定到一个变量上，始终成功。在下面的代码中定义了一个名为 varPat 的函数，接受一个 Int64 类型的参数 x。函数 varPat 通过模式匹配将待匹配的值绑定到变量 a 上。在匹配中，case a 是一个绑定模式，这意味着无论 x 的值是什么，它总是会成功匹配，并将 x 的值赋给变量 a。最终，函数返回一个字符串 "x = ${a}"，其中 ${a} 表示绑定的值。这种模式用于需要访问和使用待匹配值的场景，确保代码逻辑始终能够处理输入。

```
func varPat(x: Int64) {
    match (x) {
        case a => "x = ${a}"
    }
}
```

- 元组模式：若元组中的所有元素均为不可拒绝模式，则整体模式为不可拒绝模式。在下面的代码中定义了一个名为 tuplePat 的函数，接受一个类型为 (Int64, Int64) 的元组参数 x。在函数内部，通过模式匹配对元组进行解构，使用 case (a, b) 来提取元组中的两个元素，分别绑定到变量 a 和 b 上。由于元组中的所有元素均为不可拒绝模式，这意味着无论 x 的值是什么，匹配都会成功。函数最终返回一个字符串 "(${a}, ${b})"，其中 ${a} 和 ${b} 分别表示元组中的两个值。这种模式的使用确保了代码的健壮性和可读性，同时简化了对元组数据的处理。

```
func tuplePat(x: (Int64, Int64)) {
    match (x) {
        case (a, b) => "(${a}, ${b})"
    }
}
```

- 枚举模式：仅当枚举类型中有一个有参构造器且其他模式为不可拒绝模式时，整体模式才为不可拒绝模式。在下面的代码中定义了一个名为 enumPat1 的函数，接受一个枚举类型 E1 的参数 x。在函数 enumPat1 内部，通过模式匹配来处理枚举值。在 match 语句中，使用 case A(a) 来匹配枚举 A 的实例，并将其参数绑定到变量 a 上。由于 E1 中只有一个有参构造器 A，且该模式是不可拒绝模式，因此整体模式也是不可拒绝的。这意味着只要 x 是 A 的实例，匹配就会成功，函数将返回字符串 "A(${a})"，其中 ${a} 表示枚举构造器的参数。这种模式的使用使得枚举的匹配变得简单且高效。

```
func enumPat1(x: E1) {
    match (x) {
        case A(a) => "A(${a})"
    }
}
```

总之，通过区分可拒绝模式和不可拒绝模式，开发者能够更清晰地理解模式匹配的行为和潜在风险，从而编写出更加健壮和安全的代码。这种分类帮助用户在进行模式匹配时，能够根据具体场景选择合适的模式，确保代码逻辑的正确性和可读性。

实例 8-9： 基于可拒绝模式和不可拒绝模式的购物清单（源码路径：codes\8\EnumEX\src\Pi06.cj）

本实例展示了如何使用模式匹配处理购物清单中的不同商品，先定义了一个包含水果和蔬菜的枚举类型，然后通过嵌套和组合匹配来识别每种商品及其数量。在程序中，购物清单被填充了一些商品，并通过模式匹配输出每种商品的购买数量。如果购物清单为空，程序也能正确识别并给出相应的提示，从而体现了可拒绝模式和不可拒绝模式的应用。

```
// 定义一个枚举类型来表示购物清单中的项目
enum ShoppingItem {
    | Fruit(String, UInt64)        // 水果名称和数量
    | Vegetable(String, UInt64)    // 蔬菜名称和数量
    | Beverage(String, UInt64)     // 饮料名称和数量
}

// 定义一个函数来处理购物项目
func processShoppingList(item: ShoppingItem) {
    match (item) {
        // 不可拒绝模式，确保能匹配到所有情况
        case Fruit(name, quantity) =>
```

```
            println("买了 ${quantity} 个 ${name}。")
        case Vegetable(name, quantity) =>
            println("买了 ${quantity} 个 ${name}。")
        case Beverage(name, quantity) =>
            println("买了 ${quantity} 瓶 ${name}。")

        // 可拒绝模式,用于匹配不符合预期的情况
        case _ =>
            println("未知的购物项目!")
    }
}

// 定义一个函数来处理多个购物项目
func processShoppingListWithOptional(item: Option<ShoppingItem>) {
    match (item) {
        // 不可拒绝模式,绑定模式
        case Some(itemValue) =>
            processShoppingList(itemValue)
        case None =>
            println("购物清单为空!")
    }
}

// 主函数,程序的入口
main() {
    let shoppingList = [
        ShoppingItem.Fruit("苹果", 5),
        ShoppingItem.Vegetable("西红柿", 3),
        ShoppingItem.Beverage("可乐", 10),
        ShoppingItem.Fruit("香蕉", 2)
    ]

    // 遍历购物清单并处理每个项目
    for (item in shoppingList) {
        processShoppingListWithOptional(Some(item))
    }

    // 处理一个空购物清单
    processShoppingListWithOptional(None)
}
```

上述代码的具体说明如下。

- **定义枚举**:ShoppingItem 枚举定义了三种购物项目,分别为水果、蔬菜和饮料。
- **处理函数**:processShoppingList 函数使用不可拒绝模式处理每种项目类型,并输出相应的信息。最后的 case _ 代表可拒绝模式,用于处理未知项目。
- **处理多个项目**:processShoppingListWithOptional 函数接收一个可选的购物项目(Option<ShoppingItem>),使用不可拒绝模式 Some(itemValue) 绑定有效项目,处理购物清单。None 则表示空购物清单的情况,处理为空的逻辑。

- 主函数：在函数 main 中创建一个购物清单，并使用循环调用处理函数。最后演示了如何处理一个空的购物清单。

执行后会输出：

```
买了 5 个 苹果。
买了 3 个 西红柿。
买了 10 瓶 可乐。
买了 2 个 香蕉。
购物清单为空！
```

注意：在仓颉语言中，模式不仅可以在 match 表达式中使用，还可以在变量定义和 for-in 表达式中应用。这些模式的使用有助于提高代码的可读性和简洁性。这些用法总结如下。

- 模式使用的限制：只有不可拒绝模式（Irrefutable Patterns）才能在变量定义和 for-in 表达式中使用。这些模式包括通配符模式、绑定模式、不可拒绝的元组模式和不可拒绝的枚举模式。
- 通配符模式：在变量定义中使用时，可以定义一个没有名称的变量。
- 在 for-in 表达式中使用时，可以迭代但不需要访问当前元素的值。
- 绑定模式：允许将值绑定到变量上。在变量定义中，使用绑定模式可以创建有意义的变量。在 for-in 循环中，绑定模式使得可以访问当前迭代的元素。
- 不可拒绝的元组模式：在变量定义中，可以通过解构元组将多个值绑定到多个变量上。在 for-in 循环中，可以解构元组数组中的元素，分别绑定到多个变量上，便于在循环体中操作。
- 不可拒绝的枚举模式：在变量定义中，允许解构枚举类型的实例，将参数绑定到变量上。在 for-in 循环中，可以将枚举列表中的每个元素解构，并绑定到变量，方便后续操作。

8.3 可选类型

在仓颉语言中，可选类型（Option）是一种用于表示可能缺失值的封装类型，常见于处理可选数据。Option 类型通常有两个状态：Some(value)，表示存在的值；None，表示缺失或无值。通过使用 Option，开发者可以明确地表达某个值可能存在或不存在的情况，从而提高代码的安全性和可读性。Option 类型结合模式匹配（如 if-let 和 while-let 表达式）使得对可选值的处理更加简洁和直观，降低了潜在的空指针异常风险。

8.3.1 定义 Option 类型

在仓颉语言中，定义 Option 类型枚举的语法格式如下：

```
enum Option<T> {
    | Some(T)
    | None
}
```

上述格式的具体说明如下。
- Some(T) 是一个构造器，携带一个类型为 T 的参数，表示有值的情况。
- None 是一个无参数的构造器，表示没有值的情况。

在实际应用中，Option 类型非常适合用于表示可能为空的值。例如，在处理数据库查询或解析输入时,某些值可能不存在,这时可以使用 Option 类型来安全地表示这种不确定性。在仓颉语言中,可以使用问号"?"来简化 Option 类型的表示。例如:
- ?Int64 等价于 Option<Int64>
- ?String 等价于 Option<String>

下面是一些使用 Option 类型的例子,其中 a 和 b 都表示包含整数值 100 的 Option 类型,c 表示一个包含字符串 "Hello" 的 Option 类型,而 d 表示一个无值的 Option<String>。

```
let a: Option<Int64> = Some(100)
let b: ?Int64 = Some(100)
let c: Option<String> = Some("Hello")
let d: ?String = None
```

1. 隐式转换

值得注意的是,编译器可以在某些上下文中自动将类型 T 转换为 Option<T>。例如,下面的定义是合法的:

```
let a: Option<Int64> = 100      // 等价于 Some(100)
let b: ?Int64 = 100             // 等价于 Some(100)
let c: Option<String> = "Hello" // 等价于 Some("Hello")
```

这意味着在需要 Option<T> 类型的地方,可以直接使用 T 类型的值,编译器会自动封装。

2. 使用 None

在仓颉语言中,当需要表示一个可能没有值的情况时,可以使用 None。但是,None 本身并不指定类型,这可能导致编译器无法确定想要的具体 Option 类型。

假设有一个变量需要是 Option<Int64> 类型,这意味着它可能是 Some(值) 或 None。如果直接写 let a = None,编译器就不知道 a 应该是什么类型(Option<Int64>、Option<String> 或其他类型)。因此,在这种情况下,必须明确指定类型,比如使用 None<Int64> 来告诉编译器需要的是 Option<Int64> 类型的无值表示:

```
let a = None<Int64> // 明确指定 a 的类型为 Option<Int64>
```

Option 类型提供了一种安全的方式来处理可能为空的值,避免了空指针异常等问题。在日常开发应用中,合理地使用 Option 类型可以使代码更清晰、更健壮。

实例 8-10:处理收到的礼物(源码路径:codes\8\EnumEX\src\Opt.cj)

本实例展示了使用 Option 枚举在代码中处理不同的状态的方法,避免了空值带来的潜在问题,体现了 Option 给编程带来的灵活性和安全性。

```
// 定义 Option 枚举
enum Option<T> {
    | Some(T)
    | None
}

// 主函数
main() {
    // 模拟一个从朋友那里收到的礼物
    let gift: Option<String> = Some("书籍")

    // 使用 match 语句检查礼物
```

```
    let message = match (gift) {
        case Some(item) => "你收到了一个礼物: " + item + "!"
        case None => "哎呀, 这次没有礼物。"
    }

    println(message)

    // 假设你还在等待另一个朋友的礼物
    let anotherGift: Option<String> = None

    // 检查另一个礼物
    let anotherMessage = match (anotherGift) {
        case Some(item) => "你又收到了一个礼物: " + item + "!"
        case None => "这个朋友也没有带礼物。"
    }

    println(anotherMessage)
}
```

上述代码的具体说明如下。
- Option 枚举：定义了 Option<T> 枚举，包含两个构造器 Some 和 None。
- 礼物选择：使用 Option<String> 类型来表示可能收到的礼物。
- 使用 match 语句：通过 match 来判断是否收到礼物，并生成相应的消息。
- 多个礼物：模拟了另一个朋友的礼物情况，展示了 None 的使用。

执行后会输出下面的结果，表示第二个朋友没有礼物，这展示了 Option 类型在处理可能的空值时的有效性。

```
你收到了一个礼物: 书籍!
这个朋友也没有带礼物。
```

8.3.2 if-let 表达式

在仓颉语言中，可以使用 if-let 表达式安全地解构可选类型，它结合了条件判断和模式匹配的特性，使得处理可选值更加简洁和清晰。使用 if-let 表达式的基本语法格式如下：

```
if (let <模式> <- <表达式>) {
    // 如果匹配成功, 执行这部分代码
} else {
    // 如果匹配失败, 执行这部分代码（可选）
}
```

上述格式的工作流程如下。
（1）求值：首先，if-let 右侧的表达式会被求值。
（2）匹配：接着，将求得的结果与左侧的模式进行匹配。如果成功匹配则进入 if 分支，如果失败，则进入 else 分支（如果提供了的话）。

实例 8-11：饮料选择程序（源码路径：codes\8\EnumEX\src\Jie01.cj）

在本实例中，通过 chooseBeverage 函数模拟用户选择饮料，此函数返回一个 Option<Beverage> 类型。使用 if-let 表达式来解析这个可选类型，如果用户选择了饮料，则根据选择的种类输出相应的信息；如果没有选择，则提示用户没有选择任何饮料。

```
import std.random.*

// 定义饮料枚举
enum Beverage {
    | Coffee
    | Tea
    | Juice
    | Soda
}

// 为 Beverage 定义 toString 方法
func toString(b: Beverage): String {
    match (b) {
        case Beverage.Coffee => "咖啡"
        case Beverage.Tea => "茶"
        case Beverage.Juice => "果汁"
        case Beverage.Soda => "汽水"
    }
}

// 随机选择饮料的函数
func chooseBeverage(): Option<Beverage> {
    let choice = Random().nextUInt8() % 4   // 随机选择饮料
    match (choice) {
        case 0 => Some(Beverage.Coffee)
        case 1 => Some(Beverage.Tea)
        case 2 => Some(Beverage.Juice)
        case 3 => Some(Beverage.Soda)
        case _ => None
    }
}

main() {
    // 尝试选择饮料
    if (let Some(beverage) <- chooseBeverage()) {
        println("你选择的饮料是: ${toString(beverage)}")
    } else {
        println("未能选择饮料，请再试一次！")
    }
}
```

上述代码的具体说明如下。
- 首先定义了枚举类型 Beverage，包含四种饮料：咖啡、茶、果汁和汽水。
- 然后，为这个枚举类型实现了一个 toString 函数，用于将枚举值转换为对应的中文名称。
- 接下来，定义了函数 chooseBeverage，随机选择一种饮料并以可选类型 Option<Beverage> 返回。
- 在 main 函数中调用函数 chooseBeverage 来获取饮料，如果成功选择到饮料，则输出其中文名称；如果未能选择，则提示用户未能选择饮料。

执行后会输出：

你选择的饮料是：咖啡

8.3.3 while-let 表达式

在仓颉语言中，while-let 表达式是一种非常实用的控制流结构，主要用于解析可选类型的值。使用 while-let 表达式的语法格式如下：

```
while (let pattern <- expression) {
    // 循环体代码
}
```

上述格式的具体说明如下。
- pattern 是要匹配的模式，通常为 Some(value)。
- expression 是需要求值的可选类型表达式。

上述 while-let 表达式的执行流程如下。

（1）求值与模式匹配：while-let 表达式的右侧是一个可选类型的表达式。首先，这个表达式会被求值。接着，系统会尝试将求得的结果与左侧的模式进行匹配。左侧的模式通常是 Some(value) 或者 None。

（2）执行循环体：如果匹配成功（即值为 Some(value)），程序将执行循环体中的代码，并可以使用匹配的值。在循环体中，可以对匹配到的值进行各种操作，比如打印、计算等。

（3）结束循环：如果匹配失败（即值为 None），循环会结束，程序控制流将跳转到 while-let 表达式之后的代码。

下面的的代码演示了使用 while-let 表达式的过程。

```
import std.random.*

func recv(): Option<UInt8> {
    let number = Random().nextUInt8()
    if (number < 128) {
        return Some(number)   // 成功接收数据
    }
    return None   // 接收失败
}

main() {
    // 模拟循环接收通信数据
    while (let Some(data) <- recv()) {
        println(data)   // 打印接收到的数据
    }
    println("receive failed")   // 接收失败后的提示
}
```

在上述代码中，使用 while-let 表达式循环调用 recv 函数，每次成功接收数据时会打印该数据。一旦接收到 None，循环结束后打印输出"receive failed"。

实例 8-12：宠物喂食系统（源码路径：codes\8\EnumEX\src\Jie02.cj）

在本实例中使用 while-let 表达式来模拟一个小型的宠物喂食系统，在这个系统中将随机生成宠物的食物，直到没有食物为止。

```
import std.random.*

enum Food {
    | DogFood(UInt8)       // 狗粮
    | CatFood(UInt8)       // 猫粮
}

func getFood(): Option<Food> {
    let number = Random().nextUInt8() % 5   // 随机生成食物类型
    if (number == 0) {
        return Some(DogFood(Random().nextUInt8() % 10 + 1))  // 生成随机数量的狗粮
    } else if (number == 1) {
        return Some(CatFood(Random().nextUInt8() % 10 + 1))  // 生成随机数量的猫粮
    }
    return None   // 没有食物
}

main() {
    println("开始喂宠物...")

    while (let Some(food) <- getFood()) {
        match (food) {
            case DogFood(amount) =>
                println("喂了 ${amount} 份狗粮给狗狗。")
            case CatFood(amount) =>
                println("喂了 ${amount} 份猫粮给猫咪。")
        }
    }

    println("今天的食物已经喂完, 宠物们吃饱了! ")
}
```

上述代码的具体说明如下。
- 枚举 Food：定义了两种食物类型：DogFood（狗粮）和 CatFood（猫粮），每种食物都有一个表示数量的 UInt8。
- 函数 getFood：随机生成一个数字决定食物类型，如果生成的数字是 0，则返回一定数量的狗粮；如果是 1，则返回一定数量的猫粮；如果是其他情况下则返回 None，表示没有食物。
- 主函数 main：开始喂宠物，使用 while-let 表达式不断调用 getFood 函数，直到没有食物为止。根据获得的食物类型，打印输出喂食信息。执行后会输出：

```
开始喂宠物...
今天的食物已经喂完, 宠物们吃饱了!
```

8.3.4 模式和可选类型的关系

在仓颉语言中，模式和可选类型之间有着密切的关系，它们之间的主要联系如下。

（1）模式匹配。
- 可选类型通常用于表示一个值可能存在（Some）或不存在（None）的情况。在处理可选类型时，模式匹配是一种常用的方式，可以有效地检查和提取值。
- 使用 match 表达式或 if-let、while-let 表达式时，可以利用模式来检查 Option 类型的值。例如，通过匹配 Some(value) 可以提取出值，而匹配 None 则可以处理缺失的情况。

（2）简化错误处理。
- 可选类型结合模式匹配可以使代码更加简洁和清晰。在处理可能失败的操作时，如获取数据或计算结果，使用 Option 类型能够避免显式的错误处理逻辑。
- 使用模式匹配，程序员可以直接处理成功和失败的情况，而无须手动检查和处理错误，增强了代码的可读性。

（3）提高安全性：模式匹配能够确保在使用可选类型时，对每种可能的情况进行处理。这种方式减少了运行时错误的风险，如试图访问不存在的值。

（4）结合其他模式：模式不仅限于可选类型的匹配。在仓颉语言中，可以将 Option 与其他模式结合使用，如元组模式和枚举模式，从而实现更复杂的解构和提取逻辑。

总之，可选类型与模式匹配结合在一起，使得在处理可能缺失的值时，代码更加简洁、安全且易于理解。这种结合是仓颉语言中一个重要的编程范式，有助于减少错误并提高代码质量。

第 9 章 面向对象编程

华为仓颉语言是一种面向对象编程语言，支持面向对象编程（Object Oriented Programming，OOP）的核心概念和特性，使开发者能够构建模块化、可重用和易于维护的代码。仓颉语言通过支持类、继承、多态、封装、接口、组合与聚合以及抽象等面向对象编程的核心概念，为开发者提供了强大的工具来构建复杂、模块化和可维护的应用程序。这些特性使得仓颉语言在处理现实世界中的各种问题时，能够以更直观和高效的方式进行设计和实现。

9.1 类

面向对象是衡量一门编程语言为高级编程语言的重要标志，仓颉作为一门面向对象语言，具备面向对语言的基本特征。在本节的内容中，将详细讲解仓颉语言面向对象的基础知识。

9.1.1 类和对象的概念

1. 类

在面向对象程序设计中，类用于描述一类对象的共同特征，包含这类对象共有的属性与行为。它起了一个模板的作用，能够描述一类对象的行为和状态。下面举例说明什么是类。

- 在现实生活中，可以将人看成一个类，这个类被称为人类，所有的人都有姓名、身份等属性，都具有完成某种动作这一行为。
- 某个人的名字叫 A，并且有一个独一无二的身份证号，会开发 Java 程序，这个具体的人就是人类的一个对象。

仓颉是面向对象的程序设计语言，类是面向对象的重要内容，可以把类当成一种自定义数据类型，可以使用类来定义变量，这种类型的变量统称为引用型变量。也就是说，所有类都是引用数据类型。

2. 对象

对象是实际存在的某个类中的每一个个体，因而也称实例（Instance）。对象的抽象是类，类的具体化就是对象，也可以说类的实例是对象。类用来描述一系列对象，概述每个对象应包括的属性和行为特征。因此，可以把类理解成某种概念、定义，它规定了某类对象所共同具有的属性和行为特征。

在面向对象的程序中，首先要将一类对象抽象成一个类，定义这类对象共有的属性和方法（也就是行为），如上述的人类，其属性包括名字、身份等，其方法包括完成某种动作等；接着，可以用这个类为模板创建具体的对象，定义其名字属性是 A，设置其身份属性为其独一无二的身份证号，定义其方法为会开发 Java 程序。

9.1.2 声明类

在仓颉语言程序中，使用关键字 class 声明类，后跟类名和一对花括号"{}"，其中花括号"{}"包含了类体。只有经过定义声明后，才能在程序中使用类。声明类的语法格式如下：

```
class 类名 {
    // 成员变量
    // 成员属性
    // 静态初始化器
    // 构造函数
    // 成员函数
    // 操作符函数
}
```

在下面的代码中，定义了名为 Rectangle 的类，它有两个 Int64 类型的成员变量（width 和 height），一个有两个 Int64 类型参数的构造函数，以及一个成员函数 area（返回 width 和 height 的乘积）。

```
class Rectangle {
    let width: Int64
    let height: Int64

    public init(width: Int64, height: Int64) {
        this.width = width
        this.height = height
    }

    public func area() {
        width * height
    }
}
```

在类中可以包含多种成员,如成员变量、成员属性、静态初始化器、构造函数、成员函数等,具体说明如下。

1. 成员变量

类中的成员变量分为实例成员变量和静态成员变量,静态成员变量使用 static 修饰符修饰,必须有初值,只能通过类型名访问。例如:

```
class Rectangle {
    let width = 10
    static let height = 20
}

let l = Rectangle.height // l = 20
```

实例成员变量定义时可以不设置初值(但必须标注类型),也可以设置初值,只能通过对象(即类的实例)访问。例如:

```
class Rectangle {
    let width = 10
    let height: Int64
    init(h: Int64){
        height = h
    }
}
let rec = Rectangle(20)
let l = rec.height // l = 20
```

2. 静态初始化器

仓颉语言的类支持定义静态初始化器,并在静态初始化器中通过赋值表达式来对静态成员变量进行初始化。静态初始化器以关键字组合 static init 开头,后跟无参参数列表和函数体,且不能被访问修饰符修饰。函数体中必须完成对所有未初始化的静态成员变量的初始化,否则编译报错。

3. 构造函数

和其他面向对象编程语言一样,仓颉语言的类也支持构造函数,包括普通构造函数和主构造函数。普通构造函数以关键字 init 开头,后跟参数列表和函数体,函数体中必须完成所有未初始化实例成员变量的初始化,否则编译报错。

4. 终结器

仓颉语言的类支持终结器功能，终结器函数名固定为 ~init。终结器函数在类的实例被垃圾回收的时候调用，用于释放系统资源。

5. 成员函数

仓颉语言的类中成员函数分为实例成员函数和静态成员函数（使用 static 修饰符修饰），实例成员函数只能通过对象访问，静态成员函数只能通过 class 类型名访问。静态成员函数中不能访问实例成员变量，也不能调用实例成员函数，但在实例成员函数中，可以访问静态成员变量以及静态成员函数。

9.1.3 创建对象

对象是类的实例，比如所有的人统称为"人类"，这里的"人类"就是一个类（物种的一种类型），而具体到每个人，比如张三这个人，它就是对象，就是"人类"的实例。在 Java 程序中，只有为类创建对象后，才可以操作类的属性和方法来解决问题。

在仓颉语言中创建对象时，使用类名调用构造函数实参，具体语法格式如下.

```
let 变量名 = 类名(参数列表)
```

在下面的代码中，通过 Rectangle(10, 20) 创建 Rectangle 类型的对象并赋值给变量 r。

```
let r = Rectangle(10, 20)
```

在创建对象之后，可以通过对象访问（public 修饰的）实例成员变量和实例成员函数。例如，在下面的代码中，可以通过 r.width 和 r.height 分别访问 r 中 width 和 height 的值，通过 r.area() 可以调用成员函数 area。

```
let r = Rectangle(10, 20)   // r.width = 10, r.height = 20
let width = r.width         // width = 10
let height = r.height       // height = 20
let a = r.area()            // a = 200
```

在仓颉语言中，通过对象修改成员变量的值是可行的，但不建议直接修改，最好通过成员函数来进行。

1. 可变成员变量

要通过对象修改成员变量，必须将这些变量定义为可变（使用 var 定义）。例如，在下面的代码中，类 Rectangle 定义了两个可变成员变量 width 和 height，使用 var 修饰符使得这两个变量可以在对象创建后被修改。这样，外部代码可以通过对象实例来调整矩形的宽度和高度。

```
class Rectangle {
    public var width: Int64
    public var height: Int64
}
```

2. 创建对象并修改属性

在创建对象时，可以使用构造函数初始化成员变量，并且可以直接通过对象修改这些属性。例如，在下面的代码中，通过构造函数初始化 Rectangle 对象 r 的宽度和高度后，直接修改了这些属性，并通过 area 方法计算矩形的面积。

```
main() {
    let r = Rectangle(10, 20) // 初始化 r.width = 10, r.height = 20
```

```
    r.width = 8                 // 修改 r.width 为 8
    r.height = 24               // 修改 r.height 为 24
    let a = r.area()            // 调用方法获取面积
}
```

3. 对象的引用行为

与结构体不同，对象在赋值或传参时不会被复制，而是多个变量指向同一个对象。因此，当通过一个变量修改对象的成员变量时，其他变量也会受到影响。例如，在下面的代码中，通过将对象 r1 赋值给 r2，使得两个变量指向同一个对象，因此修改 r1 的属性时，r2 的属性也会受到影响。

```
main() {
    var r1 = Rectangle(10, 20)  // r1.width = 10, r1.height = 20
    var r2 = r1                 // r2 指向同一对象
    r1.width = 8                // 修改 r1 的宽度
    r1.height = 24              // 修改 r1 的高度
    let a1 = r1.area()          // a1 = 192
    let a2 = r2.area()          // a2 = 192，r2 的属性也被修改
}
```

注意：尽管可以直接通过对象修改成员变量，但是使用成员函数进行修改可以更好地管理数据，保持数据的一致性和完整性。

9.1.4 成员变量

成员变量（Member Variables）是类（Class）中的基本组成部分，用于存储对象的状态和属性。在仓颉语言中，将成员变量分为实例成员变量（Instance Variables）和静态成员变量（Static Variables）两种。理解和正确使用成员变量对于构建功能丰富且结构清晰的类至关重要。

1. 实例成员变量

实例成员变量属于类的每一个实例（对象），每当创建一个对象，都会拥有一套独立的实例成员变量。可以使用 let 或 var 关键字声明实例成员变量。
- let：不可变（常量），一旦赋值后不可修改。
- var：可变（变量），可以在对象生命周期内修改其值。

实例 9-1：使用类计算面积（源码路径：codes\9\OPP\src\Sheng01.cj）

在本实例中定义了一个名为 Rectangle 的类，用于表示矩形。类中包含两个成员变量：width（宽度）和 height（高度），其中 width 是不可变的，而 height 是可变的。

```
class Rectangle {
    let width: Int64            // 不可变实例成员变量
    var height: Int64           // 可变实例成员变量

    public init(width: Int64, height: Int64) {
        this.width = width
        this.height = height
    }

    // 使用冒号 ':' 指定返回类型，并去掉分号
    public func area() : Int64 {
        return width * height
```

```
        }
    }
}
main() {
    // 使用位置参数创建对象
    let rect = Rectangle(10, 20)
    println("宽度: ${rect.width}")     // 输出: 宽度: 10
    println("高度: ${rect.height}")    // 输出: 高度: 20

    rect.height = 25                   // 修改高度
    println("修改后的高度: ${rect.height}")  // 输出: 修改后的高度: 25
    println("面积: ${rect.area()}")         // 输出: 面积: 250
}
```

上述代码的具体说明如下。

- 定义类 Rectangle 表示矩形，在类中包含两个成员变量：width（宽度）和 height（高度），其中 width 是不可变的，而 height 是可变的。
- 类中的构造函数 init 用于初始化这两个变量。
- 在类中定义了方法 area，用于计算并返回矩形的面积。
- 在主函数 main 中创建了类 Rectangle 的一个对象 rect，并展示了如何获取和修改它的属性，以及如何调用 area 方法来计算面积。

执行后会输出：

```
宽度: 10
高度: 20
修改后的高度: 25
面积: 250
```

2. 静态成员变量

在仓颉语言中，通过关键字 static 声明静态成员变量。静态成员变量是属于类本身而不是类的实例的变量，在所有实例之间共享。在实际应用中，通常静态成员变量存储类级别的信息，如常量或统计数据。静态成员变量的主要特点如下。

- 共享性：所有实例共享同一个静态成员变量，修改其中一个实例的值会影响所有实例。
- 访问方式：可以通过类名直接访问静态成员变量，而不需要实例化对象。
- 存储类信息：通常用于存储常量、计数器或类级别的配置信息。

在下面的代码中，count 是一个静态成员变量，用于跟踪 Example 类实例的数量。每当创建一个新的实例时，count 增加 1，可以通过 Example.getCount() 方法获取当前的实例数量。

```
class Example {
    static var count: Int64 = 0 // 静态成员变量

    public init() {
        Example.count += 1 // 每次创建实例时，增加计数
    }

    public static func getCount() -> Int64 {
        return count // 返回静态变量的值
    }
```

```
}
// 主函数
main() {
    let obj1 = Example()
    let obj2 = Example()
    println("实例数量: ${Example.getCount()}") // 输出: 实例数量: 2
}
```

执行后会输出：

实例数量: 2

9.1.5 构造函数

在仓颉语言中，构造函数用于初始化类的实例，并在创建对象时自动调用。当创建一个类的对象时，构造函数会被自动调用，以确保对象的属性被正确设置。

1. 普通构造函数

普通构造函数的名称是 init，这个名称是固定的。仓颉语言普通构造函数 init 的主要特点如下。
- 访问控制：构造函数可以使用 public、private 等访问修饰符，控制外部对构造函数的访问。
- 实例变量初始化：在构造函数中，可以通过 this 关键字访问当前对象的实例变量，并对其进行赋值。
- 重载：可以定义多个构造函数，以支持不同的初始化方式（构造函数重载）。每个构造函数可以有不同的参数。
- 默认构造函数：如果没有定义任何构造函数，仓颉语言会提供一个默认构造函数，该函数不会执行任何操作。

实例 9-2：构造函数重载和默认构造函数（源码路径：codes\9\OPP\src\Sheng02.cj）

本实例是一个在仓颉语言中使用构造函数的完整例子，包含 this 关键字、构造函数重载和默认构造函数。这个例子以"水果"类为主题，展示了不同类型水果的特性。

```
class Fruit {
    let name: String              // 水果名称
    var weight: Float64           // 水果重量（千克）
    var color: String             // 水果颜色

    // 默认构造函数
    public init() {
        this.name = "未知水果"
        this.weight = 0.0
        this.color = "无色"
    }

    // 带参数的构造函数
    public init(name: String, weight: Float64, color: String) {
        this.name = name
        this.weight = weight
        this.color = color
```

```
    }

    // 打印水果信息
    public func displayInfo() {
        println("水果名称：${name}, 重量：${weight}kg, 颜色：${color}")
    }
}

main() {
    // 使用默认构造函数创建水果对象
    let unknownFruit = Fruit()
    unknownFruit.displayInfo() // 输出：水果名称：未知水果，重量：0.0kg，颜色：无色

    // 使用带参数的构造函数创建水果对象，按顺序传递参数
    let apple = Fruit("苹果", 0.2, "红色")
    apple.displayInfo() // 输出：水果名称：苹果，重量：0.2kg，颜色：红色

    let banana = Fruit("香蕉", 0.15, "黄色")
    banana.displayInfo() // 输出：水果名称：香蕉，重量：0.15kg，颜色：黄色
}
```

上述代码的实现流程如下。

（1）定义了类 Fruit，包含三个属性：name（水果名称）、weight（水果重量，单位为千克）、color（水果颜色）。

（2）提供了一个默认构造函数 init()，用于初始化属性为默认值：name 被设为"未知水果"，weight 被设为"0.0"，color 被设为"无色"。

（3）定义了一个带参数的构造函数 init(name: String, weight: Float64, color: String)，可以在创建水果对象时直接设定 name、weight 和 color 的值。

（4）实现了成员函数 displayInfo，用于打印水果的详细信息。该方法格式化输出水果的名称、重量和颜色。

（5）在 main 函数中，首先使用默认构造函数创建了一个 unknownFruit 对象，并调用 displayInfo 方法显示其信息。然后使用带参数的构造函数分别创建了 apple 和 banana 对象，指定了各自的名称、重量和颜色，并调用 displayInfo 方法显示它们的信息。

执行后会输出：

```
水果名称：未知水果，重量：0.000000kg，颜色：无色
水果名称：苹果，重量：0.200000kg，颜色：红色
水果名称：香蕉，重量：0.150000kg，颜色：黄色
```

2. 主构造函数

在仓颉语言中，主构造函数的名称与类名相同。通过在构造函数参数列表中使用 let 或 var，可以同时定义成员变量和构造函数参数，这样可以简化类的实现。仓颉语言主构造函数的特点如下。

- 简化定义：可以省略自定义的 init 方法，从而使代码更加简洁。成员变量的初始化可以直接在主构造函数中进行。
- 参数形式：可以使用两种形式的形参——普通形参和成员变量形参，后者会自动创建类的成员变量。

- 自动生成构造函数：如果类中没有定义自定义构造函数且所有成员变量都有初值，编译器会自动生成一个无参构造函数。

实例 9-3：模拟汽车的加速和减速（源码路径：codes\9\OPP\src\Sheng03.cj）

在本实例中定义了一个表示汽车的类 Car，并通过主构造函数实现了成员变量的初始化。

```
class Car {
    let brand: String          // 汽车品牌
    let color: String          // 汽车颜色
    var speed: Int64           // 当前速度（千米/小时）

    // 主构造函数，直接定义成员变量
    public Car(let carBrand: String, let carColor: String) {
        this.brand = carBrand
        this.color = carColor
        this.speed = 0         // 初始化速度为 0
    }

    // 加速方法
    public func accelerate(increment: Int64) {
        speed += increment
        println("${brand} 加速到 ${speed} km/h")
    }

    // 刹车方法
    public func brake(decrement: Int64) {
        speed -= decrement
        if (speed < 0) {       // 修改为浮点数比较
            speed = 0
        }
        println("${brand} 减速到 ${speed} km/h")
    }
}

main() {
    // 创建一辆汽车对象
    let myCar = Car("特斯拉", "红色")

    // 进行加速和刹车操作
    myCar.accelerate(30)    // 输出：特斯拉 加速到 30 km/h
    myCar.accelerate(20)    // 输出：特斯拉 加速到 50 km/h
    myCar.brake(15)         // 输出：特斯拉 减速到 35 km/h
    myCar.brake(40)         // 输出：特斯拉 减速到 0 km/h
}
```

上述代码的具体说明如下。

（1）类定义：在类 Car 包含三个成员变量。

- brand：表示汽车品牌，类型为字符串。
- color：表示汽车颜色，类型为字符串。
- speed：表示当前速度，类型为整数（千米/小时）。

（2）主构造函数：构造函数的参数 carBrand 和 carColor 用于初始化 brand 和 color。同时，speed 在构造函数中被初始化为 0，表示汽车开始时的速度为零。

（3）accelerate(increment: Int64)：该方法接收一个增量参数，用于加速汽车。每次调用时，增加当前速度，并打印出新的速度。

（4）brake(decrement: Int64)：该方法接收一个减量参数，用于减速汽车。如果减速后的速度小于零，则将速度重置为零，并打印出新的速度。

（5）主函数：在 main() 函数中创建了一个 Car 类型的对象 myCar，并传入品牌和颜色。通过调用 accelerate 和 brake 方法，对汽车的速度进行操作，并打印出每次操作后的速度变化。

执行后会输出：

```
特斯拉 加速到 30 km/h
特斯拉 加速到 50 km/h
特斯拉 减速到 35 km/h
特斯拉 减速到 0 km/h
```

9.1.6　终结器

在仓颉语言中，终结器是一种特殊的函数，用于在类的实例被垃圾回收时自动调用，主要用于释放系统资源。仓颉语言终结器的基本特性如下。

- 函数名称：终结器的名称固定为 ~init，并且没有参数和返回类型。
- 用途：终结器通常用于清理和释放资源，比如动态分配的内存或文件句柄等，确保在对象不再需要时正确地释放资源。

终结器的限制条件如下。

- 修饰符和调用：终结器不能带有任何修饰符，也无法被显式调用。
- 类的修饰：只有非 open 修饰的类可以定义终结器。
- 数量限制：一个类最多只能定义一个终结器。
- 扩展限制：终结器不能在类的扩展中定义。
- 执行时机：终结器的调用时机是不确定的，可能在对象不再被使用后的一段时间才被触发。
- 线程执行：终结器可能在任意一个线程上执行，且多个终结器的执行顺序也是不确定的。

实例 9-4： 使用终结器来释放一个动态分配的字符串（源码路径：codes\9\OPP\src\Sheng04.cj）

在本实例中定义了类 StringHolder，用于动态分配和管理字符串内存，在对象被销毁时自动释放内存。

```
class StringHolder {
    var p: CString   // 动态分配的字符串指针

    // 构造函数，分配字符串
    init(s: String) {
        p = unsafe { LibC.mallocCString(s) }
        println("分配字符串: " + s)
    }

    // 终结器，释放分配的内存
```

```
    ~init() {
        unsafe { LibC.free(p) }
        println("释放字符串内存")
    }
}

// 主函数
main() {
    // 创建一个字符串持有者对象
    let holder = StringHolder("Hello, World!")
    // 当 holder 离开作用域时,终结器会被调用,释放内存
}
```

上述代码的具体说明如下。
- 类 StringHolder:这个类包含一个指向动态分配字符串的指针 p。
- 构造函数:在初始化时,使用 LibC.mallocCString 分配内存,并打印分配的字符串。
- 终结器:在对象被垃圾回收时,终结器会被调用,使用 LibC.free 释放内存,并打印释放信息。
- 主函数:创建一个 StringHolder 对象,随着对象的生命周期结束,终结器会自动被调用,释放内存。

执行后会输出:

```
分配字符串: Hello, World!
```

9.1.7 成员函数

在仓颉语言中,类的成员函数可以分为实例成员函数和静态成员函数。

1. 实例成员函数

实例成员函数是与类的实例(对象)相关联的函数,每个对象可以调用这些函数。主要特点如下。
- 访问:可以通过 this 关键字访问实例的成员变量和其他实例函数。
- 用途:常用于实现与对象状态相关的行为,如计算属性、修改状态等。
- 抽象成员函数:如果一个实例成员函数没有函数体,则称为抽象成员函数。这类函数只能在抽象类或接口中定义,要求子类实现具体的功能。抽象函数默认具有开放的语义。

2. 静态成员函数

静态成员函数是与类本身相关联的函数,而不是某个实例,它们可以通过类名直接调用。主要特点如下。
- 访问限制:静态成员函数不能访问实例成员变量和实例成员函数。
- 用途:通常用于实现与类的状态或功能相关的操作,如工厂方法、工具函数等。

实例 9-5:构造函数重载和默认构造函数(源码路径:codes\9\OPP\src\Sheng02.cj)

在本实例中定义了一个表示水果的类 Fruit,其中包含水果的名称、每千克的价格和当前的重量。

```
class Fruit {
    let name: String          // 水果名称
    var pricePerKg: Float64   // 每千克价格
    var weight: Float64       // 当前重量

    // 构造函数
```

```
    public init(name: String, pricePerKg: Float64) {
        this.name = name
        this.pricePerKg = pricePerKg
        this.weight = 0.0
    }

    // 实例成员函数：添加重量
    public func addWeight(kg: Float64) {
        if (kg > 0.0) {   // 确保与 Float64 类型比较
            this.weight += kg
            println("${kg} kg ${name} 已添加到库存。")
        } else {
            println("无法添加负重量！")
        }
    }

    // 实例成员函数：计算总价
    public func totalPrice(): Float64 {
        return this.weight * this.pricePerKg
    }

    // 静态成员函数：获取水果类型
    public static func fruitType(): String {
        return "水果"
    }
}

main() {
    // 创建一个水果对象
    let apple = Fruit("苹果", 5.0)

    // 添加水果重量
    apple.addWeight(2.0)    // 输出：2.0 kg 苹果 已添加到库存。
    apple.addWeight(1.5)    // 输出：1.5 kg 苹果 已添加到库存。

    // 计算并显示总价
    println("总价：${apple.totalPrice()} 元")  // 输出：总价：17.5 元

    // 获取水果类型
    println("类型：${Fruit.fruitType()}")  // 输出：类型：水果
}
```

上述代码的具体说明如下。

- 构造函数：用于初始化水果对象的名称和价格，同时将重量设置为 0。
- 实例成员函数 addWeight：用于增加水果的重量，只有当添加的重量为正数时才会更新重量，并输出相应的信息。如果输入负值，则输出错误提示。
- 实例成员函数 totalPrice：计算并返回当前水果的总价，方法是将重量与每千克的价格相乘。
- 静态成员函数 fruitType：返回一个字符串，表示水果的类型，显示为"水果"。

- 主函数 main：首先创建了一个苹果对象，指定其价格。接着调用 addWeight 函数添加重量，并输出相应信息。最后，通过 totalPrice 函数计算并输出总价，同时调用静态函数 fruitType 显示水果类型。

执行后会输出：

```
2.000000  kg 苹果 已添加到库存。
1.500000  kg 苹果 已添加到库存。
总价：17.500000 元
类型：水果
```

9.2 访问修饰符

在定义类、成员变量、成员函数的时候，都会用到修饰符。在仓颉语言中，访问修饰符用于控制类成员（包括成员变量、成员属性、构造函数和成员函数）的可见性。

9.2.1 访问修饰符介绍

通过合理使用访问修饰符，开发者可以控制数据的可见性和访问权限，从而实现数据的封装，保护内部状态，并提高代码的安全性和可维护性。这有助于减少错误，增强代码的可读性和理解性。在仓颉语言中，包含如下所述的访问修饰。

- private：用于限制类成员的访问权限，仅允许在定义该成员的类内部进行访问。使用 private 修饰的成员无法被外部类、子类或其他代码直接访问，从而增强了数据的封装性和安全性，防止不当修改，并提升了代码的可维护性。通过 private，开发者可以确保类的内部实现细节不被外部干扰，维护对象的完整性。
- internal：这是默认修饰符，允许类成员在同一包及其子包内可见，但对外部包不可见。这意味着在同一模块内的其他类和代码可以访问这些成员，而在不同模块中的代码则无法访问。使用 internal 修饰符可以在确保某些功能或数据在模块内可用的同时，防止外部干扰，从而提供更好的封装性和模块化设计。通过这种方式，开发者可以有效地控制接口的暴露程度，提高代码的安全性和可维护性。
- protected：设置类成员在当前类及其子类中可见，但在外部无法访问。这意味着只有当前类的实例和其子类的实例可以访问这些成员，其他模块或非子类的对象无法直接访问。这种修饰符适用于希望在继承结构中共享特定功能或数据的场景，同时保持对外界的封闭性。通过使用 protected，开发者可以在继承关系中安全地扩展功能，而不暴露给不相关的代码，提高了代码的安全性和可维护性。
- public：设置类成员在整个模块内外均可见。这意味着任何其他模块中的代码都可以访问被标记为 public 的成员，包括构造函数、变量和函数。使用 public 修饰符可以让开发者轻松地提供可供外部使用的 API 或接口，从而增强模块的可用性和灵活性。然而，过多地使用 public 可能导致设计上的混乱，因此在定义类的接口时需要谨慎选择哪些成员公开。
- open：用于定义可以被继承的类，只有使用 open 修饰的类才能被其他类继承，这意味着该类及其成员可以在子类中被访问和重写。使用 open 修饰符的实例成员也会在子类中保持 open 状态，这样子类可以覆盖这些成员。
- sealed：用于定义抽象类，表示该类只能在其所在的包内被继承。与 open 修饰符不同，sealed 限制了类的继承范围，确保了类的扩展性仅限于特定的包内。需要注意的是，sealed 修饰的类默认是公共可见的，因此不需要额外添加 public 修饰符。

9.2.2 使用访问修饰符

在一个宠物店的管理系统中，开发者引入了一种有趣的方式来跟踪和管理宠物的信息。通过定义一个宠物类，系统能够为每只宠物记录基本属性，如名字、年龄和健康状态。

在系统中，当用户添加一只新狗时，可以轻松地查看狗的基本信息，包括健康状况。为了维护宠物的隐私，健康状态仅限于类内部访问，而更新健康状况的功能则通过兽医检查来实现。这样，宠物的健康信息得到了保护，同时用户也能在需要时进行更新。

实例 9-6：宠物店的管理系统（源码路径：codes\9\OPP\src\Chong.cj）

在本实例中定义了一个宠物类 Pet，它是所有宠物的基类，包含基本的属性和方法。使用访问修饰符，确保了宠物的敏感信息（如健康状态）只能在类内部访问，增强了数据的封装性。

```
package petshop

// 定义宠物类
public open class Pet {
    public var name: String              // 公有属性，可以在外部访问
    protected var age: Int64             // 受保护属性，只能在子类中访问
    private var healthStatus: String     // 私有属性，只能在类内部访问

    // 构造函数
    public init(name: String, age: Int64, healthStatus: String) {
        this.name = name
        this.age = age
        this.healthStatus = healthStatus
    }

    // 公有方法，返回宠物的健康状态
    public func getHealthStatus(): String {
        return this.healthStatus
    }

    // 受保护的方法，仅子类可访问
    protected func updateHealthStatus(newStatus: String) {
        this.healthStatus = newStatus
    }
}

// 定义狗类，继承自宠物类
public class Dog <: Pet {
    public var breed: String             // 公有属性，表示狗的品种

    // 构造函数
    public init(name: String, age: Int64, breed: String, healthStatus: String) {
```

```
        super(name, age, healthStatus)
        this.breed = breed
    }

    // 公有方法,展示狗的信息
    public func displayInfo() {
        println("狗的名字: ${name}, 年龄: ${age}, 品种: ${breed}, 健康状态:
${getHealthStatus()}")
    }

    // 修改健康状态的方法,供外部调用
    public func vetCheck(newStatus: String) {
        updateHealthStatus(newStatus)    // 调用受保护的方法
        println("${name} 的健康状态已更新为: ${getHealthStatus()}")
    }
}

// 主函数
main() {
    var myDog = Dog("小白", 3, "拉布拉多", "健康")    // 创建狗对象
    myDog.displayInfo()                               // 输出狗的信息
    myDog.vetCheck("良好")                            // 更新健康状态
}
```

上述代码的具体说明如下。

（1）类 Pet。
- name 为 public,可以在外部访问。
- age 为 protected,只能在 Pet 的子类中访问。
- healthStatus 为 private,只能在 Pet 类内部访问。
- getHealthStatus 方法为 public,允许外部获取健康状态。
- updateHealthStatus 方法为 protected,只能在子类中调用。

（2）类 Dog。
- 继承自 Pet 类,定义了一个 breed 属性。
- displayInfo 方法为 public,展示狗的信息。
- vetCheck 方法为 public,可以更新健康状态并调用受保护的 updateHealthStatus 方法。

（3）主函数：创建了一个 Dog 对象并展示了其信息和健康状态的更新。在主函数中,实例化了一只名为"小白"的拉布拉多犬,并调用其方法展示信息和更新健康状态。通过这种设计,能够有效地管理宠物信息,同时保护其隐私,确保系统的安全性和可靠性。执行后会输出:

```
狗的名字: 小白, 年龄: 3, 品种: 拉布拉多, 健康状态: 健康
小白 的健康状态已更新为: 良好
```

9.3 类的继承

继承是面向对象编程最显著的特性之一,继承是在已存在的类的基础上建立新类的技术,新类

不仅包含已存在类的数据和功能，还可以增加新的数据或新的功能。该技术不仅使得整个程序的架构具有一定的弹性，提高了程序的抽象程度，而且实现了代码复用，极大地提高了开发效率，降低了程序维护成本。

9.3.1 继承的基本概念

所谓继承，具体是指从已有的类中派生出新的类，新的类能吸收已有类的成员变量和成员方法，并能扩展新的能力。提供继承信息的类被称为父类（超类、基类），得到继承信息的类被称为子类（派生类）。这里，通过一个具体实例来加深对继承的理解。例如，要定义一个语文老师类和数学老师类，如果不采用继承方式，那么两个类中都需要定义属性和方法。语文老师类中包含姓名、性别、年龄3个属性，同时包括吃饭、睡觉、走路、讲课、布置作业、写作文范文6个方法；数学老师类中包含姓名、性别、年龄3个属性，同时包括吃饭、睡觉、走路、讲课、布置作业、写数学公式6个方法。显然，可以把姓名、性别、年龄这3个语文老师类和数学老师类都有的属性和吃饭、睡觉、走路、讲课、布置作业这5个语文老师类和数学老师类都有的方法提取出来放在一个老师类中，构成一个父类，可用于被语文老师类和数学老师类继承。更进一步，姓名、性别、年龄这3个属性和吃饭、睡觉、走路这3个方法是老师和学生共有的，可以进一步提取出来，放在学校人员类中，作为老师类和学生的父类。当然，学生类可以作为计算机系学生类、英语系学生类的父类。这样，语文老师类、数学老师类、老师类、计算机系学生类、英语系学生类、学生类、学校人员类就通过继承形成了一个树形体系，如图9-1所示。

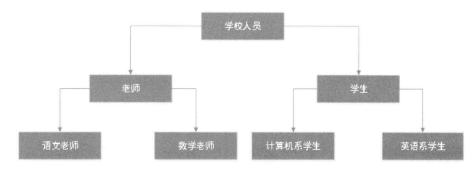

图9-1 类继承示例

从图9-1中可以看出，学校人员是一个大的类别，老师和学生是学校人员的两个子类，老师又可以分为语文老师和数学老师两个子类，学生又可以分为计算机系学生和英语系学生两个子类。

注意：使用继承这种层次的分类方式，是为了将多个类的通用属性和方法提取出来，放在它们的父类中，然后只需要在子类中各自定义自己独有的属性和方法，并以继承的形式在父类中获取它们的通用属性和方法即可。

9.3.2 实现继承

继承是面向对象的特点之一，利用继承可以创建一个公共类，这个类具有多个项目的共同属性，然后一些具体的类继承该类，同时再加上自己特有的属性。仓颉语言的继承规则如下。
- 父类与子类：当一个类（子类）继承另一个类（父类）时，子类会继承父类中除private成员和构造函数以外的所有成员。父类的开放（open）成员会被子类自动继承。

- 抽象类：抽象类可以被继承，在定义抽象类时 open 修饰符是可选的，且可以使用 sealed 修饰符限制其继承范围。非抽象类必须使用 open 修饰符才能被继承。
- 构造函数：子类构造函数可以通过 super(args) 调用父类构造函数，但不能在同一构造函数中同时调用其他构造函数。若没有显式调用父类构造函数，编译器会自动插入调用父类的无参构造函数。

在仓颉语言中实现继承的流程如下：

（1）定义父类：使用 open 修饰符定义一个可以被继承的类。例如：

```
open class ParentClass {
    // 成员变量和方法
}
```

（2）定义子类：使用 class SubClass <: ParentClass 语法格式定义继承自父类的子类。例如：

```
class SubClass <: ParentClass {
    // 子类特有的成员变量和方法
}
```

（3）调用父类构造函数：在子类的构造函数中，使用 super(args) 函数调用父类的构造函数。例如：

```
class SubClass <: ParentClass {
    public init(param1: Type1) {
        super(param1)    // 调用父类构造函数
    }
}
```

（4）重写父类方法：在子类中使用修饰符 override 重写父类中的方法（前提是父类方法使用 open 修饰）。例如：

```
class SubClass <: ParentClass {
    public override func methodName(): ReturnType {
        // 新的实现
    }
}
```

9.3.3　super 和 this

在仓颉语言中，super 和 this 是两个常用的关键字，用于处理类和对象中的继承关系和成员访问。

1. super

关键字 super 用于调用父类的构造函数或方法，当子类需要访问父类的成员时，可以使用 super 来进行调用。关键字 super 的使用场景如下。

- 在子类的构造函数中，调用父类的构造函数。
- 在子类中重写父类的方法时，可以使用 super 调用被重写的方法。

2. this

关键字 this 用于引用当前类的实例，通常用于访问当前对象的属性和方法。关键字 this 的使用场景如下。

- 在构造函数中初始化对象的属性。

- 在方法中访问当前对象的属性或调用其他方法。

实例 9-7： 查看一辆汽车的信息（源码路径：codes\9\OPP\src\Ji01.cj）

在本实例中定义类 Vehicle 作为所有车辆的基类，它包含车辆的品牌和生产年份，并提供了一个方法来展示这些信息。然后，定义了一个继承自 Vehicle 的类 Car，添加了汽车的特有属性（如型号）并重写了显示信息的方法。

```
// 定义车辆类（父类）
open class Vehicle {
    public var brand: String                // 车辆品牌
    protected var year: Int64               // 生产年份

    // 构造函数
    public init(brand: String, year: Int64) {
        this.brand = brand
        this.year = year
    }

    // 公有方法，展示车辆信息，添加 open 修饰符
    public open func displayInfo() {
        println("品牌: ${brand}, 年份: ${year}")
    }
}

// 定义汽车类（子类），继承自车辆类
class Car <: Vehicle {
    public var model: String                // 汽车型号

    // 构造函数
    public init(brand: String, year: Int64, model: String) {
        super(brand, year)                  // 调用父类构造函数
        this.model = model
    }

    // 重写显示信息的方法
    public override func displayInfo() {
        super.displayInfo()                 // 调用父类方法
        println("型号: ${model}")
    }
}

// 主函数
main() {
    var myCar = Car("丰田", 2020, "卡罗拉")   // 创建汽车对象
    myCar.displayInfo()                     // 输出汽车的信息
}
```

上述代码的具体说明如下。

- 父类 Vehicle：这是一个可继承的类，定义了车辆的基本属性，如 brand（品牌）和 year（年份），以及一个公有方法 displayInfo 用于展示这些信息。

- 子类 Car：通过 class Car <: Vehicle 继承了类 Vehicle，获得了所有公有和受保护的属性及方法。在子类中添加了一个额外的属性 model（型号），并在构造函数中使用 super 关键字调用父类的构造函数，以初始化从父类继承的属性。
- 关键字 super：用于在子类的构造函数中调用父类的构造函数，确保父类的属性被正确初始化。在 Car 的构造函数中，super(brand, year) 用来传递参数给父类 Vehicle 的构造函数。
- 关键字 this：代表当前对象的实例，用于访问该对象的属性和方法。在构造函数和方法中使用 this 可以清晰地区分当前类的属性与其他变量。
- 务必为类 Vehicle 中的函数 displayInfo 添加 open 修饰符，以便可以在子类中重写。

执行后会输出：

品牌：丰田，年份：2020
型号：卡罗拉

9.3.4 覆盖（override）和重定义（redef）

在仓颉语言中，覆盖和重定义是面向对象编程中的重要概念，它们允许子类提供父类成员函数的不同实现。

1. 覆盖

在面向对象编程中，覆盖是指子类中重新定义父类中同名非抽象实例成员函数的过程。覆盖允许子类提供特定于其类型的实现，从而实现多态性。在仓颉语言中，覆盖的基本规则如下。

- 父类函数要求：必须使用 open 修饰符，表明该函数可以被覆盖。可以是实例成员函数（即普通方法）。
- 子类函数要求：函数名和参数列表必须与父类中的函数完全相同。可以使用 override 修饰符（可选），标识这是一个覆盖实现。
- 动态派发：当通过父类引用调用被覆盖的函数时，实际调用的版本取决于对象的运行时类型，而不是引用的类型。这种行为被称为动态派发。

下面是一个简单的示例，展示了在仓颉语言中使用覆盖的方法。

```
// 定义一个开放的父类 A
open class A {
    public open func display(): Unit {
        println("I am from class A")
    }
}

// 定义子类 B，覆盖父类 A 的 display 方法
class B <: A {
    public override func display(): Unit {
        println("I am from class B")
    }
}

main() {
    let a: A = A()      // 创建父类对象
    let b: A = B()      // 创建子类对象，使用父类类型引用
    a.display()         // 输出：I am from class A
```

```
    b.display()        // 输出: I am from class B
}
```

上述代码的具体说明如下。
- 在上面的例子中,类 B 中的 display 函数覆盖了类 A 中的同名函数。
- 调用 a.display() 时,调用的是 A 的实现,而 b.display() 则调用了 B 的实现。
- 覆盖使得子类能够实现特定的行为,而不必更改父类的代码,增强了代码的灵活性和可扩展性。

执行后会输出:
```
I am from class A
I am from class B
```

2. 重定义

重定义是指子类中重新定义父类中的同名非抽象静态函数的过程。与覆盖不同,重定义适用于静态成员函数(静态方法),而不是实例成员函数。在仓颉语言中,重定义的基本规则如下。
- 父类函数要求:必须是静态函数。可以使用 open 修饰符,但不是必须的。
- 子类函数要求:函数名和参数列表必须与父类中的静态函数完全相同。必须使用 redef 修饰符来指示这是一个重定义的实现。
- 静态调用:对静态函数的调用基于类的类型,而不是实例的类型。因此,重定义的函数在调用时将始终取决于类的类型。

下面是一个简单的示例,展示了在仓颉语言中使用重定义的方法。

```
// 定义一个开放的父类 C
open class C {
    public static func foo(): Unit {
        println("I am from class C")
    }
}

// 定义子类 D,重定义父类 C 的静态函数 foo
class D <: C {
    public redef static func foo(): Unit {
        println("I am from class D")
    }
}

main() {
    C.foo() // 输出: I am from class C
    D.foo() // 输出: I am from class D
}
```

上述代码的具体说明如下。
- 在上面的例子中,类 D 中的 foo 函数重定义了类 C 中的同名静态函数。
- 调用 C.foo() 时,调用的是 C 的实现,而 D.foo() 则调用了 D 的实现。
- 重定义提供了静态方法的新实现,而不影响父类的实现。

执行后会输出:
```
I am from class C
I am from class D
```

9.3.5　This 类型

在类的内部，This 类型是一个特殊的占位符，表示当前类的类型。它只能用作实例成员函数的返回类型。使用 This 的主要特点是，当子类对象调用父类中定义的且返回 This 类型的函数时，该函数的返回类型会被识别为子类的类型，而不是父类的类型。

在仓颉语言中，This 类型的用法如下。

- 返回类型推断：如果实例成员函数未显式声明返回类型，并且该函数仅返回 This 类型的表达式，则返回类型会自动推断为 This。
- 子类的兼容性：在子类中重写父类返回 This 类型的函数时，返回类型将被识别为子类的类型。这使得在使用多态时能够保持一致性。

实例 9-8：使用 This 类型实现多态性和类型推断（源码路径：codes\9\OPP\src\Sheng06.cj）

在本实例中使用 This 类型展示了一个简单的动物类和它的子类，通过这种方式演示多态性和类型推断。

```
// 定义一个基础动物类
open class Animal {
    public open func speak(): This {   // 添加 open 修饰符
        println("动物发出声音")
        return this
    }
}

// 定义一个狗类，继承自动物类
class Dog <: Animal {
    public override func speak(): This {
        println("汪汪！")
        return this
    }

    public func fetch(): This {
        println("狗狗去捡球了！")
        return this
    }
}

// 定义一个猫类，继承自动物类
class Cat <: Animal {
    public override func speak(): This {
        println("喵喵！")
        return this
    }

    public func climb(): This {
        println("猫咪爬到树上了！")
        return this
    }
}
```

```
// 主函数
main(): Unit {    // 指定返回类型为 Unit
    var myDog: Dog = Dog()
    var myCat: Cat = Cat()

    // 狗狗说话和捡球
    myDog.speak()        // 输出：汪汪!
    myDog.fetch()        // 输出：狗狗去捡球了!

    // 猫咪说话和爬树
    myCat.speak()        // 输出：喵喵!
    myCat.climb()        // 输出：猫咪爬到树上了!

    // 使用多态
    var pet: Animal = myDog
    pet.speak()          // 输出：汪汪! 因为调用的是 Dog 的 speak 方法
}
```

上述代码的具体说明如下。

- 动物类 (Animal)：是父类，定义了一个基础类，具有一个 speak 方法，返回 This 类型，表示当前实例。
- 父类方法的 open 修饰符：在类 Animal 中，将 speak 方法声明为 open，允许子类重写。
- 狗类 (Dog) 和 猫类 (Cat)：分别继承自 Animal 类，重写了 speak 方法，并各自添加了特定的方法（fetch 和 climb）。
- 主函数 (main)：分别创建了类 Dog 和类 Cat 的实例，并演示了它们的行为。通过多态，变量 pet 可以引用类 Dog 的实例，但仍然能正确调用 Dog 的 speak 方法。

执行后会输出：

```
汪汪!
狗狗去捡球了!
喵喵!
猫咪爬到树上了!
汪汪!
```

9.4 抽象类

在仓颉语言中，抽象类是一种特殊类型的类，旨在作为其他类的基类使用。抽象类不能被直接实例化，必须通过继承来创建具体的子类。抽象类可以包含抽象成员函数（即没有具体实现的方法），这些函数需要在子类中被实现。此外，抽象类也可以包含具体的成员函数和属性。

9.4.1 抽象类的特点

在仓颉语言中，抽象类的特点如下。

- 不可实例化：抽象类不能被直接实例化，即不能使用 new 关键字或构造函数创建抽象类的对象。
- 包含抽象成员函数：抽象类可以包含一个或多个抽象成员函数，这些函数只声明了方法名和参数列表，没有具体的实现。子类必须实现所有继承自抽象类的抽象成员函数，否则子类本身也必须声明为抽象类。
- 可以包含具体成员：除了抽象成员函数外，抽象类还可以包含具体的成员函数和属性，供子类继承和使用。
- 继承规则：抽象类可以被继承，定义时的 open 修饰符是可选的。可以使用 sealed 修饰符限制抽象类的继承范围，仅允许在定义该类的包内被继承。非抽象类必须使用 open 修饰符才能被继承。

9.4.2 定义抽象类

在仓颉语言中，使用关键字 abstract 定义抽象类。例如，在下面的代码中定义了一个名为 AbRectangle 的抽象类，其中包含一个名为 calculateArea 的抽象方法，用于计算面积，没有函数体。

```
abstract class AbRectangle {
    public func calculateArea(): Float64   // 抽象成员函数，没有函数体
}
```

当子类继承抽象类时，必须实现所有的抽象成员函数，否则该子类也必须声明为抽象类。这是为了确保子类具备抽象类中定义的必要行为。在实际应用中，抽象类在以下场景中尤为有用。
- 定义通用接口：当不同的子类需要实现相同的方法但具体实现不同，可以在抽象类中定义这些方法的接口。
- 代码重用：抽象类可以包含子类共有的属性和方法，减少代码重复。
- 强制实现：通过抽象成员函数，确保所有子类都实现特定的方法，提高代码的一致性和可靠性。

实例 9-9：计算不同图形的面积（源码路径：codes\9\OPP\src\Chou.cj）

在本实例中，首先定义了抽象类 Shape，并包含一个抽象成员函数 calculateArea()，没有函数体。当子类继承该类时，必须实现该抽象函数。类 Rectangle 和类 Circle 继承自 Shape，它们分别实现了 calculateArea() 函数来计算矩形和圆形的面积，并通过 displayInfo() 函数显示形状的相关信息。

```
// 定义一个抽象类 Shape
abstract class Shape {
    public var name: String

    // 抽象构造函数
    public init(name: String) {
        this.name = name
    }

    // 抽象成员函数, 计算面积
    public func calculateArea(): Float64
}

// 定义一个具体类 Rectangle,继承自 Shape
class Rectangle <: Shape {
```

```
    public var width: Float64
    public var height: Float64

    // 构造函数
    public init(name: String, width: Float64, height: Float64) {
        super(name)   // 调用父类构造函数
        this.width = width
        this.height = height
    }

    // 实现抽象成员函数 calculateArea
    public override func calculateArea(): Float64 {
        return width * height
    }

    // 具体成员函数，显示信息
    public func displayInfo() {
        println("形状: ${name}, 宽度: ${width}, 高度: ${height}, 面积: ${calculateArea()}")
    }
}

// 定义一个具体类 Circle，继承自 Shape
class Circle <: Shape {
    public var radius: Float64

    // 构造函数
    public init(name: String, radius: Float64) {
        super(name)   // 调用父类构造函数
        this.radius = radius
    }

    // 实现抽象成员函数 calculateArea
    public override func calculateArea(): Float64 {
        return 3.14159 * radius * radius
    }

    // 具体成员函数，显示信息
    public func displayInfo() {
        println("形状: ${name}, 半径: ${radius}, 面积: ${calculateArea()}")
    }
}

// 主函数
main() {
    var myRectangle = Rectangle("矩形", 5.0, 10.0)
    myRectangle.displayInfo()    // 输出: 形状: 矩形, 宽度: 5.0, 高度: 10.0, 面积: 50.0

    var myCircle = Circle("圆形", 7.0)
```

```
    myCircle.displayInfo()        // 输出：形状：圆形，半径：7.0，面积：153.93804
}
```

上述代码的具体说明如下。

（1）抽象类 Shape：包含一个公有属性 name，用于存储形状的名称。定义了一个抽象成员函数 calculateArea，用于计算形状的面积，但没有具体实现。

（2）具体类 Rectangle。
- 继承自抽象类 Shape，并添加了具体的属性 width 和 height。
- 实现了抽象成员函数 calculateArea，计算矩形的面积。
- 提供了一个具体的成员函数 displayInfo，用于显示矩形的信息。

（3）具体类 Circle。
- 继承自抽象类 Shape，并添加了具体的属性 radius。
- 实现了抽象成员函数 calculateArea，计算圆形的面积。
- 提供了一个具体的成员函数 displayInfo，用于显示圆形的信息。

（4）主函数：分别创建了 Rectangle 和 Circle 的实例，并调用各自的 displayInfo 函数，打印输出它们的详细信息。执行后会输出：

```
形状：矩形，宽度：5.000000，高度：10.000000，面积：50.000000
形状：圆形，半径：7.000000，面积：153.937910
```

9.5 接口

接口（Interface）是仓颉语言中用于定义抽象类型的一种机制，接口不包含具体的数据实现，但可以定义类型应具备的行为。通过接口，开发者可以为一组不同的类型约定共同的功能，实现代码的抽象和多态性。

9.5.1 定义并实现接口

在仓颉语言中，使用关键字 interface 声明接口，其后跟接口的标识符和接口成员。具体语法格式如下：

```
interface I { // 'open' 修饰符是可选的
    func f(): Unit
}
```

在上述格式中，接口 I 定义了一个抽象成员函数 f()，任何实现 I 接口的类型都必须实现这个函数。接口成员可以包括成员函数、操作符重载函数和成员属性。这些成员都是抽象的，要求实现接口的类型必须提供对应的成员实现。

为了实现一个接口，类型必须声明继承该接口并且实现其所有定义的成员函数。例如：

```
class Foo <: I {
    public func f(): Unit {
        println("Foo")
    }
}
```

当一个类型实现了接口后，该类型就成为接口的子类型，允许将该类型的实例作为接口类型使用。例如：

```
main() {
    let a = Foo()
    let b: I = a
    b.f() // 输出: "Foo"
}
```

实例 9-10：模拟大学生的日常活动（源码路径：codes\9\OPP\src\Jie01.cj）

在本实例中设计了一个有趣的大学生日常活动场景，假设有不同的大学生需要完成各种日常活动，如上课、写作业和参加社团活动。首先，定义了一个 UniversityStudent 接口，其中包含 attendClass 和 doHomework 两个行为。接着，创建了不同类型的学生类来实现这个接口。

```
// 定义接口 UniversityStudent，描述大学生的日常活动
interface UniversityStudent {
    func attendClass(): Unit
    func doHomework(): Unit
}

// 定义 EngineeringStudent 类，实现 UniversityStudent 接口
class EngineeringStudent <: UniversityStudent {
    public func attendClass(): Unit {
        println("Engineering student is attending a calculus lecture.")
    }

    public func doHomework(): Unit {
        println("Engineering student is solving physics problems.")
    }
}

// 定义 ArtStudent 类，实现 UniversityStudent 接口
class ArtStudent <: UniversityStudent {
    public func attendClass(): Unit {
        println("Art student is attending a painting workshop.")
    }

    public func doHomework(): Unit {
        println("Art student is sketching for the next art assignment.")
    }
}

// 定义 ClubMember 类，扩展大学生活的社团活动
class ClubMember <: UniversityStudent {
    public func attendClass(): Unit {
        println("Club member is in a sociology lecture, planning the next event.")
    }

    public func doHomework(): Unit {
        println("Club member is writing an event proposal for the university club.")
```

```
    }
    // 额外活动：参加社团活动
    public func attendClubMeeting(): Unit {
        println("Club member is attending the university debate club meeting.")
    }
}
// 函数来执行学生的日常活动
func studentDailyActivities(student: UniversityStudent): Unit {
    student.attendClass()
    student.doHomework()
}
main() {
    // 实例化不同类型的学生
    let engStudent = EngineeringStudent()
    let artStudent = ArtStudent()
    let clubMember = ClubMember()

    // 调用函数来查看不同学生的日常活动
    studentDailyActivities(engStudent)
    studentDailyActivities(artStudent)

    // 调用俱乐部成员的日常活动及额外社团活动
    studentDailyActivities(clubMember)
    clubMember.attendClubMeeting()
}
```

上述代码模拟了大学生在校园中的日常活动，以下是代码的实现流程。

（1）定义接口 UniversityStudent：这个接口声明了两个方法 attendClass() 和 doHomework()，这两个方法分别代表大学生上课和做作业的行为。

（2）实现 UniversityStudent 接口的类。

- 类 EngineeringStudent：实现了 UniversityStudent 接口，定义了工程学生上课和做作业的具体行为。
- 类 ArtStudent：同样实现了 UniversityStudent 接口，定义了艺术学生上课和做作业的具体行为。
- 类 ClubMember：也实现了 UniversityStudent 接口，并额外定义了一个 attendClubMeeting() 方法，代表参加社团活动的行为。

（3）定义 studentDailyActivities 函数：接受一个 UniversityStudent 类型的参数，并调用该对象的 attendClass() 和 doHomework() 方法，以此来模拟学生的日常活动。

（4）main 函数。

- 实例化不同类型的学生对象：engStudent（工程学生）、artStudent（艺术学生）和 clubMember（社团成员）。
- 调用 studentDailyActivities 函数，传入不同类型的学生对象，以模拟他们的日常活动。
- 对于 clubMember，除了调用 studentDailyActivities 函数外，还额外调用了 attendClubMeeting() 方法，以模拟社团成员的社团活动。

（5）输出结果：在每次调用 studentDailyActivities 函数和 attendClubMeeting 方法时，都会在控制台打印出相应的行为描述，例如 "Engineering student is attending a calculus lecture."（工程学生正在参加微积分讲座）。

此外，还定义了函数 studentDailyActivities，用于统一调用学生的日常行为。在主函数 main 中创建了三个学生实例，并调用了他们的活动方法来展示他们的不同学习和生活场景。最终打印输出不同类型学生的独特生活，执行后会输出：

```
Engineering student is attending a calculus lecture.
Engineering student is solving physics problems.
Art student is attending a painting workshop.
Art student is sketching for the next art assignment.
Club member is in a sociology lecture, planning the next event.
Club member is writing an event proposal for the university club.
Club member is attending the university debate club meeting.
```

9.5.2 接口的成员

在仓颉语言中，接口的成员可以分为实例成员和静态成员。实例成员通常是指具体的对象行为，而静态成员则与类本身关联，适用于所有实例。

1. 实例成员

实例成员是与特定对象实例相关联的行为，这些成员通常包括实例函数和属性。

- 实例函数：实现类必须提供与接口中定义的函数相同名称和参数列表的实现。调用这些函数时，通常需要通过类的实例来进行。
- 属性：接口可以定义属性，要求实现类提供这些属性的实现，包括其类型和可变性（如是否可变）。

2. 静态成员

静态成员与类本身关联，而不是与类的实例相关联，这些成员通常包括静态函数和静态属性。

- 静态函数：实现类需要提供实现，调用时不需要实例，可以直接通过类名调用。静态函数通常用于提供类级别的功能，如获取类的名称或其他相关信息。
- 静态属性：类似于静态函数，静态属性也需要实现，并可以在类级别直接访问。

在仓颉语言中，接口的成员的主要特点如下。

- 默认实现：接口中的成员可以有默认实现。当实现类不需要提供自己的实现时，可以直接使用接口中定义的默认实现。这种机制简化了实现过程，特别是在多个类共享相同功能时。
- 访问控制：接口的成员默认是 public 的，无法为成员声明额外的访问控制修饰符。实现类中的成员也必须是 public，否则会导致编译错误。
- 组合与继承：接口支持继承，可以通过 "&" 运算符组合多个接口，实现类需要实现所有继承的接口成员。这种方式使得代码能够更加模块化和灵活，便于扩展。

实例 9-11：查看饮料的信息（源码路径：codes\9\OPP\src\Jie02.cj）

本实例展示了在仓颉语言中使用接口和构造函数来定义和实现饮料类基本结构的方法，体现了良好的面向对象设计原则。

```
// 定义一个饮料接口，包含实例和静态成员
interface Beverage {
    // 实例函数：获取饮料的名称
```

```
    func getName(): String

    // 实例函数:获取饮料的热量
    func getCalories(): Int64

    // 静态函数:获取饮料的类型名称
    static func typeName(): String
}

// 实现 Beverage 接口的果汁类
class Juice <: Beverage {
    let juiceName: String          // 饮料名称
    let juiceCalories: Int64       // 饮料热量

    // 主构造函数,直接定义成员变量
    public Juice(let name: String, let calories: Int64) {
        this.juiceName = name
        this.juiceCalories = calories
    }

    public func getName(): String {
        return juiceName
    }

    public func getCalories(): Int64 {
        return juiceCalories
    }

    public static func typeName(): String {
        return "Juice"
    }
}

// 实现 Beverage 接口的水类
class Water <: Beverage {
    let waterName: String          // 饮料名称
    let waterCalories: Int64       // 饮料热量

    // 主构造函数,直接定义成员变量
    public Water(let name: String) {
        this.waterName = name
        this.waterCalories = 0 // 水没有热量
    }

    public func getName(): String {
        return waterName
    }

    public func getCalories(): Int64 {
```

```
        return waterCalories
    }

    public static func typeName(): String {
        return "Water"
    }
}

// 主函数,程序入口
main() {
    // 创建果汁实例
    let orangeJuice = Juice("橙汁", 120)
    // 创建水实例
    let plainWater = Water("纯净水")

    // 输出果汁信息
    println("名称: " + orangeJuice.getName() + ", 热量: " + orangeJuice.
getCalories().toString() + " kcal, 类型: " + Juice.typeName())
    // 输出水的信息
    println("名称: " + plainWater.getName() + ", 热量: " + plainWater.
getCalories().toString() + " kcal, 类型: " + Water.typeName())
}
```

上述代码的具体说明如下。
- 接口定义:首先定义了一个 Beverage 接口,包含了获取饮料名称和热量的实例函数,以及获取饮料类型名称的静态函数。这种设计允许不同的饮料类实现相同的接口,以确保它们具备基本的饮料属性和行为。
- 果汁类实现:类 Juice 实现了 Beverage 接口,包含名称和热量两个属性。在主构造函数中,这些属性通过构造函数参数进行初始化。类中定义了获取名称和热量的方法,同时实现了静态方法来返回饮料的类型名称。
- 水类实现:类 Water 同样实现了 Beverage 接口,定义了名称和热量属性。在构造函数中,热量默认设置为 0,因为水通常不含热量。与果汁类类似,它也实现了获取名称、热量和类型名称的方法。
- 主函数 main:创建了 Juice 和 Water 的实例,并通过调用各自的方法输出它们的名称、热量和类型。这展示了如何通过接口和构造函数实现多态和对象的初始化。

```
名称: 橙汁, 热量: 120 kcal, 类型: Juice
名称: 纯净水, 热量: 0 kcal, 类型: Water
```

9.5.3 接口的继承

接口的继承允许一个接口扩展其他接口的功能,从而实现更复杂的行为定义。通过接口的继承,仓颉语言提供了灵活的设计模式,使得不同的类可以共享行为和功能,同时保持良好的代码结构和可维护性。这种机制促进了代码的重用和扩展,适用于复杂的系统设计。在仓颉语言中,接口继承的主要特性和用法如下。

(1)使用"&"符号实现多个接口:当一个类需要实现多个接口时,可以在声明时使用"&"

分隔这些接口。这样，类将实现所有指定的接口，增强了类型的功能。

（2）接口继承。
- 多重继承：接口可以继承一个或多个其他接口，但不能继承类。这允许接口组合多种功能。
- 扩展功能：在继承接口时，可以添加新的成员函数，扩展接口的功能。例如，Calculable 接口继承了 Addable 和 Subtractable，并添加了乘法和除法的功能。

（3）实现所有接口成员：在实现一个接口时，类必须提供所有定义的方法实现。当一个类实现一个继承了多个接口的接口时，它需要实现所有继承的成员。

（4）覆盖默认实现：如果子接口继承了父接口中的带有默认实现的方法，子接口必须提供新的默认实现，而不能仅声明该方法。此时，可以使用 override 修饰符（可选）来标识覆盖。

（5）声明无默认实现的方法：如果子接口继承的父接口中的方法没有默认实现，则子接口可以选择仅声明该方法，或者提供新的实现。此时，使用 override 修饰符也是可选的。

实例 9-12：咖啡店的点单系统（源码路径：codes\9\OPP\src\Jie03.cj）

在本实例中定义了几个接口分别处理不同的饮品操作，然后创建一个咖啡类来实现这些接口。

```
// 定义可加糖的接口
interface Sweetable {
    func addSugar(amount: Int64): String
}

// 定义可加奶的接口
interface Creamable {
    func addCream(amount: Int64): String
}

// 定义可调味的接口, 继承 Sweetable 和 Creamable
interface Flavorable <: Sweetable & Creamable {
    func addFlavor(flavor: String): String
}

// 咖啡类实现 Flavorable 接口
class Coffee <: Flavorable {
    var sugar: Int64 = 0        // 糖的量
    var cream: Int64 = 0        // 奶的量
    var flavor: String = "原味"  // 风味

    // 添加糖
    public func addSugar(amount: Int64): String {
        sugar += amount
        return "添加了 ${amount} 克糖"
    }

    // 添加奶
    public func addCream(amount: Int64): String {
        cream += amount
        return "添加了 ${amount} 毫升奶"
    }
```

```
    // 添加风味
    public func addFlavor(flavor: String): String {
        this.flavor = flavor
        return "咖啡风味已更改为：${flavor}"
    }

    // 显示咖啡的配料
    public func displayIngredients(): String {
        return "咖啡配方：糖：${sugar} 克，奶：${cream} 毫升，风味：${flavor}"
    }
}

// 主函数
main() {
    let myCoffee = Coffee()

    // 添加配料
    println(myCoffee.addSugar(5))              // 输出：添加了 5 克糖
    println(myCoffee.addCream(20))             // 输出：添加了 20 毫升奶
    println(myCoffee.addFlavor("香草"))        // 输出：咖啡风味已更改为：香草

    // 显示咖啡的配方
    println(myCoffee.displayIngredients())     // 输出：咖啡配方：糖：5 克，奶：20 毫升，风味：香草
}
```

上述代码的具体说明如下。
- Sweetable 接口定义了添加糖的方法，Creamable 接口定义了添加奶的方法。
- Flavorable 接口继承了 Sweetable 和 Creamable，并添加了一个添加风味的方法。
- 类 Coffee 实现了 Flavorable 接口，并实现了所有的方法。类中有三个成员变量，分别用于存储糖、奶和风味。
- 每个添加配料的函数返回一条描述所添加配料的字符串。
- 函数 displayIngredients 用于返回咖啡的当前配方。
- 在主函数中创建了一个 Coffee 对象，并使用添加配料的方法修改咖啡的配方，最后打印出咖啡的配方。

执行后会输出：

```
添加了 5 克糖
添加了 20 毫升奶
咖啡风味已更改为：香草
咖啡配方：糖：5 克，奶：20 毫升，风味：香草
```

9.5.4 接口的默认实现

在仓颉语言中，接口允许定义成员函数或属性的默认实现，这样实现这些接口的类可以选择使用这些默认实现，而不必重写每一个成员。这样不仅可以减少重复代码，还可以简化类的实现过程。下面的代码展示了仓颉语言中接口的默认实现特性。

```
interface SayHi {
    func say() {
        "hi"
    }
}

class A <: SayHi {}

class B <: SayHi {
    public func say() {
        "hi, B"
    }
}

main() {
    let a = A() // 创建 A 的实例
    let b = B() // 创建 B 的实例

    println(a.say()) // 输出: "hi"
    println(b.say()) // 输出: "hi, B"
}
```

在上述代码中,接口 SayHi 定义了一个名为 say 的方法,并提供了默认实现 "hi"。类 A 直接继承了这个接口,因此可以使用默认实现,而类 B 重写了 say 方法,返回自定义的字符串 "hi, B"。在主函数 main 中,通过实例化类 A 和 B,分别调用 say 函数展示了使用接口的默认实现和重写功能。执行后会输出:

```
hi
hi, B
```

9.5.5 Any 类型

Any 类型是仓颉语言中的一个内置接口,所有接口默认继承自 Any,而所有非接口类型(如类和基本数据类型)也默认实现该接口。这意味着所有类型都可以被视为 Any 类型的子类型,提供了极大的灵活性。

实现 Any 类型接口的格式如下:

```
interface Any {}
```

在下面的示例代码中,变量 any 被声明为 Any 类型,然后依次赋值为不同类型的值(整数、浮点数和字符串)。这种设计允许开发者在不确定具体类型的情况下,处理各种不同的数据类型,使得类型系统更加动态和灵活。

```
main() {
    var any: Any = 1
    any = 2.0
    any = "hello, world!"
}
```

实例 9-13： 使用 Any 类型来存储不同类型的值（源码路径：codes\9\OPP\src\Jie04.cj）

本实例展示了使用 Any 类型来存储不同类型的实例的用法，包括类、结构体、枚举、元组和 Lambda 表达式。

```
// 定义一个空的类
class A {}

// 定义一个结构体
struct B {}

// 定义一个枚举
enum C { D }

// 主函数
main() {
    // 创建一个 Any 类型的变量
    var i: Any = A() // 存储类的实例
    println("存储了一个类实例：A")

    i = B() // 存储结构体的实例
    println("存储了一个结构体实例：B")

    i = C.D // 存储枚举的值
    println("存储了一个枚举值：C.D")

    i = (1, 2) // 存储元组
    println("存储了一个元组：(1, 2)")

    i = { => 123 } // 存储一个 lambda 表达式
    println("存储了一个 lambda 表达式")

    return 0
}
```

上述代码演示了 Any 类型的灵活性，使得同一个变量可以存储多种不同的数据类型的用法。上述代码的具体说明如下。

- 类 A：定义了一个空的类实例。
- 结构体 B：定义了一个空的结构体实例。
- 枚举 C：定义了一个枚举，包含一个值 D。
- 主函数：首先，创建了一个 Any 类型的变量 i，初始赋值为类 A 的实例。然后，依次将 i 赋值为结构体 B 的实例、枚举值 C.D、元组 (1, 2)，以及一个 lambda 表达式 { => 123 }。在每次赋值后打印对应的消息，表明 i 存储了不同类型的值。

执行后会输出：

```
存储了一个类实例：A
存储了一个结构体实例：B
存储了一个枚举值：C.D
存储了一个元组：(1, 2)
存储了一个 lambda 表达式
```

注意：在实现接口时必须遵循以下规则。

- 成员函数和操作符重载函数：实现类型提供的函数实现与接口中对应的函数名称、参数列表和返回类型完全相同。如果接口中的成员函数返回类型是类类型，允许实现函数的返回类型是该类的子类型。
- 成员属性：属性的 mut 修饰符和类型必须与接口中声明的一致。
- 默认实现：接口成员可以有默认实现，类实现接口时可以选择继承这些默认实现，前提是实现类型是类。
- 冲突解决：当一个类型实现多个接口，且这些接口中包含同名成员的默认实现时，必须在实现类型中提供自己的实现，以避免多重继承冲突。

9.6 属性

属性（Properties）在仓颉语言中提供了一种封装机制，通过 getter 和可选的 setter 方法，间接地获取和设置值。属性的设计使得数据操作更加灵活和安全，支持访问控制、数据监控、调试跟踪以及数据绑定等功能。

9.6.1 定义属性

在仓颉语言中，属性通过关键字 prop 声明，可以包含 getter 和可选的 setter。根据是否需要修改属性值，可以选择是否添加 mut 修饰符。可以在 interface、class、struct、enum、extend 中定义属性，在类中定义属性的语法格式如下：

```
class ClassName {
    public [mut] prop propertyName: Type {
        get() {
            // 返回属性的值
        }
        [set(value)] {
            // 设置属性的值
        }
    }
}
```

上述格式的具体说明如下。

- prop：关键字，用于声明一个属性。
- [mut]：可选修饰符，表示该属性是可变的，必须同时定义 getter 和 setter。
- propertyName：属性的名称。
- Type：属性的数据类型。
- get()：定义获取属性值的逻辑。
- set(value)：定义设置属性值的逻辑，value 是传入的新值。

在下面的代码中定义了类 Foo，在类内部创建了一个私有变量 internalValue，用于存储整数值。通过 public mut prop value 属性，外部可以间接地获取和设置 internalValue 的值。属性 value 的 getter 方法返回 internalValue 的当前值，而 setter 方法则允许外部将新值赋给 internalValue。在 main

函数中，创建了类 Foo 的一个实例 foo，然后通过属性 value 将其值设置为 10，并通过 println 函数输出该值。

```
class Foo {
    private var internalValue: Int64 = 0

    public mut prop value: Int64 {
        get() {
            return internalValue
        }
        set(newValue) {
            internalValue = newValue
        }
    }
}
main() {
    var foo = Foo()
    foo.value = 10    // 调用 setter
    println(foo.value) // 调用 getter，输出：10
}
```

9.6.2 属性的修饰符

属性（Properties）不仅提供了对类成员数据的封装与控制，还支持多种修饰符，用于定义属性的访问级别和行为。属性修饰符类似于成员函数的修饰符，能够增强属性的功能和灵活性。在仓颉语言中，属性可用的修饰符包括 public、private、open、override 和 redef，具体说明如下。

- public：使属性在任何地方都可以访问，允许外部代码读取或修改该属性的值，适合那些需要公开使用的属性。
- private：将属性的访问权限限制在定义它的类内部。任何类外的代码都无法直接访问此属性，通常用于隐藏类的实现细节。
- open：使属性可以在子类中被继承和重写，允许子类提供自己对该属性的实现，但不能修改其访问权限。
- override：用于在子类中重写父类中的 open 属性，子类通过 override 提供不同的属性实现，必须与父类的属性类型保持一致。
- redef：用于在子类中重新定义父类的静态属性。与 override 类似，但专门用于静态属性，允许子类修改静态属性的行为或实现。
- mut：标记属性为可变的，允许对属性进行读取和修改。带有 mut 修饰符的属性必须同时定义 getter 和 setter，以便处理取值和赋值操作。

实例 9-14：获取和设置汽车的当前速度（源码路径：codes\9\OPP\src\Shu01.cj）

在本实例中定义了一个表示汽车的类 Car，其中包含可变属性 speed，用于获取和设置当前速度，以及不可变属性 maxSpeed，用于返回最大速度，同时在设置速度时确保值为非负数。

```
// 类 Car，表示一辆汽车
class Car {
    // 私有变量，存储汽车的当前速度
    private var currentSpeed: Int64 = 0
```

```
    // 公共可变属性 speed，允许外部获取和设置汽车的速度
    public mut prop speed: Int64 {
        get() {
            return currentSpeed
        }
        set(newSpeed) {
            if (newSpeed >= 0) {
                currentSpeed = newSpeed
            } else {
                println("速度不能为负数")
            }
        }
    }

    // 公共不可变属性 maxSpeed，只允许外部获取，无法修改
    public prop maxSpeed: Int64 {
        get() {
            return 200
        }
    }
}

// 主函数
main() {
    // 创建一个 Car 实例
    var myCar = Car()

    // 设置汽车的速度
    myCar.speed = 100   // 调用 setter
    println("当前速度: ${myCar.speed} km/h") // 调用 getter，输出: 当前速度: 100 km/h

    // 设置一个非法速度
    myCar.speed = -20   // 输出: 速度不能为负数
    println("当前速度: ${myCar.speed} km/h") // 调用 getter，输出: 速度不能为负数

    // 获取最大速度
    println("最大速度: ${myCar.maxSpeed} km/h")   // 输出: 最大速度: 200 km/h
}
```

上述代码的具体说明如下。

- currentSpeed：这是一个私有变量，用于存储汽车的实际速度，外部无法直接访问。
- 属性 speed：这是一个 public mut prop 可变属性，外部可以通过它获取或修改 currentSpeed 的值。它有 getter 和 setter，setter 会检查是不是非负数，如果是负数则会输出错误信息。
- 属性 maxSpeed：这是一个公共的不可变属性 (public prop)，只能获取其值，不能修改。它在 getter 中返回了一个固定值 200，表示汽车的最大速度。
- 主函数：创建了一个 Car 对象，分别设置了合法和非法速度，并分别获取了汽车的当前速度和最大速度。执行后会输出：

```
当前速度：100 km/h
速度不能为负数
当前速度：100 km/h
最大速度：200 km/h
```

在仓颉语言中，当子类型（子类或实现类）覆盖父类型的属性时，需要遵循以下规则。
- mut 修饰符一致性：如果父类型属性带有 mut 修饰符，则子类型属性也必须带有 mut 修饰符。
- 类型一致性：子类型属性的类型必须与父类型属性的类型完全相同。
- 修饰符顺序：当子类型在覆盖属性时，可以选择使用 override 或 redef 修饰符，但应确保不重复使用与父类型冲突的修饰符。

实例 9-15：覆盖父类型属性（源码路径：codes\9\OPP\src\Shu02.cj）

在本实例中定义了一个基类 Animal，其中包含一个可变的属性 sound，并使用修饰符 open 以允许子类覆盖父类型属性。

```
// 定义一个基类 Animal
open class Animal {
    public open mut prop sound: String { // 使用 open 修饰符
        get() { return "未知的声音" }
        set(newSound) { }
    }

    public func makeSound(): String {
        return "动物叫：" + sound
    }
}

// 定义一个子类 Dog, 覆盖父类的 sound 属性
class Dog <: Animal {
    public override mut prop sound: String { // 重新定义叫声属性
        get() { return "汪汪" }
        set(newSound) { }
    }

    public func bark(): String {
        return makeSound() // 调用父类方法
    }
}

// 主函数，程序的入口
main() {
    let myDog = Dog()
    println(myDog.bark()) // 输出：动物叫：汪汪
}
```

在子类 Dog 中，使用 override 重新定义了 sound 属性，返回特定的叫声 " 汪汪 "。当子类型覆盖父类型的属性时，需要遵循以下规则：如果父类型的属性带有 mut 修饰符，则子类型属性也必须带有 mut 修饰符；同时，子类型属性的类型必须与父类型属性的类型完全相同。执行后会输出：

```
动物叫：汪汪
```

9.6.3 抽象属性

在仓颉语言中，抽象属性允许在接口和抽象类中声明未实现的属性，类似于抽象函数。通过使用抽象属性，可以为实现类型提供清晰的约定，要求它们在实现这些属性时遵循特定的规则。例如，当一个接口 I 或一个抽象类 C 定义了属性时，任何实现该接口或继承该抽象类的具体类都必须实现这些属性。

抽象属性的实现需遵循与覆盖属性相同的规则：如果父类的属性带有 mut 修饰符，则子类的属性也必须带有 mut 修饰符，且类型必须保持一致。使用抽象属性比使用抽象函数更加直观，能够更清晰地表达对数据操作的意图。

实例 9-16：统计比赛得分（源码路径：codes\9\OPP\src\Shu03.cj）

在本实例中定义了一个名为 Athlete 的接口，包含两个抽象属性 name 和 score，以及一个实现该接口的 BasketballPlayer 类。

```
// 定义一个运动员接口，包含抽象属性
interface Athlete {
    // 抽象属性：运动员的名字
    mut prop name: String
    // 抽象属性：运动员的得分
    mut prop score: Int64
}

// 定义一个篮球运动员类，实现 Athlete 接口
class BasketballPlayer <: Athlete {
    private var playerName: String
    private var playerScore: Int64

    // 构造函数
    public init(name: String) {
        this.playerName = name
        this.playerScore = 0 // 初始得分为0
    }

    // 实现 name 属性
    public mut prop name: String {
        get() {
            playerName
        }
        set(value) {
            playerName = value
        }
    }

    // 实现 score 属性
    public mut prop score: Int64 {
        get() {
            playerScore
        }
        set(value) {
```

```
            playerScore = value
        }
    }

    // 增加得分的方法
    public func addScore(points: Int64) {
        if (points > 0) {
            playerScore += points
            println("${playerName} 得分增加了 ${points} 分！")
        } else {
            println("得分不能是负数！")
        }
    }
}

// 主函数
main() {
    // 创建一个篮球运动员实例
    let player = BasketballPlayer("小明")

    // 添加得分
    player.addScore(10)    // 输出：小明 得分增加了 10 分！
    player.addScore(5)     // 输出：小明 得分增加了 5 分！

    // 输出运动员信息
    println("运动员：${player.name}，当前得分：${player.score}") // 输出：运动员：
小明，当前得分：15
}
```

上述代码的实现流程如下。

- 首先，定义了一个名为 Athlete 的接口，包含两个抽象属性：name（运动员的名字）和 score（运动员的得分）。
- 然后，实现了这个接口的 BasketballPlayer 类，其中包含一个构造函数用于初始化运动员的名字和得分，得分初始为 0。该类实现了接口中的抽象属性，并提供了一个方法 addScore 来增加得分。
- 在主函数中创建了一个篮球运动员的实例，通过调用 addScore 方法增加得分，并输出运动员的当前得分信息。执行后会输出：

```
小明 得分增加了 10 分！
小明 得分增加了 5 分！
运动员：小明，当前得分：15
```

9.7　子类型关系

与其他面向对象语言一样，仓颉语言提供子类型关系和子类型多态。
- 假设函数的形参是类型 T，则函数调用时传入的参数的实际类型既可以是 T 也可以是 T 的子类型（严格地说，T 的子类型已经包括 T 自身，下同）。

- 假设赋值表达式 = 左侧的变量的类型是 T，则 = 右侧的表达式的实际类型既可以是 T 也可以是 T 的子类型。
- 假设函数定义中用户标注的返回类型是 T，则函数体的类型（以及函数体内所有 return 表达式的类型）既可以是 T 也可以是 T 的子类型。

子类型关系在仓颉语言中为实现多态和代码复用提供了基础。通过利用继承、接口和类型系统，开发者可以编写更加灵活和易维护的代码，同时减少冗余。

具体来说，子类型关系表示一个类型（子类型）可以在另一个类型（父类型）的上下文中使用。子类型关系的存在允许更灵活的代码结构，如参数类型和返回类型的兼容性。仓颉语言子类型关系的规则如下。

（1）继承导致的子类型关系：当一个类继承自另一个类时，子类即为父类的子类型。例如，class Sub <: Super 表示 Sub 是 Super 的子类型。这样，Sub 可以被用在任何需要 Super 类型的地方。

（2）实现接口导致的子类型关系：实现接口的类被视为该接口的子类型。例如，class C <:H1 表示 C 实现了接口 H1，因此可以被用作 H1 类型的对象。同时，扩展类型（如 extend Int64 <: H2）也会形成子类型关系。

（3）元组类型的子类型关系：元组类型也具有子类型关系。若一个元组的每个元素类型都是另一个元组相应位置元素类型的子类型，则前者是后者的子类型。例如，(C2, C4) <: (C1, C3)，前提是 C2 <: C1 和 C4 <: C3。

（4）函数类型的子类型关系：函数类型也遵循子类型关系。如果函数类型 (U1) -> S2 是 (U2) -> S1 的子类型，当且仅当 U2 <: U1 且 S2 <: S1。这意味着可以使用更具体的参数和返回类型来实现更一般的接口。

（5）永远成立的子类型关系：以下子类型关系是恒定成立的。
- 每个类型 T 都是自身的子类型，即 T <: T。
- Nothing 类型是所有其他类型的子类型，即 Nothing <: T。
- 任意类型 T 都是 Any 类型的子类型，即 T <: Any。
- 类定义的类型总是 Object 的子类型，即 C <: Object。

（6）传递性子类型关系：子类型关系具有传递性，如果 A <: B 且 B <: C，则 A <: C。这使得子类型关系可以在多层继承或实现中推导出。

在下面的代码中，定义了两个函数 f:(U1) → S2 和 g:(U2) → S1，并且 f 的类型是 g 的子类型。这意味着在代码中任何使用 g 的地方都可以替换为 f，这使得代码更加灵活和可重用。通过这种方式，仓颉语言的函数类型系统可以有效地支持多态性。

```
open class U1 { }
class U2 <: U1 { }

open class S1 { }
class S2 <: S1 { }


func f(a: U1): S2 { S2() }
func g(a: U2): S1 { S1() }
```

```
func call1() {
    g(U2()) // Ok.
    f(U2()) // Ok.
}

func h(lam: (U2) -> S1): S1 {
    lam(U2())
}

func call2() {
    h(g) // Ok.
    h(f) // Ok.
}
// 主函数,程序入口
main(): Unit {
    // 创建 U2 的实例
    let u2Instance = U2()

    // 调用 g 函数,传入 U2 的实例
    let resultG = g(u2Instance)
    println("g 函数的返回类型: S1 的实例") // 输出 S1 的实例

    // 调用 f 函数,传入 U2 的实例
    let resultF = f(u2Instance)
    println("f 函数的返回类型: S2 的实例") // 输出 S2 的实例

    // 调用 call1 函数
    call1() // 将调用 g 和 f 函数

    // 调用 call2 函数
    call2() // 将调用 h 函数
}
```

第 10 章
泛型

　　泛型（Generics）是对仓颉语言中内置数据类型的一种扩展，目的是将类型参数化，可以把类型像方法中的参数那样进行传递。使用泛型后，可以使编译器在编译期间对类型进行检查以提高类型的安全性，减少运行时由于对象类型不匹配而引发异常。

10.1 泛型介绍

在仓颉编程语言中，泛型指的是参数化类型，即在声明时类型未知，需在使用时指定的类型。泛型允许开发者编写更加通用和可复用的代码，减少类型重复定义。例如，常见的容器类型如 Array<T>、Set<T> 等都利用了泛型的特性。使用泛型的一个典型例子是数组类型 Array<T>。在使用 Array 时，可以指定其中存放的元素类型，如 Array<Int64> 表示存放 Int64 类型的数组。这种方式避免了为每种元素类型单独定义数组，提升了代码的灵活性和可维护性。

10.1.1 泛型的常用术语

泛型提供了一种参数化类型的机制，使得类型在声明时可以是未知的，并在使用时指定具体类型。这种特性极大地提高了代码的复用性和灵活性。在仓颉语言中，class（类）、interface（接口）、struct（结构体）和 enum（枚举）的声明都可以包含类型形参，即它们都可以是泛型的。和泛型有关的常用术语如下。

- 类型形参（Type Parameter）：在类型或函数声明中，用于表示一个或多个在使用时需要指定的类型。类型形参在声明时通过标识符表示，如 T。
- 类型变元（Type Variable）：类型形参在声明体中被引用时所使用的标识符。例如，在 List<T> 中，T 就是类型变元。
- 类型实参（Type Argument）：在使用泛型类型或函数时，指定的具体类型。例如，List<Int64> 中的 Int64 是类型实参。
- 类型构造器（Type Constructor）：需要一个或多个类型作为实参来构造具体类型的类型。例如，List<T> 是一个类型构造器，List<Int64> 则是通过 Int64 类型实参构造出的具体类型。

在编程应用中，泛型有如下优势。

- 代码复用：通过泛型，可以编写通用的数据结构和算法，适用于多种不同类型，避免重复代码。
- 类型安全：泛型在编译时进行类型检查，确保类型的一致性，减少运行时错误。
- 灵活性：泛型允许在不同上下文中指定不同的类型参数，增强了代码的灵活性和适应性。

10.1.2 定义泛型

泛型的本质是参数化类型，即给类型指定一个参数，然后在使用时再指定此参数具体的值，那样这个类型就可以在使用时决定了。下面的代码，声明一个泛型类 List<T>，该类用于存储元素类型为 T 的数据。

```
class List<T> {
    var elem: Option<T> = None
    var tail: Option<List<T>> = None
}
```

上述代码的具体说明如下。

- T：是类型形参，用于表示 List 中存储的元素类型。
- elem: Option<T>：表示存储的元素为可选类型 T。
- tail: Option<List<T>>：是一个可选的同类型 List<T> 实例，允许递归地构造数据结构。

下面是一个实现泛型函数 sumInt 的例子,该函数接受一个 List<Int64> 类型的参数。

```
func sumInt(a: List<Int64>) {
    // 函数体
}
```

在上述代码中,List<Int64> 中的 Int64 是类型实参,用于指定 List 的元素类型。

实例 10-1:实现泛型类和泛型函数(源码路径:codes\10\Fan\src\Fan01.cj)

本实例展示了在仓颉编程语言中定义和使用泛型类的方法,具体来说,定义了一个泛型类 List<T>,用于存储任意类型 T 的元素,并通过递归引用构建复杂的数据结构。

```
// 定义一个泛型类 List<T>
class List<T> {
    var elem: Option<T> = None
    var tail: Option<List<T>> = None

    // 主构造函数,仅接受 elem
    public init(elem: T) {
        this.elem = Some(elem)
        this.tail = None
    }

    // 重载构造函数,接受 elem 和 tail
    public init(elem: T, tail: Option<List<T>>) {
        this.elem = Some(elem)
        this.tail = tail
    }

    // 添加元素的方法
    public func add(element: T): List<T> {
        return List(element, Some(this))
    }
}

// 定义一个泛型函数,计算整数列表的总和
func sumInt(a: List<Int64>): Int64 {
    var sum: Int64 = 0
    var current = a

    // 遍历链表并计算总和
    while (current.elem.isSome()) {
        // 使用 match 来处理 Option
        match (current.elem) {
            case Some(value) => sum += value // 获取元素值
            case None => break // 如果没有元素则退出循环
        }

        match (current.tail) {
            case Some(next) => current = next // 获取下一个节点
            case None => break // 如果没有下一个节点则退出循环
        }
```

```
        }
        return sum
}

// 主函数,程序入口
main(): Unit {
    // 创建一个整数列表
    let list = List<Int64>(1, None)  // 移除参数名
    let list2 = list.add(2)
    let list3 = list2.add(3)
    let list4 = list3.add(4)

    // 计算并输出总和
    let total = sumInt(list4)
    println("列表总和: ${total}")  // 输出: 列表总和: 10
}
```

上述代码的具体说明如下。

（1）泛型类 List<T>。

- 类型形参 T：一个类型形参，代表链表中存储的元素类型。通过使用泛型，List<T> 可以适用于不同的数据类型，如整数、字符串或自定义类型。
- 成员变量 elem: Option<T>：存储当前节点的元素。使用 Option<T> 表示该元素可能存在（Some）或不存在（None），这有助于处理链表的末尾或空节点。
- 成员变量 tail: Option<List<T>>：指向下一个 List<T> 实例，允许构建递归的数据结构，使得链表可以动态扩展。
- 主构造函数 init()：接受一个元素 elem，并将 tail 初始化为 None，表示这是链表的最后一个节点或仅包含一个元素。
- 重载构造函数 init(elem: T, tail: Option<List<T>>)：接受一个元素 elem 和一个指向另一个 List<T> 实例的 tail，用于创建包含多个元素的链表节点。
- 成员方法 add：用于向链表添加新元素，该方法创建了一个新的 List<T> 实例，将当前链表作为新的 tail，从而扩展链表。

（2）泛型函数 sumInt：该函数接受一个 List<Int64> 类型的参数，遍历整个链表，累加所有元素的值，并返回总和。函数 sumInt 的实现流程如下。

- 使用循环结构遍历链表的每个节点。
- 通过条件检查 elem 和 tail 的存在性，安全地提取和累加元素值。
- 处理链表的终止条件，确保在到达链表末尾时正确退出循环。

（3）主函数 main。

- 创建和操作链表：实例化一个 List<Int64> 对象，并依次添加元素 1、2、3、4，构建一个包含四个整数的链表。
- 计算和输出总和：调用 sumInt 函数计算链表中所有整数的总和，并通过 println 函数输出结果 10。
  执行后会输出：

列表总和: 10

根据上述实例，总结出泛型的功能和优势如下。

- 类型安全与复用性：通过泛型，List<T> 类能够存储任意类型的元素，而无须为每种类型单独定义类。这不仅减少了代码重复，还确保了类型的一致性，避免了类型转换错误。
- 递归数据结构：List<T> 通过 tail 成员变量递归引用自身，允许构建动态和可扩展的数据结构。这种设计使得链表可以根据需要动态增长，适应不同的应用场景。
- 灵活的构造方式：通过提供多个构造函数，代码允许灵活地创建包含单个元素或多个元素的链表节点，增强了类的适用性和可维护性。
- 函数与泛型结合：函数 sumInt 展示了如何结合泛型类和泛型函数，实现通用的数据处理逻辑。通过泛型函数，可以针对特定类型的链表执行操作，如计算总和，提高了代码的模块化和可重用性。

10.1.3 泛型约束

在仓颉语言中，可以用 "<:" 来表示一个类型是另一个类型的子类型。通过声明这种关系可以对泛型类型形参声明加以约束，使得它只能被替换为满足特定约束的类型。

实现泛型约束的语法格式为：

```
upperBounds : type ('&' type)* ;
genericConstraints : 'where' identifier '<:' upperBounds (',' identifier '<:' upperBounds)* ;
```

上述格式的具体说明如下。
- type：表示一个类型，可以是具体的类、接口或类型变元。
- ('&' type)*：表示可以有零个或多个上界约束。每个上界之间用 " & " 符号连接，表示这些类型之间的逻辑与关系。
- 'where'：关键字，用于引入泛型约束的定义。
- identifier：表示类型形参的名称，通常是一个类型变元。
- '<:'：表示类型的子类型关系，后面跟随的 upperBounds 是对该类型形参的约束。
- upperBounds：引用了上面定义的上界约束，说明该类型变元只能是指定类型或其子类型。
- (',' identifier '<:' upperBounds)*：表示可以有多个类型形参的约束，每个类型形参之间用逗号分隔。

泛型约束通过 where 之后的 "<:" 运算符来声明，由一个下界与一个上界来组成。其中 "<:" 左边称为约束的下界，下界只能为类型变元；"<:" 右边称为约束上界，约束上界可以为具体 class 或者 interface 类型，它们允许使用类型变元作为泛型参数。

一个类型变元可能同时受到多个上界约束，对于同一个类型形参的多个上界，必须使用 "&" 连接，以此来简化一个类型形参有多个上界约束的情形，它本质上还是多个泛型约束。对不同类型变元的约束需要使用逗号分隔。

10.2 泛型函数

在上一节内容中已经讲解了泛型函数的创建和使用知识，在本节的内容中，将进一步讲解泛型函数的用法，展示泛型函数在仓颉程序中的作用。

10.2.1 泛型函数的定义

泛型函数（Generic Functions）指的是在声明时带有一个或多个类型形参（Type Parameters）的函数，这些类型形参在函数声明时是未知的，必须在函数调用时由具体的类型实参（Type Arguments）来指定。泛型函数通过类型参数化，使得同一函数能够处理不同类型的数据，提高了代码的复用性和灵活性。

在仓颉语言中，泛型函数的类型形参紧跟在函数名后，并使用尖括号"＜＞"括起来。如果有多个类型形参，使用逗号","分隔。具体语法格式如下：

```
func functionName<T1, T2, ...>(parameters): ReturnType {
    // 函数体
}
```

上述格式的具体说明如下。

- 关键字 func：用于声明一个函数。
- functionName：函数的名称，标识该函数的功能和用途。
- <T1, T2, ...>：尖括号中的部分表示类型形参。类型形参是占位符，用于在函数声明时表示将在使用时具体指定的类型。如果函数有多个类型形参，它们使用逗号","分隔。类型形参的数量没有限制，可以根据需要添加。
- (parameters)：括号中的部分表示函数的参数列表。在这里可以定义一个或多个参数，每个参数都有其类型和名称。参数的类型可以是具体类型，也可以是前面定义的类型形参。例如，可以定义参数为 a: T1 或 b: Int64 等。
- ReturnType：用于设置函数的返回类型，可以是具体类型或使用的类型形参。返回类型表示该函数调用后将返回的数据类型。
- {}：大括号中的部分是函数体，包含了实现该函数功能的具体代码。

下面是一个简单的泛型函数示例，演示如何使用上述语法格式。

```
func id<T>(a: T): T {
    return a
}
```

- func id：函数名为 id。
- <T>：定义了一个类型形参 T，表示该函数可以接受任何类型的参数。
- (a: T)：参数 a 的类型为 T。
- T：返回类型也是 T，表示函数将返回与输入相同类型的值。
- return a：函数体中返回参数 a，实现了一个简单的恒等函数。

下面是一个复杂的泛型函数示例：

```
func composition<T1, T2, T3>(f: (T1) -> T2, g: (T2) -> T3): (T1) -> T3 {
    return {x: T1 => g(f(x))}
}
```

- func composition：函数名为 composition。
- <T1, T2, T3>：定义了三个类型形参 T1, T2, T3，用于表示不同类型。
- (f: (T1) –> T2, g: (T2) –> T3)：函数参数 f 和 g 是两个函数类型，分别将 T1 转换为 T2 和 T2 转换为 T3。

- (T1) -> T3：返回一个新函数，该函数接受类型 T1 的参数并返回类型 T3 的结果。
- return {x: T1 => g(f(x))}：函数体中实现了对输入的复合映射。

10.2.2 全局泛型函数

在仓颉语言中，全局泛型函数是指那些在全局作用域中定义的，具有一个或多个类型形参的函数。这种函数允许开发者编写与类型无关的通用逻辑，使得同一函数可以处理不同的数据类型，从而提高代码的复用性和灵活性。下面的实例展示了如何使用全局泛型函数来将不同的食材转换为美味菜肴的过程，通过复合多个处理函数，模拟了从原材料到最终菜品的过程，体现了烹饪中的创造性和灵活性。

实例 10-2： 根据食材制作菜肴（源码路径：codes\10\Fan\src\Fan02.cj）

在本实例中定义了一个全局泛型函数 combineSteps，用于将准备食材和烹饪的步骤组合在一起，形成完整的食谱流程。通过调用 makeDish 函数实现从食材到成品菜肴的转换，并打印输出最终结果。

```
// 定义一个全局泛型函数，用于组合两个步骤
func combineSteps<In, Mid, Out>(step1: (In) -> Mid, step2: (Mid) -> Out): (In) -> Out {
    return {input: In => step2(step1(input))}
}

// 定义一个函数，用于准备食材
func prepareIngredient(ingredient: String): String {
    return "准备了: " + ingredient
}

// 定义一个函数，用于烹饪食材
func cook(ingredient: String): String {
    return ingredient + " 已经被烹饪好了！"
}

// 定义一个函数，表示从食材到成品的完整流程
func makeDish(ingredient: String): String {
    // 使用组合函数将准备和烹饪步骤连接
    return combineSteps<String, String, String>(prepareIngredient, cook)(ingredient)
}

// 主函数，程序入口
main(): Unit {
    let dish = makeDish("西红柿")
    println(dish) // 输出：准备了: 西红柿 已经被烹饪好了！
}
```

上述代码的实现流程如下。

- 定义泛型函数：定义了一个泛型函数 prepareDish，该函数接受食材和制作方法作为参数。这使得此函数能够处理任意类型的食材，增加了灵活性。
- 准备食材：在主函数中创建了几个不同类型的食材，比如蔬菜和肉类。这些食材被包装成合适

的类型，以便传递给泛型函数。
- 选择制作方法：在调用 prepareDish 时指定了具体的制作方法，比如炒、煮等。通过这种方式，代码可以灵活选择不同的处理方式，而无须为每种食材编写单独的处理逻辑。
- 生成菜肴：将食材和处理方法结合，输出最终的菜肴名称。这一过程展示了如何将泛型与实际操作结合，从而实现更复杂的逻辑。执行后会输出：

准备了：西红柿 已经被烹饪好了！

这个例子，通过定义泛型函数，展示了如何处理不同类型的食材，使得代码在处理各种原材料时更具灵活性和可复用性。泛型允许在函数中使用占位符类型，使得同一函数可以处理不同的数据类型，而无须为每种类型重复编写相似的代码。这种方式不仅简化了代码的复杂性，还提高了代码的可维护性。通过组合不同的处理函数，最终将食材转换为美味的菜肴，体现了泛型在实际应用中的强大能力和便利性。

10.2.3 局部泛型函数

在仓颉语言中，局部泛型函数是指在另一个函数内部定义的泛型函数。这种设计允许程序员在特定的作用域内使用泛型，从而增强了代码的模块化和封装性。局部泛型函数可以根据外部函数的输入类型动态处理数据，提供了更大的灵活性。例如，可以在一个主函数内部定义一个泛型函数 id，该函数可以接受任何类型的参数并返回该参数。这样做使得函数 id 的使用仅限于其定义的上下文，避免了全局命名冲突。同时，局部泛型函数可以与外部函数的其他逻辑紧密结合，提升了代码的可读性和维护性。

实例 10-3： 制作沙拉（源码路径：codes\10\Fan\src\Fan03.cj）

这是一个使用局部泛型函数的完整示例，展示了在仓颉语言中定义和使用局部泛型函数的过程。这个例子围绕着一个制作沙拉的主题，使用了不同类型的食材。

```
// 定义一个函数，用于制作沙拉
func makeSalad<T>(item: T): String where T <: ToString {
    // 定义一个局部泛型函数，用于描述食材
    func describeItem<U>(ingredient: U): String where U <: ToString {
        return "你准备了一个美味的 ${ingredient}！"
    }

    // 定义一个局部函数，用于切割食材
    func chopItem(prepared: String): String {
        return prepared + " 然后，把它切成小块，放入沙拉中。"
    }

    // 使用局部泛型函数描述食材并切割
    return chopItem(describeItem<T>(item))
}

// 主函数，程序入口
main() {
    // 制作不同的沙拉
    let appleSalad = makeSalad("苹果")
    let bananaSalad = makeSalad("香蕉")
```

```
        let carrotSalad = makeSalad("胡萝卜")

        // 输出沙拉的描述
        println(appleSalad)    // 输出：你准备了一个美味的苹果！  然后，把它切成小块，放入沙拉中。
        println(bananaSalad)   // 输出：你准备了一个美味的香蕉！  然后，把它切成小块，放入沙拉中。
        println(carrotSalad)   // 输出：你准备了一个美味的胡萝卜！  然后，把它切成小块，放入沙拉中。
}
```

上述代码的具体说明如下。
- 局部泛型函数 describeItem：这个函数接受一个泛型参数 U，用于描述食材。
- 局部函数 chopItem：用于模拟切割食材的过程。
- 类型约束：在函数 makeSalad 和函数 describeItem 中添加了 where T <: ToString 和 where U <: ToString 的约束，以确保传入的类型支持字符串化。
- 主函数 makeSalad：调用局部泛型函数 describeItem 来描述食材，然后调用 chopItem 来切割食材。

执行后会输出：
```
你准备了一个美味的苹果！  然后，把它切成小块，放入沙拉中。
你准备了一个美味的香蕉！  然后，把它切成小块，放入沙拉中。
你准备了一个美味的胡萝卜！  然后，把它切成小块，放入沙拉中。
```

10.2.4 泛型成员函数

泛型成员函数是定义在类、结构体或枚举中的函数，可以接受类型参数。这使得这些函数在处理不同类型的数据时更加灵活和可重用。泛型成员函数的类型参数在函数体内可以被使用，以便在不改变函数定义的情况下，处理不同的数据类型。

在仓颉编程语言中，class、struct 与 enum 的成员函数也可以是泛型的。这些泛型成员函数允许在类的实例方法中使用类型参数，提高了类的功能性和灵活性。在定义泛型成员函数时，可以在函数声明中使用尖括号来指定类型参数，例如：

```
class MyClass {
    // 定义一个泛型成员函数
    func printValue<T>(value: T): Unit {
        println("值是: ${value}")
    }
}
```

实例 10-4：统计运动员的表现（源码路径：codes\10\Fan\src\Fan04.cj）

在本实例中定义了类 Athlete，它有一个泛型成员函数 showPerformance，用于输出运动员的表现。Game 结构体同样具有一个泛型函数 showResult，用于输出比赛结果。此外，还定义了枚举 Sport，用于表示不同的运动类型，并实现了一个 toString 方法，返回对应运动的名称。在主函数中，创建了运动员和比赛的实例，展示了运动员在篮球比赛中的表现和比赛结果的输出。

```
// 定义一个类，表示运动员
class Athlete {
    // 泛型成员函数，输出运动员的表现
    func showPerformance<T>(performance: T): Unit where T <: ToString {
        println("运动员的表现是: ${performance}")
```

```
    }
}

// 定义一个结构体,表示比赛
struct Game {
    // 泛型成员函数,输出比赛结果
    func showResult<T>(result: T): Unit where T <: ToString {
        println("比赛的结果是: ${result}")
    }
}

// 定义一个枚举,表示运动类型
enum Sport {
    | Basketball | Soccer | Tennis

    // 实现 toString 方法
    func toString(): String {
        match (this) {   // 使用 this 来匹配当前枚举值
            case Basketball => return "篮球"
            case Soccer     => return "足球"
            case Tennis     => return "网球"
        }
    }
}

// 主函数,程序入口
main() {
    var athlete = Athlete()
    var game = Game()
    var sport = Sport.Basketball

    // 展示运动员的表现
    athlete.showPerformance<Float64>(28.5)   // 输出: 运动员的表现是: 28.5

    // 展示比赛结果
    game.showResult<String>("胜利")           // 输出: 比赛的结果是: 胜利

    // 展示运动类型
    println("运动类型: ${sport.toString()}") // 输出: 运动类型: 篮球

    // 输出运动员的表现和比赛结果的组合
    println("运动员在 ${sport.toString()} 中的表现是: ${28.5}, 比赛结果: 胜利.")
}
```

上述代码的实现流程如下。
- 定义枚举类型:定义枚举 Sport,包含不同的运动类型(如篮球、足球等),并实现了 toString 方法,以便于将枚举值转换为对应的字符串表示。
- 定义运动员类:创建了一个名为 Athlete 的类,包含运动员的基本信息和表现方法。该类具有一个成员函数 showPerformance,用于显示运动员在特定运动中的表现。

- 定义比赛结构体：定义结构体 Game 表示比赛信息，它包含一个成员函数 showResult，用于输出比赛结果。
- 实现泛型函数：在类 Athlete 的 showPerformance 函数中，通过匹配运动类型（使用 match 表达式）来决定输出的表现信息。例如，当运动员的运动类型是篮球时，显示其在篮球中的表现。
- 主函数执行：在 main 函数中，创建运动员和比赛的实例，调用函数 showPerformance 和函数 showResult，展示运动员在某项运动中的表现和比赛的结果。
- 输出结果：通过 println 打印输出运动员的表现和比赛结果，向用户展示相关信息。执行后会输出：

```
运动员的表现是：28.500000
比赛的结果是：胜利
运动类型：篮球
运动员在 篮球 中的表现是：28.500000，比赛结果：胜利.
```

10.2.5 静态泛型函数

静态泛型函数允许在定义函数时使用类型参数，从而使函数能够处理多种数据类型。这种特性提高了代码的复用性和灵活性，尤其是在处理集合或数据结构时。

在仓颉语言中，在 interface、class、struct、enum 以及 extend 中定义的静态函数，这些函数不依赖于类的实例，可以直接通过类型调用。定在义时，使用尖括号"<T>"来指代泛型类型 T。以下是静态泛型函数的主要特点。

- 类型参数：在函数定义中使用 <T> 来声明泛型类型参数。
- 灵活性：可以接受不同类型的参数，使函数适用于多种数据类型。
- 返回类型：可以根据泛型类型返回不同类型的结果。

下面的代码演示了定义和使用静态泛型函数的用法。

```
import std.collection.*

class ToPair {
    public static func fromArray<T>(l: ArrayList<T>): (T, T) {
        return (l[0], l[1])
    }
}

main() {
    var res: ArrayList<Int64> = ArrayList([1,2,3,4])
    var a: (Int64, Int64) = ToPair.fromArray<Int64>(res)
    return 0
}
```

上述代码的具体说明如下。

- ToPair 类：定义了一个名为 ToPair 的类，其中包含静态泛型函数 fromArray。
- fromArray 函数：接受一个 ArrayList<T> 类型的参数 l，返回一个元组 (T, T)，其中包含列表的前两个元素。
- 在 main 函数中：创建了一个 ArrayList<Int64> 类型的实例 res，调用 ToPair.fromArray<Int64>(res) 将 res 传入泛型函数，并获取返回的元组。

10.3 泛型类和接口

在仓颉语言中,泛型类和泛型接口允许在定义时使用类型参数,以便在实例化时指定具体类型,增强代码的灵活性和复用性。泛型类可以定义多个类型形参,适用于需要处理不同类型的场景,如 Map 中的键值对。泛型接口则为实现某种功能的类提供了模板,确保实现类满足特定的类型约束。这两者使得代码能够处理多种数据类型,同时保持类型安全,有助于构建更强大和灵活的系统。

10.3.1 泛型类

在仓颉语言中,泛型类允许开发者在类定义时使用类型参数,以实现更灵活和可重用的代码。泛型类可以处理多种不同类型的实例,而不需要为每种类型都定义一个新的类。泛型类的定义包含类型参数,这些类型参数在类的使用中可以被替换为具体的类型。下面代码中的类 Node 是一个泛型类:

```
public open class Node<K, V> where K <: Hashable & Equatable<K> {
    public var key: Option<K> = Option<K>.None
    public var value: Option<V> = Option<V>.None

    public init() {}

    public init(key: K, value: V) {
        this.key = Option<K>.Some(key)
        this.value = Option<V>.Some(value)
    }
}
```

上述代码的具体说明如下。
- 类型参数:K 和 V 是类型形参,分别表示键和值的类型。
- 类型约束:where K <: Hashable & Equatable<K> 表示 K 必须是 Hashable 和 Equatable<K> 的子类型,确保键的类型满足一定的条件。Hashable 用于支持哈希表操作,而 Equatable<K> 用于比较键的相等性。
- 成员变量 public var key: Option<K>:表示节点的键,使用 Option 类型以处理可能不存在的值。
- 成员变量 public var value: Option<V>:表示节点的值,使用 Option 类型处理。
- 构造函数 public init():默认构造函数,用于创建一个不带初始值的节点。
- 构造函数 public init(key: K, value: V):带参数的构造函数,用于初始化节点的键和值。

泛型类的主要优点是可以创建更加灵活和通用的数据结构。例如,使用上面的类 Node 可以创建键值对,并能够处理不同类型的键和值:

```
let intStringNode = Node<Int64, String>(key: 1, value: "One")
let stringDoubleNode = Node<String, Double>(key: "pi", value: 3.14)
```

泛型类在设计数据结构时提供了强大的灵活性,使得可以在同一类中处理多种类型的实例。使用类型约束,可以确保类型参数满足特定的条件,从而在编译时捕获潜在的错误。通过使用泛型类,开发者可以构建可重用、类型安全的代码,提高代码的可维护性和可读性。

10.3.2 泛型接口

泛型接口允许在接口定义中使用类型参数,以便实现时可以指定具体的类型。这种机制增强了代码的灵活性和复用性,使得接口能够处理多种数据类型而不失去类型安全。

1. 定义泛型接口

在仓颉语言中使用 interface 关键字定义一个泛型接口,语法格式如下:

```
public interface InterfaceName<TypeParameter> {
    // 方法和属性的声明
    func methodName(param: TypeParameter): ReturnType;
}
```

2. 实现泛型接口

在类或结构体的定义中,使用" <: "符号来表示该类或结构体实现了某个接口,并指定所需的类型参数。语法格式如下:

```
public class ClassName<TypeParameter> <: InterfaceName<TypeParameter> {
    // 实现接口的方法
    public func methodName(param: TypeParameter): ReturnType {
        // 方法实现
    }
}
```

实例 10-5:任务管理系统(源码路径:codes\10\Fan\src\Fan05.cj)

在本实例中模拟了一个简单的任务管理系统,其中定义了一个泛型接口 Task,并实现了不同类型的任务类。

```
// 定义泛型接口 Task
public interface Task<T> {
    func execute(): T; // 执行任务并返回结果
}

// 实现 String 类型任务的类
public class StringTask <: Task<String> {
    private var message: String;

    public init(message: String) {
        this.message = message;
    }

    public func execute(): String {
        return "执行任务: " + message;
    }
}

// 实现 Int 类型任务的类
public class IntTask <: Task<Int64> {
    private var number: Int64;

    public init(number: Int64) {
        this.number = number;
```

```
    }
    public func execute(): Int64 {
        return number * 2; // 示例:将数字乘以 2
    }
}

// 主函数
main() {
    // 创建任务
    let stringTask = StringTask("清理房间");
    let intTask = IntTask(5);

    // 执行任务并输出结果
    println(stringTask.execute()); // 输出:执行任务:清理房间
    println(intTask.execute());    // 输出:10
}
```

上述代码的实现流程如下。

(1)定义泛型接口:创建一个名为 Task 的泛型接口,包含一个 execute 方法。该方法用于执行任务并返回结果,返回类型由实现类指定。

(2)实现具体任务类。

- 创建一个 StringTask 类,它实现了 Task<String> 接口。该类包含一个字符串类型的属性 message,并在 execute 方法中返回一个执行任务的描述。
- 创建一个 IntTask 类,它实现了 Task<Int64> 接口。这个类包含一个整型属性 number,在 execute 方法中将该数字乘以 2 并返回结果。

(3)在主函数中创建任务实例:在主函数中实例化 StringTask 和 IntTask,传入相应的参数。

(4)执行任务并输出结果:调用每个任务的 execute 方法,输出其执行结果。这展示了如何根据不同的任务类型获取不同的结果。执行后会输出:

执行任务:清理房间
10

10.4 泛型结构体

在仓颉语言中,泛型结构体(struct)是一种允许在定义时使用类型参数的结构体。这使得结构体能够处理多种不同类型的数据,提高了代码的灵活性和复用性。与泛型类类似,泛型结构体使得开发者可以创建能够适应多种类型的实例,而无须为每种类型单独定义一个新的结构体。

10.4.1 泛型结构体的定义

泛型结构体的定义包含类型参数,这些类型参数在实例化时可以被具体的类型所替换。例如,在下面的代码中定义了一个名为 Pair 的泛型结构,它类似于二元元组,包含两个不同类型的元素。

```
struct Pair<T, U> {
    let x: T
```

```
    let y: U

    public init(a: T, b: U) {
        x = a
        y = b
    }

    public func first(): T {
        return x
    }

    public func second(): U {
        return y
    }
}
```

上述代码的具体说明如下。
- 类型参数：T 和 U 是类型形参，分别代表结构体中第一个和第二个元素的类型。
- 成员变量 let x: T：表示第一个元素，类型为 T。
- 成员变量 let y: U：表示第二个元素，类型为 U。
- 构造函数：init(a: T, b: U)：构造函数用于初始化 Pair 实例的两个元素 x 和 y。通过传入的参数 a 和 b，分别赋值给 x 和 y。
- 函数 first(): T：返回结构体的第一个元素 x。
- 函数 second(): U：返回结构体的第二个元素 y。

泛型结构体的主要优势在于其能够处理多种类型的数据，而无须为每种类型定义单独的结构体。在下面的代码中，演示了实例化和使用上面定义的 Pair 结构体的用法。

```
main() {
    var a: Pair<String, Int64> = Pair<String, Int64>("hello", 0)
    println(a.first())     // 输出：hello
    println(a.second())    // 输出：0
}
```

上述代码的具体说明如下。
- var a: Pair<String, Int64> = Pair<String, Int64>("hello", 0)：创建一个 Pair 实例 a，其中第一个元素是 String 类型，值为"hello"，第二个元素是 Int64 类型，值为 0。
- first()：调用 first 方法，获取第一个元素"hello"。
- second()：调用 second 方法，获取第二个元素 0。

执行后会输出：

```
hello
0
```

10.4.2 使用泛型结构体

实例 10-6：比较图书的页数（源码路径：codes\10\Fan\src\Fan06.cj）

本实例定义了一个书籍类 Book、一个比较接口 Comparator、一个书籍比较器 BookComparator

和一个泛型结构体 ComparablePair，用于比较两本书的页数，并在主函数中演示了如何使用这些类和接口来比较书籍。

```
// 定义 Book 类
public class Book {
    public var title: String; // 书名
    public var pages: Int64;   // 页数

    public init(title: String, pages: Int64) {
        this.title = title
        this.pages = pages
    }

    // 打印书籍信息
    public func display(): Unit {
        println("${this.title} (${this.pages} 页)")
    }
}

// 定义比较接口
public interface Comparator<T> {
    func compare(item1: T, item2: T): Int64;
}

// 定义 Book 的比较器
public class BookComparator <: Comparator<Book> {
    public func compare(item1: Book, item2: Book): Int64 {
        if (item1.pages < item2.pages) {
            return -1;
        } else if (item1.pages > item2.pages) {
            return 1;
        }
        return 0;
    }
}

// 定义泛型结构体 ComparablePair<T>
public struct ComparablePair<T> {
    public var item1: T;
    public var item2: T;

    public init(item1: T, item2: T) {
        this.item1 = item1
        this.item2 = item2
    }

    // 使用比较器进行比较
    public func compareBy(comparator: Comparator<T>): Int64 {
        return comparator.compare(item1, item2);
    }
```

```
}

// 主函数
main() {
    // 创建 Book 对象
    let book1 = Book("《数据结构与算法》", 350)
    let book2 = Book("《操作系统》", 500)
    let book3 = Book("《计算机网络》", 350)

    // 创建 Book 比较器
    let bookComparator = BookComparator()

    // 使用泛型结构体比较书籍页数
    let pair1 = ComparablePair<Book>(book1, book2)
    let pair2 = ComparablePair<Book>(book1, book3)

    // 比较 book1 与 book2
    let result1 = pair1.compareBy(bookComparator)
    if (result1 < 0) {
        println("${pair1.item1.title} 的页数少于 ${pair1.item2.title}")
    } else if (result1 > 0) {
        println("${pair1.item1.title} 的页数多于 ${pair1.item2.title}")
    } else {
        println("${pair1.item1.title} 和 ${pair1.item2.title} 的页数相同")
    }

    // 比较 book1 与 book3
    let result2 = pair2.compareBy(bookComparator)
    if (result2 < 0) {
        println("${pair2.item1.title} 的页数少于 ${pair2.item2.title}")
    } else if (result2 > 0) {
        println("${pair2.item1.title} 的页数多于 ${pair2.item2.title}")
    } else {
        println("${pair2.item1.title} 和 ${pair2.item2.title} 的页数相同")
    }
}
```

上述代码的实现流程如下。

（1）定义接口和类。

- 首先，定义一个泛型接口 Comparable<T>，确保任何实现该接口的类都具备比较功能。
- 然后，定义 Book 类，包含书名和页数，并实现 Comparable<Book> 接口，根据页数进行比较。

（2）定义比较器接口及其实现。

- 创建一个 Comparator<T> 接口，专门用于定义比较逻辑。
- 实现 BookComparator 类，该类实现了 Comparator<Book> 接口，提供具体的比较方法。

（3）定义泛型结构体。

- 创建一个 ComparablePair<T> 结构体，包含两个同类型的对象。
- 结构体内部有一个 compareBy 方法，通过传入的 Comparator<T> 实例来比较这两个对象。

（4）主函数中的操作。
- 在主函数中，创建多个 Book 实例，并将它们组合成 ComparablePair<Book> 实例。
- 使用 BookComparator 对象，通过 compareBy 方法比较书籍的页数。
- 根据比较结果，输出相应的消息，说明书籍之间的页数关系。

执行后会输出：

```
《数据结构与算法》 的页数少于 《操作系统》
《数据结构与算法》 和 《计算机网络》 的页数相同
```

10.5 泛型枚举

泛型枚举是指在枚举定义中使用类型参数，使得枚举的某些成员可以包含不同类型的数据。类型参数在枚举实例化时被具体化，确保类型安全和代码的高度复用。在仓颉编程语言中，允许开发者定义能够处理多种不同类型的枚举。泛型枚举通过类型参数使得枚举能够在不同的上下文中灵活应用，而无须为每种类型重复定义相似的枚举。泛型枚举在处理可选值、错误处理和状态表示等场景中尤为常见和有用。

在仓颉语言中，泛型枚举最常用的例子之一是 Option<T> 类型。Option<T> 用于表示某个类型上的值可能存在（Some(T)）或不存在（None）。这种设计在函数返回值中尤为重要，特别是在可能失败的操作中，如安全除法、查找操作等。

下面的实例，将创建一个模拟取款机的程序，使用泛型枚举 Option<T> 来表示取款的结果。取款操作可能会成功（返回取款金额）或失败（例如，账户余额不足）。这个例子，可以展示如何使用泛型枚举处理可能失败的操作。

实例 10-7：模拟取款机的程序（源码路径：codes\10\Fan\src\Fan07.cj）

本实例通过泛型枚举 Option<T> 来处理可能失败的取款操作，展示了泛型枚举的用法。

```
package atm // 取款机模拟程序

// 定义泛型枚举 Option
public enum Option<T> {
    Some(T)
    | None

    public func getOrThrow(): T {
        match (this) {
            case Some(v) => v
            case None => throw NoneValueException()
        }
    }
}

// 定义银行账户类
public class BankAccount {
    public var balance: Int64 // 账户余额
```

```
    public init(initialBalance: Int64) {
        balance = initialBalance
    }

    // 定义安全取款方法
    public func withdraw(amount: Int64): Option<Int64> {
        if (amount <= 0) {
            return None // 取款金额无效
        } else if (amount > balance) {
            return None // 余额不足
        } else {
            balance -= amount
            return Some(amount) // 取款成功
        }
    }
}

// 主函数
main() {
    // 创建一个银行账户,初始余额为1000
    let myAccount = BankAccount(1000)

    // 模拟取款
    let withdrawAmount = 1500 // 取款1500

    let result = myAccount.withdraw(withdrawAmount)

    // 根据取款结果进行处理
    match (result) {
        case Some(amount) =>
            println("成功取款: ${amount} 元, 剩余余额: ${myAccount.balance} 元")
        case None =>
            println("取款失败: 余额不足或取款金额无效")
    }

    // 再尝试取款
    let validWithdrawAmount = 500 // 取款500
    let validResult = myAccount.withdraw(validWithdrawAmount)

    match (validResult) {
        case Some(amount) =>
            println("成功取款: ${amount} 元, 剩余余额: ${myAccount.balance} 元")
        case None =>
            println("取款失败: 余额不足或取款金额无效")
    }
}
```

上述代码的具体说明如下。

（1）定义泛型枚举。

- Option<T> 枚举定义了两个状态：Some(T) 表示成功的结果，None 表示失败。

- 函数 getOrThrow() 用于获取内部值，如果是 None 则抛出异常。

（2）银行账户类：类 BankAccount 中的属性 balance 表示账户余额，函数 withdraw(amount: Int64) 用于处理取款逻辑：如果取款金额无效或余额不足返回 None，否则更新余额并返回 Some(amount)。

（3）主函数：创建一个初始余额为 1000 元的银行账户，然后尝试取款 1500 元。使用 match 语句处理结果，如果取款成功则输出成功信息和剩余余额，如果取款失败则输出失败信息。最后再次尝试取款 500 元，展示取款成功的情况。

执行后会输出：

```
取款失败：余额不足或取款金额无效
成功取款：500 元，剩余余额：500 元
```

第 11 章
扩展

在仓颉语言中，扩展（extension）功能允许开发者为现有类型添加新功能，如成员函数、操作符重载和接口实现等，而无须修改原有类型的结构。通过扩展，开发者可以增强类型的灵活性和可用性，同时保持封装性，确保不破坏原有类型的内部机制。扩展分为直接扩展和接口扩展，前者简单地增加功能，后者则增强了类型的抽象性和灵活性，使代码更加易于维护和重用。

11.1 扩展介绍

扩展是编程语言中的一种机制,允许开发者为现有类型或模块添加新功能而不必修改其源代码。这种能力在维护代码的封装性和一致性的同时,提供了灵活性和可扩展性。

11.1.1 编程语言中的扩展

在编程语言中,扩展是一种机制,允许开发者在不修改已有代码的基础上,为现有类型、模块或库添加新功能,这种方法能够提高代码的灵活性和可维护性。在许多现代编程语言中,扩展是一个重要的特性。例如,Swift 和 Kotlin 都支持通过扩展为类、结构体和接口添加功能,使得开发者能够轻松增强现有类型。

1. 扩展的目的

- 增强功能:通过添加新的方法、属性或操作符,增强现有类型的功能。
- 保持封装性:扩展通常不会修改原始类型的内部实现,从而保持其封装性。
- 实现接口:通过扩展,现有类型可以实现新的接口,增加其适用性和灵活性。

2. 扩展的类型

- 直接扩展:直接为现有类型添加新方法和属性,不涉及任何接口。这种扩展主要用于增加功能。
- 接口扩展:为现有类型添加新功能,并实现一个或多个接口。这种方式提高了代码的抽象性,使类型能够满足不同的行为契约。

3. 扩展的功能

- 添加成员函数:可以为现有类型添加新的实例方法或类方法,使其可以执行新的操作。
- 操作符重载:允许开发者定义特定操作符(如 +、-、* 等)在扩展类型时的行为,使得类型之间的操作更自然。
- 添加成员属性:可以在扩展中增加新的计算属性或访问器,以提供对类型状态的额外访问。
- 实现接口:通过扩展,类型可以实现新接口,满足特定的设计需求,从而支持多态。

总之,扩展是编程语言中强大而灵活的特性,允许开发者在保持原有代码完整性的同时,为其添加新功能。这种方式在现代软件开发中广泛使用,尤其是在大规模应用和库的开发中,提高了代码的可维护性和可扩展性。

11.1.2 仓颉语言中的扩展

在仓颉语言中,扩展可以为类型添加以下功能。

- 添加成员函数:可以为现有类型定义新的方法,增强其行为。
- 添加操作符重载函数:可以自定义操作符的行为,使类型在使用时更直观。
- 添加成员属性:尽管不能添加成员变量,但可以添加计算属性来提供额外的信息或功能。
- 实现接口:扩展可以实现接口,从而为现有类型添加接口所需的功能。
  虽然扩展为类型增加了很多灵活性,但也存在以下一些限制。
- 不增加成员变量:扩展不能增加任何新的成员变量,这保持了原有类型的封装性。
- 实现必须提供:扩展中的函数和属性必须具备具体的实现。
- 修饰符限制:扩展的函数和属性不能使用 open、override 或 redef 等修饰符。

- 访问限制：扩展不能访问被扩展类型中的 private 修饰的成员，保持了封装的完整性。

扩展是仓颉语言中非常有用的功能，开发者能够在不改变现有类型结构的情况下，添加新功能。通过合理地使用扩展，程序的可维护性和可读性都能得到提高，同时也能增强代码的灵活性和复用性。

11.2 直接扩展

直接扩展是一种编程机制，允许开发者在不修改现有类型的情况下，为其添加新功能。这种扩展通过关键字 extend 来实现，可以添加成员函数、属性或操作符重载，使得扩展后的类型在当前上下文中具备这些新功能。

11.2.1 实现直接扩展

在仓颉语言中，实现直接扩展的基本语法如下：

```
extend <Type> {
    // 新增功能
}
```

其中 <Type> 是要扩展的类型，可以是类、结构体或接口。扩展体内包含新增的功能，如方法或属性。

实例 11-1： 定义并实现扩展（源码路径：codes\11\Kuo\src\Kuo01.cj）

在本实例中，通过直接扩展的方式为字符串类型 String 添加了一个名为 printSize 的方法，这个方法用于打印字符串的大小。

```
extend String {
    public func printSize() {
        println("the size is ${this.size}")
    }
}
main() {
    let a = "123"
    a.printSize() // 输出: the size is 3
}
```

在上述代码中创建了一个字符串实例 a，并调用了 printSize 方法。执行后程序会输出字符串的长度，即 3。这展示了如何在不修改原有类型的情况下，灵活地为其增加新功能。执行后会输出：

```
the size is 3
```

使用直接扩展的优点如下。

- 增强代码的可维护性：直接扩展不需要修改现有代码，使得功能增强的过程更加灵活。
- 避免命名冲突：扩展提供了一种安全的方式来添加新功能，而不必担心与已有功能冲突。
- 支持类型的多态性：通过扩展，类型可以实现新接口，增强代码的抽象性和灵活性。

总之，直接扩展是编程语言中一种强大的功能，允许开发者在不改变原有代码的情况下，为现有类型添加新功能。这种机制提高了代码的灵活性和可维护性，尤其在大型项目和开源库的使用中，能够有效地增强类型的功能，同时保持原始代码的完整性。

11.2.2 针对泛型类型的扩展

针对泛型类型的扩展,允许开发者为泛型类或接口添加新功能,而不必直接修改其定义。泛型扩展可以提高代码的灵活性和可复用性,通常用以下两种主要方式来实现。

1. 特定实例化类型的扩展

特定实例化类型的扩展是针对特定类型的泛型实例进行扩展,语法格式如下:

```
extend 类型名<类型实参> {
    // 扩展的成员函数或属性
}
```

上述语法格式的具体说明如下。
- extend:关键字,表示要进行扩展。
- 类型名:要扩展的泛型类型的名称。
- <类型实参>:为该泛型类型提供的具体类型参数。
- {}:包含的是要添加的新功能,比如成员函数、属性等。

加入有一个泛型类 Foo<T>,并希望为其添加功能,可以这样写:

```
extend Foo<Int64> {
    // 新增的方法
}
```

这样,只有在 Foo<Int64> 类型的实例中,新增的方法才能被调用。

2. 泛型形参的扩展

这种方式允许开发者为未实例化或未完全实例化的泛型类型扩展功能,语法格式如下:

```
extend<泛型形参> 类型名<泛型形参> {
    // 扩展的成员函数或属性
}
```

上述语法格式的具体说明如下。
- extend:关键字,表示要进行扩展。
- <泛型形参>:在扩展中定义的泛型形参,可以在扩展的实现中使用。
- 类型名:要扩展的泛型类型的名称。
- <泛型形参>:在扩展的上下文中使用的泛型形参。
- {}:包含的是要添加的新功能,比如成员函数、属性等。

假如希望扩展一个泛型类 MyList<T>,可以这样写:

```
extend<T> MyList<T> {
    // 新增的方法
}
```

这样就可以为所有 MyList<T> 类型的实例添加新功能。

总之,通过使用这两种扩展方式使得泛型类型更加灵活,开发者可以在需要时为其添加新的方法或功能,而不需要修改原有的类定义。这种机制特别适合于需要保持类型封装和抽象性的场景,同时又希望在不同的上下文中提供额外的功能。

实例 11-2: 一个神秘的盒子(源码路径:codes\11\Kuo\src\Kuo02.cj)

在日常生活中,盒子是存放各种物品的理想选择。想象一下,有一个神秘的盒子,它可以根据需要容纳不同类型的物品，随时准备好为你带来惊喜，这正如通过泛型实现的灵活性，无论是玩具、书籍还是水果，这个盒子都能轻松应对。这个例子，将探索如何使用特定实例化类型和泛型形参，构建一个多功能的盒子，让每个人都能在其中找到属于自己的珍宝。

```
// 定义一个泛型类 Box，表示一个盒子
class Box<T> {
    public let content: T

    public init(content: T) {
        this.content = content
    }
}

// 扩展特定实例化类型 Box<String>，添加描述方法
extend Box<String> {
    public func describe() {
        println("这是一个装着 '${this.content}' 的盒子。")
    }
}

// 定义一个简单的类 Fruit，表示水果
class Fruit {
    public let name: String

    public init(name: String) {
        this.name = name
    }
}

// 扩展特定实例化类型 Box<Fruit>，添加获取水果名称的方法
extend Box<Fruit> {
    public func getFruitName() {
        println("盒子里装着水果: ${this.content.name}")
    }
}

// 主函数
main() {
    // 创建一个装着字符串的盒子
    let stringBox = Box<String>("玩具")
    stringBox.describe() // 输出：这是一个装着 '玩具' 的盒子。

    // 创建一个装着水果的盒子
    let apple = Fruit("苹果")
    let fruitBox = Box<Fruit>(apple)
    fruitBox.getFruitName() // 输出：盒子里装着水果：苹果
}
```

在上述代码中定义了一个泛型类 Box<T>，它可以容纳任意类型的内容。通过使用特定实例化类型的扩展和泛型形参的扩展，我们实现了针对特定类型的功能增强。上述代码的具体说明如下。

- 特定实例化类型的扩展：扩展了 Box<String> 类型，添加了 describe 方法。当这个盒子装入字符串时，可以调用该方法来输出内容的描述。这种扩展允许为特定类型提供专属功能。
- 泛型形参的扩展：对于 Box<Fruit> 类型，定义了一个简单的类 Fruit，并扩展了 Box<Fruit>。在扩展中添加了 getFruitName 方法，用于获取和输出盒子中水果的名称。这显示了如何使用泛型形参来构建灵活的类型，并为不同的泛型实例提供特定的行为。

执行后会输出：

这是一个装着 '玩具' 的盒子。
盒子里装着水果：苹果

11.2.3 泛型约束的扩展

在仓颉语言中，泛型约束的扩展允许开发者在特定条件下增强泛型类型的功能。通过定义泛型类型和约束，开发者可以实现更加灵活和可重用的代码。下面是一个关于"水果对比"的有趣例子，展示了通过泛型约束的扩展来实现水果比较的功能。

实例 11-3： 使用元组和解构赋值（源码路径：codes\11\Kuo\src\Kuo03.cj）

在本实例中定义了一个 Pair 类来存储两个水果类，并且通过实现 Eq 接口，让水果能够进行相等性判断。这样，不仅可以存储水果，还可以比较它们是否相同。

```
// 定义一个泛型类 Pair, 用于存储两个元素
class Pair<T1, T2> {
    var first: T1
    var second: T2
    public init(a: T1, b: T2) {
        first = a
        second = b
    }
}

// 定义一个接口 Eq, 要求实现 equals 方法
interface Eq<T> {
    func equals(other: T): Bool
}

// 扩展 Pair 类, 使其支持比较
extend<T1, T2> Pair<T1, T2> where T1 <: Eq<T1>, T2 <: Eq<T2> {
    public func equals(other: Pair<T1, T2>) {
        first.equals(other.first) && second.equals(other.second)
    }
}

// 定义一个水果类, 包含名称和颜色
class Fruit <: Eq<Fruit> {
    public let name: String
    public let color: String

    public init(name: String, color: String) {
        this.name = name
```

```
            this.color = color
        }

        // 实现 equals 方法，比较水果的名称和颜色
        public func equals(other: Fruit): Bool {
            return name == other.name && color == other.color
        }
}

// 主函数
main() {
        // 创建两个相同的水果对
        let fruitPair1 = Pair(Fruit("苹果", "红色"), Fruit("香蕉", "黄色"))
        let fruitPair2 = Pair(Fruit("苹果", "红色"), Fruit("香蕉", "黄色"))

        // 比较两个水果对
        println(fruitPair1.equals(fruitPair2)) // 输出: true

        // 创建一个不同的水果对
        let fruitPair3 = Pair(Fruit("苹果", "红色"), Fruit("香蕉", "绿色"))

        // 比较不同的水果对
        println(fruitPair1.equals(fruitPair3)) // 输出: false
}
```

上述代码的具体说明如下。

- 类 Pair：一个泛型类 Pair，用于存储两个元素 first 和 second，可以是任何类型。
- 接口 Eq：定义了一个接口 Eq<T>，其中包含一个 equals 方法，用于判断两个对象是否相等。
- 扩展类 Pair：通过扩展 Pair<T1, T2>，并加上泛型约束 where T1 <: Eq<T1>, T2 <: Eq<T2>，确保 T1 和 T2 必须实现 Eq 接口。这意味着只有能够进行相等比较的类型才能使用 equals 方法。
- 类 Fruit：实现了 Eq<Fruit> 接口，定义了具体的相等比较逻辑。
- 主函数：创建了两个 Pair<Foo> 对象，并调用 equals 函数进行比较，输出结果显示了相等性判断的结果。

执行后会输出：

```
true
false
```

本实例的实现过程可以看出这种泛型约束的扩展有以下优点。

- 保证类型安全：确保只有满足特定条件的类型才能使用 equals 方法，避免了运行时错误。
- 灵活性：Pair 可以存储任意类型，但在特定条件下（如实现了 Eq 接口），可以进行相等性比较，增强了类型的适应性。
- 可复用性：通过泛型约束，开发者可以轻松地扩展其他类型，只须实现 Eq 接口即可使用相同的比较逻辑。

这种设计方法在实际开发中非常有用，能够让开发者在处理复杂数据结构时保持代码的简洁性和清晰性，同时提供强大的功能。

11.3 接口扩展

接口扩展是仓颉语言中一个强大的特性，允许开发者为现有类型增加额外的功能，而不需要修改这些类型的原始定义。这种灵活性使得开发者能够增强库或框架中的类型，适应特定的需求。

11.3.1 实现接口扩展

接口扩展允许在类型上实现接口，即使该类型本身没有直接实现这些接口。通过这种方式，开发者可以为类型提供额外的方法和属性，增加其功能。在仓颉语言中，实现接口扩展的语法格式如下：

```
extend <类型> <: <接口> {
    // 方法和属性的实现
}
```

上述接口的具体说明如下。
- extend <类型>：指定要扩展的类型，通常是一个类或结构。
- <接口>：要实现的接口，可以是一个或多个接口（用 & 分隔）。
- 方法和属性的实现：在花括号内实现接口中定义的方法和属性。

在下面的代码中，为 Array 类型实现了 PrintSizeable 接口，增加了 printSize 方法。当调用 printSize 函数时会打印输出数组的大小。

```
interface PrintSizeable {
    func printSize(): Unit
}

extend<T> Array<T> <: PrintSizeable {
    public func printSize() {
        println("The size is ${this.size}")
    }
}

main() {
    let a: PrintSizeable = Array<Int64>()
    a.printSize() // 0
}
```

执行后会输出：
```
The size is 0
```

11.3.2 同时实现多个接口

在仓颉语言中实现接口扩展时，可以通过 extend 关键字同时实现多个接口。这种方式允许一个类型具备多个接口的功能，使其能够满足更复杂的需求。同时实现多个接口的语法格式如下所示：

```
extend <类型> <: <接口1> & <接口2> & ... {
    // 方法和属性的实现
```

}

在下面的实例中通过同时实现了多个接口来创建一个有趣的"动物"类,每种动物具有不同的行为。

实例 11-4:通过扩展同时实现多个接口(源码路径:codes\11\Kuo\src\Kuo04.cj)

在本实例中创建了两个接口 CanSpeak 和 CanRun,然后定义一个 Dog 类,它可以实现两个行为:叫和跑。

```
// 定义可以发声的接口
interface CanSpeak {
    func bark(): Unit
}

// 定义可以奔跑的接口
interface CanRun {
    func run(speed: Int64): Unit
}

// 定义一个动物类
class Dog {}

// 同时实现 CanSpeak 和 CanRun 接口
extend Dog <: CanSpeak & CanRun {
    public func bark() {
        println("汪汪!我是一只狗!")
    }

    public func run(speed: Int64) {
        println("我以 ${speed} km/h 的速度奔跑!")
    }
}

// 主函数
main() {
    let myDog = Dog()

    // 调用狗的叫声和奔跑方法
    myDog.bark()             // 输出:汪汪!我是一只狗!
    myDog.run(15)            // 输出:我以 15 km/h 的速度奔跑!
}
```

上述代码的具体说明如下。

- 接口定义:在接口 CanSpeak 中定义了 bark 函数,在接口 CanRun 中定义了函数 run。
- 类实现:类 Dog 通过 extend 同时实现了 CanSpeak 和 CanRun 接口,使其具备了发声和奔跑的能力。
- 主函数:创建类 Dog 的实例并调用它的 bark 和 run 方法,输出有趣的描述信息。

执行后会输出:

```
汪汪!我是一只狗!
我以 15 km/h 的速度奔跑!
```

11.3.3 接口扩展中的泛型约束

在仓颉语言中,接口扩展中的泛型约束允许开发者在扩展接口时限制某些类型参数的使用,从而实现特定的功能。这种机制使得接口更加灵活,可以在特定条件下被实现或扩展。在接口扩展中使用泛型约束的基本语法如下:

```
extend<T> TargetType <: InterfaceType where T <: Constraint {
    // 方法和属性的定义
}
```

上述格式的具体说明如下。

- extend<T>:表示开始定义一个扩展,并引入一个或多个泛型类型参数 T,这些泛型参数在扩展中可以用于定义方法和属性。
- TargetType:这是要扩展的目标类型,可以是类、接口或其他类型。通过扩展 TargetType,可以为它添加新的功能或实现接口。
- <::用于指明扩展的目标类型实现了某个接口,这种方式可以确保扩展的类型遵循接口的约定。
- InterfaceType:这是要实现的接口类型,当 TargetType 扩展为 InterfaceType 时,它必须实现接口中定义的方法。
- where T <: Constraint:这是一个约束条件,限制泛型参数 T 只能是满足特定条件的类型。Constraint 可以是另一个接口或类,确保传入的类型符合要求。
- 大括号 {}:在里面定义新的方法和属性,扩展了 TargetType 的功能。可以实现接口中定义的方法,也可以添加新的方法和属性。

实例 11-5:接口扩展中的泛型约束(源码路径:codes\11\Kuo\src\Kuo05.cj)

在本实例中定义一个可比较的接口 Comparable 和一个泛型类 Box,然后使用扩展 Box 以实现该接口。在实现扩展时指定了一个约束:泛型参数 T 必须实现 Comparable<T> 接口,这意味着 Box<T> 中的内容类型 T 必须具备比较功能,从而使得 Box 可以比较其内容的大小。

```
// 定义可比较的接口
interface Comparable<T> {
    func compareTo(other: T): Int64
}

// 定义 Box 类
class Box<T> {
    public let content: T

    public init(content: T) {
        this.content = content
    }
}

// 扩展 Box 以实现 Comparable 接口,约束 T 必须实现 Comparable
extend<T> Box<T> <: Comparable<Box<T>> where T <: Comparable<T> {
    public func compareTo(other: Box<T>): Int64 {
        return this.content.compareTo(other.content)
    }
}
```

```
// 定义一个实现 Comparable 接口的类
class Number <: Comparable<Number> {
    public let value: Int64

    public init(value: Int64) {
        this.value = value
    }

    public func compareTo(other: Number): Int64 {
        return this.value - other.value // 返回值用于比较大小
    }
}

// 主函数
main() {
    let box1 = Box<Number>(Number(5))
    let box2 = Box<Number>(Number(10))

    // 比较两个 Box 的内容
    println(box1.compareTo(box2)) // 输出：-5，表示 box1 的内容小于 box2
}
```

上述代码的具体说明如下。

- 接口定义：在接口 Comparable 定义了一个比较方法 compareTo，允许实现类通过该方法与其他同类型对象进行比较。
- 类定义：类 Box 是一个泛型类，存储任何类型的对象。
- 扩展：在 Box 的扩展中指定 T 必须实现 Comparable<T> 接口，这样 Box 只能存储实现了 Comparable 接口的类型。
- 实现类：类 Number 实现了接口 Comparable<Number>，定义了比较两个数字的功能。
- 主函数：创建 Number 的实例并将其存储在 Box 中，最后比较两个盒子的内容。

执行后会输出：

-5

11.4　访问规则

在仓颉语言中，扩展是一种强大的特性，允许开发者为现有类型（如类、结构体或接口）添加新的方法、属性或实现接口，而无须修改这些类型的原始定义。为了确保扩展的正确性和安全性，仓颉语言制定了一系列的访问规则。

11.4.1　扩展的修饰符

在仓颉语言中，扩展本身不能使用 public、private 等修饰符进行修饰，下面第二行代码是错的：

```
public class A {}
public extend A {}    // 错误，扩展不能有修饰符
```

但是可以使用修饰符修饰扩展内的成员（方法、属性等），具体说明如下。
- public：扩展成员对所有外部可见。
- protected：扩展成员在当前模块内可见，且在被扩展类型的子类中可访问。
- internal：扩展成员在当前包及其子包内可见。
- private：扩展成员仅在扩展内部可见，外部不可访问。
- static：扩展成员为静态成员，只能通过类型名访问，不能通过实例对象访问。
- mut：仅适用于 struct 类型，允许在扩展中定义可变方法。

需要注意的是，扩展中的成员不能使用 open、override 和 redef 修饰符，使用这些修饰符将导致编译错误，如下面的演示代码所示：

```
class Foo {
    public open func f() {}
    static func h() {}
}

extend Foo {
    public override func f() {}    // 错误
    public open func g() {}        // 错误
    redef static func h() {}       // 错误
}
```

在下面的"某店铺的车辆库存"例子中，展示了如何使用仓颉语言定义一个车辆类，并通过扩展为该类添加功能的方法。

实例 11-6：某店铺的车辆库存（源码路径：codes\11\Kuo\src\Kuo06.cj）

本实例展示了如何在仓颉语言中使用扩展的修饰符来为现有的类添加新功能，同时控制这些新功能的访问权限的用法。

```
// 定义一个公共类 Car
public class Car {
    var model: String
    var year: Int64

    public init(model: String, year: Int64) {
        this.model = model
        this.year = year
    }
}

// 扩展 Car 类
extend Car {
    // 公共方法，外部可以访问
    public func displayInfo() {
        println("车型: ${this.model}, 年份: ${this.year}")
    }

    // 受保护的方法，只有在本模块和 Car 的子类中可以访问
    protected func protectedFeature() {
        println("这是一个受保护的功能。")
```

```
    }

    // 私有方法，仅在扩展内部可访问
    private func privateFeature() {
        println("这是一个私有的功能。")
    }

    // 静态方法，可以通过类名访问
    public static func carCount():Int64 {
        return 100 // 假设总共有100辆车
    }
}

// 主函数
main() {
    let myCar = Car("特斯拉", 2025)
    myCar.displayInfo() // 输出：车型：特斯拉，年份：2025

    // 尝试调用受保护的方法（会报错）
    // myCar.protectedFeature() // Error: protectedFeature 是受保护的

    // 尝试调用私有的方法（会报错）
    // myCar.privateFeature() // Error: privateFeature 是私有的

    // 调用静态方法
    println("总共有 ${Car.carCount()} 辆车。") // 输出：总共有 100 辆车。
}
```

上述代码的实现流程如下。

（1）首先定义一个 Car 类，包含两个属性：model（车型）和 year（年份），并通过构造函数 init 初始化这两个属性。

（2）使用 extend 关键字扩展 Car 类，向其中添加新的方法。

- displayInfo：一个公共方法，用于输出车辆的基本信息。
- protectedFeature：一个受保护的方法，仅在模块内部或子类中可用。
- privateFeature：一个私有方法，仅在扩展内部可用。
- carCount：一个静态方法，通过类名直接调用，返回车辆总数。

（3）在主函数中调用类 Car 实现具体功能，具体实现流程如下：

- 首先通过构造函数创建一个 Car 实例 myCar，并设置其车型为"特斯拉"，年份为 2025。
- 调用 displayInfo 方法，输出车辆的型号和年份。
- 尝试调用受保护和私有方法（注释掉的部分），因为这些方法的访问受限，无法在主函数中调用。
- 调用静态方法 carCount，通过类名直接访问并输出车辆的总数。
- 最终，程序会输出车辆的基本信息和总车辆数量，执行后会输出：

```
车型：特斯拉，年份：2025
总共有 100 辆车。
```

11.4.2 扩展的孤儿规则

扩展的孤儿规则旨在避免类型与接口之间的不恰当实现，防止造成理解上的混淆。在仓颉语言中，孤儿扩展指的是在一个与接口和被扩展类型都不相同的包中定义的扩展。这意味着，不能在某个包中为来自其他包的类型实现接口。

在仓颉语言中，扩展的具体规则如下。

- 同包实现：必须在包含被扩展类型或接口的同一个包中进行扩展。例如，若有类 Foo 在包 a 中，并有接口 Bar 在包 b 中，则在包 c 中无法实现 Foo 对 Bar 的扩展。
- 防止混淆：这个规则的目的是避免用户误解扩展之间的关系和功能，确保扩展的可理解性和可维护性。
- 合法扩展位置：可以在包 a 中为 Foo 扩展接口 Bar，也可以在包 b 中进行反向操作，即为 Bar 实现 Foo。

通过上面的规则，仓颉语言保证了类型与接口之间的实现清晰且直接，降低了潜在的错误和混淆，确保代码的结构性和可读性。例如，在下面的代码中定义了一个 Dog 类和一个 Barkable 接口，尽管尝试在 pet_management 包中为 Dog 实现 Barkable 接口，但由于孤儿规则的限制，这样的实现是被禁止的。正确的实现方法应在同一包中进行。最终，主函数创建了一个 Dog 对象，并调用其 bark 方法，展示了狗的叫声，生动地体现了对宠物的管理和互动。

```
// package pets
public class Dog {
    var name: String
    var age: Int64

    public init(name: String, age: Int64) {
        this.name = name
        this.age = age
    }
}

// package sounds
public interface Barkable {
    func bark(): String
}

// package pet_management
import pets.Dog
import sounds.Barkable

// 此处尝试为 Dog 类实现 Barkable 接口，这将触发孤儿规则错误
extend Dog <: Barkable {    // Error: 不能在此包中实现 Barkable 接口
    public func bark(): String {
        return "汪汪！我是 ${this.name}!"
    }
}

// package sounds
```

```
// 正确的实现位置
extend Dog <: Barkable {
    public func bark(): String {
        return "汪汪！我是 ${this.name}!"
    }
}

// 主函数
main() {
    let myDog = Dog("小白", 3)
    println(myDog.bark()) // 输出：汪汪！我是 小白！
}
```

11.4.3 扩展的访问和遮盖

在仓颉语言中，扩展的访问和遮盖规则确保了对类型成员的控制和安全性。概括来说，扩展的访问和遮盖的规则如下。

（1）实例成员访问：扩展的实例成员可以使用 this 关键字来访问同一类的属性和方法。实际上，可以省略 this 直接访问成员。例如，print(this.v) 和 print(v) 在扩展中都是有效的。

（2）无法访问私有成员：扩展不能访问被扩展类型中的私有成员，即使在同一类型的扩展中，私有成员依然对扩展不可见。但是，受保护的成员（如 protected 修饰的）在扩展中可以访问。

（3）不能遮盖成员：扩展不能遮盖被扩展类型的任何成员。这意味着，如果在类 A 中定义了一个方法 f，那么在 A 的扩展中不能再定义同名方法 f，否则将导致编译错误。此外，扩展也不能遮盖其他扩展中定义的成员。

（4）多次扩展与访问：在同一个包内，可以对同一类型进行多次扩展。扩展之间可以互相调用非私有的函数。例如，一个扩展中定义了函数 g，而另一个扩展可以调用 g，但不能访问第一个扩展中的私有函数。

（5）扩展泛型类型：在扩展泛型类型时，可以使用额外的泛型约束。扩展之间的可见性遵循一定的规则：

- 如果两个扩展的约束相同，它们相互可见，可以直接使用对方的函数或属性。
- 如果约束不同且存在包含关系，约束更宽松的扩展对更严格的扩展可见，反之则不可见。
- 当约束不同时且不存在包含关系时，两个扩展互相不可见。

上面列出的规则能够更好地维护仓颉语言类型系统的一致性和安全性，避免潜在的错误和混淆，使得代码的可读性和可维护性更高。

实例 11-7：查看某畅销书的信息（源码路径：codes\11\Kuo\src\Kuo07.cj）

在本实例中定义了一个表示书籍的 Book 类，并通过扩展为其添加了显示书籍信息的功能。通过受保护的方法，扩展能够安全地访问类内部的私有属性 ISBN，同时避免了对原有方法的遮盖。

```
// 定义一个公共类 Book
public class Book {
    var title: String
    var author: String
    private var isbn: String // 私有属性，只有 Book 类内部可以访问
```

```
    public init(title: String, author: String, isbn: String) {
        this.title = title
        this.author = author
        this.isbn = isbn
    }

    // 受保护的方法，子类和扩展可以访问
    protected func getISBN(): String {
        return this.isbn
    }
}

// 扩展 Book 类
extend Book {
    // 公共方法，可以显示书籍信息
    public func displayInfo() {
        println("书名: ${this.title}，作者: ${this.author}")
        // 尝试访问私有属性（会报错）
        // println("ISBN: ${this.isbn}") // Error: isbn 是私有的
        println("ISBN: ${this.getISBN()}") // 正确访问受保护的方法
    }

    // 扩展中尝试遮盖 Book 类的方法（会报错）
    // public func displayInfo() { // Error: 不能遮盖 Book 中的 displayInfo
    //     println("这是一个不同的显示方法")
    // }
}

// 主函数
main() {
    let myBook = Book("仓颉语言入门", "张三", "1234567890")
    myBook.displayInfo() // 输出：书名：仓颉语言入门，作者：张三
}
```

在上述代码中实现了一个 Book 类，并通过扩展为其增加了一个显示书籍信息的方法。在扩展中使用了 this 关键字来访问实例成员，展示了扩展能够方便地访问类的公共和受保护成员，而无法访问私有成员。此外，在扩展中没有对原有方法进行遮盖，确保了代码的清晰性和可维护性。通过这种方式，扩展不仅增强了类 Book 的功能，还遵循了访问控制的规则，使得封装性得以保持。执行后会输出：

```
书名：仓颉语言入门，作者：张三
ISBN: 1234567890
```

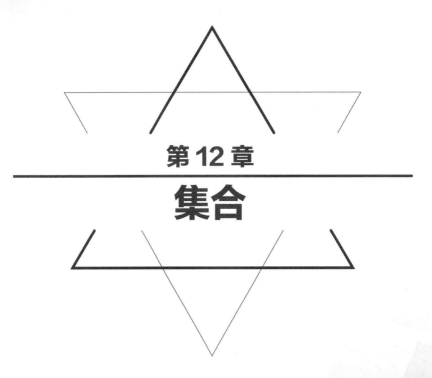

第 12 章

集合

在使用数组保存数据的时经常会遇到这样的问题,即在预先设定数组长度的时候无法确定到底要保存多少个数据对象。例如,要统计某款手机的库存,因为会经常进货、卖出、退货,实际的库存数据一直会处于变化中,无法使用数组进行处理。为了解决这类问题,仓颉语言提供了集合框架来解决复杂的数据存储。木节的内容将详细讲解集合的知识。

12.1 集合介绍

在编程语言中，集合（Collection）是用于存储、管理和操作一组相关数据项的数据结构。集合提供了一种组织和访问数据的高效方式，使得程序能够更好地处理和操作大量数据。不同的编程语言可能对集合有不同的实现和命名，但其核心概念大致相同。

12.1.1 集合的基本概念

集合是编程中用于存储多个元素的数据结构，这些元素可以是相同类型或不同类型的对象，具体取决于编程语言的特性。集合不仅存储数据，还提供了多种操作方法，如添加、删除、查找和遍历等，使得数据管理更加便捷和高效。

1. 常见的集合类型

在编程语言中，常见的集合类型如下。

（1）数组（Array）。
- 有序：数组中的元素按索引顺序排列，可以通过索引直接访问。
- 固定大小：大多数语言中的数组大小在创建时确定，不能动态调整。
- 高效访问：通过索引访问元素的时间复杂度为 O(1)。
- 适用场景：当需要频繁通过索引访问元素时，如存储固定数量的数据项。

（2）列表（List）。
- 有序：元素按添加顺序排列，可以通过索引访问。
- 动态大小：支持动态添加和删除元素。
- 灵活：可以存储不同类型的元素（视语言而定）。
- 适用场景：需要频繁添加或删除元素的场景，如任务队列、动态数据集。

（3）集合（Set）。
- 无序：元素没有固定的顺序。
- 唯一性：不允许重复元素。
- 高效查找：通常基于哈希表实现，查找效率高。
- 适用场景：需要确保元素唯一性的场景，如用户 ID 集合、标签集合。

（4）映射（Map）/字典（Dictionary）。
- 键值对：每个元素由一个键和一个值组成。
- 键唯一：键不允许重复，但值可以重复。
- 高效查找：通过键快速访问对应的值。
- 适用场景：需要通过唯一键访问数据的场景，如配置参数、数据库记录。

（5）队列（Queue）。
- 先进先出（FIFO）：元素按添加顺序排列，先添加的元素先被移除。
- 动态大小：支持动态添加和删除元素。
- 适用场景：任务调度、消息处理、广度优先搜索等需要 FIFO 顺序的场景。

（6）栈（Stack）。
- 后进先出（LIFO）：最后添加的元素最先被移除。

- 动态大小：支持动态添加和删除元素。
- 适用场景：函数调用管理、撤销操作、深度优先搜索等需要 LIFO 顺序的场景。

2. 集合的特点和选择

不同类型的集合具有不同的特点，选择合适的集合类型可以显著提高程序的性能和效率。下面是一些选择集合类型时需要考虑的因素。

- 元素的有序性：是否需要保持元素的顺序。
- 元素的唯一性：是否需要确保元素不重复。
- 访问方式：是否需要通过索引、键或其他方式快速访问元素。
- 操作需求：是否需要频繁添加、删除或查找元素。
- 内存和性能：不同集合类型在内存使用和操作性能上存在差异。

总之，集合提供了多种方式来组织和管理数据，是编程中不可或缺的工具。理解不同集合类型的特点和适用场景，有助于编写高效、可维护和功能强大的代码。通过合理选择和使用集合，开发者可以更好地处理和操作数据，提高程序的性能和灵活性。

12.1.2 仓颉语言中的集合

仓颉语言提供了多种集合类型，以满足不同的业务需求和场景。本节将详细介绍仓颉语言中常用的几种基础集合类型，包括 Array、ArrayList、HashSet 和 HashMap。

1. Array

Array 是最基本的集合类型，适用于元素数量固定且不需要频繁增删的场景。Array 的主要特点如下。

- 元素可变：可以修改数组中的元素。
- 不可增删元素：数组的大小在创建时确定，无法动态增加或删除元素。
- 元素不唯一：数组中可以包含重复的元素。
- 有序序列：元素按照索引顺序排列，支持通过索引快速访问。
- 适用场景：当数据量固定且不需要动态调整时，如存储一周的天气数据。

2. ArrayList

ArrayList 是一种动态数组，支持元素的动态增删，适用于需要频繁修改集合内容的场景。ArrayList 的主要特点说明如下。

- 元素可变：可以修改集合中的元素。
- 支持增删元素：可以动态添加或删除元素。
- 元素不唯一：允许集合中存在重复的元素。
- 有序序列：元素按照添加顺序排列，支持通过索引访问。
- 适用场景：当需要频繁添加、删除或修改元素时，如动态管理用户列表或任务队列。

3. HashSet

HashSet 是一种基于哈希表实现的集合，强调元素的唯一性，适用于需要确保元素不重复的场景。HashSet 的主要特点说明如下。

- 元素不可变：一旦添加到集合中，元素本身不可修改。
- 支持增删元素：可以动态添加或删除元素。
- 元素唯一：不允许集合中存在重复的元素。

- 无序序列：元素没有固定的顺序，无法通过索引访问。
- 适用场景：当需要确保元素唯一性时，如存储唯一的用户 ID 或标签集合。

4. HashMap

HashMap 是一种键值对（Key-Value）集合，适用于存储和管理一系列映射关系。HashMap 的主要特点说明如下：

- 键不可变，值可变：键一旦添加到集合中不可更改，而值可以被修改。
- 支持增删元素：可以动态添加或删除键值对。
- 键唯一：每个键在集合中必须唯一，但值可以重复。
- 无序序列：键值对没有固定的顺序，无法通过索引访问。
- 适用场景：当需要通过唯一键快速访问对应值的场景，如存储用户信息（以用户 ID 为键）或配置参数。

表 12-1 总结了 Array、ArrayList、HashSet 和 HashMap 的基本特性。

表 12-1 仓颉集合类型的对比

类型名称	元素可变	增删元素	元素唯一性	有序序列
Array<T>	是	否	否	是
ArrayList<T>	是	是	否	是
HashSet<T>	否	是	是	否
HashMap<K, V>	K: 否 V: 是	是	K: 是 V: 否	否

12.2　ArrayList

在仓颉语言中，ArrayList 是一种功能强大且灵活的集合类型，适用于需要频繁增删元素的场景。它具备优秀的扩容能力和可变性，使得开发者能够高效地管理和操作动态数据。

12.2.1　ArrayList 介绍

使用 ArrayList 类型前，需要先通过如下命令导入标准集合包：

```
import std.collection.*
```

ArrayList<T> 使用泛型 T 来表示其元素类型，其中 T 可以是任意类型。例如：

```
var a: ArrayList<Int64> = ...
var b: ArrayList<String> = ...
```

注意，不同元素类型的 ArrayList 是不同的类型，因此它们之间不能互相赋值。例如，下面的赋值是不合法的：

```
b = a // 类型不匹配
```

1. 构造方法

仓颉语言提供了多种方式来构造 ArrayList 实例，具体说明如下。

- 空的 ArrayList，创建一个默认容量大小为 16 的空 ArrayList。例如：

```
let a = ArrayList<String>() // 创建一个空的 ArrayList, 元素类型为 String
```

- 预先分配的空间，创建一个具有指定初始容量的 ArrayList。例如：

```
let b = ArrayList<String>(100) // 创建一个元素类型为 String, 预分配空间为 100 的
ArrayList
```

- 从数组初始化，创建一个具有指定初始元素个数和指定规则函数的 ArrayList。例如：

```
let c = ArrayList<Int64>([0, 1, 2]) // 创建一个包含元素 0, 1, 2 的 ArrayList
```

- 从另一个集合初始化，创建一个包含指定数组中所有元素的 ArrayList。例如：

```
let d = ArrayList<Int64>(c) // 使用另一个 Collection 初始化 ArrayList
```

- 通过函数初始化元素，创建一个包含指定集合中所有元素的 ArrayList。例如：

```
let e = ArrayList<String>(2, {x: Int64 => x.toString()}) // 创建一个大小为 2 的
ArrayList, 元素通过函数初始化
```

2. 属性

在 ArrayList 中，属性 size 是一个公开的属性（public prop），用于返回 ArrayList 集合中当前存储的元素个数。这个属性是只读的，意味着不能直接给它赋值，而只能通过添加或删除 ArrayList 中的元素来改变它的值。

3. 方法

- append(element：T)：将元素添加到 ArrayList 末尾。
- appendAll(elements：Collection<T>)：将集合中的所有元素添加到 ArrayList 末尾。
- capacity()：返回 ArrayList 的容量大小。
- clear()：清空 ArrayList 中的所有元素。
- clone()：返回 ArrayList 实例的拷贝。
- get(index：Int64)：获取指定位置的元素。
- getRawArray()：返回 ArrayList 的原始数据（不安全操作）。
- insert(index：Int64, element：T)：在指定位置插入元素。
- insertAll(index：Int64, elements：Collection<T>)：从指定位置开始，插入集合中的所有元素。
- isEmpty()：检查 ArrayList 是否为空。
- iterator()：返回 ArrayList 中元素的迭代器。
- prepend(element：T)：在 ArrayList 起始位置插入元素。
- prependAll(elements：Collection<T>)：从起始位置开始，插入集合中的所有元素。
- remove(index：Int64)：删除指定位置的元素。
- remove(range：Range<Int64>)：删除指定范围的元素。
- removeIf(predicate：(T) -> Bool)：删除满足条件的所有元素。
- reserve(additional：Int64)：增加 ArrayList 实例的容量。
- reverse()：反转 ArrayList 中元素的顺序。
- set(index：Int64, element：T)：替换指定位置的元素。
- slice(range：Range<Int64>)：返回指定范围的 ArrayList 切片。
- sortBy(stable：Bool, comparator：(T, T) -> Ordering)：对数组中的元素进行排序。
- toArray()：返回包含所有元素的数组。

4. 运算符

- [](index: Int64)：获取指定索引的元素。
- [](index: Int64, value: T)：设置指定索引的元素。
- [](range: Range<Int64>)：获取指定范围的切片。

5. 扩展

- Equatable：支持判等操作。
- SortExtension：支持数组排序。
- ToString：支持转字符串操作。

ArrayList 是一种灵活的数据结构，适用于需要动态调整大小的场景。它的优点是可以根据需要自动调整大小，节省内存空间，并且可以频繁地添加或删除元素。缺点是在重新分配内存空间时可能会导致性能下降。

12.2.2 添加、遍历、修改和删除

在仓颉语言中，ArrayList 提供了一系列灵活的方法来操作集合中的元素，包括使用 append 和 insert 方法来添加单个或多个元素，利用 iterator 或 for-in 循环遍历来遍历所有元素，通过索引访问和 set 方法来修改特定位置的元素，以及使用 remove 方法来删除指定位置或满足特定条件的元素，从而实现对动态数组的高效管理。

实例 12-1：添加、遍历、修改和删除（源码路径：codes\12\Array\src\ArrayL01.cj）

本实例全面展示了对 ArrayList 的基本操作，包括创建、遍历、修改、添加和删除元素，以及如何检查列表的空状态，这些操作是日常编程中处理动态数组常用的方法。

```
import std.collection.*

main() {
    // 创建一个包含初始元素的 ArrayList
    let numbers = ArrayList<Int64>([5, 3, 8, 1, 4])

    // 输出 ArrayList 的元素
    println("Original ArrayList:")
    for (num in numbers) {
        println("The element is ${num}")
    }

    // 输出 ArrayList 的大小
    println("The size of ArrayList is ${numbers.size}")

    // 访问和修改指定位置的元素
    let firstElement = numbers[0] // 获取第一个元素
    println("First element is ${firstElement}")

    // 修改第一个元素
    numbers[0] = 10
    println("After modification, the first element is ${numbers[0]}")

    // 添加新元素
```

```
numbers.append(6)
println("After appending 6, the ArrayList contains:")
for (num in numbers) {
    println("The element is ${num}")
}

// 删除指定位置的元素
numbers.remove(2)  // 删除索引为2的元素
println("After removing element at index 2, the ArrayList contains:")
for (num in numbers) {
    println("The element is ${num}")
}

// 检查 ArrayList 是否为空
if (numbers.isEmpty()) {
    println("The ArrayList is empty.")
} else {
    println("The ArrayList is not empty.")
}
}
```

上述代码的实现流程如下。

首先，创建了一个包含初始元素（5, 3, 8, 1, 4）的 ArrayList 并输出这些元素。

接下来，打印输出了 ArrayList 的大小，展示了如何使用 size 属性来获取当前存储的元素个数。然后，它访问了第一个元素并进行了修改，将其值更改为 10，并打印了修改后的结果。

随后，向 ArrayList 中添加了一个新元素 6，并输出更新后的内容。接着，演示了如何删除指定位置的元素（索引为 2），并再次输出更新后的 ArrayList 内容。

最后，检查 ArrayList 是否为空，并根据检查结果输出相应的信息。

总之，本实例展示了 ArrayList 的基本操作，包括创建、访问、修改、添加、删除和检查状态，使得开发者能够快速了解如何在实际应用中使用这一数据结构。

执行后会输出下面的内容，首先输出了原始的 ArrayList 中的元素及其数量。接着，获取并打印了第一个元素的值，并通过下标修改它，随后输出修改后的值。添加新元素后，再次遍历并打印所有元素，显示了更新后的列表。随后，通过删除指定索引的元素，打印删除后的 ArrayList 内容，确认元素已被成功移除。最后，检查 ArrayList 是否为空，并输出相应的状态，表明集合中仍有元素。

```
Original ArrayList:
The element is 5
The element is 3
The element is 8
The element is 1
The element is 4
The size of ArrayList is 5
First element is 5
After modification, the first element is 10
After appending 6, the ArrayList contains:
The element is 10
```

```
The element is 3
The element is 8
The element is 1
The element is 4
The element is 6
After removing element at index 2, the ArrayList contains:
The element is 10
The element is 3
The element is 8
The element is 1
The element is 4
The element is 6
After removing element at index 2, the ArrayList contains:
The element is 10
The element is 3
The element is 1
The element is 4
The element is 6
After removing element at index 2, the ArrayList contains:
The element is 10
The element is 3
The element is 6
After removing element at index 2, the ArrayList contains:
The element is 10
The element is 3
After removing element at index 2, the ArrayList contains:
The element is 10
The element is 3
The element is 10
The element is 3
The element is 3
The element is 1
The element is 1
The element is 4
The element is 4
The element is 6
The ArrayList is not empty.
```

12.2.3 排序操作

在 ArrayList 中可以使用以下 2 个常用的内置函数实现排序功能，具体说明如下。

sort(stable: Bool)：功能是将当前数组内的元素以升序方式排序。参数 stable: Bool 用于设置是否使用稳定排序。如果为 true，相等元素的相对顺序保持不变；如果为 false，相对顺序可能会改变。

sortDescending(stable: Bool)：功能是将当前数组内的元素以降序方式排序。参数 stable: Bool 同样用于设置是否使用稳定排序。

实例 12-2：实现升序和降序排序（源码路径：codes\12\Array\src\ArrayL02.cj）

在本实例中演示了对 ArrayList 元素进行升序和降序排序的用法，同时输出排序前后的数组元素。

```
import std.collection.*
import std.sort.SortExtension    // 导入排序扩展

main() {
    // 创建一个包含初始元素的 ArrayList
    let numbers = ArrayList<Int64>([5, 3, 8, 1, 4])

    // 输出原始 ArrayList
    println("Original ArrayList:")
    for (num in numbers) {
        println("The element is ${num}")
    }

    // 使用 sort 进行升序排序
    numbers.sort(stable: false)
    println("Sorted ArrayList in ascending order:")
    for (num in numbers) {
        println("The element is ${num}")
    }

    // 使用 sortDescending 进行降序排序
    numbers.sortDescending(stable: false)
    println("Sorted ArrayList in descending order:")
    for (num in numbers) {
        println("The element is ${num}")
    }
}
```

上述代码的实现流程如下。

- 导入库：首先导入 std.collection 和 std.sort.SortExtension，以便使用 ArrayList 和排序功能。
- 创建数组：初始化一个 ArrayList，其中包含若干整数元素。
- 输出原始数组：通过循环遍历数组，打印每个元素，以显示原始数组的内容。
- 升序排序：调用 sort 函数对数组进行升序排序，并设置不使用稳定排序。排序后，再次遍历数组并打印每个元素，以显示排序结果。
- 降序排序：调用 sortDescending 函数对数组进行降序排序，同样设置为不使用稳定排序。排序完成后，遍历数组并打印每个元素，以显示降序排序的结果。

执行后会输出：

```
Original ArrayList:
The element is 5
The element is 3
The element is 8
The element is 1
The element is 4
Sorted ArrayList in ascending order:
The element is 1
The element is 3
The element is 4
The element is 5
```

```
The element is 8
Sorted ArrayList in descending order:
The element is 8
The element is 5
The element is 4
The element is 3
The element is 1
```

12.2.4 切片操作

在 ArrayList 中，内置函数 slice 用于从一个 ArrayList<T> 中提取特定范围的元素，并返回一个新的 ArrayList<T>。通过传入一个 Range<Int64> 对象，开发者可以指定要提取的元素索引范围。下面是函数 slice 的两种格式：

```
func slice(Range<Int64>)
public func slice(range: Range<Int64>): ArrayList<T>
```

上述格式的具体说明如下。
- range：一个 Range<Int64> 实例，定义了切片的起始和结束索引。
- start：切片的起始位置。
- end：切片的结束位置（如果 hasEnd 为 false，则提取到数组的最后一个元素）。
- 提取范围：根据传入的范围 range，从原数组中获取相应的元素。
- 返回新数组：返回一个新的 ArrayList<T>，包含所提取的元素。

注意：如果 range 是使用 Range 构造函数创建的，start 值由构造函数的输入直接决定。当 hasEnd 为 false 时 end 的值将不生效，切片会一直延续到原数组的最后一个元素。

实例 12-3：操作一个购物清单（源码路径：codes\12\Array\src\ArrayL03.cj）

本实例模拟了一个购物清单的管理过程，展示了如何添加、移除物品以及清空清单的用法。通过切片操作，用户可以获取特定范围内的水果，方便管理和选择购物项。

```
import std.collection.*

main() {
    // 创建一个包含购物清单的 ArrayList
    var shoppingList: ArrayList<String> = ArrayList<String>("牛奶", "面包", "鸡蛋")
// 初始购物清单

    // 移除不需要的项，例如面包
    shoppingList.remove(1) // shoppingList: ["牛奶", "鸡蛋"]

    // 获取当前购物清单中最后一项
    var lastItem = shoppingList.get(1)
    print("最后一项是：${lastItem.getOrThrow()}, ")

    // 清空购物清单，准备下一次购物
    shoppingList.clear()

    // 添加新物品到购物清单中
    shoppingList.append("苹果") // shoppingList: ["苹果"]
```

```
    // 创建一个新的数组，代表即将购买的水果
    var fruits: Array<String> = ["橙子", "香蕉", "葡萄"]
    // 将即将购买的水果插入购物清单的开始位置
    shoppingList.insertAll(0, fruits) // shoppingList: ["橙子", "香蕉",
"葡萄", "苹果"]

    // 获取购物清单的第一项
    var firstItem = shoppingList.get(0)
    print("购物清单的第一项是: ${firstItem.getOrThrow()}, ")

    // 定义一个范围，表示要获取的水果范围
    let fruitRange: Range<Int64> = 1..=2 : 1
    // 进行切片操作，获取特定范围的水果
    var selectedFruits: ArrayList<String> = shoppingList.slice(fruitRange) //
selectedFruits: ["香蕉", "葡萄"]

    // 获取切片中的第一项
    var selectedFirstItem = selectedFruits.get(0)
    print("选中的水果第一项是: ${selectedFirstItem.getOrThrow()}")

    return 0
}
```

上述代码的实现流程如下。

- 创建购物清单：初始化一个 ArrayList，用于存储购物清单中的物品（如数字表示的物品编号）。
- 移除物品：通过调用 remove 方法，从清单中移除指定的物品，并展示当前清单状态。
- 获取物品：使用 get 方法获取特定索引的物品，并打印其值。
- 清空清单：调用 clear 方法，清空购物清单。
- 添加新物品：使用 append 方法向清单添加新的物品，并展示更新后的清单状态。
- 插入多个物品：通过 insertAll 方法在清单的开头插入一组新的物品。
- 切片操作：定义一个范围 Range，使用 slice 方法从清单中获取特定范围的子清单，并展示该子清单的第一个物品。

执行后会输出：

最后一项是：鸡蛋，购物清单的第一项是：橙子，选中的水果第一项是：香蕉

12.3　HashSet

HashSet 是一种集合类型，允许存储不重复的元素。与其他集合类型相比，HashSet 通过哈希表实现，使其在添加、查找和删除元素时具有较高的效率。使用 HashSet 时需要导入 std.collection.* 包。

12.3.1　HashSet 介绍

在仓颉语言中，HashSet 表示为 HashSet<T>，其中 T 是元素的类型。元素类型 T 必须实现 Hashable 和 Equatable<T> 接口，这意味着 HashSet 可以处理的类型包括基本数据类型（如 Int64 和

String）以及用户定义的结构。例如：
```
var a: HashSet<Int64> = ... // 元素类型为 Int64 的 HashSet
var b: HashSet<String> = ... // 元素类型为 String 的 HashSet
```

1. 构造方法

仓颉语言提供了多种方式来构造 HashSet 实例，具体说明如下。

（1）创建空 HashSet：
```
let a = HashSet<String>() // 创建一个空的 HashSet，元素类型为 String
```

（2）指定容量创建 HashSet：
```
let b = HashSet<String>(100) // 创建一个容量为 100 的 HashSet
```

（3）从数组初始化 HashSet：
```
let c = HashSet<Int64>([0, 1, 2]) // 创建一个包含元素 0, 1, 2 的 HashSet
```

（4）从另一个集合初始化：
```
let d = HashSet<Int64>(c) // 从集合 c 初始化 HashSet
```

（5）使用规则函数初始化 HashSet：
```
let e = HashSet<Int64>(10, {x: Int64 => (x * x)}) // 使用指定规则函数创建 HashSet
```

2. 属性

size 是 HashSet 类的一个属性，用于返回集合中存储的元素数量，它提供了一种快速获取集合大小的方法，从而可以用于判断集合是否为空或需要进行扩容等操作。

3. 方法

- capacity()：返回 HashSet 的内部数组容量大小。
- clear()：移除 HashSet 中的所有元素。
- clone()：克隆 HashSet。
- contains(element: T)：判断 HashSet 是否包含指定元素。
- containsAll(elements: Collection<T>)：判断 HashSet 是否包含指定集合中的所有元素。
- isEmpty()：判断 HashSet 是否为空。
- iterator()：返回 HashSet 的迭代器。
- put(element: T)：将指定的元素添加到 HashSet 中。
- putAll(elements: Collection<T>)：添加集合中的所有元素至 HashSet 中。
- remove(element: T)：如果指定元素存在于 HashSet 中，则将其移除。
- removeAll(elements: Collection<T>)：移除 HashSet 中那些也包含在指定集合中的所有元素。
- removeIf(predicate: (T) -> Bool)：传入 Lambda 表达式，如果满足 true 条件，则删除对应的元素。
- retainAll(elements: Set<T>)：从此 HashSet 中保留 Set 中的元素。
- subsetOf(other: Set<T>)：检查该集合是否为其他 Set 的子集。
- toArray()：返回一个包含容器内所有元素的数组。

4. 运算符重载

- ==(that: HashSet<T>)：判断当前实例与参数指向的 HashSet 实例是否相等。
- !=(that: HashSet<T>)：判断当前实例与参数指向的 HashSet 实例是否不等。

5. 扩展

- Equatable：支持判等操作，要求元素类型 T 实现 Equatable 接口。
- ToString：支持转字符串操作，要求元素类型 T 实现 ToString 接口。

12.3.2 添加、遍历、修改和删除

在仓颉语言中，HashSet 是一种集合类型，用于存储不重复的元素。可以使用 put 方法添加单个元素或使用 putAll 方法批量添加元素。遍历 HashSet 可以通过 for-in 循环实现，但注意其顺序不一定与插入顺序一致。对于修改和删除操作，remove 方法可用于删除特定元素，而 removeIf 方法则允许根据条件删除多个元素，提供了灵活的集合管理功能。

实例 12-4：添加、遍历、修改和删除（源码路径：codes\12\Array\src\HashSet01.cj）

本实例使用 HashSet 实现了对元素的添加、遍历、检查和删除操作，通过使用 put、putAll、remove、contains 方法和 for-in 循环，展示了 HashSet 的基本功能和特性。

```
import std.collection.*

main() {
    // 创建一个空的 HashSet，元素类型为 Int64
    let mySet = HashSet<Int64>()

    // 添加元素
    mySet.put(0) // mySet 现在包含元素 0
    mySet.put(1) // mySet 现在包含元素 0, 1
    mySet.put(1) // 重复添加元素 1，mySet 仍然包含元素 0, 1

    // 添加多个元素
    let additionalElements = [2, 3, 4]
    mySet.putAll(additionalElements) // mySet 现在包含元素 0, 1, 2, 3, 4

    // 遍历 HashSet
    println("遍历 HashSet 中的元素:")
    for (i in mySet) {
        println("The element is ${i}")
    }

    // 输出 HashSet 的大小
    println("HashSet 的大小为: ${mySet.size}")

    // 检查某个元素是否存在
    let containsZero = mySet.contains(0) // true
    let containsFive = mySet.contains(5) // false
    println("HashSet 是否包含 0: ${containsZero}")
    println("HashSet 是否包含 5: ${containsFive}")

    // 删除元素
    mySet.remove(1) // mySet 现在包含元素 0, 2, 3, 4
    println("删除元素 1 后的 HashSet:")
    for (i in mySet) {
```

```
        println("The element is ${i}")
    }

    // 删除不存在的元素
    mySet.remove(5) // 不会有任何效果
    println("尝试删除元素 5 后的 HashSet:")
    for (i in mySet) {
        println("The element is ${i}")
    }
}
```

上述代码的具体说明如下。
- 导入库：使用 import std.collection.* 导入集合库。
- 创建 HashSet：创建一个空的 HashSet 实例 mySet。
- 添加元素：使用 put 方法添加单个元素，并使用 putAll 方法添加多个元素。
- 遍历元素：使用 for-in 循环遍历 HashSet 中的元素并打印。
- 获取大小：使用 size 属性获取 HashSet 中元素的数量。
- 检查元素：使用 contains 方法检查特定元素是否在 HashSet 中。
- 删除元素：使用 remove 方法删除元素，并展示删除后的 HashSet 状态。

执行后会输出：

```
历 HashSet 中的元素:
The element is 0
The element is 1
The element is 2
The element is 3
The element is 4
HashSet 的大小为: 5
HashSet 是否包含 0: true
HashSet 是否包含 5: false
删除元素 1 后的 HashSet:
The element is 0
The element is 2
The element is 3
The element is 4
尝试删除元素 5 后的 HashSet:
The element is 0
The element is 2
The element is 3
The element is 4
```

12.3.3 排序操作

在仓颉语言中，HashSet 本身不支持直接排序，因为它是一个无序集合。如果需要对 HashSet 中的元素进行排序，通常可以先将其转换为数组或列表，然后对该数组或列表进行排序。具体实现步骤如下。

（1）将 HashSet 转换为数组：使用 toArray() 方法将 HashSet 中的元素提取到一个数组中。

（2）对数组进行排序：使用适当的排序函数对数组进行排序，如 sort(stable: Bool) 和 sortDescending (stable: Bool)。

（3）如果需要，转换回 HashSet。转换方法是在排序后可以将结果重新放入一个 HashSet，但这样将失去排序信息，因为 HashSet 不维护顺序。

实例 12-5：排序 HashSet 元素（源码路径：codes\12\Array\src\HashSet02.cj）

本实例展示了如何将 HashSet 中的元素转换为数组并进行排序的用法，首先对数组执行升序和降序排序，然后打印排序前后的结果。

```
import std.collection.*    // 导入集合包
import std.sort.SortExtension    // 导入排序扩展

main() {
    // 创建一个包含初始元素的 HashSet
    let mySet = HashSet<Int64>([5, 3, 8, 1, 4])

    // 将 HashSet 转换为数组
    let arr = mySet.toArray()

    // 输出原始数组
    println("Original HashSet converted to array:")
    for (num in arr) {
        println("The element is ${num}")
    }

    // 使用 sort 进行升序排序
    arr.sort(stable: false)
    println("Sorted array in ascending order:")
    for (num in arr) {
        println("The element is ${num}")
    }

    // 使用 sortDescending 进行降序排序
    arr.sortDescending(stable: false)
    println("Sorted array in descending order:")
    for (num in arr) {
        println("The element is ${num}")
    }
}
```

上述代码的具体说明如下。
- 导入所需的库：导入 std.collection 和 std.sort.SortExtension。
- 创建 HashSet：初始化一个包含多个整数的 HashSet。
- 转换为数组：使用 toArray() 方法将 HashSet 转换为数组，以便进行排序。
- 排序操作：使用 sort 方法进行升序排序，使用 sortDescending 方法进行降序排序。
- 输出结果：打印排序前后的数组内容。

执行后会输出：

```
Original HashSet converted to array:
The element is 5
```

```
The element is 3
The element is 8
The element is 1
The element is 4
Sorted array in ascending order:
The element is 1
The element is 3
The element is 4
The element is 5
The element is 8
Sorted array in descending order:
The element is 8
The element is 5
The element is 4
The element is 3
The element is 1
```

12.3.4 切片操作

在仓颉语言中,HashSet 不支持切片操作。HashSet 是一个无序集合,主要用于存储不重复的元素。虽然可以将 HashSet 转换为数组(或其他可切片的集合),但切片操作本身不是 HashSet 的内置功能。如果需要切片操作,可以先将 HashSet 转换为数组,再对数组进行切片。

实例 12-6:对 HashSet 实现切片操作(源码路径:codes\12\Array\src\HashSet03.cj)

在本实例中创建了一个包含初始元素的 HashSet,然后将其转换为数组。接着,通过定义一个范围对数组进行切片操作,提取特定索引范围内的元素。

```
import std.collection.*

main() {
    // 创建一个包含初始元素的 HashSet
    var mySet: HashSet<Int64> = HashSet<Int64>([5, 3, 8, 1, 4]) // 初始 HashSet

    // 将 HashSet 转换为数组
    var array: Array<Int64> = mySet.toArray()

    // 输出原始数组
    println("Original Array:")
    for (num in array) {
        println("The element is ${num}")
    }

    // 定义起始和结束索引
    let startIndex: Int64 = 1
    let endIndex: Int64 = 3

    // 进行切片操作,获取特定范围的元素
    var selectedElements: Array<Int64> = array.slice(startIndex, endIndex)

    // 输出切片后的元素
```

```
    println("Selected elements from the slice:")
    for (num in selectedElements) {
        println("The element is ${num}")
    }
}
```

上述代码，从原始数组中提取了索引 1 到 3 的元素（包括起始索引但不包括结束索引），需要注意的是，由于 HashSet 的无序特性，元素的顺序可能会有所不同。执行后会输出：

```
Original Array:
The element is 5
The element is 3
The element is 8
The element is 1
The element is 4
Selected elements from the slice:
The element is 3
The element is 8
The element is 1
```

12.4　HashMap

HashMap 是仓颉语言中的一种集合类型，用于存储键值对。HashMap 基于哈希表实现，提供高效的元素访问和修改功能。每个元素通过一个唯一的键进行标识，可以快速查找、插入和删除。

12.4.1　HashMap 介绍

在仓颉语言中，HashMap 是一种用于存储键值对的集合类型，提供快速的访问和修改能力。在使用 HashMap 之前需要先通过如下命令导入 collection 包：

```
import std.collection.*
```

可以使用 HashMap 类型来构造元素为键值对的 Collection，仓颉使用 HashMap<K, V> 表示 HashMap 类型，K 表示 HashMap 的键类型，K 必须是实现了 Hashable 和 Equatable<K> 接口的类型，如数值或 String，V 表示 HashMap 的值类型，V 可以是任意类型。

1. 构造方法
- init()：构造一个默认初始容量为 16 的空 HashMap。
- init(elements: Array<(K, V)>)：通过传入的键值对数组构造一个 HashMap。
- init(elements: Collection<(K, V)>)：通过传入的键值对集合构造一个 HashMap。
- init(capacity: Int64)：构造一个带有指定容量大小的 HashMap。
- init(size: Int64, initElement: (Int64) -> (K, V))：通过传入的元素个数和函数规则来构造 HashMap。

2. 属性

在 HashMap 中，使用属性 size 返回 HashMap 中键值对的数量。

3. 方法
- capacity()：返回 HashMap 的容量。

- clear()：清除 HashMap 中的所有键值对。
- clone()：克隆 HashMap。
- contains(key: K)：判断 HashMap 是否包含指定键的映射。
- containsAll(keys: Collection<K>)：判断 HashMap 是否包含指定集合中的所有键的映射。
- entryView(key: K)：返回一个对 HashMap 中特定键的引用视图。
- get(key: K)：返回指定键映射的值。
- isEmpty()：判断 HashMap 是否为空。
- iterator()：返回 HashMap 的迭代器。
- keys()：返回 HashMap 中所有的键。
- put(key: K, value: V)：将键值对放入 HashMap 中。
- putAll(elements: Collection<(K, V)>)：将新的键值对集合放入 HashMap 中。
- putIfAbsent(key: K, value: V)：如果 HashMap 中不存在键，则插入键值对。
- remove(key: K)：从 HashMap 中删除指定键的映射。
- removeAll(keys: Collection<K>)：从 HashMap 中删除指定集合中键的映射。
- removeIf(predicate: (K, V) –> Bool)：传入 Lambda 表达式，删除满足条件的键值对。
- reserve(additional: Int64)：扩容 HashMap。
- toArray()：构造一个包含 HashMap 内键值对的数组。
- values()：返回 HashMap 中包含的值。

4. 运算符重载

- [](key: K, value!: V)：运算符重载，用于添加或更新键值对。
- [](key: K)：运算符重载，用于获取与键对应的值。

5. 扩展

- Equatable：支持判等操作，要求键值类型 K 和 V 实现 Equatable 接口。
- ToString：支持转字符串操作，要求键值类型 K 和 V 实现 ToString 接口。

上面是 HashMap 的全部内置成员函数和属性，它们提供了丰富的功能，使其成为一个灵活且强大的键值对集合类，适用于需要快速查找、添加和删除键值对的场景。

12.4.2 添加、遍历、修改和删除

在仓颉语言中，HashMap 提供了丰富的功能来管理键值对。通过 put 方法，可以轻松添加或更新键值对，使用下标语法也能直接进行赋值。遍历 HashMap 可以通过 for-in 循环访问所有元素，尽管遍历顺序可能与插入顺序不同。要删除特定的键值对，可以使用 remove 方法，指定要删除的键。同时，contains 方法允许检查某个键是否存在于 HashMap 中。这些操作使得 HashMap 在需要高效管理和快速访问键值对的场景中非常实用。

实例 12-7：实现 HashMap 的添加、遍历、修改和删除操作（源码路径：codes\12\Array\src\HashMap01.c）

本实例演示了在标准库中使用 HashMap 的用法，涵盖了常见的操作方法，包括添加元素、修改元素、删除元素、遍历元素、检查键是否存在以及异常处理。

```
import std.collection.*
```

```
main() {
    // 创建一个 HashMap, 键类型为 String, 值类型为 Int64
    let map = HashMap<String, Int64>()

    // 添加键值对
    map.put("apple", 1)
    map.put("banana", 2)
    map.put("orange", 3)

    // 遍历 HashMap 的所有元素
    println("遍历 HashMap:")
    for ((k, v) in map) {
        println("The key is ${k}, the value is ${v}")
    }

    // 输出 HashMap 的大小
    println("HashMap 的大小是: ${map.size}")

    // 修改某个键的值
    map["banana"] = 5
    println("修改后的 'banana' 的值: ${map["banana"]}")

    // 添加新元素
    map["grape"] = 4
    println("添加后的元素:")
    for ((k, v) in map) {
        println("The key is ${k}, the value is ${v}")
    }

    // 删除一个键
    map.remove("orange")
    println("删除 'orange' 后的元素:")
    for ((k, v) in map) {
        println("The key is ${k}, the value is ${v}")
    }

    // 判断某个键是否存在
    if (map.contains("apple")) {
        println("'apple' 存在于 HashMap 中")
    } else {
        println("'apple' 不存在于 HashMap 中")
    }

    // 尝试访问一个不存在的键（会引发运行时异常）
    // let nonExistentValue = map["pear"] // 取消注释将引发异常

    return 0
}
```

上述代码的具体说明如下。

- 创建 HashMap：初始化一个空的 HashMap，键类型为 String，值类型为 Int64。

- 添加元素：使用 put 方法向 HashMap 添加多个键值对。
- 遍历元素：使用 for-in 循环遍历 HashMap，输出每个键值对。
- 修改元素：通过下标语法修改某个键对应的值。
- 删除元素：使用 remove 方法删除指定的键。
- 检查键的存在：使用 contains 方法检查某个键是否存在于 HashMap 中。
- 异常处理：示例中注释部分展示了尝试访问不存在键的情况（会引发运行时异常）。

执行后会输出：

```
遍历 HashMap:
The key is apple, the value is 1
The key is banana, the value is 2
The key is orange, the value is 3
HashMap 的大小是：3
修改后的 'banana' 的值：5
添加后的元素：
The key is apple, the value is 1
The key is banana, the value is 5
The key is orange, the value is 3
The key is grape, the value is 4
删除 'orange' 后的元素：
The key is apple, the value is 1
The key is banana, the value is 5
The key is grape, the value is 4
'apple' 存在于 HashMap 中
```

12.4.3 切片操作

在仓颉语言中，HashMap 的切片操作通过将 HashMap 转换为数组实现，允许用户获取指定范围内的键值对。切片操作使用数组的索引范围，如 [start..end]，从而提取出从 start 到 end-1 的元素。此方法非常灵活，适合于需要部分访问 HashMap 数据的场景，能够快速获取和处理特定的键值对集合。

实例 12-8： 对 HashMap 实现切片操作（源码路径：codes\12\Array\src\HashMap02.c）

本实例对 HashMap 进行切片操作，在具体实现时先将 HashMap 转换为数组，然后选择特定范围的元素来实现切片功能。

```
import std.collection.*   // 导入集合包

main() {
    // 创建一个包含初始元素的 HashMap
    let myMap = HashMap<String, Int64>([("apple", 3), ("banana", 1), ("cherry", 2), ("date", 4), ("elderberry", 5)])

    // 将 HashMap 的键值对转换为数组
    let entries = myMap.toArray()

    // 输出原始数组
    println("Original HashMap entries converted to array:")
```

```
    for ((k, v) in entries) {
        println("Key: ${k}, Value: ${v}")
    }

    // 进行切片操作,获取从索引 1 到 3 的元素(不包括索引 3)
    let slicedEntries = entries[1..3]    // 获取键值对从索引 1 到 2 的切片

    // 输出切片后的结果
    println("Sliced entries from index 1 to 3:")
    for ((k, v) in slicedEntries) {
        println("Key: ${k}, Value: ${v}")
    }
}
```

上述代码的具体说明如下。
- 创建 HashMap:示例中创建了一个包含多个水果名称及其对应数量的 HashMap。
- 转换为数组:使用 toArray() 方法将 HashMap 转换为数组,以便进行切片操作。
- 切片操作:通过索引范围 [1..3] 获取切片,包含索引 1 和 2 的元素。
- 输出结果:打印输出切片后的数组元素。

执行后会输出:

```
Original HashMap entries converted to array:
Key: apple, Value: 3
Key: banana, Value: 1
Key: cherry, Value: 2
Key: date, Value: 4
Key: elderberry, Value: 5
Sliced entries from index 1 to 3:
Key: banana, Value: 1
Key: cherry, Value: 2
```

12.5 LinkedList

在仓颉语言中,LinkedList 是一种双向链表数据结构,支持元素的双向遍历。LinkedList 允许在链表的任意位置高效地插入和删除元素。

12.5.1 LinkedList 介绍

链表(LinkedList)是一种常见的数据结构,它由一系列节点组成,每个节点包含指向前一个节点和后一个节点的指针。这种双向链表结构允许高效地插入、删除和遍历操作。LinkedList 的主要特性如下。
- 双向遍历:可以从头到尾或从尾到头遍历链表。
- 动态大小:链表大小可以随时调整,不需要事先定义大小。
- 高效地插入和删除:在任意位置插入和删除元素的操作时间复杂度为 O(1),而在数组中则通常为 O(n)。

1. 构造方法
- init()：构造一个空的 LinkedList。
- init(elements: Array<T>)：按照数组的遍历顺序构造一个包含指定集合元素的 LinkedList 实例。
- init(elements: Collection<T>)：按照集合迭代器返回元素的顺序构造一个包含指定集合元素的 LinkedList。
- init(size: Int64, initElement: (Int64) -> T)：创建一个包含指定数量元素的 LinkedList，其中每个元素由提供的函数生成。

2. 属性
- first：返回 LinkedList 中第一个元素的值，如果链表为空则返回 None。
- last：返回 LinkedList 中最后一个元素的值，如果链表为空则返回 None。
- size：返回链表中的元素数量。

3. 方法
- append(element: T)：在链表的尾部位置添加一个元素，并返回该元素的节点。
- clear()：删除链表中的所有元素。
- firstNode()：获取链表中的第一个元素的节点。
- insertAfter(node: LinkedListNode<T>, element: T)：在链表中指定节点的后面插入一个元素，并返回该元素的节点。
- insertBefore(node: LinkedListNode<T>, element: T)：在链表中指定节点的前面插入一个元素，并返回该元素的节点。
- isEmpty()：判断链表是否为空。
- iterator()：返回当前集合中元素的迭代器，其顺序是从链表的第一个节点到链表的最后一个节点。
- lastNode()：获取链表中的最后一个元素的节点。
- nodeAt(index: Int64)：获取链表中的第 index 个元素的节点，编号从 0 开始。
- popFirst()：移除链表的第一个元素，并返回该元素的值。
- popLast()：移除链表的最后一个元素，并返回该元素的值。
- prepend(element: T)：在链表的头部位置插入一个元素，并返回该元素的节点。
- remove(node: LinkedListNode<T>)：删除链表中指定节点。
- removeIf(predicate: (T) -> Bool)：删除此链表中满足给定 Lambda 表达式或函数的所有元素。
- reverse()：反转此链表中的元素顺序。
- splitOff(node: LinkedListNode<T>)：从指定的节点开始，将链表分割为两个链表。
- toArray()：返回一个数组，数组包含该链表中的所有元素，并且顺序与链表的顺序相同。

4. 运算符重载
- ==(right: LinkedList<T>)：判断当前实例与参数指向的 LinkedList<T> 实例是否相等。
- !=(right: LinkedList<T>)：判断当前实例与参数指向的 LinkedList<T> 实例是否不等。

5. 扩展
- Equatable：支持判等操作，要求元素类型 T 实现 Equatable 接口。
- ToString：支持转字符串操作，要求元素类型 T 实现 ToString 接口。

12.5.2 添加、遍历、修改和删除

在仓颉语言中，LinkedList 提供了对链表数据结构的操作。使用 append 方法可以向链表中添加数据，使用 iterator() 方法遍历链表中的所有元素，并通过 nodeAt(index) 获取特定位置的节点以修改其值。同时，firstNode() 获取链表的第一个节点，使用 remove 方法可以删除指定节点。仓颉语言通过这些简洁的操作，提供了对链表数据的灵活管理。

实例 12-9：基于 LinkedList 的图书借阅管理系统（源码路径：codes\12\Array\src\LinkedList01.cj）

本实例展示了使用链表存储和管理书籍信息的用法，包括添加、遍历、修改和删除书籍操作，通过操作链表节点，演示了动态数据结构的基本用法和处理方式。

```
import std.collection.*

// 定义书籍数据结构
class Book {
    var title: String
    var author: String

    public init(title: String, author: String) {
        this.title = title
        this.author = author
    }

    public func toString(): String {
        return "${title} by ${author}"
    }
}

// 主函数
main() {
    // 创建一个链表来存储书籍
    let bookList = LinkedList<Book>()

    // 添加书籍到链表
    bookList.append(Book("《活着》", "余华"))
    bookList.append(Book("《平凡的世界》", "路遥"))
    bookList.append(Book("《百年孤独》", "加西亚·马尔克斯"))

    // 遍历链表并输出书籍信息
    println("书籍列表:")
    for (book in bookList.iterator()) {
        println(book.toString())
    }

    // 修改第二本书的标题
    if (bookList.size > 1) {
        let secondBookNode = bookList.nodeAt(1)
        match (secondBookNode) {
            case Some(node) =>
```

```
                node.value.title = "《平凡的世界（修订版）》"
                println("修改后的第二本书: ${node.value.toString()}")
            case None =>
                println("未找到第二本书")
        }
    }

    // 删除第一本书
    if (bookList.size > 0) {
        let firstBookNode = bookList.firstNode()
        match (firstBookNode) {
            case Some(node) =>
                let removedBook = node.value.toString()   // 获取书籍信息
                bookList.remove(node)
                println("删除了第一本书: ${removedBook}")
            case None =>
                println("未找到第一本书")
        }
    }

    // 输出当前书籍数量
    println("当前书籍数量: ${bookList.size}")
}
```

上述代码的具体说明如下：
- 首先，定义了一个 Book 类来表示书籍，包含书名和作者的属性。
- 然后，在主函数中，创建了一个 LinkedList 来存储多个 Book 对象，并依次向链表中添加书籍。
- 接下来，通过 iterator 遍历链表，输出每本书的详细信息。随后，代码根据条件检查链表的大小，并修改第二本书的标题，使用 nodeAt(1) 获取第二个节点后更新书名。然后，它尝试删除链表的第一本书，使用 firstNode() 获取第一个节点并将其移除。
- 最后，打印输出链表中剩余的书籍数量，展示如何在仓颉语言中进行链表的添加、修改、删除等操作。执行后会输出：

```
书籍列表:
《活着》 by 余华
《平凡的世界》 by 路遥
《百年孤独》 by 加西亚·马尔克斯
修改后的第二本书: 《平凡的世界（修订版）》by 路遥
删除了第一本书: 《活着》 by 余华
当前书籍数量: 2
```

12.6 TreeMap

TreeMap 是一个基于平衡二叉搜索树实现的 Map 接口实例，主要用于提供有序的键值对存储结构。它能够快速进行插入、删除和查找操作，适合用于需要有序数据的场景，如数据库、缓存和查找表等。

12.6.1 TreeMap 介绍

在仓颉语言中，TreeMap<K, V> 是基于平衡二叉搜索树实现的 Map 接口实例。TreeMap 提供了一个有序的键值对存储结构，支持快速地插入、删除和查找操作。由于其有序性，TreeMap 特别适用于需要按键排序或范围查询的场景，如数据库索引、缓存系统和查找表等。

1. 构造方法

- init()：构造一个空的 TreeMap。
- init(elements: Array<(K, V)>)：通过传入的键值对数组构造一个 TreeMap。
- init(elements: Collection<(K, V)>)：通过传入的键值对集合构造一个 TreeMap。
- init(size: Int64, initElement: (Int64) –> (K, V))：通过传入的元素个数和函数规则来构造 TreeMap。

2. 属性

属性 size 用于返回 TreeMap 中键值对的数量。

3. 方法

- clear()：清除 TreeMap 中的所有键值对。
- clone()：克隆 TreeMap，返回一个新的 TreeMap 实例。
- contains(key: K)：判断 TreeMap 是否包含指定键的映射。
- containsAll(keys: Collection<K>)：判断 TreeMap 是否包含指定集合中的所有键的映射。
- findLower(bound: K, inclusive: Bool = false)：返回比传入的键小的最大元素。
- findUpper(bound: K, inclusive: Bool = false)：返回比传入的键大的最小元素。
- firstEntry()：获取 TreeMap 的第一个元素。
- get(key: K)：返回指定键映射的值。
- isEmpty()：判断 TreeMap 是否为空。
- iterator()：返回 TreeMap 的迭代器，迭代器按 Key 值从小到大的顺序迭代。
- keys()：返回 TreeMap 中所有的键。
- lastEntry()：获取 TreeMap 的最后一个元素。
- popFirstEntry()：删除 TreeMap 的第一个元素。
- popLastEntry()：删除 TreeMap 的最后一个元素。
- put(key: K, value: V)：将新的键值对放入 TreeMap 中。
- putAll(elements: Collection<(K, V)>)：将新的键值对集合放入 TreeMap 中。
- remove(key: K)：从 TreeMap 中删除指定键的映射。
- removeAll(keys: Collection<K>)：从 TreeMap 中删除指定集合中键的映射。
- removeIf(predicate: (K, V) –> Bool)：传入 lambda 表达式，删除满足条件的键值对。
- values()：返回 TreeMap 中包含的值。

4. 运算符重载

- [](key: K, value!: V)：运算符重载，用于添加或更新键值对。
- [](key: K)：运算符重载，用于获取与键对应的值。

5. 扩展

- Equatable：支持判等操作，要求键值类型 K 和 V 实现 Equatable 接口。

- ToString：支持转字符串操作，要求键值类型 K 和 V 实现 ToString 接口。

上面列出的都是 TreeMap 的全部内置成员函数和属性，它们提供了丰富的功能，使其成为一个灵活且强大的有序键值对集合类，特别适用于需要有序存储和快速查找的场景。

12.6.2　添加、遍历、修改和删除

在仓颉语言中，TreeMap 是一种基于平衡二叉搜索树的数据结构，用于存储有序的键值对。以下是对 TreeMap 的添加、遍历、修改和删除操作知识的介绍。

- 添加操作：使用 put(key: K, value: V) 方法可以将新的键值对添加到 TreeMap 中。如果键已存在，新的值将替换旧的值。此外，可以使用 putAll(elements: Collection<(K, V)>) 方法批量添加多个键值对。
- 遍历操作：可以通过调用 iterator() 方法获取一个迭代器，按键的自然顺序遍历 TreeMap 中的所有键值对。使用 keys() 方法可以获取所有键的集合。
- 修改操作：通过 get(key: K) 方法可以检索指定键对应的值，如果该键存在，则可以直接对其进行修改。此外，使用 put 方法也可以直接更新已有键的值。
- 删除操作：使用 remove(key: K) 方法可以删除指定键的映射。如果键存在，方法会返回被移除的值；如果不存在，则返回 None。另外，可以使用 removeAll(keys: Collection<K>) 方法批量删除多个键。

通过这些操作，TreeMap 提供了一种灵活且高效的方式来管理有序的键值对，非常适合需要快速查找和修改数据的场景。

实例 12-10：基于 TreeMap 的校园活动日程管理（源码路径：codes\12\Array\src\TreeMap01.cj）

本实例展示了如何在校园生活中使用 TreeMap 来管理活动日程，通过添加、遍历、修改和删除操作，活动的管理更加高效有趣。

```
import std.collection.*

class Event {
    var name: String
    var date: String

    public init(name: String, date: String) {
        this.name = name
        this.date = date
    }

    public func toString(): String {
        return "${name} on ${date}"
    }
}

main() {
    // 创建一个 TreeMap 存储活动，键为活动名称，值为活动对象
    let eventMap = TreeMap<String, Event>()

    // 添加活动
```

```
    eventMap.put("迎新晚会", Event("迎新晚会", "2024-09-30"))
    eventMap.put("科技节", Event("科技节", "2024-10-15"))
    eventMap.put("运动会", Event("运动会", "2024-11-05"))

    // 遍历并输出活动信息
    println("校园活动日程:")
    for ((name, event) in eventMap.iterator()) {
        println(event.toString())
    }

    // 修改某个活动的日期
    if (eventMap.contains("科技节")) {
        let techFest = eventMap.get("科技节")
        match (techFest) {
            case Some(event) =>
                event.date = "2024-10-20"   // 更新科技节日期
                println("修改后的科技节: ${event.toString()}")
            case None =>
                println("未找到科技节活动")
        }
    }

    // 删除某个活动
    if (eventMap.contains("迎新晚会")) {
        let removedEvent = eventMap.remove("迎新晚会")
        match (removedEvent) {
            case Some(event) =>
                println("删除了活动: ${event.toString()}")
            case None =>
                println("未找到迎新晚会活动")
        }
    }

    // 输出当前活动数量
    println("当前活动数量: ${eventMap.size}")
}
```

上述代码的具体说明如下。

- 定义活动类：创建一个 Event 类，用于存储活动名称和日期，并实现一个方法用于返回活动信息的字符串表示。
- 创建 TreeMap：在 main 函数中，初始化一个 TreeMap，键为活动名称，值为 Event 对象。
- 添加活动：向 TreeMap 中添加校园活动，如迎新晚会、科技节和运动会。
- 遍历活动：使用迭代器遍历 TreeMap，输出所有活动的名称和日期。
- 修改活动：检查是否存在"科技节"，如果存在，则修改其日期并输出修改后的信息。
- 删除活动：检查是否存在"迎新晚会"，如果存在，则删除该活动并输出删除的信息。
- 输出活动数量：最后，输出当前活动的数量，以展示 TreeMap 的状态。

执行后会输出：

校园活动日程：
科技节 on 2024-10-15
迎新晚会 on 2024-09-30
运动会 on 2024-11-05
修改后的科技节：科技节 on 2024-10-20
删除了活动：迎新晚会 on 2024-09-30
当前活动数量：2

第 13 章
包

　　"包"是编程中的一个重要概念，用于组织和管理相关代码的集合。它将类、接口、函数等结构分组在一起，从而提高代码的可读性和可维护性。包提供了命名空间，避免了命名冲突，并且可以控制访问权限，增强代码的封装性。此外，包的使用促进了代码的复用和共享，开发者可以通过包管理工具轻松处理依赖关系和更新，从而提高开发效率。

13.1 包的基础知识介绍

在编程语言中，"包"是一个用于组织和管理代码的结构，它将相关的类、接口、函数和其他资源组合在一起。本节的内容，将详细讲解包的基础知识和相关概念。

13.1.1 推出包的历史背景

在现代软件开发的背景下，随着项目规模的不断扩大和复杂性的增加，开发者们面临着越来越多的挑战。代码量的激增使得管理和维护变得愈加困难，如何有效地组织这些代码成为一个亟待解决的问题。同时，在团队合作的环境中，不同开发者可能会定义相同名称的类或函数，造成命名冲突的风险，这不仅影响了代码的可读性，也增加了错误发生的可能性。

为了应对这些挑战，包的概念应运而生。包为代码提供了一种清晰的命名空间，允许同名的模块在不同包中共存，有效地减少了冲突的可能。此外，随着代码重用的需求日益增长，开发者希望能够在多个项目中方便地共享和重用已有的功能模块。包的设计使得模块化变得更加简单，开发者可以轻松地将功能封装在包中，从而提高代码的复用性。

在大型团队中，协作开发是常态。包的引入使得团队成员能够更加高效地分工和协作，减少相互干扰。同时，现代应用程序往往依赖于众多第三方库和框架，这就需要一种可靠的方式来管理这些依赖关系。包管理系统的出现，简化了依赖的管理过程，使得开发者可以轻松添加、更新和删除所需的库。

此外，随着软件版本的演进，包的机制还支持版本控制，确保开发者可以根据项目的需求使用特定版本的库，从而维护项目的稳定性。最后，包的引入不仅提升了代码的组织性和可维护性，也简化了构建和部署流程，使得发布应用程序变得更加高效。

综上所述，包的推出正是为了应对现代软件开发中日益增长的复杂性和协作需求，旨在提升代码的可复用性、可维护性和开发效率。

13.1.2 包的作用

在程序开发应用中，包的作用主要体现在以下几个方面。
- 结构化：包帮助将代码组织成模块，使得项目的结构更清晰，便于管理和导航。
- 命名冲突管理：通过将类和函数放入不同的包中，可以避免命名冲突，使得代码更安全和易于使用。
- 封装与访问控制：包允许开发者控制哪些类和方法是公开的，哪些是内部使用的，从而增强代码的封装性和安全性。
- 代码复用与共享：包的设计鼓励模块化，使得开发者可以在多个项目中复用代码，促进社区共享和第三方库的使用。
- 依赖管理：许多编程语言通过包管理工具来处理依赖关系，使得项目构建和更新更加高效和便捷。
- 协作开发：在团队项目中，包可以帮助不同开发者协同工作，各自负责不同的模块，减少冲突和提高开发效率。

总之，包为程序开发提供了重要的组织和管理机制，使得代码更加模块化、可维护和可扩展。

13.2 仓颉语言中的包

在仓颉语言中，包的概念旨在解决随着项目规模扩大而出现的代码管理难题。通过将源代码按功能分组，仓颉语言允许开发者将不同功能的代码独立管理，从而生成输出文件，如 AST 文件、静态库和动态库。这种方式不仅提升了代码的组织性，还增强了项目的可维护性。

每个包都有独立的命名空间，这意味着在同一包内不能出现同名的顶层定义或声明（函数重载除外），这有效避免了命名冲突。一个包可以包含多个源文件，使得开发者能够将相关的功能模块化，便于团队协作和代码重用。

此外，模块作为多个包的集合，构成了第三方开发者发布的最小单元。在模块中，程序的入口只能在根目录下，并且只能有一个顶层的 main 函数，该函数可以没有参数或接受类型为 Array<String> 的参数，返回值为整数类型或 Unit 类型。这样的设计确保了模块的结构性和一致性，使得开发者可以更轻松地理解和使用他人发布的代码。

总之，在仓颉语言中，包为代码的模块化、组织和管理提供了强有力的支持，使得开发者能够在复杂的项目中高效工作。

13.2.1 包的声明

在仓颉语言中，包的声明是组织和管理源代码的重要机制。包声明以关键字 package 开头，后面紧跟包名。包名由多个标识符组成，使用点 "." 分隔，表示包的层级关系。具体语法格式如下：

```
package <包名>
```

在上述格式中，包名必须是合法的普通标识符，不能包含原始标识符。

1. 包的结构
- 包名格式：包名采用点分隔法，表示包的层级关系。例如，package pkg1 表示根包 pkg1，而 package pkg1.sub1 则表示 pkg1 下的子包 sub1。
- 位置要求：包的声明代码必须位于源文件的第一行，并且该行不能是空行或注释。如果包声明的位置不符合要求，编译器会报错。
- 一致性：同一包中的不同源文件必须保持一致的包声明。如果在不同的文件中对同一包的声明不一致，将导致编译错误。

2. 文件与目录的对应关系

在实际应用中，包名应反映当前源文件相对于项目源代码根目录 "src" 的路径，并将路径分隔符替换为小数点。例如，假设源代码位于 src/directory_0/directory_1 下，包声明应为 package default.directory_0.directory_1。

3. 默认包

在 "src" 目录下的包可以省略包声明，此时编译器将默认为其包名为 default。例如，main.cj 文件在 src 根目录下可以没有包声明。

4. 命名冲突

包的声明必须避免命名冲突，特别是子包不能与当前包的顶层声明同名。例如，若在 a.cj 中声明 package a，则不能在同一包中定义名为 B 的类或函数。

5. 举例说明

假设创建了一个仓颉语言项目，源代码的目录结构如下：

```
src
└── directory_0
    ├── directory_1
    │   ├── a.cj
    │   └── b.cj
    │── c.cj
└── main.cj
```

根据上面的目录结构，在下面列出了项目中各个程序文件的包声明代码。

（1）文件 a.cj 中的包声明代码如下，包名对应相对路径 directory_0/directory_1。

```
package default.directory_0.directory_1
```

（2）文件 b.cj 中的包声明代码如下，包名同样对应相对路径 directory_0/directory_1，必须与 a.cj 保持一致。

```
package default.directory_0.directory_1
```

（3）文件 c.cj 中的包声明代码如下，包名对应相对路径 directory_0。

```
package default.directory_0
```

（4）文件 main.cj 中的代码如下，没有包声明代码，这是因为文件 main.cj 位于模块根目录，可以省略包声明，默认包名为 default。

```
main() {
    return 0
}
```

13.2.2 顶层声明的可见性

在仓颉语言中，顶层声明（包括类型、变量、函数等）的可见性通过访问修饰符进行控制。

1. 四种访问修饰符

仓颉语言提供了四种访问修饰符：private、internal、protected 和 public，每种修饰符的作用和适用范围如下。

- private：仅在当前文件内可见，其他文件无法访问。适用于需要完全封闭的成员。
- internal：仅在当前包及其子包内可见。在同一包内可以直接访问，不需要导入。子包可以通过导入访问。
- protected：仅在当前模块内可见，在同一包的文件无须导入即可访问。不同包但在同一模块内的文件可以通过导入访问。
- public：模块内外均可见，在同一包的文件可以直接访问，其他包通过导入访问。

上述修饰符的可见性对比如表 13-1 所示。

表 13-1 修饰符的可见性

修饰符	文件	包及子包	模块	所有包
private	Y	N	N	N
internal	Y	Y	N	N

续表

修饰符	文件	包及子包	模块	所有包
protected	Y	Y	Y	N
public	Y	Y	Y	Y

在仓颉语言中，不同顶层声明支持的访问修饰符和默认修饰符（默认修饰符是指在省略情况下的修饰符语义，这些默认修饰符也允许显式写出）的规定如下。

- package：支持 internal、protected、public，默认修饰符为 public。
- import：支持所有访问修饰符，默认修饰符为 private。
- 其他顶层声明：支持所有访问修饰符，默认修饰符为 internal。

下面是访问修饰符的演示代码：

```
package a

private func f1() { 1 }      // 仅在当前文件内可见
func f2() { 2 }              // 仅在当前包及子包内可见
protected func f3() { 3 }    // 仅在当前模块内可见
public func f4() { 4 }       // 当前模块内外均可见
```

2. 访问修饰符与类型限制

在仓颉语言中，访问级别的排序为：public > protected > internal > private。这意味着，public 声明的成员可以被所有模块访问，而 private 声明的成员仅在当前文件内可见。

一个声明的访问修饰符不得高于该声明中所使用类型的访问修饰符级别，以下是一些演示例子，说明了在函数、变量和类声明中如何遵循这一规则。

（1）函数声明中的参数与返回值。

假设有一个程序文件 a.cj，具体代码如下：

```
// a.cj
package a
class C {}

public func f1(a1: C) // Error: public declaration f1 cannot use internal type C.
{
    return 0
}

public func f2(a1: Int8): C // Error: public declaration f2 cannot use internal type C.
{
    return C()
}

public func f3(a1: Int8) // Error: public declaration f3 cannot use internal type C.
{
    return C()
}
```

上述代码的具体说明如下。

- 函数 f1 被声明为 public，但是参数 a1 的类型 C 是 internal。由于 public 类型不能引用 internal 类型，因此会导致编译错误。
- 函数 f2 的返回类型是 C，同样由于 C 是 internal，所以无法将 f2 声明为 public。
- 函数 f3 返回类型是 C，因此违反了访问修饰符的规则，导致编译错误。

（2）变量声明：在下面的代码中，变量 v1 被声明为 public，但其类型 C 是 internal，这会导致错误。变量 v2 同样被声明为 public，但其初始化的类型 C 是 internal，同样会引发错误。

```
// a.cj
package a
class C {}
public let v1: C = C() // Error, public declaration v1 cannot use internal type C.
public let v2 = C() // Error, public declaration v2 cannot use internal type C.
```

（3）类声明中继承的类：在下面的代码中，C2 继承自 C1。如果 C1 被标记为 open，但 C1 的可见性是 internal，则 C2 不能被声明为 public，这会导致错误。

```
// a.cj
package a
open class C1 {}

public class C2 <: C1 {} // Error: public declaration C2 cannot use internal type C1.
```

（4）类型实现的接口：在下面的代码中，E 实现了接口 I，而 I 是 internal 的，因此 E 不能是 public，这会引发错误。

```
// a.cj
package a
interface I {}

public enum E <: I { A } // Error: public declaration uses internal types.
```

（5）泛型类型的类型实参：在下面的代码中，C2 是 internal 类型，v1 声明为 public，这会导致编译错误。

```
// a.cj
package a
public class C1<T> {}
class C2 {}

public let v1 = C1<C2>() // Error: public declaration v1 cannot use internal type C2.
```

（6）where 约束中的类型上界：在下面的代码中，在 B 的泛型约束中，I 是 internal 的，因此 B 不能被标记为 public，会导致错误。

```
// a.cj
package a
interface I {}

public class B<T> where T <: I {} // Error: public declaration B cannot use internal type I.
```

3. 注意事项

（1）public 声明的灵活性：public 修饰的声明可以在其初始化表达式或函数体内使用本包可见的任何类型，包括 public 和没有 public 修饰的类型。在下面的代码中，在 f2 函数体内，尽管其被标记为 public，它仍可以使用 C1 类型，因为在该作用域内，C1 的可见性是合适的。

```
// a.cj
package a
class C1 {}

func f1(a1: C1) {
    return 0
}

public func f2(a1: Int8) // Ok.
{
    var v1 = C1() // Ok.
    return 0
}

public let v1 = f1(C1()) // Ok.

public class C2 // Ok.
{
    var v2 = C1() // Ok.
}
```

（2）匿名函数和顶层函数：public 修饰的顶层声明可以使用匿名函数，或任何顶层函数，包括 public 类型和没有 public 修饰的顶层函数。在下面的代码中，t1 被初始化为一个匿名函数，t2 引用 f1，所有这些在 public 上下文中都是有效的。

```
public var t1: () -> Unit = { => } // Ok.
func f1(): Unit {}
public let t2 = f1 // Ok.

public func f2() // Ok.
{
    return f1
}
```

（3）内置类型：内置类型（如 Rune、Int64 等）默认是 public 的，在下面的代码中，num 是一个 public 类型的变量，因为其基础类型是内置的，默认可见性为 public。

```
var num = 5
public var t3 = num // Ok.
```

总之，通过合理使用访问修饰符，仓颉语言帮助开发者精确控制成员的可见性，从而提升了代码的安全性和可维护性。开发者遵循访问修饰符和类型限制的规则，可以有效避免潜在的可见性问题。

13.3 包的导入

在仓颉语言中，包的导入允许开发者在代码中使用其他包中定义的类型、函数和变量，以便重用已有的功能和模块化设计。使用 import 语句可以引入特定的包或其部分内容，帮助简化代码结构并提高可读性。例如，可以通过 import a.b 导入包 a 下的子包 b，从而访问其公开的成员。合理使用包导入不仅增强了代码的组织性，也促进了不同模块之间的协作与共享。

13.3.1 普通的 import 导入

这里说的普通 import 导入是指使用 import 语句导入其他包中的声明或定义，在仓颉编程语言中，使用 import 语句导入其他包中的声明或定义是实现模块化和重用代码的关键机制。

（1）单一导入：可以通过 import fullPackageName.itemName 导入特定的顶层声明。这里的 fullPackageName 是完整的包名，而 itemName 是要导入的声明名称。导入语句必须位于包声明之后、其他声明之前。例如，在下面的代码中，第一句 import std.math.* 表示导入 std.math 包中的所有可见顶层声明，使得在当前包中可以直接使用该包中的数学相关功能。第二句 import package1.foo 则是导入 package1 包中的特定顶层声明 foo，使得该声明可以在当前包中被直接调用。

```
import std.math.*
import package1.foo
```

（2）多重导入：如果要从同一个包导入多个声明，可以使用下面的代码实现：

```
import package1.{foo, bar, fuzz}
```

上面的代码可以同时导入 package1 中的 foo、bar 和 fuzz 三个声明，这条语句实际上等价于如下逐个导入的方式：

```
import package1.foo
import package1.bar
import package1.fuzz
```

（3）导入所有声明：使用 import packageName.* 可以将指定包中所有可见的顶层声明导入，下面的代码会导入 package1 包中的所有可见顶层声明。这种方式非常方便，适用于需要频繁使用该包中多个声明的场景，但也可能导致命名冲突，因此应谨慎使用。

```
import package1.*
```

在仓颉编程语言中，实现 import 导入的注意事项如下。

- 访问修饰符：导入语句可以带有 private、internal、protected、public 等访问修饰符。如果没有指定，默认是 private。
- 作用域限制：导入的成员的作用域级别必须低于当前包声明的成员。
- 名称冲突：如果导入的声明与当前包中的顶层声明重名，且不构成函数重载，导入的声明会被遮盖。如果构成函数重载，则根据函数重载的规则进行决议。

下面是一些实现导入的代码示例，展示了导入机制的实际应用和限制。

（1）循环依赖：下面是关于循环依赖的代码示例，展示了仓颉语言中的导入机制及其限制。

```
// pkga/a.cj
package pkga
import pkgb.* // 错误, 包 pkga 和 pkgb 之间存在循环依赖
```

```
class C {}
public struct R {}
```

在这个示例中，包 pkga 尝试导入包 pkgb 中的所有声明，但由于 pkgb 可能也在导入 pkga，这就形成了循环依赖。编译器会因此报错，提示开发者不能有这样的循环依赖关系。这种机制有效地防止了潜在的复杂性和不一致性问题。

（2）导入可见性：下面是关于导入可见性的例子，展示了在仓颉语言中访问权限对导入的影响。

```
// pkgc/c1.cj
package pkgc
import pkga.C // Error, 'C' is not accessible in package 'pkga'.
import pkga.R // OK, R is an external top-level declaration of package pkga.
```

在这个示例中，包 pkgc 尝试导入包 pkga 中的 C 类，但由于访问权限问题，导入失败。相反，包 pkgc 成功导入了 R，因为 R 是包 pkga 中的外部顶层声明，对 pkgc 可见。这一机制确保了只有适当可见的成员才能被导入，从而增强了代码的封装性和安全性。

（3）使用导入的声明：下面是关于使用导入声明的代码示例，展示了如何在仓颉语言中使用已导入的成员。

```
// pkgc/c2.cj
package pkgc
func f2() {
    R() // OK, imported declaration is visible.
    pkga.R() // OK, accessing imported declaration by fully qualified name.
    f1() // OK, accessing declaration of current package directly.
    pkgc.f1() // OK, accessing declaration of current package by fully qualified name.
}
```

在这个示例中，函数 f2 可以直接使用导入的 R，因为它是可见的。此外，f2 还可以通过完全限定名称 pkga.R() 访问 pkga 包中的 R。函数 f1() 也可以直接访问，因为它是在当前包中定义的，并且可以使用完全限定名称 pkgc.f1() 来进行访问。这展示了如何在函数中灵活使用导入的声明和当前包的声明。

总之，通过合理使用 import 语句，仓颉语言允许开发者在不同包之间共享和重用代码，增强了代码的模块化和可维护性。然而，开发者也需要注意导入时的作用域、名称冲突和循环依赖等问题，以确保代码的正常运行和可读性。

13.3.2 隐式导入

在仓颉语言中，隐式导入是指编译器自动导入某些包而无须显式使用 import 语句。例如，core 包中的公共声明（如 String、Range 等类型）会在编译时自动导入。这意味着开发者可以直接使用这些类型，而无须进行显式导入，从而提高了代码的可读性和编写效率。

另外，隐式导入通常适用于核心功能和基础类型，以确保它们在几乎所有的源文件中都可用。这种设计使得基础类型的使用更加便捷，减少了重复的导入声明。

13.3.3 导入重命名

在仓颉语言中，使用 import as 语句可以为导入的顶层声明或包重命名，以避免命名冲突并提高代码可读性。在使用 import 语句导入包时发生重命名的情况下，可以遵循如下规则解决命名冲突。
- 顶层声明冲突：当两个不同包中存在同名的顶层声明时，可以使用 import packageName. name as newName 的方式对其重命名。例如，如果 p1 和 p2 中都有一个名为 C 的类，可以分别重命名为 C1 和 C2。
- 包名冲突：如果不同模块中存在同名的包，可以使用 import pkg as newPkgName 来对包进行重命名，避免冲突。

1. 语法格式

在仓颉语言中，导入顶层声明的重命名方法的语法格式如下：

```
import packageName.declarationName as newName
```

上述格式的具体说明如下。
- packageName：要导入的包的名称。
- declarationName：要导入的顶层声明的名称。
- newName：用于重命名导入的声明的新名称。

在下面的代码中，第一行代码表示从包 p1 中导入类 C，并将其重命名为 C1。第二行代码从表示包 p2 中导入类 C，并将其重命名为 C2。

```
import p1.C as C1
import p2.C as C2
```

导入包的重命名的语法格式如下：

```
import packageName as newPackageName
```

上述格式的具体说明如下。
- packageName：要导入的包的名称。
- newPackageName：用于重命名导入的包的新名称。

在下面的代码中，将包 p1 重命名为 A，将包 p2 重命名为 B，以便在当前代码中通过 A 和 B 引用这两个包，从而避免命名冲突。

```
import p1 as A
import p2 as B
```

2. 重命名举例

（1）重命名导入：下面的代码展示了如何通过 import as 语句对包进行重命名，以解决命名冲突的问题。包 p1 被导入为两个别名 A 和 B，允许程序在不同的上下文中使用相同的包而不会产生冲突。

```
// main.cj
import p1 as A
import p1 as B
import p2.f3 as f   // 正确
import pkgc.f1 as a
import pkgc.f1 as b  // 正确

func f(a: Int32) {}

main() {
    A.f1()   // 正确
```

```
    B.f2()      // 正确
    p1.f1()     // 错误，原始包名无法使用。
    a()         // 正确
    b()         // 正确
    pkgc.f1()   // 错误，原始名称无法使用。
}
```

（2）未重命名的冲突：在下面的代码中，直接导入了 p1 和 p2 的 C 类，但由于没有重命名，调用时无法区分这两个 C，导致编译错误。

```
// main1.cj
package pkga
import p1.C
import p2.C

main() {
    let _ = C() // Error
}
```

（3）使用重命名的类：在下面的代码中，使用 as 语句将 p1 和 p2 中的 C 类重命名为 C1 和 C2。这样可以避免命名冲突，从而顺利创建 C1 和 C2 的实例。通过重命名，代码保持了清晰性和可读性。

```
// main2.cj
package pkgb
import p1.C as C1
import p2.C as C2

main() {
    let _ = C1() // OK
    let _ = C2() // OK
}
```

（4）使用完整包名：在下面的代码中，通过使用完整的包名来调用 p1 和 p2 中的 C 类，避免了重命名可能带来的复杂性。这种方式使得代码结构清晰，并能直接指定所需的类。

```
// main3.cj
package pkgc
import p1
import p2

main() {
    let _ = p1.C() // 正确
    let _ = p2.C() // 正确
}
```

13.3.4 重导出一个导入的名字

在大型项目的开发过程中，常常需要将一个包的声明重导出，以便其他包可以轻松访问这些声明。下面是一个常见的场景。

- 包 p2 使用了从包 p1 中导入的多个声明。

- 当包 p3 导入包 p2 时，包 p3 也需要能够访问包 p1 中的相关声明。
- 如果要求包 p3 自行导入 p1 中的声明，这将使得导入过程变得复杂和繁琐。

在仓颉编程语言中，import 可以被访问修饰符 private、internal、protected、public 修饰。其中，被 public、protected 或者 internal 修饰的 import 可以把导入的成员重导出（如果这些导入的成员没有因为名称冲突或者被遮盖导致在本包中不可用）。其他包可以根据可见性直接导入并使用本包中用重导出的内容，无须从原包中导入这些内容。在使用重导出机制简时，import 声明可以被以下访问修饰符修饰。

- private：表示导入的内容仅在当前文件内可访问。这是默认修饰符，未指定时等同于 private import。
- internal：表示导入的内容在当前包及其所有子包中可访问，其他包需要显式导入。
- protected：表示导入的内容在当前模块内可访问，其他包需显式导入。
- public：表示导入的内容在外部可访问，其他包需显式导入。

在下面的代码中，包 a 通过 public import 重导出了子包 a.b 中定义的函数 f。在包 a 内，可以直接使用 f，而在导入包 a 的其他包中，也可以使用 f，而不需要再导入 a.b。

```
package a

public let x = 0
public import a.b.f
internal package a.b

public func f() { 0 }
import a.f   // 正确
let _ = f() // 正确
```

注意：在仓颉语言中使用重导出机制时需要注意以下两点。
- 使用 public、protected 或 internal 修饰符的 import 允许将导入的成员重导出，前提是这些成员没有因名称冲突或被遮盖而在当前包中不可用。
- 其他包可以直接导入本包中重导出的内容，无须再次导入原包。

第 14 章 异常处理

　　所谓异常（Exception），是指所有可能造成程序无法正常编译或运行的情况。在编写仓颉程序的过程中，发生异常是在所难免的，如程序的语法错误、网络连接中断、被加载的类不存在、程序逻辑出错等。针对这些非正常的情况，仓颉语言提供了非常优秀的异常处理机制，用十分便捷的方式去捕获和处理程序运行过程中可能发生的各种问题，进一步保证了仓颉程序的健壮性。

14.1 初识异常

在学习仓颉语言的异常处理知识之前,先来了解异常的基本概念和仓颉语言的内置异常类的知识。

14.1.1 异常的基本概念

在登录 QQ 等聊天工具的时候,如果断网,程序会给出"网络有问题,请检查联网设备"之类的提示。这是因为聊天程序里面编写了针对各个网络状况的处理代码,登录时程序首先会检查网络状况,如果发现连不上网络,相关代码就会抛出异常,而看到的提示信息就是对异常信息进行处理后反馈给用户的人性化提示。那么,聊天程序是如何发现并处理这种异常的呢,这就是本章要学习的内容。

1. 异常

异常是程序在运行过程中发生的非正常状态,通常由错误条件或意外情况触发。例如,数学运算错误(如除以零)、访问不存在的文件或资源等。这些异常会中断正常的程序执行流程,导致程序无法继续运行。如果不处理,程序通常会崩溃。

2. 异常处理的基本流程

异常处理机制一般由以下几个步骤组成。

- 引发异常 (Throwing an Exception):当程序遇到错误条件时,会通过 throw 或类似的语句引发异常,将异常信息传递给异常处理器。
- 捕获异常 (Catching an Exception):通过 try-catch 或类似的结构捕获引发的异常,并执行相应的处理代码。
- 处理异常 (Handling the Exception):在 catch 代码块中处理异常,可能是记录日志、通知用户、尝试恢复等操作。
- 最终块 (Finally Block):有时编程语言提供 finally 代码块,用于在异常发生后,始终执行清理工作,如关闭资源(文件、数据库连接等)。

3. 异常处理的重要性

- 增强程序的健壮性:通过异常处理,程序能够应对意外情况,不会因为未处理的错误而崩溃。
- 提高代码的可维护性:通过明确的错误处理机制,开发者可以更容易理解和维护代码。
- 增强用户体验:程序可以优雅地处理错误并反馈给用户,而不是显示系统崩溃的信息。

14.1.2 仓颉语言的异常处理

在仓颉语言中,将异常看作是一类特殊的错误,程序员可以捕获并处理这些错误,以确保程序的稳定性和健壮性。为了帮助开发人员方便处理异常,仓颉提供了内置的异常处理类 Error 和 Exception,这两个类的具体说明如下。

1. 类 Error

类 Error 描述的是系统内部错误和资源耗尽错误,如内存溢出、系统故障等。这类错误是由系统本身引发的,应用程序不应该主动抛出这种错误。如果遇到 Error,通常只能安全终止程序并通知用户,而不需要在程序中捕获处理。在类 Error 中提供了以下的主要方法和属性。

- open prop message: String：返回详细的错误信息。
- open func toString(): String：返回错误的类型名和详细信息。
- func printStackTrace(): Unit：打印堆栈信息，便于调试。

2. 类 Exception

类 Exception 描述的是程序在运行时由于逻辑错误或输入输出错误引发的异常，如数组越界或文件不存在等。这类异常是开发者需要主动捕获并处理的。这类异常需要在程序中使用异常处理机制捕获，并提供相应的补救措施。在类 Exception 中提供了以下的主要方法和属性。

- init()：默认构造函数。
- init(message: String)：可以设置异常消息的构造函数。
- open prop message: String：返回异常的详细信息。
- open func toString(): String：返回异常类型名和详细信息。
- func printStackTrace(): Unit：打印堆栈信息，便于调试。

除了使用内置的异常处理类 Error 和 Exception 外，开发者还可以使用自定义异常以处理特定业务场景中的异常。在仓颉语言中，实现自定义异常的方法是继承类 Exception 或其子类来创建自定义异常，在下面的代码中，FatherException 是自定义的异常类，继承自 Exception。ChildException 是 FatherException 的子类，重写了 printException 方法。

```
open class FatherException <: Exception {
    public open func printException() {
        print("I am a FatherException")
    }
}

class ChildException <: FatherException {
    public override func printException() {
        print("I am a ChildException")
    }
}
```

在仓颉语言中，异常是类类型，因此可以像创建普通对象一样通过构造方式创建异常。在上面的代码中，FatherException() 创建了一个 FatherException 类型的异常实例。

14.1.3 常用的运行时异常

在仓颉语言中内置了多种常见的运行时异常类，如表 14-1 所示。每种异常类代表特定的错误情况，开发人员可以直接使用这些异常类来处理相应的错误。

表 14-1 仓颉语言内置的运行时异常类

异常	描述
ConcurrentModificationException	并发修改产生的异常
IllegalArgumentException	传递不合法或不正确参数时抛出的异常
NegativeArraySizeException	创建大小为负的数组时抛出的异常
NoneValueException	值不存在时产生的异常，如 Map 中不存在要查找的 key
OverflowException	算术运算溢出异常

14.2　try表达式

在仓颉语言中，在绝大多数情况下使用 try 表达式语句来处理异常。在 try 语句中，使用 throw 关键字来抛出异常，在抛出异常时，throw 后的表达式必须是 Exception 类的子类对象（Error 类的异常不能手动抛出）。

14.2.1　普通的 try 表达式

在仓颉语言中，普通 try 表达式用于捕获并处理在程序运行时发生的异常情况。普通 try 表达式主要由 try 块、catch 块和 finally 块三部分组成，具体语法格式如下：

```
try {
    // 可能抛出异常的代码块
} catch (exceptionPattern1) {
    // 捕获 exceptionPattern1 匹配的异常并处理
} catch (exceptionPattern2) {
    // 捕获 exceptionPattern2 匹配的异常并处理
} finally {
    // 无论是否发生异常，都会执行的代码块
}
```

上述格式的具体说明如下。
- try 块：包含可能会抛出异常的代码。
- catch 块：用于捕获特定类型的异常，每个 catch 块中包含一条 exceptionPattern（异常匹配模式），可以有多个 catch 块。
- finally 块：在异常处理结束后执行的代码，无论异常是否发生都会执行。如果 catch 块不存在，则 finally 块是必需的。

在使用上面普通的 try 表达式语句时，catch 块和 finally 块可以根据需求组合使用，至少需要一个 catch 块或 finally 块。当没有 catch 块时，finally 块是必不可少的。

1. 使用 try 块和 catch 块

实例 14-1：验证年龄的合法性（源码路径：codes\14\Yi\src\Yi01.cj）

在本实例中使用 try 块和 catch 块来处理异常，检查用户输入的年龄是否合法，特别是确保年龄不为负数。

```
main() {
    let ageInput = -5    // 假设用户输入的年龄，故意设置为负数以测试异常处理

    try {
        // 检查年龄是否合法
        if (ageInput < 0) {
            throw IllegalArgumentException("年龄不能为负数！")
        }
        println("您的年龄是： " + ageInput.toString())
    } catch (e: IllegalArgumentException) {
        println("出错了！ " + e.toString())    // 调用 toString() 方法
        println("请确保您输入的年龄是一个非负数！")
```

```
        }
        println("感谢使用我们的服务！")
}
```

上述代码的具体说明如下。
- 输入模拟：代码假设用户输入了一个负数作为年龄，这个值被用来测试异常处理。
- 异常抛出：通过条件判断，如果输入的年龄小于 0，就抛出一个 IllegalArgumentException 异常，表明年龄不能为负数。
- 异常捕获：在 catch 块中，捕获到的异常会被处理。使用 toString() 方法获取异常的详细信息，并打印出错误消息，提示用户输入的年龄不合法。
- 程序继续执行：无论是否发生异常，程序都会输出感谢信息，确保用户知道程序依然在正常运行。

执行后会输出：

```
出错了！年龄不能为负数！
请确保您输入的年龄是一个非负数！
感谢使用我们的服务！
```

2. 带有 finally

实例 14-2：模拟制作饮料的场景（源码路径：codes\14\Yi\src\Yi02.cj）

在本实例中模拟了制作饮料的场景，强调了良好习惯的重要性——无论发生什么，都要进行清理和准备工作。

```
main() {
    try {
        // 模拟用户选择的饮料
        let drinkChoice = "果汁"   // 假设用户选择了果汁
        if (drinkChoice == "果汁") {
            // 假设在制作果汁的过程中发生了异常
            throw IllegalArgumentException("果汁制作失败！")
        }
        println("成功制作了 ${drinkChoice}！")
    } catch (e: IllegalArgumentException) {
        println("出错了！错误信息：${e.toString()}")
    } finally {
        // 无论发生什么情况，都会清理工作台
        println("清理工作台，准备下一个饮料制作。")
    }
}
```

上述代码的实现流程如下。
- 饮料选择：假设用户选择了果汁。
- 抛出异常：在制作果汁的过程中，模拟一个失败的场景，抛出 IllegalArgumentException。
- 异常捕获：catch 块捕获到该异常，并打印出错误信息。
- 清理工作：finally 块中，无论是否发生异常，都会执行清理工作，输出"清理工作台，准备下一个饮料制作。"，确保工作环境的整洁。

执行后会输出：

出错了！错误信息：IllegalArgumentException: 果汁制作失败！
清理工作台，准备下一个饮料制作。

3. try 表达式的位置

在仓颉语言中，try 表达式可以出现在任何允许使用表达式的地方，这一特性使得异常处理可以灵活地嵌入到程序的各个部分。

（1）类型确定方式：try 表达式的类型确定方式与其他多分支结构（如 if、match 等）相似。当 try 表达式包含多个分支时，其类型是所有分支类型的最小公共父类型，除了 finally 分支。即：如果 try 表达式的 try 块和 catch 块返回的类型为 E 和 D，那么 x 的类型就是 D，因为 D 是 E 和 D 的最小公共父类型。

（2）finally 块的特殊性：finally 块的返回值不参与公共父类型的计算。

（3）未使用的类型：如果 try 表达式的值没有被使用（例如赋值给变量的情况），那么它的类型为 Unit。在这种情况下，分支类型不需要有最小公共父类型的限制。

在下面的代码中，变量 x 的类型被确定为 D，因为 E 和 D 的最小公共父类型是 D。finally 块中的 C 返回值不会影响 x 的类型。

```
open class C { }
open class D <: C { }
class E <: D { }

main () {
    let x = try {
        E()    // 这里返回 E 类型
    } catch (e: Exception) {
        D()    // 这里返回 D 类型
    } finally {
        C()    // finally 块返回 C 类型
    }
    0
}
```

上述代码的具体说明如下。
- 类的继承：C 是父类，D 继承自 C，而 E 继承自 D。
- try 块：尝试返回一个 E 类型的实例。
- catch 块：如果发生异常，则返回一个 D 类型的实例。
- finally 块：无论发生什么，都会返回一个 C 类型的实例。

14.2.2　try-with-resources 表达式

在仓颉语言中，try-with-resources 表达式主要用于自动管理非内存资源的释放，旨在简化资源的使用和处理，尤其是当处理文件、数据库连接等外部资源时。使用 try-with-resources 表达式的语法格式如下：

```
try (resource1 = ResourceType1(), resource2 = ResourceType2(), ...) {
    // 使用资源的代码块
} catch (exceptionType1 e) {
    // 捕获特定异常的处理
```

```
} catch (exceptionType2 e) {
    // 捕获其他异常的处理
} finally {
    // 可选的清理代码
}
```

上述格式的具体说明如下。
- try：关键字，标志着开始一个 try-with-resources 表达式。
- ResourceSpecification 表达式：一个或多个资源声明，格式为 resourceName = ResourceType()，多个资源之间用逗号","分隔。
- 资源类型必须实现 Resource 接口。
- 代码块：用大括号"{}"包裹的代码块，其中可以使用声明的资源。
- catch 块（可选）：用于捕获并处理在 try 块中抛出的异常。
- finally 块（可选）：在 try 或 catch 块执行后总会执行的代码，通常用于执行清理工作。

1. try-with-resources 的特点

在仓颉语言中，try-with-resources 表达式与普通的 try 表达式有所不同，具有以下特点。
（1）资源管理。
- ResourceSpecification：在 try-with-resources 表达式中，可以通过 ResourceSpecification 申请一个或多个资源。每个资源的创建和初始化会在 try 块开始时完成，所有这些资源在 try 块结束时会被自动关闭，无论是否发生异常。
- 资源对象要求：资源对象必须实现 Resource 接口，该接口定义了以下两个方法。
- isClosed()：检查资源是否已关闭。
- close()：用于释放资源。

（2）可选的 catch 和 finally 块。
- 在 try-with-resources 表达式中，catch 块和 finally 块是可选的。尽管可以使用这些块来捕获异常或执行清理工作，但一般情况下不推荐手动管理资源的释放。
- 即使在 try 块中发生异常，所有在 try-with-resources 中声明的资源都会被自动释放。

2. ResourceSpecification

ResourceSpecification 是在 try-with-resources 表达式中用于声明和管理资源的部分，它指定了在 try 块中所需的资源，这些资源将在 try 块执行完毕后自动释放。具体来说，ResourceSpecification 包括以下功能。
- 资源声明：通过 ResourceSpecification 可以声明一个或多个资源，这些资源通常是实现了 Resource 接口的对象。
- 资源实例化：在 ResourceSpecification 中，可以直接实例化资源对象，使用逗号分隔多个资源声明。
- 自动管理：try-with-resources 确保无论 try 块中的代码是否抛出异常，所声明的资源都会被自动关闭，避免了手动释放资源的麻烦。

在下面的代码中，Resource1 和 Resource2 是通过 ResourceSpecification 声明的资源，try 块结束后，它们将被自动关闭。

```
try (r1 = Resource1(), r2 = Resource2()) {
    // 使用资源 r1 和 r2
```

}

实例 14-3：使用 try-with-resources 表达式（源码路径：codes\14\Yi\src\Yi03.cj）

在本实例中定义了一个名为 MyResource 的类，用于模拟资源的使用与管理。在主函数中，通过创建 MyResource 的实例并在 try 块中使用它，确保在使用后能够正确关闭资源，以避免资源泄漏。

```
// 定义资源类
class MyResource {
    private var closed: Bool = false

    // 检查资源是否关闭
    public func isClosed(): Bool {
        return closed
    }

    // 关闭资源
    public func close(): Unit {
        if (!closed) {
            closed = true
            println("MyResource has been closed.")
        }
    }

    // 使用资源的方法
    public func use(): Unit {
        if (!closed) {
            println("Using MyResource...")
        } else {
            throw IllegalArgumentException("MyResource is already closed and cannot be used!")
        }
    }
}

// 主函数
main() {
    let resource = MyResource()    // 创建并初始化资源
    try {
        println("Acquired MyResource.")
        resource.use()    // 使用资源
    } catch (e: Exception) {
        println("Exception happened: " + e.toString())    // 捕获并输出异常
    } finally {
        resource.close()    // 确保资源被关闭
        println("End of the try block.")
    }
}
```

上述代码的实现流程如下。

- **资源创建**：在 try-with-resources 语句中，首先创建一个资源对象（例如 MyResource）。这个对象的生命周期被限制在 try 块内部。
- **资源使用**：在 try 块中可以对创建的资源进行操作，如执行一些业务逻辑或调用资源的方法。
- **异常处理**：如果在 try 块中发生异常，程序会跳转到 catch 块，处理相应的异常情况。
- **资源自动释放**：无论 try 块中的代码是否成功执行，try-with-resources 语句会在退出时自动调用资源的关闭方法，确保资源被正确释放，避免潜在的资源泄漏。
- **结束通知**：最后，可以 finally 块执行任何需要在资源处理完成后进行的操作，如打印结束信息。

在本实例中，通过使用 try-with-resources 表达式确保了资源的有效管理，简化了异常处理的复杂性。执行后会输出：

```
Acquired MyResource.
Using MyResource...
MyResource has been closed.
End of the try block.
```

14.2.3　CatchPattern 机制

在仓颉语言中，CatchPattern 提供了一种灵活的异常处理机制，允许开发者根据不同的需求来捕获和处理异常。CatchPattern 支持两种主要的模式：类型模式和通配符模式，接下来将详细讲解 CatchPattern 实现这两种模式的用法。

1. 类型模式

（1）基本格式。

实现类型模式基本格式的用法如下：

```
Identifier: ExceptionClass
```

该格式用于捕获类型为 ExceptionClass 及其子类的异常，捕获到的异常实例会被转换为 ExceptionClass 类型，并通过 Identifier 绑定以便在 catch 块中访问。下面的代码展示了异常处理的基本用法。

```
main(): Int64 {
    try {
        throw IllegalArgumentException("This is an Exception!")
    } catch (e: OverflowException) {
        println(e.message)
        println("OverflowException is caught!")
    } catch (e: IllegalArgumentException | NegativeArraySizeException) {
        println(e.message)
        println("IllegalArgumentException or NegativeArraySizeException is caught!")
    } finally {
        println("finally is executed!")
    }
    return 0
}
```

在上述在 main 函数中，首先尝试抛出一个 IllegalArgumentException 异常。接着，使用 try-catch 语句捕获可能出现的异常。在第一个 catch 块中，它专门捕获 OverflowException，并打印相应的错误消息；如果捕获到的是 IllegalArgumentException 或 NegativeArraySizeException，则在第二个 catch 块中处理这些异常，打印相关信息。无论是否发生异常，finally 块中的代码都会被执行，用于执行一些清理操作或输出最终状态。整体上，这段代码有效地展示了如何使用多种异常处理机制来捕获和处理不同类型的异常。执行后会输出：

```
This is an Exception!
IllegalArgumentException or NegativeArraySizeException is caught!
finally is executed!
```

（2）多个异常捕获。

实现类型模式多个异常捕获的用法如下：

```
Identifier: ExceptionClass_1 | ExceptionClass_2 | ... | ExceptionClass_n
```

这种格式允许使用连接符"|"捕获多种类型的异常，表示"或"的关系，捕获到的异常将被绑定到最小公共父类。下面的代码展示了如何利用多重异常捕获机制来处理特定的异常类型。

```
open class Father <: Exception {
    var father: Int32 = 0
}

class ChildOne <: Father {
    var childOne: Int32 = 1
}

class ChildTwo <: Father {
    var childTwo: Int32 = 2
}

main() {
    try {
        throw ChildOne()
    } catch (e: ChildTwo | ChildOne) {
        println("ChildTwo or ChildOne?")
    }
}
```

在上述代码中定义了一个异常类层次结构，其中 Father 是一个基类，表示通用的异常类型，而 ChildOne 和 ChildTwo 则是其子类，分别表示特定的异常类型。在 main 函数中，代码尝试抛出一个 ChildOne 类型的异常。接着，使用 try-catch 语句捕获异常，支持同时捕获 ChildOne 和 ChildTwo 类型的异常。当捕获到这些异常时，程序会输出"ChildTwo or ChildOne?"的消息。执行后会输出：

```
ChildTwo or ChildOne?
```

2. 通配符模式

通配符模式使用"_"表示，可以捕获同级 try 块内抛出的任意类型的异常，等价于捕获 Exception 子类所定义的所有异常。在下面的代码中，使用 catch (_) 可以捕获在同级 try 块内抛出的任何类型的异常。通过这种方式，程序能够统一处理所有未明确捕获的异常情况，并在异常发生时输出"捕获到一个异常！"的提示，方便进行调试和错误管理。

```
catch (_) {
    println("捕获到一个异常！")
}
```

14.3 用Option处理异常

在仓颉语言中，Option 类型是一种用于表示可能存在或不存在值的特殊类型。它允许开发者处理有值（Some(v)）和无值（None）两种状态，使得错误处理变得更加清晰和安全。在下面的内容中，详细讲解 Option 在错误处理中的作用。

14.3.1 模式匹配

在仓颉语言中，模式匹配是解构 Option 类型的一种常用方法。由于 Option 是一种枚举类型，可以使用 match 语句对其进行解构。在下面的代码中，在 getString 函数中传入了一个 ?Int64 类型的参数，如果参数是 Some(x)，则返回其值的字符串表示；如果是 None，则返回字符串 "none"。这提供了一种简洁的方式来处理有无值的情况。

```
func getString(p: ?Int64): String{
    match (p) {
        case Some(x) => "${x}"
        case None => "none"
    }
}
main() {
    let a = Some(1)
    let b: ?Int64 = None
    let r1 = getString(a)
    let r2 = getString(b)
    println(r1)
    println(r2)
}
```

执行后会输出：

```
1
none
```

下面的实例代码演示了 Option 模式匹配的用法，用 match 语句对 result1 和 result2 的 Option 类型进行解构，分别处理 Some 和 None 的情况。这种方式使得代码能够清晰地应对不同的可能值，便于处理计算结果和异常情况。

实例 14-4：Option 模式匹配（源码路径：codes\14\Yi\src\Yi04.cj）

在本实例中定义了一个自定义异常类 NoneValueException，并实现了一个安全除法函数 safeDivide，该函数在除数为零时返回 None。主函数通过模式匹配处理返回的 Option 值，并输出计算结果或错误信息。

```
// 自定义异常类
class NoneValueException <: Exception {
    public init(message: String) {
```

```
        super(message)    // 直接调用父类构造函数
    }
}

// 安全除法函数
func safeDivide(a: Int64, b: Int64): ?Int64 {
    if (b == 0) {
        return None    // 除数为零,返回 None
    }
    return Some(a / b)    // 返回计算结果
}

main() {
    let result1 = safeDivide(10, 2)    // 正常情况
    let result2 = safeDivide(10, 0)    // 除数为零

    match (result1) {
        case Some(value) => println("结果: " + value.toString())
        case None => println("计算失败! ")    // 处理 None 值
    }

    match (result2) {
        case Some(value) => println("结果: " + value.toString())
        case None => println("计算失败! ")    // 输出:计算失败!
    }
}
```

上述代码的具体说明如下。

- 自定义异常类:首先定义了一个名为 NoneValueException 的异常类,继承自 Exception。该类用于表示处理 None 值时抛出的异常,提供一个构造函数以便于设置异常信息。
- 安全除法函数:实现了一个 safeDivide 函数,接受两个参数 a 和 b。函数首先检查除数 b 是否为零。如果是,则返回 None,表示无法进行除法运算;如果不是,则计算 a / b 并返回结果包装在 Some 中。
- 主函数:在主函数中,调用 safeDivide 两次,分别传入正常的除数和零,得到两个 Option 类型的结果。
- 模式匹配:对第一个结果使用 match 语句,判断其值是否为 Some。如果是,则输出计算结果;如果为 None,则输出 "计算失败!" 的信息。
- 处理第二个结果:对第二个结果进行相同的模式匹配处理,确保能够正确应对除数为零的情况,并显示相应的错误信息。

执行后会输出:

结果: 5
计算失败!

14.3.2 Coalescing 操作符(??)

在仓颉语言中,Coalescing 操作符用于提供一个默认值。当 Option 类型的值为 None 时,比如

表达式 e1 ?? e2，会在 e1 为 Some(v) 时返回 v，否则返回 e2。这使得在处理缺失值时，可以很方便地提供一个替代值，从而简化代码。在下面的代码中，首先创建了一个包含值的 Option 类型变量 a 和一个为 None 的变量 b。通过 a ?? 0，当 a 为 Some(1) 时，返回其值 1；而 b ?? 0 则返回默认值 0，因为 b 为 None。最后，程序打印出 1 和 0，展示了如何使用 Coalescing 操作符简化缺失值的处理。

```
main() {
    let a = Some(1)
    let b: ?Int64 = None
    let r1: Int64 = a ?? 0
    let r2: Int64 = b ?? 0
    println(r1)
    println(r2)
}
```

执行后会输出：

```
1
0
```

实例 14-5：购物时的折扣处理（源码路径：codes\14\Yi\src\Yi05.cj）

在本实例中定义了一个购物车结构，通过使用 Coalescing 操作符处理可能的折扣值，计算总价。展示了如何在日常购物场景中灵活处理缺失值，并确保计算的准确性的方法。

```
// 定义一个表示购物车的结构
struct ShoppingCart {
    public var itemCount: Int64          // 商品数量
    public var discount: ?Float64        // 折扣（可能为空）

    public init(itemCount: Int64, discount: ?Float64) {
        this.itemCount = itemCount
        this.discount = discount
    }

    // 计算总价
    public func calculateTotalPrice(pricePerItem: Float64): Float64 {
        let totalPrice = pricePerItem * Float64(itemCount) // 将 itemCount 转换为 Float64
        let discountAmount = discount ?? 0.0  // 使用 Coalescing 操作符
        return totalPrice - discountAmount
    }
}

main() {
    // 创建购物车实例，包含 5 个商品，没有折扣
    let cart1 = ShoppingCart(5, None)
    // 创建购物车实例，包含 3 个商品，有 5 元的折扣
    let cart2 = ShoppingCart(3, Some(5.0))

    // 计算并输出每个购物车的总价
    println("购物车1的总价: " + cart1.calculateTotalPrice(20.0).toString())
    println("购物车2的总价: " + cart2.calculateTotalPrice(20.0).toString())
```

}
```

对上述代码的具体说明如下。
- 定义购物车结构：定义了一个结构 ShoppingCart，其中包含每个商品的单价、数量以及可选的折扣。
- 构造函数：构造函数用于初始化购物车的商品信息，包括单价、数量和折扣。
- 计算总价：定义方法 calculateTotalPrice，使用 Coalescing 操作符 ?? 检查折扣值。如果折扣存在，则从总价中扣除折扣；如果没有折扣，则直接使用计算的总价。
- 主函数：创建 ShoppingCart 实例并调用 calculateTotalPrice 方法，最后打印输出计算出的总价，展示了如何使用 Coalescing 操作符处理缺失值。

执行后会输出：

```
购物车1的总价：100.000000
购物车2的总价：55.000000
```

14.3.3 问号操作符（?）

在仓颉语言中，问号操作符通常与点 .、小括号 ()、中括号 [] 和大括号 {} 结合使用，允许对 Option 类型进行安全的属性访问。如果表达式的值为 Some(v)，则访问其成员；若为 None 则返回 None，而不会抛出异常。这种方式支持多层嵌套访问，提供了更高的灵活性和安全性。下面代码展示了问号操作符（?）在对 Option 类型进行安全属性访问中的用法。

```
struct R {
    public var a: Int64
    public init(a: Int64) {
        this.a = a
    }
}

let r = R(100)
let x = Some(r)
let y = Option<R>.None
let r1 = x?.a    // r1 = Option<Int64>.Some(100)
let r2 = y?.a    // r2 = Option<Int64>.None
```

在上述代码中，首先，定义了一个结构体 R，包含一个整数属性 a。接着，创建了一个 Some 包含实例 r 的 Option 类型变量 x，以及一个为 None 的变量 y。使用问号操作符 x?.a 安全地访问了 x 的属性 a，返回 Some(100)；而 y?.a 则返回 None，因为 y 的值是 None。这样，问号操作符避免了潜在的异常，提供了更安全的属性访问方式。

14.3.4 函数 getOrThrow

在仓颉语言中，函数 getOrThrow 是处理 Option 类型的另一种方法。当调用该函数时，如果 Option 的值为 Some(v)，则返回 v；如果为 None，则抛出 NoneValueException。这种方式清晰地分隔了正常值和错误情况，提升了代码的可读性。在下面的代码中，首先创建了一个包含值 1 的 Some 类型变量 a 和一个为 None 的变量 b。调用 a.getOrThrow() 时，返回 1，并打印该值。接着，尝试调
```

用 b.getOrThrow()，由于 b 为 None，函数抛出 NoneValueException。在 catch 块中，捕获该异常并打印 "b is None"，从而清晰地区分了正常值和错误情况，提高了代码的可读性和健壮性。

```
main() {
    let a = Some(1)
    let b: ?Int64 = None
    let r1 = a.getOrThrow()
    println(r1)
    try {
        let r2 = b.getOrThrow()
    } catch (e: NoneValueException) {
        println("b is None")
    }
}
```

执行后会输出：

```
1
b is None
```

下面是一个在仓颉语言中使用 Option 函数 getOrThrow 的完整例子，主题是"图书馆图书借阅处理"。

实例 14-6：图书馆图书借阅处理（源码路径：codes\14\Yi\src\Yi06.cj）

本实例模拟了一个图书馆借书的场景，使用函数 getOrThrow 处理图书的可借阅状态。当用户尝试借阅一本书时，如果书籍存在且可借，将成功打印借阅信息；否则，会捕获异常并输出相应的错误信息。

```
import std.collection.*
// 自定义异常类
class BookNotAvailableException <: Exception {
    public init(message: String) {
        super(message)    // 调用父类构造函数
    }
}

// 定义图书类
class Book {
    public var title: String
    public var isAvailable: Bool

    public init(title: String, isAvailable: Bool) {
        this.title = title
        this.isAvailable = isAvailable
    }
}

// 定义图书馆类
class Library {
    private var books: HashMap<String, Book> = HashMap<String, Book>()

    public init() {
```

```
        // 添加一些书籍
        books["001"] = Book("倚天屠龙记", true)
        books["002"] = Book("红楼梦", false)
    }

    // 查找书籍
    public func findBook(id: String): ?Book {
        return books.get(id)    // 返回书籍,如果不存在则返回 None
    }
}

// 主函数
main() {
    let library = Library()

    // 尝试借书
    let bookId = "002"    // 假设用户要借的书籍ID
    let bookOption = library.findBook(bookId)

    try {
        let book = bookOption.getOrThrow()    // 获取书籍
        if (!book.isAvailable) {
            throw BookNotAvailableException("《${book.title}》当前不可借阅! ")
        }
        println("成功借阅《${book.title}》! ")
    } catch (e: NoneValueException) {
        println("书籍不存在! ")
    } catch (e: BookNotAvailableException) {
        println(e.message)
    }
}
```

上述代码的具体说明如下。
- 自定义异常类 BookNotAvailableException,用于处理书籍不可借阅的情况。
- 实现书籍类 Book,表示一本书,包含书名和可借阅状态。
- 实现图书馆类 Library,用于管理书籍,通过 findBook 方法查找书籍,返回 Some(Book) 或 None。
- 在主函数 main 中尝试借阅书籍,如果找到书籍且可借则打印成功信息;如果书籍不可借或不存在,则通过 getOrThrow 抛出异常,并在 catch 块中处理错误,确保代码清晰易读。

执行后会输出:

《红楼梦》当前不可借阅!

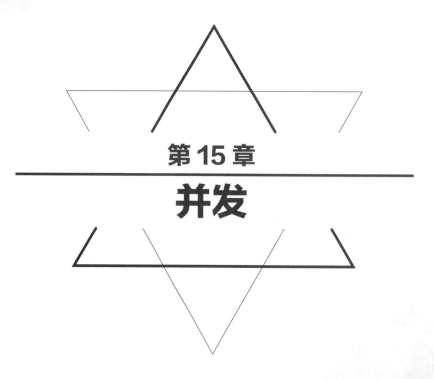

第 15 章
并发

  并发（Concurrency）是一种编程设计思想，指的是在同一个程序中，同时处理多个任务或执行多个操作。并发的核心在于允许多个任务在同一时间段内进行，它不要求这些任务必须在同一时刻并行执行，而是可以通过分时的方式交替进行。

15.1 并发基础

并发是一种处理多个任务的设计方式,旨在提高程序的效率和响应性。虽然并发不要求任务必须同时执行,但它通过合理的任务调度和资源管理,使得程序能够更好地应对多任务需求。

15.1.1 并发的基本概念

并发的核心是在程序中管理和执行多个任务,侧重于设计和协调这些任务,以便程序能够同时处理多种操作。在编程开发应用中,和并发有关的基本概念如下。

1. 任务(Task)

任务是并发中的基本执行单元,任务可以是程序中的某个函数、进程、线程等。并发的核心思想是让多个任务能够在同一时间段内独立或交替执行,尽可能提高系统的利用率。

2. 进程(Process)

进程是操作系统分配资源(如内存、CPU 时间等)的基本单位。每个进程运行在自己的内存空间中,互不干扰。多进程并发意味着多个进程可以独立执行,但进程之间的通信通常比较复杂。

3. 线程(Thread)

线程是进程中的轻量级执行单元,一个进程可以包含多个线程,线程共享进程的内存空间和资源。多线程并发是指多个线程在同一进程内同时执行任务。这种方式比多进程开销小,但线程之间的资源竞争问题需要妥善管理。

4. 并行(Parallelism)

并行与并发不同,指的是多个任务同时运行在不同的处理器或处理器核心上。并行是一种硬件层面的概念,它利用多核 CPU 或多台机器来真正同时执行多个任务。并发的任务可以并行执行,但并发并不要求并行。

5. 异步(Asynchronous)

异步是一种执行方式,指的是程序不会等待某个任务完成后再继续执行其他任务,而是将任务提交后继续执行其他任务。异步常用于处理 I/O 操作(如网络请求、文件读写),以避免程序阻塞。

6. 同步(Synchronous)

同步意味着任务按顺序执行,每个任务必须等待前一个任务完成后再开始。同步操作通常会导致程序阻塞,尤其是涉及 I/O 操作时,程序可能需要等待响应。

7. 临界区(Critical Section)

临界区是指多线程或多任务环境中访问共享资源的代码区域。在临界区内,同一时间只能有一个任务访问共享资源,以避免数据竞争和不一致性。常用的机制有锁、互斥量等。

8. 竞争条件(Race Condition)

竞争条件是指多个任务在没有适当同步的情况下访问共享资源,导致程序行为不确定或结果不一致。竞争条件通常是并发编程中的一种常见错误,必须通过锁等同步机制来避免。

9. 死锁(Deadlock)

死锁是并发编程中的一种情况,指的是多个任务在互相等待对方释放资源,导致所有任务都无法继续执行。死锁问题需要通过设计避免,如通过资源请求的顺序控制或死锁检测算法。

10. 线程安全(Thread Safety)

线程安全是指在多线程环境下,程序的某个操作或函数在多个线程同时执行时,不会导致数据错误或系统不一致。实现线程安全通常需要使用锁、同步原语等机制。

11. 同步原语（Synchronization Primitives）

同步原语是操作系统提供的一组机制，用于在线程之间协调对共享资源的访问。常见的同步原语包括以下四种。

- 锁（Lock）：确保同一时间只有一个线程能进入临界区。
- 互斥量（Mutex）：与锁类似，但更严格，确保一个线程独占访问某个资源。
- 信号量（Semaphore）：允许一定数量的线程同时访问共享资源。
- 条件变量（Condition Variable）：允许线程等待某个条件满足后再继续执行。

12. 上下文切换（Context Switch）

上下文切换是指操作系统在不同线程或进程之间切换时，保存当前任务的状态并恢复新任务的状态。上下文切换有一定的开销，过于频繁地切换可能影响系统性能。

13. 线程池（Thread Pool）

线程池是一种优化技术，它维护一组预先创建好的线程，用来执行并发任务。通过线程池，程序避免了频繁创建和销毁线程的开销，提升了性能。

15.1.2 并发的特性和实现方式

在编程应用中，并发的主要特性如下。

- 任务交替进行：并发允许多个任务交替进行，而不要求每个任务完整完成后再启动下一个任务。它通过将任务分割成较小的操作单元，在这些单元之间切换执行。
- 不一定是并行：并发与并行（Parallelism）不同，并发强调的是任务的交替执行，可以在单核处理器上通过任务切换实现。而并行指的是多个任务在不同的处理器核心上同时执行。
- 共享资源：并发通常涉及多个任务对共享资源（如内存、文件、数据库等）的访问，这可能导致竞争条件（race conditions）等问题，因而需要对资源进行合理的同步和管理。
- 响应性：通过并发，程序能够更高效地响应多个事件，比如用户交互、网络请求或数据处理，提升程序的灵活性和整体性能。

在实际应用中，并发可以通过多种方式实现，其中主要的实现方式如下。

- 多线程：一个程序创建多个线程，每个线程独立执行自己的任务。这是并发的一种常见实现方式。多线程允许多个任务共享相同的内存空间。
- 异步编程：通过异步调用来非阻塞地处理任务。任务在需要等待（如等待 I/O 操作、网络请求等）时，不会阻塞整个程序，而是将控制权交还给程序，继续处理其他任务。
- 事件驱动模型：在事件驱动的系统中，程序通过处理事件（如用户输入、系统信号、消息等）来执行任务，任务之间互相独立，程序根据事件触发相应的任务。
- 协程（Coroutines）：协程是一种轻量级的线程或执行单元，允许在某个执行点暂停任务，然后在之后恢复执行。协程通过主动让出 CPU 控制权来实现并发，适合任务之间交替执行。

15.1.3 仓颉语言的并发

在华为仓颉语言中，通过提供抢占式线程模型实现了高效、友好的并发编程机制，允许开发者在无须关注底层实现细节的情况下，编写并发代码。仓颉语言采用的并发模型使其适用于现代多核处理器和多任务系统，帮助程序在多个任务间实现良好的性能和响应性。

在讨论并发编程时，通常会将线程分为两种类型：语言线程和 native 线程。具体说明如下。
- 语言线程：并发模型中的基本执行单元，目的是屏蔽底层实现细节。仓颉语言提供了一个统一的并发接口，开发者只需面向仓颉线程编写代码，而无须关心操作系统线程或用户态线程的区别。在大多数情况下，开发者与仓颉线程交互，简化了并发编程的复杂性。
- native 线程则：语言线程的实际运行载体，通常由操作系统提供。不同语言对 native 线程的利用方式不同。例如，某些编程语言使用 1:1 线程模型，意味着每个语言线程都映射到一个 native 线程。而仓颉语言采用了 M:N 线程模型，即 M 个语言线程可以在 N 个 native 线程上执行，M 和 N 之间不一定是相同的比例。这使得仓颉线程成为一种轻量级、用户态的线程，相比操作系统线程更加高效灵活。

在仓颉语言中，多个仓颉线程可以在一个 native 线程上执行。每个 native 线程会调度并执行就绪状态的仓颉线程。如果某个仓颉线程因为等待资源（如互斥锁）发生阻塞，native 线程会挂起该仓颉线程，转而调度其他可执行的仓颉线程。当阻塞的线程重新可用时，native 线程会继续执行。这种机制确保了系统的高并发性能。

尽管开发者在使用仓颉语言线程时不需要关心底层细节，但是在使用跨语言编程时，开发者需要注意阻塞操作（如调用外部的 IO 系统函数）。下面代码展示了一个仓颉线程调用阻塞的 foreign 函数 socket_read 的例子。

```
foreign socket_read(sock: Int64): CPointer<Int8>

let fut = spawn {
    let sock: Int64 = ...
    let ptr = socket_read(sock)
}
```

在上述代码中，仓颉线程调用了函数 socket_read，这是一个阻塞的系统调用。该操作会导致 native 线程在等待系统 I/O 完成期间停止调度其他仓颉线程。因此，开发者在编写跨语言代码时应谨慎处理类似情况，尽量使用非阻塞的 I/O 函数或将 I/O 操作委托给单独的线程或线程池。

15.2　多线程开发

多线程开发是一种并发编程技术，通过同时执行多个线程来提高程序的响应性和性能。开发者可以将任务分解为多个子任务，并在不同线程中并行处理，从而充分利用多核处理器的优势。在多线程环境中，线程间的协调与资源管理变得至关重要，开发者需要考虑线程安全、同步机制及可能的死锁问题，以确保程序的稳定性和正确性。

15.2.1　线程介绍

在并发编程应用中，线程是执行任务的基本单位。在早期的操作系统中并没有线程的概念，进程是拥有资源和独立运行的最小单位，也是程序执行的最小单位。任务调度采用的是时间片轮转的抢占式调度方式，而进程是任务调度的最小单位，每个进程有各自独立的一块内存，使得各个进程之间内存地址相互隔离。后来，随着计算机技术的发展，对 CPU 的要求越来越高，进程之间的切换开销较大，已经无法满足越来越复杂的程序的要求了。于是就发明了线程，线程是程序执行中一个单一的顺序控制流程，是程序执行流的最小单元，是处理器调度和分派的基本单位。一个进程可以有一个或多个线程，各个线程之间共享程序的内存空间（也就是所在进程的内存空间）。一个标准的线程由线程 ID、当前指令指针 PC、寄存器和堆栈组成。而进程由内存空间（程序、数据、进程空间、打开的文件）和一个或多个线程组成。打开 Windows 任务管理器，单击性能选项卡，可以查看当前系统的进程与线程，如图 15-1 所示。从图 15-1 可以看出，当前系统的总进程数为 163，总线程数为 2790，总线程数要比总进程数多很多，原因正是一个进程里面可以有多个线程在同时执行。在 Java 开发中，多条线程在同一时间段内交替执行称为并发，而多条线程同时执行称为并行。

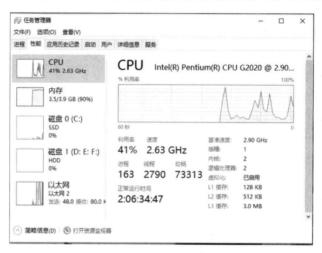

图 15-1　当前系统的进程与线程

15.2.2　创建线程

在仓颉语言中，当开发者希望并发执行一段代码时，可以通过创建一个新的仓颉线程来实现。使用 spawn 关键字可以轻松创建线程，并传入一个无参数的 Lambda 表达式，这个表达式包含在新线程中执行的代码。使用 spawn 关键字创建线程的语法格式如下：

```
spawn { =>
    // 在新线程中执行的代码
}
```

上述格式的具体说明如下。

- spawn：关键字，用于创建新线程。
- { => ... }：这是一个无参数的 Lambda 表达式，表示新线程中要执行的代码块。代码块中的内容可以是任意有效的仓颉代码。

实例 15-1：展示咖啡制作过程（源码路径：codes\15\Xian\src\Thread01.cj）

在本实例中展示了在仓颉语言中使用 spawn 关键字创建线程的用法，涉及日常生活中的咖啡制作过程，体现了多线程的趣味性。

```
import std.sync.*
import std.time.*

main(): Int64 {
```

```
    // 创建一个新线程用于制作咖啡
    spawn { =>
        println("新线程：开始制作咖啡...")
        println("新线程：磨咖啡豆...")
        sleep(500 * Duration.millisecond) // 模拟磨豆时间
        println("新线程：煮水...")
        sleep(300 * Duration.millisecond) // 模拟煮水时间
        println("新线程：冲泡咖啡...")
        sleep(200 * Duration.millisecond) // 模拟冲泡时间
        println("新线程：咖啡制作完成，享受你的咖啡吧！")
    }

    // 主线程进行准备工作
    println("主线程：准备杯子和糖...")
    sleep(200 * Duration.millisecond) // 模拟准备时间
    println("主线程：准备牛奶...")
    sleep(200 * Duration.millisecond) // 模拟准备时间
    println("主线程：一切准备就绪！")

    // 等待新线程完成
    sleep(1500 * Duration.millisecond) // 确保咖啡制作完成后再退出

    return 0
}
```

上述代码的实现流程如下。
- 主线程启动：程序运行时，主线程首先被创建并开始执行。
- 准备工作：主线程首先进行准备工作，包括准备杯子和糖。这部分工作通过输出相应的消息和短暂的睡眠模拟实际操作。
- 创建新线程：在主线程执行的同时，使用 spawn 创建一个新的线程。这个新线程负责模拟咖啡的制作过程。
- 咖啡制作：新线程开始执行时，依次进行磨豆、煮水和冲泡咖啡的操作。每个步骤之间都有短暂的睡眠时间，以模拟实际操作的延迟，并在控制台输出相关的进度消息。
- 并行执行：主线程和新线程在此过程中并行执行，主线程在等待准备工作的同时，新线程正在制作咖啡。
- 等待完成：在主线程的准备工作完成后，程序通过适当的睡眠时间来确保新线程的咖啡制作过程能够完成，然后再退出程序。
- 结束程序：当所有工作完成后结束程序，用户在控制台看到新线程关于咖啡制作完成的消息。
执行后会输出：

```
主线程：准备杯子和糖...
新线程：开始制作咖啡...
新线程：磨咖啡豆...
主线程：准备牛奶...
主线程：一切准备就绪！
新线程：煮水...
新线程：冲泡咖啡...
```

新线程：咖啡制作完成，享受你的咖啡吧！

在本实例中，函数 sleep 用于让当前线程暂停执行指定的时间，单位通常是毫秒。这在并发编程中常用于控制线程的执行顺序，避免过于频繁的操作或模拟某些耗时的任务。在等待期间，其他线程仍然可以继续运行，从而提高程序的并发性和响应性。下面的代码演示了使用 sleep 函数控制程序的执行节奏，实现简单的时间延迟的方法。

```
import std.sync.*
import std.time.*

main(): Int64 {
    println("Hello")
    sleep(Duration.second)   // sleep for 1s.
    println("World")
    return 0
}
```

执行后首先打印出 "Hello"，然后调用 sleep 函数让程序暂停 1 秒钟，接着再打印 "World"。

```
Hello
World
```

15.2.3 访问线程

在仓颉语言中，访问线程的功能主要通过 Future<T> 类型实现。Future<T> 是一个用于表示异步计算结果的对象，允许开发者等待线程执行完成并获取返回值。在 Future<T> 中提供了以下三个成员方法，实现访问线程功能。

（1）get(): T：阻塞当前线程，直到与当前 Future 对象对应的线程执行完毕，并返回结果。如果对应线程发生异常，则该方法会抛出异常。在下面的代码中，使用 spawn 创建了一个新的线程，并通过 Future 来等待该线程执行完成。在新线程中，首先打印一条信息，然后睡眠 100 毫秒后再次打印。在主线程中，先输出一条信息，接着调用 fut.get() 阻塞等待新线程结束。最终，这段代码展示了主线程和新线程的执行顺序，以及如何有效管理并发执行的线程。

```
import std.sync.*
import std.time.*

main(): Int64 {
    let fut: Future<Unit> = spawn { =>
        println("New thread before sleeping")
        sleep(100 * Duration.millisecond)
        println("New thread after sleeping")
    }

    println("Main thread")

    fut.get()
    return 0
}
```

执行后会输出：

```
New thread before sleeping
Main thread
New thread after sleeping
```

（2）get(ns: Int64): Option<T>：阻塞当前线程，等待线程结果。但不会无限期等待，它会最多等待参数 ns 指定的纳秒时间。如果线程在超时时间内未完成，返回 Option<T>.None；若 ns 小于等于 0，则行为与 get() 相同。下面的代码展示了如何在仓颉语言中创建一个新线程并使用 Future 来获取其返回值的过程。新线程会先睡眠 1 秒钟，然后返回值 1。主线程调用 fut.get(1000 * 1000)，设置最大等待时间为 1 毫秒。在等待期间，如果新线程没有完成，res 将会是 Option<Int64>.None，否则将返回结果。接着，通过模式匹配检查 res 的值，如果成功获取到结果，则打印；否则输出"oops"。

```
import std.sync.*
import std.time.*

main(): Int64 {
    let fut = spawn {
        sleep(Duration.second) // sleep for 1s.
        return 1
    }

    // wait for the thread to finish, but only for 1ms.
    let res: Option<Int64> = fut.get(1000 * 1000)
    match (res) {
        case Some(val) => println("result = ${val}")
        case None => println("oops")
    }
    return 0
}
```

执行后会输出：

```
oops
```

（3）tryGet(): Option<T>：非阻塞方法，如果线程尚未完成，会立即返回 Option<T>.None；如果线程已完成，返回计算结果。若线程发生异常，方法也会抛出异常。

下面是一个在仓颉语言中使用 Future<T> 访问线程的完整例子，展示了方法 get()、get(ns: Int64) 和 tryGet() 的用法。

实例 15-2：模拟披萨和饮料的制作过程（源码路径：codes\15\Xian\src\Fang01.cj）

在本实例中创建了两个线程，分别模拟披萨和饮料的制作过程。主线程使用 get() 等待披萨制作完成，并通过超时机制和 tryGet() 检查饮料和披萨的制作状态，最打印终输出结果。

```
import std.sync.*
import std.time.*

main(): Int64 {
    // 创建一个新线程来模拟披萨制作
    let pizzaFut: Future<String> = spawn {
        println("新线程：开始制作披萨...")
```

```
        sleep(3000 * Duration.millisecond) // 模拟制作时间
        return "披萨完成！"
    }

    // 使用 get() 等待披萨制作完成
    try {
        let result: String = pizzaFut.get() // 阻塞，直到披萨制作完成
        println("主线程：${result}") // 输出披萨完成的信息
    } catch (_) {
        println("主线程：制作披萨时发生错误！")
    }

    // 创建另一个新线程来模拟饮料制作
    let drinkFut: Future<String> = spawn {
        sleep(800 * Duration.millisecond) // 模拟制作饮料时间，设置为0.8秒
        return "饮料完成！"
    }

    // 使用 get(ns: Duration) 设置超时等待
    let drinkResult: Option<String> = drinkFut.get(Duration.second) // 设置1秒超时
    match (drinkResult) {
        case Some(val) => println("主线程：${val}") // 输出饮料完成的信息
        case None => println("主线程：饮料制作超时！")
    }

    // 检查披萨线程状态，使用 tryGet()
    let checkResult: Option<String> = pizzaFut.tryGet()
    match (checkResult) {
        case Some(val) => println("主线程：最终结果是：${val}") // 输出披萨最终结果
        case None => println("主线程：披萨尚未完成。")
    }

    return 0
}
```

上述代码的实现流程如下。
- 首先创建了一个新线程用于模拟披萨的制作，打印出开始制作的消息，并使用 sleep 函数模拟制作时间。主线程随后通过 get() 方法等待披萨制作完成，并在制作完成后输出结果。
- 接着，创建了一个新线程用于模拟饮料的制作，设置其制作时间较短。主线程使用 get() 方法并设置超时来等待饮料制作的结果，若超时则输出相应提示。
- 最后，主线程使用 tryGet() 检查披萨线程的状态，如果披萨已经制作完成，则输出最终结果；如果尚未完成，则提示披萨尚未完成。整个过程展示了如何通过并发编程有效管理多个任务的执行与状态。执行后会输出：

```
新线程：开始制作披萨...
主线程：披萨完成！
主线程：饮料完成！
主线程：最终结果是：披萨完成！
```

15.2.4 访问线程属性

在仓颉语言中，线程的管理与信息访问是通过类 Thread 实现的。每个 Future<T> 对象都与一个线程相对应，可以通过 Future<T> 的 thread 成员属性来访问该线程的 Thread 对象。此外，可以通过类 Thread 的静态属性 currentThread 来获取当前正在执行的线程。

类 Thread 中常用的属性和方法说明如下。

- currentThread：静态属性，用于获取当前执行线程的 Thread 对象，便于开发者在任意位置获取当前线程的信息。
- id：实例属性，返回线程的唯一标识符（整数），使得开发者能够区分不同的线程。
- hasPendingCancellation：实例属性，用于检查该线程是否收到了取消请求，为开发者提供了控制线程生命周期的机制。
- name：用于获取或设置线程的名称。此操作具有原子性，确保在多线程环境中的安全性。

实例 15-3：模拟奶茶店制作不同的饮品（源码路径：codes\15\Xian\src\Fang02.cj）

本实例模拟了一个咖啡店上班的场景，用多个线程分别制作不同的饮品，并使用线程属性来展示信息。

```
import std.sync.*

main(): Unit {
    let drinkSemaphore = SyncCounter(3)

    // 咖啡线程
    let coffeeFut = spawn {
        drinkSemaphore.waitUntilZero()
        println("咖啡线程：当前线程ID = ${Thread.currentThread.id}")
        Thread.currentThread.name = "CoffeeMaker"
        println("咖啡线程：线程名 = ${Thread.currentThread.name}")

        // 模拟制作咖啡
        sleep(2000 * Duration.millisecond)
        println("咖啡线程：咖啡完成！")
    }

    // 茶线程
    let teaFut = spawn {
        drinkSemaphore.waitUntilZero()
        println("茶线程：当前线程ID = ${Thread.currentThread.id}")
        Thread.currentThread.name = "TeaMaker"
        println("茶线程：线程名 = ${Thread.currentThread.name}")

        // 模拟制作茶
        sleep(1500 * Duration.millisecond)
        println("茶线程：茶完成！")
    }

    // 果汁线程
    let juiceFut = spawn {
```

```
        drinkSemaphore.waitUntilZero()
        println("果汁线程: 当前线程ID = ${Thread.currentThread.id}")
        Thread.currentThread.name = "JuiceMaker"
        println("果汁线程: 线程名 = ${Thread.currentThread.name}")

        // 模拟制作果汁
        sleep(1000 * Duration.millisecond)
        println("果汁线程: 果汁完成! ")
    }

    println("主线程: 开始准备饮品...")

    // 允许所有线程开始工作
    drinkSemaphore.dec()    // 第一次减少
    drinkSemaphore.dec()    // 第二次减少
    drinkSemaphore.dec();   // 第三次减少

    // 等待所有饮品制作完成
    coffeeFut.get()
    teaFut.get()
    juiceFut.get()

    println("主线程: 所有饮品准备完成! ")
}
```

上述代码的具体说明如下。

- 本实例模拟了一个饮品制作的场景，主线程负责启动三个子线程：咖啡、茶和果汁。首先，主线程创建一个同步计数器，初始值为 3，以控制线程的执行。
- 每个饮品线程在开始工作之前都会调用 waitUntilZero() 方法，确保只有在计数器为零时才开始执行。主线程则逐个调用 dec() 方法，将计数器减至零，以允许所有饮品线程开始制作。
- 在每个饮品线程中，首先打印出当前线程的 ID 和名称，然后模拟制作饮品的过程，通过调用 sleep() 来模拟延迟。最后，主线程等待所有饮品线程完成，确保所有饮品都已准备好，最后输出准备完成的消息。执行后会输出：

```
主线程: 开始准备饮品...
咖啡线程: 当前线程ID = 1
茶线程: 当前线程ID = 2
茶线程: 线程名 = TeaMaker
果汁线程: 当前线程ID = 3
果汁线程: 线程名 = JuiceMaker
咖啡线程: 线程名 = CoffeeMaker
果汁线程: 果汁完成!
茶线程: 茶完成!
咖啡线程: 咖啡完成!
主线程: 所有饮品准备完成!
```

15.2.5 终止线程

在多线程编程中，终止线程的机制通常不直接强制结束线程，而是通过发送取消请求来实现。

在仓颉语言中，可以使用 Future<T> 的 cancel() 方法向线程发送终止请求，但这并不会立即停止线程的执行。开发者需要在自己的线程代码中定期检查是否有终止请求，并根据情况实现相应的清理逻辑。

具体来说，使用属性 Thread.currentThread.hasPendingCancellation 检查当前线程是否收到了取消请求。如果线程检测到此请求，可以选择中止执行并进行必要的清理，比如释放资源或保存状态；如果开发者忽视该请求，线程将继续执行直到自然结束。

实例 15-4：魔法师制作魔法药水（源码路径：codes\15\Xian\src\Zhi01.cj）

在本实例中模拟了两个魔法师制作魔法药水的过程，展示了通过发送取消请求来优雅地终止某个魔法师的过程。通过这种方式，强调了线程管理和取消线程请求的用法。

```
import std.sync.*    // 导入同步库
import std.time.*    // 导入时间库

main(): Unit {
    let potionCounter = SyncCounter(2) // 创建一个计数器，表示要制作的魔法药水数量

    // 创建魔法师线程 1
    let wizard1 = spawn {
        potionCounter.waitUntilZero() // 等待计数器变为零
        for (i in 0..2) { // 模拟制作步骤
            if (Thread.currentThread.hasPendingCancellation) {
                println("魔法师 1: 收到取消请求，停止制作。")
                return
            }
            println("魔法师 1: 制作中... 步骤 ${i + 1}")
            sleep(1000 * Duration.millisecond) // 模拟制作时间
        }
        println("魔法师 1: 魔法药水完成！")
    }

    // 创建魔法师线程 2
    let wizard2 = spawn {
        potionCounter.waitUntilZero() // 等待计数器变为零
        for (i in 0..2) { // 模拟制作步骤
            if (Thread.currentThread.hasPendingCancellation) {
                println("魔法师 2: 收到取消请求，停止制作。")
                return
            }
            println("魔法师 2: 制作中... 步骤 ${i + 1}")
            sleep(800 * Duration.millisecond) // 模拟制作时间
        }
        println("魔法师 2: 魔法药水完成！")
    }

    // 允许魔法师开始工作
    potionCounter.dec() // 减少计数器值
    potionCounter.dec() // 减少计数器值
```

```
    // 主线程休眠一段时间后发送取消请求
    sleep(500 * Duration.millisecond) // 等待0.5秒
    println("主线程：发送取消请求给魔法师 1 和 2...")
    wizard1.cancel() // 取消魔法师 1
    wizard2.cancel() // 取消魔法师 2

    // 等待所有魔法师线程结束
    wizard1.get() // 等待魔法师 1 结束
    wizard2.get() // 等待魔法师 2 结束

    println("主线程：所有魔法师完成工作！")
}
```

上述代码，首先创建了两个魔法师线程，分别执行制作魔法药水的任务。在每个魔法师线程中，采用循环模拟制作过程，并在每一步检查是否收到取消请求。主线程在等待一段时间后，向两个魔法师发送取消请求。接着，魔法师们根据请求停止制作，并在完成各自的清理工作后退出。最后，主线程等待所有魔法师线程结束并输出所有线程完成工作的消息。这种设计，展示了多线程任务的创建、执行和优雅的终止过程的用法。执行后会输出：

```
魔法师 2：制作中... 步骤 1
魔法师 1：制作中... 步骤 1
主线程：发送取消请求给魔法师 1 和 2...
魔法师 2：收到取消请求，停止制作。
魔法师 1：收到取消请求，停止制作。
主线程：所有魔法师完成工作！
```

15.3 线程同步

线程同步是确保多个线程在访问共享资源时不会产生竞争条件的机制。通过同步，可以避免数据不一致和意外结果。在编程中，常用的同步工具包括锁（如互斥锁）、信号量、条件变量等。锁用于保护共享资源，使得同一时间只有一个线程能够访问该资源；信号量则控制访问资源的线程数量；条件变量允许线程在某些条件满足时进行等待或通知。通过有效的线程同步，可以提高程序的可靠性和稳定性，确保数据的完整性。

15.3.1 线程同步的意义

举一个现实生活中的例子，在高铁票务系统中，当多名用户同时尝试购买同一列车的剩余票时，如果系统没有实现有效的线程同步，可能会导致两个用户几乎同时获取到可购买的票数，从而导致超售现象。在开发高铁售票系统时，线程同步是确保购票安全和数据一致性的关键。

具体来说，假如用户 A 和用户 B 同时查询票务信息，系统显示剩余 1 张票。假如没有线程同步的锁机制，两个用户同时提交购买请求，系统可能会分别处理这两个请求，结果导致两张票被同时出售，剩余票数变为负数。这不仅会引起客户的不满，还会影响系统的信誉。

为了避免这种情况，系统需要引入线程同步机制，如互斥锁。在用户提交购票请求时，系统首先对票务数据加锁，确保在处理购票的过程中，其他请求无法修改剩余票数。只有在当前请求完成后，锁才会释放，其他用户才能继续处理。具体来说，线程同步在购买车票这个场景中的实现流程如下。

（1）用户发起购票请求：用户 A 和用户 B 几乎同时发起购票请求。
（2）系统加锁：系统对票务数据加锁，防止其他请求同时修改数据。
（3）检查剩余票数：系统检查剩余票数。如果大于 0，则进行下一步。
（4）修改剩余票数：减少剩余票数。
（5）生成订单：创建订单并确认购票成功。
（6）释放锁：完成操作后，释放锁，允许其他线程继续处理。

通过这种方式，系统可以确保在并发环境下的票务数据始终保持一致，防止出现超售的情况，提高用户体验。

通过这种方式，系统能有效地管理并发请求，确保每张票的销售过程都是安全且一致的，从而提升用户体验和系统的整体可靠性。在华为仓颉语言中，线程同步机制是确保并发程序安全性和一致性的重要手段。仓颉语言提供了原子操作、互斥锁和条件变量三种主要的同步机制。

15.3.2 原子操作

在仓颉语言中，原子操作（Atomic）是一种确保数据在多线程环境中安全访问的机制。原子操作允许线程以不可分割的方式对共享变量进行操作，从而避免数据竞争和一致性问题。

1. 原子操作的基本概念

原子操作是指在执行时不会被中断的操作，这意味着当一个线程在执行原子操作时，其他线程无法对同一数据进行修改，从而保证了数据的一致性。在仓颉语言中，提供了整数类型、布尔类型（Bool）类型和引用类型的原子操作。

2. 整数类型的原子操作

- load()：读取当前值。
- store(val)：写入新值。
- swap(val)：将当前值与新值交换，并返回交换前的值。
- compareAndSwap(old, new)：比较当前值与给定的旧值，如果相等则替换为新值，返回操作是否成功（布尔值）。
- fetchAdd(val)：对当前值进行加法操作，返回加法操作之前的值。
- fetchSub(val)：对当前值进行减法操作，返回减法操作之前的值。
- fetchAnd(val)：对当前值进行与操作，返回操作之前的值。
- fetchOr(val)：对当前值进行或操作，返回操作之前的值。
- fetchXor(val)：对当前值进行异或操作，返回操作之前的值。

实例 15-5：使用整数类型原子操作实现计数（源码路径：codes\15\Xian\src\Tong01.cj）

在本实例中创建了 1000 个线程，每个线程在短暂休眠后安全地将共享计数器的值增加 1。最后，主线程等待所有子线程完成并输出最终的计数值。

```
import std.sync.*
import std.collection.*
let count = AtomicInt64(0)

main(): Int64 {
```

```
    let list = ArrayList<Future<Int64>>()

    // 创建1000个线程
    for (i in 0..1000) {
        let fut = spawn {
            sleep(Duration.millisecond) // 睡眠1毫秒
            count.fetchAdd(1) // 安全增加计数
        }
        list.append(fut)
    }

    // 等待所有线程结束
    for (f in list) {
        f.get()
    }

    let val = count.load() // 读取最终计数
    println("count = ${val}")
    return 0
}
```

上述代码的实现流程如下。
- 首先初始化一个原子计数器，用于确保线程安全。
- 接着，主线程循环创建 1000 个子线程，每个子线程在休眠 1 毫秒后调用原子操作安全地将计数器的值加 1。主线程随后等待所有子线程完成执行。
- 最后，主线程读取并打印计数器的最终值，确保所有线程的操作被正确记录。通过使用原子操作，代码有效地避免了数据竞争问题，保证了计数的准确性。执行后会输出：

```
count = 1000
```

3. 布尔和引用类型的原子操作
- load()：读取当前布尔值或引用。
- store(val)：写入新布尔值或引用。
- swap(val)：将当前值与新值交换，并返回交换前的值。
- compareAndSwap(old, new)：比较当前布尔值或引用与给定的旧值，如果相等则替换为新值，返回操作是否成功（布尔值）。

实例 15-6： 使用 Bool 类型和引用类型原子操作（源码路径：codes\15\Xian\src\Tong02.cj）

在本实例中通过原子布尔值和原子引用实现安全的并发访问，展示了 compareAndSwap 方法的使用，确保在多线程环境中对象引用的安全更新。

```
import std.sync.*

// 定义一个简单的类 A
class A {}

main() {
    var obj = AtomicBool(true) // 创建一个原子布尔对象
    println(obj.load()) // 直接输出布尔值
```

```
    var instance = A() // 创建一个类 A 的实例
    var objRef = AtomicReference(instance) // 创建原子引用对象

    var loadedInstance = objRef.load() // 读取当前引用
    var swapSuccessful = objRef.compareAndSwap(loadedInstance, instance) // 尝试交换
    println(swapSuccessful) // 输出交换结果，应该为 true

    var newInstance = A() // 创建一个新的类 A 实例
    swapSuccessful = objRef.compareAndSwap(newInstance, A()) // 尝试交换失败的情况
    println(swapSuccessful) // 输出交换结果，应该为 false

    swapSuccessful = objRef.compareAndSwap(loadedInstance, A()) // 使用原来的实例
进行交换
    println(swapSuccessful) // 输出交换结果，应该为 true
}
```

执行后会输出：

```
true
true
false
true
30
```

15.3.3　可重入互斥锁

可重入互斥锁（ReentrantMutex）是一种用于保护临界区的同步原语，能够确保在任何时刻只有一个线程能够执行特定的代码段。可重入互斥锁支持同一线程在已持有锁的情况下再次获得该锁，这就是"可重入"的特性。可重入互斥锁的主要特性如下。

- 互斥性：确保在同一时间只有一个线程可以执行临界区的代码。其他尝试获取该锁的线程会被阻塞，直到锁被释放。
- 可重入性：同一线程可以在已经持有锁的情况下再次获得该锁，允许在同一线程的不同调用中安全地进行递归操作。

1. 可重入互斥锁成员函数

在仓颉语言中，使用如下成员函数实现可重入互斥锁功能。
- init()：创建一个新的 ReentrantMutex 实例。
- lock()：尝试锁定互斥锁，如果锁不可用则阻塞当前线程。
- unlock()：解锁互斥锁，如果有其他线程在等待锁，则唤醒其中一个线程。
- tryLock()：尝试锁定互斥锁，如果锁不可用则返回 false，否则返回 true。

使用可重入互斥锁的规则如下。
- 在访问共享数据之前，必须调用 lock() 函数获取锁。
- 处理完成后，必须调用 unlock() 函数释放锁，以便其他线程能够访问共享资源。

2. 使用实例

下面的实例演示了使用 ReentrantMutex 来保护对全局共享变量 count 的访问，在本实例中对 count 的操作即属于临界区，必须通过互斥锁来确保线程安全。

实例 15-7：使用 ReentrantMutex 保护对全局共享变量的安全访问（源码路径：codes\15\Xian\src\Tong03.cj）

在本实例中实现了一个简单的多线程计数器，使用可重入互斥锁 ReentrantMutex 来确保对共享变量 count 的安全访问。

```
import std.sync.*
import std.time.*
import std.collection.*

var count: Int64 = 0
let mtx = ReentrantMutex()

main(): Int64 {
    let list = ArrayList<Future<Unit>>()

    // 创建1000个线程。
    for (i in 0..1000) {
        let fut = spawn {
            sleep(Duration.millisecond) // 睡眠1毫秒。
            mtx.lock() // 获取锁
            count++ // 增加计数
            mtx.unlock() // 释放锁
        }
        list.append(fut)
    }

    // 等待所有线程完成。
    for (f in list) {
        f.get()
    }

    println("count = ${count}") // 输出最终计数
    return 0
}
```

上述代码的具体说明如下。

- 初始化：首先，定义一个共享的计数变量 count 和一个互斥锁 mtx。
- 创建线程：接着，程序创建 1000 个线程，每个线程都会先暂停 1 毫秒，然后获取互斥锁，以保证在操作 count 时不会与其他线程冲突。
- 更新计数：在获取到锁后，线程将 count 的值增加 1，随后释放锁，允许其他线程继续访问。
- 等待线程结束：主线程在创建所有线程后，会等待每个线程完成其任务，确保所有的计数操作都已执行。
- 输出结果：最后，主线程输出最终的计数结果，应该是 1000，表示所有线程的计数操作都成功执行。

执行后会输出：

```
count = 1000
```

下面的代码演示了使用 tryLock 函数尝试获取一个可重入互斥锁的用法。首先创建了一个互斥锁并启动一个线程，该线程成功锁定互斥锁并进入一个无限循环。在主线程中尝试在 10 秒内获取该锁，如果成功则返回 1，如果未能获取锁则返回 0。

```
import std.sync.*

main(): Int64 {
    let mtx: ReentrantMutex = ReentrantMutex()
    var future: Future<Unit> = spawn {
        mtx.lock()
        while (true) {}
        mtx.unlock()
    }
    let res: Option<Unit> = future.get(10*1000*1000)
    match (res) {
        case Some(v) => ()
        case None =>
            if (mtx.tryLock()) {
                return 1
            }
            return 0
    }
    return 2
}
```

在上述代码中，由于子线程始终持有锁，主线程最终无法获取到锁，因此输出结果应为空。

可重入特性允许在同一线程中递归调用锁定的函数。下面的代码展示了在函数内部再次获取锁的用法，在代码中无论是主线程还是新创建的线程，如果在 foo() 中已经获得了锁，那么继续调用 bar() 时也能立即获得锁，而不会出现死锁。

```
import std.sync.*
import std.time.*

var count: Int64 = 0
let mtx = ReentrantMutex()

func foo() {
    mtx.lock()
    count += 10
    bar() // 再次调用，能成功获取锁
    mtx.unlock()
}

func bar() {
    mtx.lock()
    count += 100
    mtx.unlock()
}

main(): Int64 {
    let fut = spawn {
```

```
        sleep(Duration.millisecond)  // 睡眠1毫秒
        foo()
    }

    foo()  // 主线程调用

    fut.get()

    println("count = ${count}")
    return 0
}
```

3. 常见错误示例

（1）未解锁：在一个线程操作完临界区后未调用 unlock()，会导致其他线程无法获得锁而阻塞。下面代码演示这一错误，其中一个线程在操作临界区后未调用 unlock()，导致其他线程无法获得互斥锁而被阻塞。在 foo 线程中，尽管成功锁定互斥锁并增加了 sum 的值，但由于缺乏解锁操作，主线程在尝试访问 sum 时可能会被永久阻塞，从而影响程序的正常运行。

```
var sum: Int64 = 0
let mutex = ReentrantMutex()

main() {
    let foo = spawn { =>
        mutex.lock()
        sum = sum + 1  // 未解锁
    }
    foo.get()
    println("${sum}")  // 可能导致阻塞
}
```

（2）错误解锁：在本线程没有持有锁的情况下调用 unlock()，将引发异常。下面代码展示了错误的解锁示例，其中线程在未持有互斥锁的情况下调用 unlock()。虽然 foo 线程成功增加了 sum 的值，但在试图解锁时由于未先调用 lock()，导致抛出异常。这种错误会破坏程序的同步机制，并可能导致运行时错误。

```
var sum: Int64 = 0
let mutex = ReentrantMutex()

main() {
    let foo = spawn { =>
        sum = sum + 1
        mutex.unlock()  // 错误，未持有锁
    }
    foo.get()
}
```

（3）tryLock() 的错误使用：在使用 tryLock() 时不能保证锁会被成功获取，可能导致不安全的访问。下面的代码演示了 tryLock() 的错误用法，多个线程尝试在不保证成功获取锁的情况下访问共享变量 sum。如果某个线程成功获取锁并增加 sum 的值，但在其他线程未获取锁的情况下进行操作，就会导致数据竞争和不一致性。这种情况可能导致 sum 的最终值不正确，从而破坏程序的正确性。

```
var sum: Int64 = 0
let mutex = ReentrantMutex()

main() {
    for (i in 0..100) {
        spawn { =>
            if (mutex.tryLock()) { // 可能未获得锁
                sum = sum + 1
                mutex.unlock()
            }
        }
    }
}
```

4. 综合实践

ReentrantMutex 是一个强大的工具，适用于多线程编程中管理共享资源。通过确保线程安全并避免竞争条件和死锁，开发者可以在构建复杂应用时更加高效和可靠。请看下面一个和日常生活密切相关的场景，即取款和存款。下面的代码使用仓颉语言的整数类型原子操作实现，模拟了一个银行系统的存款和取款操作。每个线程代表一个客户在进行存款或取款，以确保账户余额的安全性。

```
import std.sync.*
import std.collection.*
import std.time.*

class BankAccount {
    private var balance: AtomicInt64

    public init(initialBalance: Int64) {
        balance = AtomicInt64(initialBalance)
    }

    public func deposit(amount: Int64): Unit {
        balance.fetchAdd(amount)  // 安全增加余额
        println("存款 ${amount}，当前余额: ${balance.load()}")
    }

    public func withdraw(amount: Int64): Bool {
        let currentBalance = balance.load()
        if (currentBalance >= amount) {
            balance.fetchSub(amount)  // 安全减少余额
            println("取款 ${amount}，当前余额: ${balance.load()}")
            return true
        } else {
            println("取款 ${amount} 失败，当前余额: ${currentBalance}")
            return false
        }
    }

    public func getBalance(): Int64 {
        return balance.load()  // 提供公共方法获取余额
```

```
    }
}

main(): Unit {
    let account = BankAccount(1000)  // 初始化账户余额为1000
    let futures = ArrayList<Future<Unit>>()

    // 创建5个存款线程
    for (i in 0..5) {
        let fut = spawn {
            account.deposit(100)  // 每个线程存款100
            sleep(Duration.millisecond * 10)  // 模拟延迟
        }
        futures.append(fut)
    }

    // 创建5个取款线程
    for (i in 0..5) {
        let fut = spawn {
            account.withdraw(50)  // 每个线程取款50
            sleep(Duration.millisecond * 10)  // 模拟延迟
        }
        futures.append(fut)
    }

    // 等待所有线程结束
    for (f in futures) {
        f.get()
    }

    let finalBalance = account.getBalance()  // 使用公共方法读取最终余额
    println("最终账户余额: ${finalBalance}")
}
```

执行后会输出：

```
取款 50,当前余额：950
存款 100,当前余额：1150
存款 100,当前余额：1050
存款 100,当前余额：1300
存款 100,当前余额：1100
取款 50,当前余额：1050
取款 50,当前余额：1250
存款 100,当前余额：1200
取款 50,当前余额：1000
取款 50,当前余额：1100
最终账户余额：1250
```

在上述代码中，虽然使用了原子操作来确保对余额的安全更新，但在存款和取款的操作过程中，各线程之间的执行顺序是不确定的。这可能导致某些存款或取款的结果在输出时没有正确反映最终的状态，造成输出的余额与预期不符。为确保每次操作之间的互斥，可以使用互斥锁（如

ReentrantMutex）来保护对余额的访问。

实例15-8：银行存款和取款问题的同步（源码路径：codes\15\Xian\src\Tong04.cj）

本实例模拟了一个银行系统，允许多个客户线程进行存款和取款操作，同时确保账户余额的安全性。使用可重入互斥锁，实现了对余额操作的同步控制，避免了并发访问带来的数据不一致问题。

```
import std.sync.*
import std.collection.*
import std.time.*

class BankAccount {
    private var balance: AtomicInt64
    private let mtx = ReentrantMutex()  // 创建可重入互斥锁

    public init(initialBalance: Int64) {
        balance = AtomicInt64(initialBalance)
    }

    public func deposit(amount: Int64): Unit {
        mtx.lock()  // 获取锁
        balance.fetchAdd(amount)  // 安全增加余额
        println("存款 ${amount}，当前余额：${balance.load()}")
        mtx.unlock()  // 释放锁
    }

    public func withdraw(amount: Int64): Bool {
        mtx.lock()  // 获取锁
        let currentBalance = balance.load()
        if (currentBalance >= amount) {
            balance.fetchSub(amount)  // 安全减少余额
            println("取款 ${amount}，当前余额：${balance.load()}")
            mtx.unlock()  // 释放锁
            return true
        } else {
            println("取款 ${amount} 失败，当前余额：${currentBalance}")
            mtx.unlock()  // 释放锁
            return false
        }
    }

    public func getBalance(): Int64 {
        mtx.lock()  // 获取锁
        let currentBalance = balance.load()  // 获取余额
        mtx.unlock()  // 释放锁
        return currentBalance
    }
}

main(): Unit {
    let account = BankAccount(1000)  // 初始化账户余额为1000
```

```
    let futures = ArrayList<Future<Unit>>()

    // 创建5个存款线程
    for (i in 0..5) {
        let fut = spawn {
            account.deposit(100)  // 每个线程存款100
            sleep(Duration.millisecond * 10)  // 模拟延迟
        }
        futures.append(fut)
    }

    // 创建5个取款线程
    for (i in 0..5) {
        let fut = spawn {
            account.withdraw(50)  // 每个线程取款50
            sleep(Duration.millisecond * 10)  // 模拟延迟
        }
        futures.append(fut)
    }

    // 等待所有线程结束
    for (f in futures) {
        f.get()
    }

    let finalBalance = account.getBalance()  // 使用公共方法读取最终余额
    println("最终账户余额: ${finalBalance}")
}
```

上述代码的具体说明如下。
- 首先，创建一个银行账户类 BankAccount，其中包含一个原子整型变量表示账户余额，以及一个可重入互斥锁用于同步。
- 存款和取款操作分别通过获取锁来保护对余额的修改，在操作完成后释放锁。
- 在 main 函数中，创建多个存款和取款线程，并在所有线程执行完毕后获取并打印最终的账户余额，确保余额的正确性和一致性。执行后会输出：

```
取款 50, 当前余额: 950
存款 100, 当前余额: 1050
存款 100, 当前余额: 1150
存款 100, 当前余额: 1250
存款 100, 当前余额: 1350
存款 100, 当前余额: 1450
取款 50, 当前余额: 1400
取款 50, 当前余额: 1350
取款 50, 当前余额: 1300
取款 50, 当前余额: 1250
最终账户余额: 1250
```

15.3.4 Monitor 同步

Monitor 是一种用于线程同步的内置数据结构，结合了互斥锁和条件变量的特性。Monitor 的设计旨在简化线程间的协调与通信，使得多个线程可以安全地共享资源。Monitor 提供了几种内置的基本操作方法，使得线程可以在满足特定条件时进入等待状态或被唤醒。

在仓颉语言中，可以通过 public init() 方法创建 Monitor 实例，此时 Monitor 将初始化一个互斥锁和一个等待队列。在创建 Monitor 实例后，可以使用如下内置方法实现相关同步操作。

- wait() 方法：当一个线程调用 wait() 时，它必须先持有 Monitor 的锁。调用此方法会将当前线程添加到 Monitor 的等待队列中，并释放持有的锁，允许其他线程执行。wait() 方法可以接受一个可选的 timeout 参数，用于指定线程等待的最大时长。由于实现可能不保证精确的调度时间，因此建议在使用 wait() 时，将其放在一个循环中，以应对虚假唤醒的情况。
- notify() 方法：用于唤醒一个在 Monitor 上等待的线程。如果有多个线程在等待，则唤醒的线程是未确定的。调用此方法前，必须确保当前线程持有 Monitor 的锁。
- notifyAll() 方法：会唤醒所有在 Monitor 上等待的线程。与 notify() 方法类似，调用前必须持有锁。

下面的实例模拟了一个使用 Monitor 进行线程同步的过程，其中一个线程在条件不满足时等待，主线程则在修改条件后通知等待的线程。这种机制，确保了线程之间的安全通信和协调。

实例 15-9：使用 Monitor 进行线程同步（源码路径：codes\15\Xian\src\Tong05.cj）

本实例使用 Monitor 来实现线程同步，其中主线程等待 10 毫秒后通知另一个线程，使其从等待状态唤醒并继续执行。

实例文件 Tong04.cj 的具体实现代码如下所示。

```
import std.sync.*
import std.time.*

var mon = Monitor()
var flag: Bool = true

main(): Int64 {
    let fut = spawn {
        mon.lock()
        while (flag) {
            println("New thread: before wait")
            mon.wait()
            println("New thread: after wait")
        }
        mon.unlock()
    }

    sleep(10 * Duration.millisecond)

    mon.lock()
    println("Main thread: set flag")
    flag = false
    mon.unlock()
```

```
    mon.lock()
    println("Main thread: notify")
    mon.notifyAll()
    mon.unlock()

    fut.get()
    return 0
}
```

上述代码的具体说明如下。

- Monitor 初始化：首先创建一个 Monitor 实例和一个布尔变量 flag，用于控制线程的等待状态。
- 线程创建：通过 spawn 创建一个新线程，该线程在持有 Monitor 锁的情况下进入循环，打印消息并调用 wait() 方法。当 flag 为 true 时，线程会阻塞在 wait()，并释放 Monitor 锁，等待被唤醒。
- 主线程操作：主线程通过 sleep 等待 10 毫秒，确保新线程能够执行。随后，主线程获取 Monitor 锁，修改 flag 的值为 false，并打印状态消息。
- 线程通知：主线程再次获取 Monitor 锁，调用 notifyAll() 方法通知所有等待的线程。然后释放锁。
- 等待结束：主线程调用 fut.get()，等待新线程完成其操作。新线程在被通知后，重新获取 Monitor 锁，退出循环并完成执行。

执行后会输出：

```
New thread: before wait
Main thread: set flag
Main thread: notify
New thread: after wait
```

在使用 Monitor 同步时需要注意以下事项。

- 锁的持有：在调用 wait()、notify() 或 notifyAll() 之前，当前线程必须持有 Monitor 的锁。如果未持有锁而调用这些方法，会抛出异常。
- 条件变量的使用：由于 Monitor 自身管理了一个条件变量，开发者可以在条件不满足时使线程进入等待状态，从而避免忙等（Busy Waiting）的情况。

在 Monitor 对象执行 wait 时，必须在锁的保护下进行，否则在 wait 中释放锁的操作会抛出异常。下面是一个错误例子，突出了使用 Monitor 时的关键点：确保在调用 wait 前持有相应的锁。这种设计目的在于避免数据竞争和不一致性问题，确保线程安全地进行条件变量的操作。由于代码中的错误，执行将抛出异常。

```
import std.sync.*

// 创建一个 Monitor 实例 m1 和一个可重入互斥锁 m2
var m1 = Monitor()
var m2 = ReentrantMutex()
var flag: Bool = true  // 控制循环的布尔变量
var count: Int64 = 0   // 用于计数的变量

// 定义 foo1 函数
```

```
func foo1() {
    spawn { // 创建一个新线程
        m2.lock() // 获取 m2 的锁
        while (flag) { // 循环检查 flag 的值
            m1.wait() // 错误: wait 应该在持有 m1 的锁时调用
        }
        count = count + 1 // 增加计数
        m2.unlock() // 释放 m2 的锁
    }
    m1.lock() // 获取 m1 的锁
    flag = false // 设置 flag 为 false
    m1.notifyAll() // 唤醒所有在 m1 上等待的线程
    m1.unlock() // 释放 m1 的锁
}

// 定义 foo2 函数
func foo2() {
    spawn { // 创建一个新线程
        while (flag) { // 循环检查 flag 的值
            m1.wait() // 错误: wait 必须在持有锁的情况下调用
        }
        count = count + 1 // 增加计数
    }
    m1.lock() // 获取 m1 的锁
    flag = false // 设置 flag 为 false
    m1.notifyAll() // 唤醒所有在 m1 上等待的线程
    m1.unlock() // 释放 m1 的锁
}

// 主函数
main() {
    foo1() // 调用 foo1 函数
    foo2() // 调用 foo2 函数
    m1.wait() // 等待在 m1 上的线程
    return 0 // 返回 0，表示程序结束
}
```

上述代码的具体说明如下。

- 变量 m1 是一个 Monitor 实例，负责线程之间的同步。
- 变量 m2 是一个可重入互斥锁，用于另一个线程的操作。
- 变量 flag 是一个布尔变量，控制循环的条件。
- 变量 count 用于计数操作。
- 函数 foo1：创建一个新线程，试图在持有 m2 锁的情况下调用 m1.wait()。此时，m1.wait() 的调用不合法，因为它没有在 m1 的锁保护下进行，因此会抛出异常。在主线程中，m1.lock() 后设置 flag 为 false，并调用 m1.notifyAll()，意图唤醒等待的线程。
- 函数 foo2：创建一个新线程，在没有锁保护的情况下直接调用 m1.wait()，这同样会导致错误，因为 wait 必须在持有锁的状态下调用。主线程同样在 m1.lock() 后设置 flag 为 false 并调用 notifyAll()。

- main 函数：调用 foo1 和 foo2 函数，随后执行 m1.wait()，导致主线程在此阻塞。

实例 15-10：使用 Monitor 实现售票系统（源码路径：codes\15\Xian\src\Tong06.cj）

在本实例中模拟了一个票务售卖的场景，有多个顾客尝试购票。类 TicketBooth 负责管理可用的票数，并使用 Monitor 实现线程同步。每个顾客在购票前检查是否有可用票，如果没有，就会等待。购票成功后，票数会减少，并通知其他顾客。

```
import std.sync.*
import std.collection.*
import std.time.*

// 创建 Monitor 对象
var mon = Monitor()
var tickets: Int64 = 3 // 初始票数
var waitingCustomers: Int64 = 0 // 等待顾客数量

// 顾客购票的函数
func purchaseTicket(customerId: Int64) {
    spawn {
        mon.lock()
        while (tickets <= 0) {
            waitingCustomers += 1
            println("顾客 ${customerId} 等待票务恢复...")
            mon.wait() // 等待票务恢复
            waitingCustomers -= 1
        }
        tickets -= 1 // 购票
        println("顾客 ${customerId} 成功购票！剩余票数：${tickets}")
        mon.unlock()
    }
}

// 主函数
main(): Unit {
    // 创建顾客购票线程
    for (i in 1..5) {
        purchaseTicket(i)
    }

    // 模拟购票后，等待一段时间，补票逻辑
    sleep(100 * Duration.millisecond)

    // 补票逻辑
    mon.lock()
    tickets += 5 // 假设补充了 5 张票
    println("票务恢复！当前票数：${tickets}")
    mon.notifyAll() // 唤醒所有等待的顾客
    mon.unlock()

    // 等待所有顾客完成购票
```

```
    sleep(200 * Duration.millisecond)
    return // 结束主函数
}
```

上述代码的具体说明如下。
- 初始化监视器和变量：创建一个 Monitor 实例用于控制对票数的访问，并定义剩余票数和购票的状态标志。
- 购票线程的创建：每个顾客在独立线程中执行购票操作。线程尝试获取监视器的锁，以保证对共享票数的安全访问。
- 购票逻辑：每个顾客线程在获取锁后检查剩余票数。如果票数足够，顾客成功购票，打印成功信息并减少票数。如果票数不足，顾客线程将调用 wait()，进入等待状态，并释放锁。
- 票务恢复机制：在主线程中，模拟票务恢复的操作。票务恢复后，更新票数并使用 notifyAll() 唤醒所有在监视器上等待的顾客线程。
- 线程的同步：通过 Monitor 的机制确保每次只有一个线程可以修改票数，从而避免并发冲突和数据不一致的问题。
- 程序结束：所有顾客线程完成购票后，主线程结束程序，确保所有线程的执行都被妥善处理。

执行后会输出下面的结果，首先顾客 4、1 和 2 成功购票，随后顾客 3 由于没有票而等待。当票务恢复后，顾客 3 也成功购票。最终剩余的票数是 4，这符合程序中补充票数的逻辑。

```
顾客 4 成功购票! 剩余票数: 2
顾客 1 成功购票! 剩余票数: 1
顾客 2 成功购票! 剩余票数: 0
顾客 3 等待票务恢复...
票务恢复! 当前票数: 5
顾客 3 成功购票! 剩余票数: 4
```

15.3.5 MultiConditionMonitor

在仓颉语言中，MultiConditionMonitor 是一种内置的数据结构，用于处理复杂的线程间同步。MultiConditionMonitor 继承自 ReentrantMutex，允许在多个线程之间安全地共享资源，防止数据竞争。MultiConditionMonitor 结合了互斥锁和动态创建的一组条件变量，适用于以下需要多个等待队列的情况。
- 实现有界缓冲区（如生产者 – 消费者问题），其中多个线程可能需要在不同条件下进行等待和通知。
- 当多个不同条件需要被处理，而传统的 Monitor 可能无法满足这些需求时，使用 MultiConditionMonitor 可以提供更灵活的解决方案。

在编程过程中，可以使用如下所述的 MultiConditionMonitor 的内置成员。
- 构造器：创建一个 MultiConditionMonitor 实例，初始化时没有条件变量。
- newCondition()：用于创建一个新的条件变量并返回一个 ConditionID，该标识符用于后续的等待和通知操作。每个条件变量都与 MultiConditionMonitor 实例关联。
- wait(id: ConditionID, timeout!: Duration = Duration.Max)：当前线程在指定的条件变量上等待信号，直到接收到通知或超时。该方法会阻塞线程，并且在调用之前必须持有监视器的锁。
- notify(id: ConditionID)：唤醒在指定条件变量上等待的一个线程。

- notifyAll(id: ConditionID)：唤醒所有在指定条件变量上等待的线程。

下面是一个实现一个固定长度的有界 FIFO 队列的例子，MultiConditionMonitor 被用来管理线程在队列满时阻塞的状态，以及在队列为空时的等待状态。

实例 15-11：使用 MultiConditionMonitor 管理线程（源码路径：codes\15\Xian\src\Tong07.cj）

在本实例中通过 MultiConditionMonitor 对有界队列实现了线程安全的插入和取出操作，确保了多线程操作的高效性和安全性。

```
import std.sync.*

// 定义一个有界队列类
class BoundedQueue {
    // 创建一个 MultiConditionMonitor，包含两个条件变量
    let m: MultiConditionMonitor = MultiConditionMonitor()
    var notFull: ConditionID  // 队列未满条件
    var notEmpty: ConditionID // 队列非空条件

    var count: Int64  // 缓冲区中的对象计数
    var head: Int64   // 写入索引
    var tail: Int64   // 读取索引

    // 队列长度为100
    let items: Array<Object> = Array<Object>(100, {i => Object()})

    // 构造函数
    init() {
        count = 0  // 初始化计数为0
        head = 0   // 初始化写入索引为0
        tail = 0   // 初始化读取索引为0

        synchronized(m) { // 获取锁
            notFull  = m.newCondition() // 创建未满条件
            notEmpty = m.newCondition() // 创建非空条件
        } // 释放锁
    }

    // 插入一个对象，如果队列已满，则阻塞当前线程
    public func put(x: Object) {
        synchronized(m) { // 获取锁
            while (count == 100) { // 如果队列已满
                m.wait(notFull) // 等待"队列未满"事件
            }
            items[head] = x // 将对象插入队列
            head++ // 更新写入索引
            if (head == 100) { // 如果写入索引到达队列末尾
                head = 0 // 重置为0
            }
            count++ // 增加计数

            // 队列不再为空，唤醒因队列空而阻塞的线程
```

```
            m.notify(notEmpty)
        } // 释放锁
    }

    // 弹出一个对象，如果队列为空，则阻塞当前线程
    public func get(): Object {
        synchronized(m) { // 获取锁
            while (count == 0) { // 如果队列为空
                m.wait(notEmpty) // 等待"队列非空"事件
            }
            let x: Object = items[tail] // 获取队列中的对象
            tail++ // 更新读取索引
            if (tail == 100) { // 如果读取索引到达队列末尾
                tail = 0 // 重置为0
            }
            count-- // 减少计数

            // 队列不再满，唤醒因队列满而阻塞的线程
            m.notify(notFull)

            return x // 返回获取的对象
        } // 释放锁
    }
}

// 主函数
main() {
    let queue = BoundedQueue()

    // 创建生产者线程
    spawn {
        for (i in 0..10) { // 生产10个对象
            let obj = Object() // 创建新对象
            queue.put(obj) // 插入队列
            println("生产者: 插入对象 " + i.toString()) // 使用字符串拼接显示索引
        }
    }

    // 创建消费者线程
    spawn {
        for (i in 0..10) { // 消费10个对象
            let obj = queue.get() // 从队列获取对象
            println("消费者: 获取对象 " + i.toString()) // 使用字符串拼接显示索引
        }
    }

    // 等待线程完成
    sleep(500 * Duration.millisecond)
}
```

上述代码的实现流程如下。

（1）初始化。

- 在构造函数中，创建一个 MultiConditionMonitor 实例用于管理互斥锁和条件变量。
- 使用 newCondition() 方法创建两个条件变量 notFull 和 notEmpty，分别用于处理队列已满和非空的情况。

（2）插入对象（put）。

- 获取互斥锁，确保对共享资源的安全访问。
- 如果队列已满（count == 100），调用 m.wait(notFull) 使当前线程阻塞，等待其他线程通知。
- 将对象插入队列，并更新写入索引 head。
- 增加对象计数 count，并通过 m.notify(notEmpty) 唤醒因队列空而阻塞的线程。

（3）获取对象（get）。

- 同样获取互斥锁，确保安全访问。
- 如果队列为空（count == 0），调用 m.wait(notEmpty) 阻塞当前线程，等待其他线程的通知。
- 从队列中读取对象，并更新读取索引 tail。
- 减少对象计数 count，并通过 m.notify(notFull) 唤醒因队列满而阻塞的线程。

（4）主函数 main()。

- 创建队列：初始化一个 BoundedQueue 实例，用于存放生产和消费的对象。
- 生产者线程：使用 spawn 启动一个新的线程。在循环中生成 10 个对象，并通过 queue.put(obj) 将每个对象插入队列，同时打印插入的索引。
- 消费者线程：同样使用 spawn 启动另一个线程。在循环中从队列中获取 10 个对象，通过 queue.get() 方法消费，并打印获取的索引。
- 等待线程执行：主线程通过 sleep 暂停，确保生产者和消费者有时间完成操作。

执行后会输出：

```
生产者：插入对象 0
消费者：获取对象 0
生产者：插入对象 1
消费者：获取对象 1
生产者：插入对象 2
消费者：获取对象 2
生产者：插入对象 3
生产者：插入对象 4消费者：获取对象 3

消费者：获取对象 4
生产者：插入对象 5
生产者：插入对象 6
生产者：插入对象 7
消费者：获取对象 5
消费者：获取对象 6
消费者：获取对象 7
消费者：获取对象 8
生产者：插入对象 8
生产者：插入对象 9
消费者：获取对象 9
```

15.3.6　synchronized 锁管理

在仓颉语言中，关键字 synchronized 用于简化多线程编程中的锁管理，特别是在使用 ReentrantMutex 互斥锁时。synchronized 通过自动管理锁的获取和释放，降低了因忘记解锁或在持有锁的情况下抛出异常而导致的问题。具体来说，关键字 synchronized 用于简化多线程编程中的锁管理，主要功能如下。

- 自动加锁与解锁：在 synchronized 块开始时自动调用 lock() 方法获取锁，执行完毕或跳出块时自动调用 unlock() 方法释放锁，减少人为错误。
- 简化代码：省去了显式的 lock() 和 unlock() 调用，使代码更加清晰和易于理解。
- 异常安全：如果在 synchronized 块中发生异常，锁会被自动释放，避免死锁的风险。
- 控制转移：对于控制转移语句（如 break、continue、return 和 throw），在跳出 synchronized 块时也会自动释放锁，确保资源的安全性。
- 单线程执行：在任意时刻，只有一个线程能执行 synchronized 块内的代码，确保共享数据的安全性。
- 阻塞行为：如果一个线程试图进入 synchronized 块而锁已被其他线程持有，该线程将被阻塞，直到锁可用，从而控制线程的执行顺序。
- 释放锁：即使发生异常或使用控制转移语句跳出块，锁也会在 synchronized 块退出时被自动释放，避免资源泄漏。

下面的例子，演示了使用键字 synchronized 在多线程环境中安全地更新共享数据的过程。

实例 15-12：使用 synchronized 安全地更新共享数据（源码路径：codes\15\Xian\src\Tong08.cj）

在本实例中创建了 1000 个线程，每个线程在睡眠 1 毫秒后尝试增加一个共享计数器 count。使用 synchronized 关键字，可以确保在同一时刻只有一个线程能够修改 count，从而避免数据竞争和不一致性。

```
import std.sync.*         // 导入同步相关库
import std.time.*         // 导入时间相关库
import std.collection.*   // 导入集合相关库

var count: Int64 = 0              // 初始化共享计数器
let mtx = ReentrantMutex()        // 创建可重入互斥锁

// 主函数
main(): Int64 {
    let list = ArrayList<Future<Unit>>()  // 用于存储线程的列表

    // 创建 1000 个线程
    for (i in 0..1000) {
        let fut = spawn {
            sleep(Duration.millisecond) // 线程睡眠 1 毫秒
            // 使用 synchronized(mtx)，自动加锁和解锁
            synchronized(mtx) {
                count++ // 安全地增加共享计数器
            }
```

```
        }
        list.append(fut) // 将线程添加到列表中
}

// 等待所有线程完成
for (f in list) {
    f.get() // 获取每个线程的结果
}

println("count = ${count}") // 输出最终计数结果
return 0 // 返回 0,表示程序正常结束
}
```

执行后会输出:

```
count = 1000
```

当在 synchronized 代码块中使用 break 语句时,程序会自动释放锁,确保即使在跳出代码块时也不会造成死锁。这意味着控制转移语句(如 break、continue 等)不会阻止锁的释放,从而确保共享资源的安全性。例如,在下面的代码中创建了 10 个线程,每个线程在无限循环中尝试增加共享计数器 count。当一个线程成功地增加计数后,将执行 break 跳出循环。最终,主线程会打印输出计数器的值,确保所有线程都成功执行。输出结果应为 in main, count = 10,表明每个线程仅增加一次计数。

```
import std.sync.*         // 导入同步相关库
import std.collection.*   // 导入集合相关库

var count: Int64 = 0                    // 初始化共享计数器
var mtx: ReentrantMutex = ReentrantMutex() // 创建可重入互斥锁

// 主函数
main(): Int64 {
    let list = ArrayList<Future<Unit>>() // 用于存储线程的列表
    for (i in 0..10) {
        let fut = spawn { // 创建线程
            while (true) { // 无限循环
                synchronized(mtx) { // 使用 synchronized 保护共享资源
                    count = count + 1 // 增加共享计数器
                    break // 跳出循环
                    println("in thread") // 此行不会被执行
                }
            }
        }
        list.append(fut) // 将线程添加到列表中
    }

    // 等待所有线程完成
    for (f in list) {
        f.get() // 获取每个线程的结果
    }
```

```
        synchronized(mtx) { // 在主线程中保护输出
            println("in main, count = ${count}") // 输出最终计数结果
        }
        return 0 // 返回 0，表示程序正常结束
}
```

执行后会输出下面的内容，in thread 这行不会被打印，因为 break 语句实际上会让程序执行跳出 while 循环（当然，在跳出 while 循环之前，是先跳出 synchronized 代码块）。

```
in main, count = 10
```

下面是一个有趣的示例，展示了在仓颉语言中使用 synchronized 关键字进行锁管理的用法。在这个例子中创建了一个咖啡店，库存初始为 10 杯咖啡。每个顾客线程随机选择时间购买咖啡。在每次购买时，使用 synchronized 保护共享的 coffeeCount 变量，以确保在并发访问时的安全性。

实例 15-13：咖啡店购买系统（源码路径：codes\15\Xian\src\Tong09.cj）

本实例模拟了一个咖啡店，多个顾客同时购买咖啡，而店员负责管理库存。现在要确保在库存有限的情况下，顾客的购买请求是安全的。

```
import std.sync.*            // 导入同步相关库
import std.collection.*      // 导入集合相关库
import std.time.*            // 导入时间相关库
import std.random.*          // 导入随机数库

var coffeeCount: Int64 = 10 // 初始化咖啡库存
var mtx: ReentrantMutex = ReentrantMutex() // 创建可重入互斥锁

// 顾客线程
func customer(id: Int64) {
    for (i in 0..3) { // 每个顾客尝试购买 3 次
        let waitTime = Random().nextInt64() % 500 // 生成 0 到 499 的随机数作为购买间隔
        sleep(Duration.millisecond * waitTime) // 等待随机时间

        synchronized(mtx) { // 使用 synchronized 保护共享库存
            if (coffeeCount > 0) {
                coffeeCount-- // 购买一杯咖啡
                println("顾客 ${id} 成功购买咖啡，当前库存：${coffeeCount}")
            } else {
                println("顾客 ${id} 发现咖啡已售罄，等待中...")
            }
        }
    }
}

// 主函数
main() {
    let list = ArrayList<Future<Unit>>() // 存储顾客线程的列表

    // 创建 10 个顾客线程
    for (i in 0..10) {
        let fut = spawn {
```

```
            customer(i)  // 启动顾客线程
        }
        list.append(fut)  // 将线程添加到列表中
    }
    
    // 等待所有顾客线程完成
    for (f in list) {
        f.get()
    }
    
    println("咖啡销售结束,最终库存: ${coffeeCount}")
    return 0
}
```

上述代码的实现流程如下:

(1)初始化共享资源:首先定义一个共享变量 stock,表示咖啡的库存量,并设定初始值。接着创建一个互斥锁,用于保护对共享资源的访问。

(2)创建顾客线程:利用循环创建多个顾客线程(在这个例子中为 10 个顾客)。每个顾客线程会模拟顾客随机时间后进行购买。

(3)购买流程。

- 在每个顾客线程中,使用 synchronized 关键字保护对库存的访问。
- 顾客线程首先检查当前库存,如果库存大于 0,顾客就可以成功购买咖啡,库存量减 1,并打印成功购买的消息。
- 如果库存为 0,顾客会打印出"发现咖啡已售罄"的消息,并进入等待状态,直到有顾客购买成功并增加库存。

(4)随机购买间隔:为了模拟真实场景中的顾客购买间隔,顾客线程会随机睡眠一段时间,这段时间是通过生成随机数来决定的。

(5)结束与统计:当所有顾客线程执行完毕后,打印输出最终的库存状态,显示咖啡销售的结果。执行后会输出:

```
顾客 9 成功购买咖啡,当前库存: 9
顾客 2 成功购买咖啡,当前库存: 8
顾客 3 成功购买咖啡,当前库存: 7
顾客 5 成功购买咖啡,当前库存: 6
顾客 6 成功购买咖啡,当前库存: 5
顾客 6 成功购买咖啡,当前库存: 4
顾客 9 成功购买咖啡,当前库存: 3
顾客 2 成功购买咖啡,当前库存: 2
顾客 6 成功购买咖啡,当前库存: 1
顾客 9 成功购买咖啡,当前库存: 0
顾客 2 发现咖啡已售罄,等待中...
顾客 3 发现咖啡已售罄,等待中...
顾客 1 发现咖啡已售罄,等待中...
顾客 7 发现咖啡已售罄,等待中...
顾客 4 发现咖啡已售罄,等待中...
顾客 4 发现咖啡已售罄,等待中...
顾客 4 发现咖啡已售罄,等待中...
```

```
顾客 1 发现咖啡已售罄，等待中...
顾客 5 发现咖啡已售罄，等待中...
顾客 7 发现咖啡已售罄，等待中...
顾客 5 发现咖啡已售罄，等待中...
顾客 7 发现咖啡已售罄，等待中...
顾客 8 发现咖啡已售罄，等待中...
顾客 3 发现咖啡已售罄，等待中...
顾客 0 发现咖啡已售罄，等待中...
顾客 1 发现咖啡已售罄，等待中...
顾客 0 发现咖啡已售罄，等待中...
顾客 8 发现咖啡已售罄，等待中...
顾客 0 发现咖啡已售罄，等待中...
顾客 8 发现咖啡已售罄，等待中...
咖啡销售结束，最终库存: 0
```

15.3.7 线程局部变量

线程局部变量（ThreadLocal）是一种特殊的变量，每个线程都有自己的独立副本，允许线程安全地存储和访问数据而不会受到其他线程的干扰。在并发编程中，使用线程局部变量可以有效避免共享状态带来的竞争问题，提高程序的安全性和可维护性。

在仓颉语言中，可以使用包 core 中的类 ThreadLocal 创建线程局部变量，ThreadLocal 中的成员具体功能如下。

- 构造函数 public init()：用于创建一个新的线程局部变量实例，初始状态为空。
- 方法 get(): Option<T>：用于获取当前线程的线程局部变量的值。如果该变量不存在，则返回 Option<T>.None，确保不会出现空指针异常。
- 方法 set(value: Option<T>): Unit：用于设置当前线程的线程局部变量的值。如果传入 Option<T>.None，则表示删除该局部变量，后续操作中将无法访问。

实例 15-14：图书馆借书记录（源码路径：codes\15\Xian\src\Tong10.cj）

本实例是一个在仓颉语言中使用线程局部变量 ThreadLocal 的例子，模拟了多个学生在图书馆借书的场景。每个学生都有自己借书的偏好，线程局部变量用于存储他们的借书记录。

```
import std.sync.*
import std.collection.*
import std.random.* // 添加这个导入

class BorrowRecord {
    var bookTitle: String
    var duration: Int64 // 借书时长（单位：天）

    public init(bookTitle: String, duration: Int64) {
        this.bookTitle = bookTitle
        this.duration = duration
    }
}

main(): Int64 {
```

```
    // 创建线程局部变量，用于存储每个学生的借书记录
    let recordTL = ThreadLocal<BorrowRecord>()

    let students = ArrayList<Int64>()
    // 创建 5 个学生
    for (i in 0..5) {
        students.append(i)
    }

    let futures = ArrayList<Future<Unit>>()

    // 每个学生线程
    for (student in students) {
        let fut = spawn {
            // 为每个学生设置自己的借书记录
            let record = BorrowRecord("书籍 ${student}", 7)
            recordTL.set(record)

            // 模拟借书时间
            sleep(Duration.millisecond * (Random().nextInt64() % 500))

            // 获取并打印自己的借书记录
            let myRecord = recordTL.get().getOrThrow()
            println("学生 ${student} 借了《${myRecord.bookTitle}》，借阅时长：${myRecord.duration} 天。")
        }
        futures.append(fut)
    }

    // 等待所有学生线程完成
    for (fut in futures) {
        fut.get()
    }

    return 0
}
```

上述代码的实现流程如下。

（1）创建借书记录类：首先定义了一个 BorrowRecord 类，用于存储书名和借阅时长。

（2）初始化线程局部变量：在主函数中，创建一个 ThreadLocal 实例，用于存储每个学生的借书记录。这个变量将确保每个线程都能独立存取自己的记录，而不影响其他线程。

（3）生成学生线程：通过循环创建多个学生，每个学生代表一个线程。使用 spawn 关键字来启动新线程，并将学生的编号存储在一个列表中。

（4）设置借书记录：在每个学生线程中，创建对应的借书记录实例，并将其设置到线程局部变量中。这确保了每个线程都有自己的借书记录。

（5）模拟借书过程：使用 sleep 函数模拟学生借书的时间间隔，借书时长为一个随机值，以模拟现实生活中的借书情况。

（6）获取和打印记录：通过 ThreadLocal 获取自己的借书记录，并打印借书信息，包括书名和借阅时长。

（7）等待线程完成：主线程通过等待所有学生线程完成，确保在程序结束前所有借书记录都已打印出来。

执行后会输出下面的内容，这表明每个学生都成功借了他们各自的书籍，并且显示了借阅时长。注意，由于线程的并发性，输出的顺序可能会有所不同，但每个学生的借书记录都是准确的。

```
学生 0 借了《书籍 0》，借阅时长：7 天。
学生 2 借了《书籍 2》，借阅时长：7 天。
学生 3 借了《书籍 3》，借阅时长：7 天。

学生 1 借了《书籍 1》，借阅时长：7 天。
学生 4 借了《书籍 4》，借阅时长：7 天。
```

第 16 章
I/O 流操作

在计算机编程语言中,输入/输出(I/O)功能是与外部世界交互的基础,涉及从外部设备(如键盘、文件、网络等)接收数据(输入),以及将数据发送到这些设备(输出)。I/O 操作常见的例子包括读取用户输入、将数据写入文件、打印到屏幕、与网络通信等。本章的内容,将详细讲解仓颉语言中 I/O 流操作的知识和用法。

16.1　I/O流介绍

在编程语言中，I/O 操作是指程序与外部环境（如用户、文件、网络等）进行交互的方式。I/O 是任何编程语言的重要组成部分，它允许程序读取数据和输出处理结果。

16.1.1　I/O 流的操作类型

在计算机编程应用中，I/O 流通常包括以下的操作类型。

1. 标准 I/O

- 标准输入（Standard Input，简称 stdin）：程序从用户或其他外部源接收数据的方式，通常通过键盘输入。
- 标准输出（Standard Output，简称 stdout）：程序将结果显示给用户的方式，通常是在屏幕上输出数据。

2. 文件 I/O

文件 I/O 是指程序与文件系统进行交互，包括文件的读取和写入操作。它通常需要指定文件路径、读取模式或写入模式。文件 I/O 的常见操作包括读取文件、写入文件和追加模式。

- 读取文件：从文件中读取数据。
- 写入文件：将数据写入文件中。
- 追加模式：在文件末尾追加内容。

3. 网络 I/O

网络 I/O 用于通过网络传输数据，如从服务器接收数据或向服务器发送请求。常见的网络 I/O 操作包括发送数据和接收数据。

- 发送数据：如发送 HTTP 请求。
- 接收数据：如接收服务器的响应。

4. 异步 I/O

异步 I/O 允许程序在等待 I/O 操作完成的同时继续执行其他任务。它对需要处理大量 I/O 操作的应用程序非常有用，如服务器和网络应用。

16.1.2　仓颉语言中的 I/O

在仓颉语言中，I/O 操作是指应用程序与外部载体（如文件、网络、控制台等）之间的数据交互。I/O 机制基于数据流（Stream）进行输入 / 输出，数据流本质上是字节数据的序列。通过抽象的流机制，仓颉语言实现了对各种外部数据源或数据目标的统一处理。

1. 流（Stream）

在仓颉编程语言中，流被抽象为接口（interface），用于统一表示数据的输入与输出。无论是标准输入输出、文件读写、网络通信，还是字符串流、加密流、压缩流，所有形式的操作均通过 Stream 接口实现。Stream 的特点说明如下。

- 二进制流：Stream 面向处理原始的二进制数据，数据最小的传输单元是 Byte（字节）。
- 统一接口：通过抽象接口，Stream 提供了统一的 I/O 操作机制，允许开发者以一致的方式处理不同类型的输入输出操作。

- 装饰器模式：Stream 的设计支持装饰器模式，不同的流可以通过装饰器进行组合与扩展。例如，可以将一个基础的文件流与压缩功能、加密功能组合起来，形成复杂的 I/O 操作流程。

Stream 主要面向处理原始二进制数据，Stream 中最小的数据单元是 Byte。仓颉语言将标准输入输出、文件操作、网络数据流、字符串流、加密流、压缩流等形式的操作，统一用 Stream 描述，具体说明如下。

- 标准输入输出流：处理从控制台读取用户输入或输出数据到控制台。
- 文件流：用于文件的读写操作。
- 网络流：用于网络数据的收发，适合于构建客户端和服务器之间的数据交互。
- 字符串流：允许在内存中操作字符串，适用于对文本数据的处理。
- 加密流：用于加密和解密数据，通常和其他流组合使用。
- 压缩流：用于处理压缩或解压缩的数据，同样可以与其他流组合，优化文件读写操作。

仓颉编程语言将 Stream 定义成了 interface，让不同的 Stream 可以用装饰器模式进行组合，极大地提升了可扩展性。

2. 接口

在仓颉语言中，和 I/O 流操作相关的接口如下。

- InputStream：输入流接口。
- IOStream：输入输出流接口。
- OutputStream：输出流接口。
- Seekable：移动光标接口。

3. 类

在仓颉语言中，和 I/O 流操作相关的类如下。

- ByteArrayStream：输入流接口。
- BufferedInputStream<T> where T <: InputStream：提供带缓冲区的输入流。
- BufferedOutputStream<T> where T <: OutputStream：提供带缓冲区的输出流。
- ChainedInputStream<T> where T <: InputStream：提供顺序从 InputStream 数组中读取数据的能力。
- MultiOutputStream<T> where T <: OutputStream：提供将数据同时写入 OutputStream 数组中每个输出流中的能力。
- StringReader<T> where T <: InputStream：提供从 InputStream 输入流中读出数据并转换成字符或字符串的能力。
- StringWriter<T> where T <: OutputStream：提供将 String 以及一些 ToString 类型转换成指定编码格式和字节序配置的字符串并写入输出流的能力。

4. 枚举

在仓颉语言中，和 I/O 流操作相关的枚举是 SeekPosition，该枚举类型表示光标在文件中的位置。

5. 异常类

在仓颉语言中，和 I/O 流操作相关的异常类如下。

- IOException：提供 I/O 流相关的异常处理。
- ContentFormatException：提供字符格式相关的异常处理。

16.2 标准流

在仓颉语言中，标准流（Standard Streams）是程序与外界交互的主要接口，包含标准输入流（stdin）、标准输出流（stdout）和标准错误流（stderr）。这些标准流帮助程序从输入设备读取数据，输出结果到显示器或文件，并在运行过程中报告错误。

16.2.1 标准流介绍

在仓颉语言中，通过内置包 console 实现标准流功能，在使用之前需要先通过如下命令导入包 console：

```
import std.console.*
```

包 console 对三个标准流（stdin、stdout 和 stderr）进行了易用性封装，提供了更方便的基于 String 的扩展操作，并且对于很多常见类型都提供了丰富的重载来优化性能。包 console 通过类 Console 封装了这三种流的访问和操作，提供了更加简便和高效的操作方法。

包 console 包含以下三个类。

- 类 Console：提供获取标准输入（stdin）、标准输出（stdout）、标准错误（stderr）流的接口，允许程序与外部设备或终端进行数据交互。
- ConsoleReader：用于封装标准输入流，提供了多种 read 方法，从标准输入中读取字符或字符串。常用方法如 readln()，可读取整行输入。
- ConsoleWriter：用于封装标准输出和标准错误流，提供了多种 write 方法，将字符或字符串写入标准输出或错误流。常用方法如 writeln()，可以向控制台输出信息。

注意：目前包 console 仅支持 UTF-8 编码，特别是在 Windows 环境下使用时，可能需要在 CMD 终端执行 chcp 65001 来切换到 UTF-8 编码，以避免字符显示乱码问题。在 Unix/Linux 系统中，标准输入、标准输出和标准错误分别对应文件描述符 0、1 和 2。可以通过文件描述符进行流的重定向，如将标准输出重定向到文件中或其他程序的输入流。

16.2.2 类 Console

在仓颉编程语言中，类 Console 是用于处理标准输入、标准输出和标准错误流的核心类，提供了对这些流的访问接口。通过类 Console，可以方便地与用户或外部设备进行交互。Console 是一个公共类，允许访问系统的标准流（输入、输出和错误流）。

类 Console 通过静态成员属性 stdIn、stdOut 和 stdErr 来分别提供标准输入、标准输出和标准错误流的功能，具体说明如下。

（1）属性 stdIn：它是 ConsoleReader 类型的静态属性，提供了标准输入流的获取功能，用于从标准输入设备（通常是键盘）读取数据。通过调用 stdIn.readln() 方法，可以从标准输入读取一整行用户输入。

（2）属性 stdOut：它是类 ConsoleWriter 的静态属性，用于向标准输出流写入数据。标准输出流通常用于在屏幕上显示程序的运行结果。可以通过 writeln() 方法将数据输出到屏幕，并通过 flush() 方法确保立即输出。

（3）stdErr：它是类 ConsoleWriter 的静态属性，专门用于向标准错误流写入数据。标准错误流通常用于输出程序中的错误信息或调试信息。可以通过 writeln() 方法将错误信息输出到屏幕，以便用户或开发人员及时发现错误。

类 Console 主要特性如下。
- 并发安全性：Console 提供了线程安全的读写机制。即使在多线程程序中，使用 stdIn、stdOut 和 stdErr 进行数据读写时也能保证数据的正确性和一致性。
- 缓存优化：Console.stdOut 和 Console.stdErr 使用了缓存技术，能够在处理大量数据时提高性能。特别是在大量输出场景下，先将数据写入缓存，再通过 flush() 将缓存中的内容输出到屏幕。

16.2.3 ConsoleReader 标准读取

在仓颉语言中，类 ConsoleReader 是用于从标准输入（通常是键盘）读取数据的类，提供了丰富的读取字符和字符串的功能。该类无法直接构造实例，必须通过 Console.stdIn 获取唯一的实例，并且所有读取操作是同步的，内置缓存机制保证了高效的输入处理。

1. 主要特性

类 ConsoleReader 的主要特性如下。
- 单例模式：ConsoleReader 只能通过 Console.stdIn 获取，不能手动构造实例。
- 同步操作：读操作是同步进行的，保证了并发情况下的输入安全。
- 缓存机制：内置缓存区，用于存储读取的输入内容，提高读取效率。
- 跨平台支持：在 Linux 系统中，用户可以通过〈Ctrl+D〉结束输入；在 Windows 系统中，用户可以通过〈Ctrl+Z+Enter〉来结束输入。

2. 主要成员

类 ConsoleReader 提供了多种从标准输入中读取数据的方法，涵盖了单字符读取、按字节读取、按条件读取和整行读取等需求。类 ConsoleReader 中的成员方法如下。
- read：功能是从标准输入读取下一个字符。返回一个 ?Rune 类型的字符，如果到达文件结束符则返回 None。如果输入不符合 UTF-8 编码，会抛出 IllegalArgumentException。
- read(Array<Byte>)：功能是从标准输入读取字节并放入指定的字节数组 arr 中，返回读取到的字节长度（Int64）。如果读取的内容恰好将 UTF-8 字符截断，可能导致异常或错误的字符串结果。
- readToEnd：功能是从标准输入读取所有数据直到 EOF，返回一个字符串。返回读取到的 ?String，读取失败返回 None。
- readUntil((Rune) -> Bool)：功能是从标准输入读取数据，直到读取到符合给定条件的字符。其参数是一个 predicate 函数，用于判断是否停止读取。返回读取到的 ?String，包含满足条件的字符；失败返回 None。
- readUntil(Rune)：功能是从标准输入读取数据，直到读取到指定的字符 ch 为止。返回读取到的 ?String，包含该字符；失败返回 None。
- readln：功能是从标准输入读取一行字符串，结果不包含末尾的换行符。返回读取到的 ?String，读取失败返回 None。

实例 16-1：一个对话程序（源码路径：codes\16\Liu\src\Shu01.cj）

本实例是一个简单的控制台程序，主要功能是从用户那里读取两条输入信息并输出。

```
import std.console.*
```

```
main() {
    Console.stdOut.write("请输入信息1: ")
    var c = Console.stdIn.readln()  // 输入：你好，请问今天星期几?
    var r = c.getOrThrow()
    Console.stdOut.writeln("输入的信息1为: " + r)

    Console.stdOut.write("请输入信息2: ")
    c = Console.stdIn.readln()  // 输入：你好，请问今天几号?
    r = c.getOrThrow()
    Console.stdOut.writeln("输入的信息2为: " + r)

    return 0
}
```

上述代码的实现流程如下。
- 首先，通过 Console.stdOut.write 提示用户输入第一条信息，然后利用 Console.stdIn.readln() 方法读取用户的输入，接着使用 getOrThrow() 获取输入的内容。如果输入有效，程序将输出用户输入的信息。
- 随后，程序重复相同的过程，提示用户输入第二条信息，并再次读取和输出该信息。整个过程通过标准输入和输出流实现，保证用户与程序之间的交互顺畅。最后，程序返回 0，表示正常结束。

执行后会输出：

```
请输入信息1: 你好，请问今天星期几?
输入的信息1为: 你好，请问今天星期几?
请输入信息2: 你好，请问今天几号?
输入的信息2为: 你好，请问今天几号?
```

16.2.4　ConsoleWriter 标准写入

在仓颉语言中，类 ConsoleWriter 是一个提供线程安全的标准输出功能的类，继承自 OutputStream。类 ConsoleWriter 主要用于处理控制台的输出，确保每次调用 write 方法时，输出结果是完整的，不会与其他 write 调用的结果混合在一起。这种设计使得在多线程环境下进行控制台输出时，可以避免出现混乱的输出。

类 ConsoleWriter 的实例不能直接创建，用户只能通过 Console.stdOut 和 Console.stdErr 来获取标准输出和标准错误输出的实例，这种设计确保了输出流的一致性和安全性。ConsoleWriter 是一个功能强大的输出流类，提供了多种类型的 write 和 writeln 方法，确保在复杂应用中能安全、稳定地进行控制台输出。类 ConsoleWriter 中的成员方法如下。

- flush：功能是刷新输出流。
- write(Array<Byte>)：功能是将字节数组 buffer 写入标准输出或标准错误流中。
- write(Bool)：功能是将指定的布尔值的文本表示形式写入标准输出或标准错误流中。
- write(Float16)：功能是将指定的 16 位浮点数值的文本表示写入标准输出或标准错误流中。
- write(Float32)：功能是将指定的 32 位浮点数值的文本表示写入标准输出或标准错误流中。
- write(Float64)：功能是将指定的 64 位浮点数值的文本表示写入标准输出或标准错误流中。
- write(Int16)：功能是将指定的 16 位有符号整数值的文本表示写入标准输出或标准错误流中。
- write(Int32)：功能是将指定的 32 位有符号整数值的文本表示写入标准输出或标准错误流中。

- write(Int64)：功能是将指定的 64 位有符号整数值的文本表示写入标准输出或标准错误流中。
- write(Int8)：功能是将指定的 8 位有符号整数值的文本表示写入标准输出或标准错误流中。
- write(Rune)：功能是将指定的 Unicode 字符值写入标准输出或标准错误流中。
- write(String)：功能是将指定的字符串值写入标准输出或标准错误流中。
- write(UInt16)：功能是将指定的 16 位无符号整数值的文本表示写入标准输出或标准错误流中。
- write(UInt32)：功能是将指定的 32 位无符号整数值的文本表示写入标准输出或标准错误流中。
- write(UInt64)：功能是将指定的 64 位无符号整数值的文本表示写入标准输出或标准错误流中。
- write(UInt8)：功能是将指定的 8 位无符号整数值的文本表示写入标准输出或标准错误流中。
- write<T>(T)：功能是将实现了 ToString 接口的数据类型写入标准输出或标准错误流中。
- writeln(Array<Byte>)：功能是将字节数组 buffer（后跟换行符）写入标准输出或标准错误流中。
- writeln(Bool)：功能是将指定的布尔值的文本表示形式（后跟换行符）写入标准输出或标准错误流中。
- writeln(Float16)：功能是将指定的 16 位浮点数值的文本表示（后跟换行符）写入标准输出或标准错误流中。
- writeln(Float32)：功能是将指定的 32 位浮点数值的文本表示（后跟换行符）写入标准输出或标准错误流中。
- writeln(Float64)：功能是将指定的 64 位浮点数值的文本表示（后跟换行符）写入标准输出或标准错误流中。
- writeln(Int16)：功能是将指定的 16 位有符号整数值的文本表示（后跟换行符）写入标准输出或标准错误流中。
- writeln(Int32)：功能是将指定的 32 位有符号整数值的文本表示（后跟换行符）写入标准输出或标准错误流中。
- writeln(Int64)：功能是将指定的 64 位有符号整数值的文本表示（后跟换行符）写入标准输出或标准错误流中。
- writeln(Int8)：功能是将指定的 8 位有符号整数值的文本表示（后跟换行符）写入标准输出或标准错误流中。
- writeln(Rune)：功能是将指定的 Unicode 字符值（后跟换行符）写入标准输出或标准错误流中。
- writeln(String)：功能是将指定的字符串值（后跟换行符）写入标准输出或标准错误流中。
- writeln(UInt16)：功能是将指定的 16 位无符号整数值的文本表示（后跟换行符）写入标准输出或标准错误流中。
- writeln(UInt32)：功能是将指定的 32 位无符号整数值的文本表示（后跟换行符）写入标准输出或标准错误流中。
- writeln(UInt64)：功能是将指定的 64 位无符号整数值的文本表示（后跟换行符）写入标准输出或标准错误流中。
- writeln(UInt8)：功能是将指定的 8 位无符号整数值的文本表示（后跟换行符）写入标准输出或标准错误流中。
- writeln<T>(T)：功能是将实现了 ToString 接口的数据类型转换成的字符串（后跟换行符）写入标准输出或标准错误流中。

实例 16-2：用户信息收集（源码路径：codes\16\Liu\src\Shu02.cj）

在本实例中询问用户的姓名和年龄，并通过控制台输出他们的输入信息。

```
import std.console.*

// 主函数
main() {
    // 创建 ConsoleWriter 实例
    let writer = Console.stdOut

    // 询问用户姓名
    writer.write("请输入你的姓名: ")
    var nameInput = Console.stdIn.readln()     // 读取用户输入
    var name = nameInput.getOrThrow()          // 获取输入的姓名

    // 询问用户年龄
    writer.write("请输入你的年龄: ")
    var ageInput = Console.stdIn.readln()      // 读取用户输入
    var age = ageInput.getOrThrow()            // 获取输入的年龄

    // 输出用户信息
    writer.writeln("用户信息: ")               // 输出标题
    writer.writeln("姓名: " + name)             // 输出姓名
    writer.writeln("年龄: " + age)              // 输出年龄

    // 结束程序
    writer.writeln("感谢你的参与! ")            // 输出感谢信息
}
```

上述代码的具体说明如下。

- 输入询问：程序首先通过 write 方法询问用户的姓名和年龄。
- 输入读取：使用 Console.stdIn.readln() 来读取用户的输入，并通过 getOrThrow() 方法获取结果。
- 信息输出：通过 ConsoleWriter 的 writeln 方法输出用户输入的姓名和年龄，确保每条输出都换行。
- 结束提示：最后，程序输出一条感谢信息，表示用户参与的结束。

执行后会输出：

```
请输入你的姓名：admin
请输入你的年龄：16
用户信息：
姓名：admin
年龄：16
感谢你的参与！
```

16.3 文件流

在仓颉语言中，包 std.fs 是用于处理文件和文件系统操作的重要库。该包提供了一系列函数和类，用于对文件、文件夹、路径及文件元数据信息的操作，支持多个操作系统，包括 Linux、macOS 和 Windows。

16.3.1 包 std.fs 介绍

在仓颉语言中，包 std.fs 提供了以下的功能。
- 文件操作：支持创建、打开、关闭、移动、复制、删除文件。
- 目录操作：可以对目录进行创建、移动、复制、删除等操作。
- 路径操作：提供与路径相关的函数，方便处理文件路径。
- 元数据查询：支持获取文件的属性和元数据。
- 流式读写：允许以流的方式读取和写入文件数据。
- 异常处理：处理文件操作中的异常情况。

接下来，介绍包 std.fs 中的主要成员。

1. 类
- Directory：功能是对应文件系统中的目录进行操作，提供创建、移动、复制、删除、查询属性及遍历目录的能力。
- File：功能是提供了对文件操作的函数，包括打开、创建、关闭、移动、复制、删除，以及流式读写操作。

2. 枚举

枚举 OpenOption 表示不同的文件打开选项，如只读、只写、附加、截断等。

3. 结构体
- FileDescriptor：用于获取文件句柄信息，提供对文件描述符的操作。
- FileInfo：对应文件系统中的文件元数据，提供一些文件属性的查询和设置等函数。
- Path：提供路径相关的函数，如路径解析、路径拼接等。

4. 异常类

文件流异常类 FSException 继承了通用异常类，用于处理文件操作中的异常情况。

16.3.2 File 文件操作

在仓颉语言中，类 File 提供了一系列用于文件操作的功能，包括打开、创建、关闭、移动、复制和删除文件，以及流式读写文件内容。它支持相对路径和绝对路径，确保路径合法性，以避免非法字符和路径问题。File 类还包含获取文件描述符、元数据、长度、当前位置等属性的方法，提供读取和写入文件的接口。此外，它具备判断文件可读性和可写性的方法，确保在操作过程中对文件的有效性进行检测。创建的 File 对象会默认打开对应的文件，使用后须及时调用关闭方法以避免资源泄露。

1. 属性
- fileDescriptor：FileDescriptor 类型，用于获取文件描述符信息。
- info：FileInfo 类型，用于获取文件元数据信息。
- length：Int64 类型，用于获取文件的长度。
- position：Int64 类型，用于获取文件当前光标位置。
- remainLength：Int64 类型，用于获取文件当前光标位置至文件尾的数据字节数。

2. 构造函数
- init(path: Path, openOption: OpenOption)：创建一个 File 对象，指定文件路径和打开方式。
- init(path: String, openOption: OpenOption)：创建一个 File 对象，指定文件路径字符串和打开方式。

3. 静态方法

- copy(sourcePath: Path, destinationPath: Path, overwrite: Bool)：将文件拷贝到新的位置。
- copy(sourcePath: String, destinationPath: String, overwrite: Bool)：将文件拷贝到新的位置。
- create(path: Path)：在指定路径创建文件。
- create(path: String)：在指定路径创建文件。
- createTemp(directoryPath: Path)：在指定目录下创建临时文件。
- createTemp(directoryPath: String)：在指定目录下创建临时文件。
- delete(path: Path)：删除指定路径下的文件。
- delete(path: String)：删除指定路径下的文件。
- exists(path: Path)：判断路径对应的文件是否存在。
- exists(path: String)：判断路径对应的文件是否存在。
- move(sourcePath: Path, destinationPath: Path, overwrite: Bool)：移动文件。
- move(sourcePath: String, destinationPath: String, overwrite: Bool)：移动文件。
- openRead(path: Path)：以只读模式打开指定路径的文件。
- openRead(path: String)：以只读模式打开指定路径的文件。
- readFrom(path: Path)：读取文件全部内容。
- readFrom(path: String)：读取文件全部内容。
- writeTo(path: Path, buffer: Array<Byte>, openOption: OpenOption)：将数据写入文件。
- writeTo(path: String, buffer: Array<Byte>, openOption: OpenOption)：将数据写入文件。

4. 实例方法

- canRead()：判断当前 File 对象是否可读。
- canWrite()：判断当前 File 对象是否可写。
- close()：关闭当前 File 对象。
- copyTo(out: OutputStream)：将当前 File 的数据写入到指定的 OutputStream。
- flush()：将缓冲区数据写入流。
- isClosed()：判断当前 File 对象是否已关闭。
- read(buffer: Array<Byte>)：从文件中读取数据到缓冲区。
- readToEnd()：读取当前 File 所有剩余数据。
- seek(sp: SeekPosition)：将光标跳转到指定位置。
- write(buffer: Array<Byte>)：将数据写入文件中。

实例 16-3： 实现文件的读取、写入和删除操作（源码路径：codes\16\Liu\src\Shu03.cj）

在本实例中首先创建了一个名为 tempFile.txt 的文件，并写入三次 "123456789\n" 和一次 "abcdefghi\n"。然后以截断模式打开该文件，写入新的内容 "The file was truncated to an empty file!"，并读取显示新的文件内容，最后删除该文件。

```
import std.fs.*
import std.io.SeekPosition

main() {
    let filePath: Path = Path("tempFile.txt")
    if (File.exists(filePath)) {
```

```
        File.delete(filePath)
    }

    /* 在当前目录以 只写模式 创建新文件 'tempFile.txt', 写入三遍 "123456789\n" 并关闭文件 */
    var file: File = File(filePath, OpenOption.Create(false))
    if (File.exists(filePath)) {
        println("The file 'tempFile.txt' is created successfully in current directory.\n")
    }
    let bytes: Array<Byte> = "123456789\n".toArray()
    for (_ in 0..3) {
        file.write(bytes)
    }
    file.close()

    /* 以 追加模式 打开文件 'tempFile.txt', 写入 "abcdefghi\n" 并关闭文件 */
    file = File(filePath, OpenOption.Append)
    file.write("abcdefghi\n".toArray())
    file.close()

    /* 以 截断模式 打开文件 'tempFile.txt', 写入 "The file was truncated to an empty file!" 并关闭文件 */
    file = File(filePath, OpenOption.Truncate(true))
    file.write("The file was truncated to an empty file!".toArray())
    file.seek(SeekPosition.Begin(0))
    let allBytes: Array<Byte> = file.readToEnd()
    file.close()
    println("Data written newly: ${String.fromUtf8(allBytes)}")

    File.delete(filePath)
    return 0
}
```

上述代码的具体说明如下。

- 文件创建与初始化：首先，检查名为 tempFile.txt 的文件是否存在，如果存在则将其删除。然后在当前目录创建一个新的文件，并以只写模式打开，向其中写入三次 "123456789\n"。
- 追加内容：接着以追加模式打开同一文件，向其添加 "abcdefghi\n"。
- 文件截断与写入：以截断模式打开文件，清空原有内容，并写入新的文本 "The file was truncated to an empty file!"。
- 读取文件内容：在写入内容后，文件指针返回到开头位置，读取整个文件的内容，并将其打印出来。
- 清理工作：最后删除创建的文件以完成清理。

执行后会输出：

```
The file 'tempFile.txt' is created successfully in current directory.

Data written newly: The file was truncated to an empty file!
```

下面的实例演示了使用类 File 的静态函数进行文件操作的用法，包括创建文件、追加数据以及读取文件内容。

实例 16-4：使用类 File 的静态函数进行文件操作（源码路径：codes\16\Liu\src\Shu04.cj）

在本实例中首先创建了一个名为 tempFile.txt 的文件并写入初始数据，然后追加新数据并读取整个文件的内容，最后将文件删除。

```
import std.fs.*

main() {
    let filePath: Path = Path("./tempFile.txt")
    if (File.exists(filePath)) {
        File.delete(filePath)
    }

    /* 以 只写模式 创建文件，并写入 "123456789\n" 并关闭文件 */
    var file: File = File.create(filePath)
    file.write("123456789\n".toArray())
    file.close()

    /* 以 追加模式 写入 "abcdefghi\n" 到文件 */
    File.writeTo(filePath, "abcdefghi".toArray(), openOption: OpenOption.Append)

    /* 直接读取文件中所有数据 */
    let allBytes: Array<Byte> = File.readFrom(filePath)
    println(String.fromUtf8(allBytes))

    File.delete(filePath)
    return 0
}
```

上述代码的实现流程如下。
- 首先定义了一个文件路径 tempFile.txt，并检查该文件是否已存在，若存在则删除它。
- 接着，以只写模式创建文件，并写入字符串 "123456789\n"。之后，通过静态函数 File.writeTo 以追加模式将 "abcdefghi\n" 写入文件。
- 接着，代码调用 File.readFrom 静态函数直接读取文件中的所有数据，并将其转换为字符串进行打印。
- 最后，删除了创建的文件以进行清理。执行后会输出：

```
123456789
abcdefghi
```

16.3.3 Directory 文件夹操作

在仓颉语言中，类 Directory 是一个代表文件系统中目录的类，提供了创建、移动、复制、删除、查询属性以及遍历目录等功能。Directory 支持通过路径字符串或 Path 类型的参数来初始化，并能够处理路径合法性检查，以防止非法字符或路径引发的错误。此外，类 Directory 还提供多种静态方法，如复制和移动目录、创建临时目录、检查目录是否存在等，以及实例方法用于创建子文件和子目录、获取目录内容的迭代器和列表等，确保对目录的管理和操作更加灵活高效。

1. 属性
属性 info 是 FileInfo 类型,用于获取当前目录的元数据信息。

2. 构造函数
- init(path: Path):通过 Path 形式的目录路径创建 Directory 实例。
- init(path: String):通过字符串形式的目录路径创建 Directory 实例。

3. 静态方法
- copy(sourceDirPath: Path, destinationDirPath: Path, overwrite: Bool):将目录及其内容拷贝到新位置。
- copy(sourceDirPath: String, destinationDirPath: String, overwrite: Bool):将目录及其内容拷贝到新位置。
- create(path: Path, recursive!: Bool = false):创建目录,可选是否递归创建。
- create(path: String, recursive!: Bool = false):创建目录,可选是否递归创建。
- createTemp(directoryPath: Path):在指定目录下创建临时目录。
- createTemp(directoryPath: String):在指定目录下创建临时目录。
- delete(path: Path, recursive!: Bool = false):删除目录,可选是否递归删除。
- delete(path: String, recursive!: Bool = false):删除目录,可选是否递归删除。
- exists(path: Path):判断目录是否存在。
- exists(path: String):判断目录是否存在。
- move(sourceDirPath: Path, destinationDirPath: Path, overwrite: Bool):将目录移动到新位置。
- move(sourceDirPath: String, destinationDirPath: String, overwrite: Bool):将目录移动到新位置。

4. 实例方法
- createFile(name: String):在当前目录下创建子文件。
- createSubDirectory(name: String):在当前目录下创建子目录。
- directories():返回当前目录的子目录迭代器。
- directoryList():返回当前目录的子目录列表。
- entryList():返回当前目录的文件或子目录列表。
- fileList():返回当前目录的子文件列表。
- files():返回当前目录的子文件迭代器。
- isEmpty():判断当前目录是否为空。
- iterator():返回当前目录的文件或子目录迭代器。

总之,类 Directory 中的上述成员提供了对目录进行操作的一系列功能,包括目录的创建、移动、复制、删除、查询属性以及遍历目录等。

实例 16-5:文件管理系统(源码路径:codes\16\Liu\src\Shu05.cj)

在本实例中演示了在仓颉语言中管理文件系统的过程,包括创建、移动、拷贝和删除目录及文件。它首先创建一个包含子目录和文件的测试目录,然后演示了如何处理临时目录及其相关操作。

```
import std.fs.*

main() {
    let testDirPath: Path = Path("testDir")
    let subDirPath: Path = Path("testDir/subDir")
```

```
    if (Directory.exists(testDirPath)) {
        Directory.delete(testDirPath, recursive: true)
    }

    /* 递归创建目录 和 "testDir/subDir" */
    let subDir: Directory = Directory.create(subDirPath, recursive: true)
    if (Directory.exists(subDirPath)) {
        println("The directory 'testDir/subDir' is successfully created recursively in current directory.")
    }

    /* 在 "testDir/subDir" 下创建子目录 "dir1" */
    subDir.createSubDirectory("dir1")
    if (Directory.exists("testDir/subDir/dir1")) {
        println("The directory 'dir1' is created successfully in directory './testDir/subDir'.")
    }

    /* 在 "./testDir/subDir" 下创建子文件 "file1" */
    subDir.createFile("file1")
    if (File.exists("testDir/subDir/file1")) {
        println("The file 'file1' is created successfully in directory './testDir/subDir'.")
    }

    /* 在 "./testDir" 下创建临时目录 */
    let tempDir: Directory = Directory.createTemp(testDirPath)
    let tempDirPath: Path = tempDir.info.path
    if (Directory.exists(tempDirPath)) {
        println("The temporary directory is created successfully in directory './testDir'.")
    }

    /* 将 "subDir" 移动到临时目录下并重命名为 "subDir_new" */
    let newSubDirPath: Path = tempDirPath.join("subDir_new")
    Directory.move(subDirPath, newSubDirPath, false)
    if (Directory.exists(newSubDirPath) && !Directory.exists(subDirPath)) {
        println("The directory 'testDir/subDir' is moved successfully to the temporary directory and renamed 'subDir_new'.")
    }

    /* 将 "subDir_new" 拷贝到 "./testDir" 下并重命名为 "subDir" */
    Directory.copy(newSubDirPath, subDirPath, false)
    if (Directory.exists(subDirPath) && Directory.exists(newSubDirPath)) {
        println("The directory 'subDir_new' is copied successfully to directory 'testDir' and renamed 'subDir'.")
    }

    Directory.delete(testDirPath, recursive: true)
    return 0
```

}

上述代码的具体说明如下。
- 检查并删除现有目录：首先检查是否存在 testDir 目录，如果存在，则递归删除该目录。
- 创建子目录：递归创建 testDir/subDir 目录，并验证是否成功创建。
- 在子目录下创建子目录和文件：在 testDir/subDir 下创建 dir1 子目录和 file1 文件，并验证它们是否成功创建。
- 创建临时目录：在 testDir 目录下创建一个临时目录，并验证其存在。
- 移动子目录：将 testDir/subDir 目录移动到临时目录下并重命名为 subDir_new。
- 拷贝子目录：将 subDir_new 目录拷贝回 testDir，并重命名为 subDir。
- 清理：最后，递归删除 testDir 目录。

执行后会输出：

```
The directory '.testDir/subDir' is successfully created recursively in current directory.
The directory 'dir1' is created successfully in directory 'testDir/subDir'.
The file 'file1' is created successfully in directory 'testDir/subDir'.
The temporary directory is created successfully in directory 'testDir'.
The directory 'testDir/subDir' is moved successfully to the temporary directory and renamed 'subDir_new'.
The directory 'subDir_new' is copied successfully to directory 'testDir' and renamed 'subDir'.
```

注意：
- 确认权限：确保有权限在目标路径下执行移动操作。如果目录正在被其他程序使用，可能导致权限被拒绝。
- 检查路径：使用绝对路径而不是相对路径进行移动和拷贝，可能会避免路径解析问题。
- 目录状态：在移动前确认目标目录没有被其他进程占用，尝试在不同的环境（如关闭一些占用该目录的程序）中运行该代码。

16.3.4 结构体 FileInfo

在仓颉语言中，结构体 FileInfo 主要功能是获取文件中的数下信息，包括文件的路径、创建时间、最后访问时间、最后修改时间、文件大小及权限等信息。该结构体的设计旨在实时获取文件属性，因此每次通过其 API 访问属性时，都获取最新的文件信息，避免使用缓存。

1. 属性
- creationTime：DateTime 类型，用于获取文件的创建时间。
- lastAccessTime：DateTime 类型，用于获取文件的最后访问时间。
- lastModificationTime：DateTime 类型，用于获取文件的最后修改时间。
- length：Int64 类型，用于返回当前文件的大小。
- parentDirectory：Option<FileInfo> 类型，用于获得父级目录元数据。
- path：Path 类型，用于获得当前文件路径。
- symbolicLinkTarget：Option<Path> 类型，用于获得符号链接目标路径。

2. 构造函数
- init(path: Path)：通过 Path 形式的路径创建 FileInfo 实例。
- init(path: String)：通过字符串形式的路径创建 FileInfo 实例。

3. 方法
- canExecute()：判断当前用户是否有权限执行该文件。
- canRead()：判断当前用户是否有权限读取该文件。
- canWrite()：判断当前用户是否有权限写入该文件。
- isDirectory()：判断当前文件是不是目录。
- isFile()：判断当前文件是不是普通文件。
- isHidden()：判断当前文件是否隐藏。
- isReadOnly()：判断当前文件是否只读。
- isSymbolicLink()：判断当前文件是不是软链接。
- setExecutable(executable: Bool)：设置当前用户是否可执行该文件。
- setReadable(readable: Bool)：设置当前用户是否可读取该文件。
- setWritable(writable: Bool)：设置当前用户是否可写入该文件。

4. 运算符
- operator !=(that: FileInfo)：判断当前 FileInfo 和另一个 FileInfo 是否对应非同一文件。
- operator ==(that: FileInfo)：判断当前 FileInfo 和另一个 FileInfo 是否对应同一文件。

FileInfo 中的上述成员提供了对文件元数据的操作和查询功能，包括文件的创建时间、最后访问时间、最后修改时间、文件大小、父级目录、路径、符号链接目标路径，以及权限设置和文件属性判断等。

注意：在使用 FileInfo 获取文件属性时，需注意文件在获取属性的过程可能被其他用户或进程修改，导致获取到的属性与预期不符。若需要避免此问题，可以通过设置文件权限或对关键操作加锁来保证一致性。

实例 16-6：获取文件的元数据并操作文件权限（源码路径：codes\16\Liu\src\Shu06.cj）

在本实例中使用 FileInfo 来获取文件的元数据并操作文件权限，打印输出了文件的基本属性（如路径、是否为符号链接、大小、权限等），并通过 checkResult 函数来验证和输出这些属性的结果。

```
import std.fs.*
import std.time.DateTime

main() {
    // 在当前目录下创建一个临时文件，以便下面使用 FileInfo 进行演示
    let curDirPath: Path = Path("./").toCanonical()
    let file: File =  File.createTemp(curDirPath)
    file.write("123456789\n".toArray())
    let fileInfo: FileInfo = file.info

    file.close()

    /* 获得这个文件父级目录的 FileInfo，这个文件的父目录是当前目录 */
    let parentDirectory: Option<FileInfo> = fileInfo.parentDirectory
    checkResult(parentDirectory == Some(FileInfo(curDirPath)), "The
```

```
'parentFileInfo' is obtained successfully.")

    /* 获得这个文件的路径 */
    /*
    let filePath: Path = fileInfo.path
    */

    /* 如果这个文件是软链接,则获得其链接文件的Path;如果不是软链接,则返回Option<Path>.
None */
    let symbolicLinkTarget: Option<Path> = fileInfo.symbolicLinkTarget
    checkResult(symbolicLinkTarget == None, "It's not a symbolic link, there's
no `symbolicLinkTarget`.")

    /* 获取这个文件的创建时间、最后访问时间、最后修改时间 */
    /*
    let creationTime: DateTime = fileInfo.creationTime
    let lastAccessTime: DateTime = fileInfo.lastAccessTime
    let lastModificationTime: DateTime = fileInfo.lastModificationTime
    */

    /*
     * 获取这个文件的 length
     * 如果是文件,代表这个文件占用磁盘空间的大小
     * 如果是目录,代表这个目录的所有文件占用磁盘空间的大小(不包含子目录)
     */
    /*
    let length: Int64 = fileInfo.length
    */

    /* 判断这个文件是不是软链接、普通文件、目录 */
    checkResult(fileInfo.isSymbolicLink(), "The file is a symbolic link.")
    checkResult(fileInfo.isFile(), "The file is a common file.")
    checkResult(fileInfo.isDirectory(), "The file is a directory.")

    /* 判断这个文件对于当前用户是不是只读、隐藏、可执行、可读、可写 */
    checkResult(fileInfo.isReadOnly(), "This file is read-only.")
    checkResult(fileInfo.isHidden(), "The file is hidden.")
    checkResult(fileInfo.canExecute(), "The file is executable.")
    checkResult(fileInfo.canRead(), "The file is readable.")
    checkResult(fileInfo.canWrite(), "The file is writable.")

    /* 修改当前用户对这个文件的权限,这里设置为对当前用户只读 */
    checkResult(fileInfo.setExecutable(false), "The file was successfully set
to executable.")
    checkResult(fileInfo.setReadable(true), "The file was successfully set to
readable.")
    checkResult(fileInfo.setWritable(false), "The file was successfully set to
writable.")
    checkResult(fileInfo.isReadOnly(), "This file is now read-only.")
```

```
    return 0
}
func checkResult(result: Bool, message: String): Unit {
    if (result) {
        println(message)
    }
}
```

上述代码的实现流程如下。

- 创建临时文件：通过 File.createTemp() 在当前目录下创建一个临时文件并写入内容 "123456789\n"。Path("./").toCanonical() 将当前目录转换为规范路径。
- 获取文件信息：使用 file.info 获取文件的元数据信息，存储在 FileInfo 对象 fileInfo 中。
- 关闭文件：临时文件创建和信息提取完成后，调用 file.close() 关闭文件。
- 获取文件的父级目录信息：使用 fileInfo.parentDirectory 获取文件的父目录信息，并通过 checkResult 验证父目录路径是否与当前目录一致。
- 检查符号链接目标：通过 fileInfo.symbolicLinkTarget 检查文件是否为符号链接（不是符号链接时，返回 None），并使用 checkResult 验证。
- 获取文件时间属性（注释掉的部分）：如果启用，可以通过 fileInfo.creationTime、fileInfo.lastAccessTime 和 fileInfo.lastModificationTime 获取文件的创建、访问和修改时间。
- 检查文件属性：使用 fileInfo.isSymbolicLink()、fileInfo.isFile() 和 fileInfo.isDirectory() 来分别检查文件是不是符号链接、普通文件或目录。
- 检查文件权限：通过 fileInfo.isReadOnly()、fileInfo.isHidden()、fileInfo.canExecute()、fileInfo.canRead() 和 fileInfo.canWrite() 来检查文件的权限状态（只读、隐藏、可执行、可读、可写）。
- 修改文件权限：使用 fileInfo.setExecutable(false)、fileInfo.setReadable(true) 和 fileInfo.setWritable(false) 来修改文件的权限，将其设置为只读并验证修改后的权限。
- 输出检查结果：使用 checkResult 函数对每个检查结果进行验证并输出消息，确保每个操作成功执行。

执行后会输出：

```
The 'parentFileInfo' is obtained successfully.
It's not a symbolic link, there's no `symbolicLinkTarget`.
The file is a common file.
The file is readable.
The file is writable.
The file was successfully set to readable.
```

16.3.5 结构体 Path

在仓颉语言中，Path 是一个用于处理文件路径的结构体，提供了多种与路径相关的操作函数，适用于不同平台，包括支持 DOS 设备路径和 UNC 路径。结构体 Path 是用来表示文件系统路径的工具，支持绝对路径和相对路径，不对构造时输入的路径进行合法性检查。

1. 属性

- directoryName：Option<Path> 类型，用于获取路径的目录部分。

- extensionName：Option<String> 类型，用于获取路径的文件扩展名部分。
- fileName：Option<String> 类型，用于获取路径的文件名（含扩展名）部分。
- fileNameWithoutExtension：Option<String> 类型，用于获取路径的文件名（不含扩展名）部分。

2. 构造方法

构造方法 init(rawPath: String) 的功能是通过字符串形式的路径创建 Path 实例。

3. 方法

- hashCode()：获得 Path 的哈希值。
- isAbsolute()：判断 Path 是不是绝对路径。
- isDirectory()：判断 Path 是不是目录。
- isFile()：判断 Path 是不是文件。
- isRelative()：判断 Path 是不是相对路径。
- isSymbolicLink()：判断 Path 是不是软链接。
- join(path: Path)：在当前路径后拼接另一个路径字符串形成新路径。
- join(path: String)：在当前路径后拼接另一个路径字符串形成新路径。
- split()：将 Path 分割成目录和文件名两部分。
- toCanonical()：将 Path 规范化处理，返回其绝对路径形式的规范化路径。
- toString()：获得 Path 的路径字符串。

4. 运算符

- operator !=(that: Path)：判断 Path 是否不是同一路径。
- operator ==(that: Path)：判断 Path 是不是同一路径。

总之，结构体 Path 中的上述成员提供了对路径的操作和查询功能，包括路径的创建、哈希值获取、绝对路径判断、目录和文件判断、相对路径判断、软链接判断、路径拼接、路径分割、路径规范化，以及路径字符串的获取等。

实例 16-7： 查看目录的路径信息（源码路径：codes\16\Liu\src\Shu07.cj）

在本实例中使用 Path 处理和分析不同类型的路径字符串，依次输出每个路径的相关信息，如目录路径、文件名、扩展名、路径类型等。

```
import std.fs.Path

main() {
    let pathStrArr: Array<String> = [
        // 绝对路径
        "/a/b/c",
        "/a/b/",
        "/a/b/c.cj",
        "/a",
        "/",
        // 相对路径
        "./a/b/c",
        "./a/b/",
        "./a/b/c.cj",
        "./",
        ".",
```

```
        "123."
    ]

    for (i in 0..pathStrArr.size) {
        let path: Path = Path(pathStrArr[i])
        // 打印 path 的整个路径字符串
        println("Path${i}: ${path.toString()}")
        // 打印 path 的目录路径
        println("Path.directoryName: ${path.directoryName}")
        // 打印 path 的文件全名（有扩展名）
        println("Path.fileName: ${path.fileName}")
        // 打印 path 的扩展名
        println("Path.extensionName: ${path.extensionName}")
        // 打印 path 的文件名（无扩展名）
        println("Path.fileNameWithoutExtension: ${path.fileNameWithoutExtension}")
        // 将path拆分为目录路径和文件全名，并分别存储在 directoryName 和 fileName 中，
然后打印输出拆分结果
        var (directoryName, fileName): (Option<Path>, Option<String>) = path.split()
        println("Path.split: (${directoryName}, ${fileName})")
        // 获取path是不是绝对路径或相对路径，然后打印输出结果
        println("Path.isAbsolute: ${path.isAbsolute()}; Path.isRelative: ${path.isRelative()}")
        println()
    }

    return 0
}
```

上述代码的实现流程如下。
- 首先，定义了一组路径字符串，包括绝对路径和相对路径。
- 然后，通过遍历这些路径，依次创建 Path 实例。对于每个路径，代码提取其目录名、文件名、扩展名等信息，并通过调用相应的方法检查路径是否为绝对路径或相对路径。
- 最后，将获取的路径信息以格式化的方式打印输出。

执行后会输出：

```
Path0: /a/b/c
Path.directoryName: Some(/a/b)
Path.fileName: Some(c)
Path.extensionName: None
Path.fileNameWithoutExtension: Some(c)
Path.split: (Some(/a/b), Some(c))
Path.isAbsolute: true; Path.isRelative: false

Path1: /a/b/
Path.directoryName: Some(/a/b)
Path.fileName: None
Path.extensionName: None
```

```
Path.fileNameWithoutExtension: None
Path.split: (Some(/a/b), None)
Path.isAbsolute: true; Path.isRelative: false

Path2: /a/b/c.cj
Path.directoryName: Some(/a/b)
Path.fileName: Some(c.cj)
Path.extensionName: Some(cj)
Path.fileNameWithoutExtension: Some(c)
Path.split: (Some(/a/b), Some(c.cj))
Path.isAbsolute: true; Path.isRelative: false

Path3: /a
Path.directoryName: Some(/)
Path.fileName: Some(a)
Path.extensionName: None
Path.fileNameWithoutExtension: Some(a)
Path.split: (Some(/), Some(a))
Path.isAbsolute: true; Path.isRelative: false

Path4: /
Path.directoryName: Some(/)
Path.fileName: None
Path.extensionName: None
Path.fileNameWithoutExtension: None
Path.split: (Some(/), None)
Path.isAbsolute: true; Path.isRelative: false

Path5: ./a/b/c
Path.directoryName: Some(./a/b)
Path.fileName: Some(c)
Path.extensionName: None
Path.fileNameWithoutExtension: Some(c)
Path.split: (Some(./a/b), Some(c))
Path.isAbsolute: false; Path.isRelative: true

Path6: ./a/b/
Path.directoryName: Some(./a/b)
Path.fileName: None
Path.extensionName: None
Path.fileNameWithoutExtension: None
Path.split: (Some(./a/b), None)
Path.isAbsolute: false; Path.isRelative: true

Path7: ./a/b/c.cj
Path.directoryName: Some(./a/b)
Path.fileName: Some(c.cj)
Path.extensionName: Some(cj)
Path.fileNameWithoutExtension: Some(c)
```

```
Path.split: (Some(./a/b), Some(c.cj))
Path.isAbsolute: false; Path.isRelative: true

Path8: ./
Path.directoryName: Some(.)
Path.fileName: None
Path.extensionName: None
Path.fileNameWithoutExtension: None
Path.split: (Some(.), None)
Path.isAbsolute: false; Path.isRelative: true

Path9: .
Path.directoryName: None
Path.fileName: Some(.)
Path.extensionName: None
Path.fileNameWithoutExtension: None
Path.split: (None, Some(.))
Path.isAbsolute: false; Path.isRelative: true

Path10: 123.
Path.directoryName: None
Path.fileName: Some(123.)
Path.extensionName: None
Path.fileNameWithoutExtension: Some(123)
Path.split: (None, Some(123.))
Path.isAbsolute: false; Path.isRelative: true
```

16.4　I/O 处理流

在仓颉语言中，包 io 为程序提供了与外部设备（如文件、网络等）进行数据交换的能力。I/O 操作涉及输入和输出流，通过流式处理将数据作为一个有序的字节序列进行传递。程序可以从输入流读取数据或将数据写入输出流，从而实现与外部设备的交互。

16.4.1　包 io 介绍

仓颉语言的包 io 提供了输入流、输出流、输入输出流等通用接口，以及多个具体的流实现，具体说明如下。

1. 接口

- InputStream：该接口定义了输入流的基本操作，如从流中读取字节数据。
- OutputStream：定义了输出流的基本操作，用于将数据写入外部设备。
- IOStream：综合了输入流和输出流的功能，允许既读又写的双向流操作。
- Seekable：允许在流中进行光标移动操作，使得可以跳转到指定位置进行读写。

2. 类

- BufferedInputStream<T>：提供带缓冲区的输入流，可以有效减少读取操作的次数。

- BufferedOutputStream<T>：提供带缓冲区的输出流，减少写入操作的次数。
- ByteArrayStream：提供对字节数组的输入流操作。
- ChainedInputStream<T>：允许从多个 InputStream 实例中顺序读取数据。
- MultiOutputStream<T>：允许将数据同时写入多个 OutputStream。
- StringReader<T>：提供从输入流中读取数据并将其转换为字符串的能力。
- StringWriter<T>：提供将字符串或对象转换为字节流并写入输出流的功能。

3. 枚举与异常

- 枚举 SeekPosition：用于指定在流中光标移动的位置，如从头开始或从当前光标位置移动。
- 异常 ContentFormatException：当输入数据的格式不符合预期时抛出的异常。
- 异常 IOException：I/O 操作过程中发生的异常，如文件无法读取或写入错误。

通过上述列出的成员，仓颉语言提供了灵活且高效的 I/O 操作支持，适用于文件处理、网络通信等各种场景。

16.4.2　输入流和输出流

输入输出流类似一个数据通道，承载一段有序数据，程序从输入流读取数据（来自文件、网络等），往输出流（通往文件、网络等）写入数据。在仓颉语言中，输入流（InputStream）和输出流（OutputStream）用于程序与外部设备或存储进行数据交互。输入流通过 read 函数从外部数据源（如键盘、文件、网络）读取字节数据，将其存储到指定的缓冲区中，返回读取的字节数。输出流则通过 write 函数将字节数据从程序写入外部目标，输出流还支持 flush 操作，以确保缓冲区的数据被真正写入外部设备或文件，提供了更高效的输出策略。两者通过统一的接口抽象，实现了数据流的高效传输与处理。

1. 输入流

输入流用于从外部数据源（如文件、网络、键盘等）读取数据的接口，将外部数据通过流的方式读取到程序的内存中。在仓颉语言中，通过内置接口 InputStream 实现输入流功能，其原型如下所示。

```
public interface InputStream {
    func read(buffer: Array<Byte>): Int64
}
```

InputStream 是用于表示从外部数据源读取数据的接口，程序通过调用函数 read 从输入流中获取字节数据并存储到缓冲区。

函数 read 是接口 InputStream 的核心函数，主要功能是从输入流中读取字节数据并将其存储到传入的缓冲区中。函数 read 的语法格式如下：

```
read(buffer: Array<Byte>): Int64
```

上述格式的具体说明如下。

- 参数 buffer: Array<Byte>：它是一个字节数组，作为数据的临时存储区域。函数 read 会将读取到的数据填充到此数组中。
- 返回值 Int64：表示返回读取的数据字节数。如果读取到了有效数据，返回读取的字节总数。如果返回 0 或负数，表示流已经到达末尾，或没有更多的数据可供读取。

当拥有一个输入流的时候，就可以像下面的代码那样去读取字节数据，读取的数据会被写到

read 的入参数组中。

```
main() {
    let input: InputStream = ...
    let buf = Array<Byte>(256, item: 0)
    while (input.read(buf) > 0) {
        println(buf)
    }
}
```

2. 输出流

输出流是用来将程序中的数据输出到外部的通信通道，如显示器、打印机、文件或网络，主要作用是将程序生成的数据写入目标设备或文件中。在仓颉语言中，通过内置接口 OutputStream 实现输出流功能，其原型如下：

```
public interface OutputStream {
    func write(buffer: Array<Byte>): Unit
    func flush(): Unit
}
```

在接口 OutputStream 中包含的成员函数如下。

（1）write(buffer: Array<Byte>): Unit：功能是将传入的字节数组 buffer 中的数据写入绑定的输出流中。
- 参数：buffer: Array<Byte> – 一个字节数组，用于存放要写入的数据。
- 返回值：该函数没有返回值。

（2）flush(): Unit：功能是强制将缓冲区中的数据写入外部设备。通常情况下，某些输出流会在内部使用缓冲区以提高性能，因此需要通过调用 flush 来确保数据被实际写入。
- 返回值：该函数没有返回值。
- 特别说明：此函数有一个默认实现，可以被子类重写。

当拥有一个输出流时，可以像下面的代码那样去写入字节数据。

```
main() {
    let output: OutputStream = ...
    let buf = Array<Byte>(256, item: 111)
    output.write(buf)
    output.flush()
}
```

16.4.3　BufferedInputStream 缓冲区输入流

BufferedInputStream 是仓颉语言中的一个泛型类，用于提供带缓冲区的输入流。BufferedInputStream 可以与其他 InputStream 类型的流（如 ByteArrayStream）绑定，通过内部缓冲区暂存读取的数据，从而提高数据读取的效率。BufferedInputStream 支持多种初始化方式，包括使用默认缓冲区、指定自定义缓冲区或设置缓冲区容量。

在仓颉程序中，类 BufferedInputStream 的主要功能如下。
- 读取数据：通过 read 方法从绑定的输入流中读取数据到缓冲区。
- 状态管理：可以通过 reset 方法绑定新的输入流，并重置流状态。

- 资源管理：实现了 Resource 接口，支持在 try-with-resource 语法中自动释放资源。
- 光标操作：实现了 Seekable 接口，支持光标移动、查询数据长度和当前光标位置等功能。

在下面的内容中，详细列出了类 BufferedInputStream 中的主要成员信息。

1. 构造方法

- init(input: T)：创建 BufferedInputStream 实例，缓冲区容量取默认值 4096。
- init(input: T, buffer: Array<Byte>)：创建 BufferedInputStream 实例，使用提供的数组作为内部缓存区。
- init(input: T, capacity: Int64)：创建 BufferedInputStream 实例，指定内部缓冲区容量。

2. 方法

- read(buffer: Array<Byte>)：从绑定的输入流读出数据到 buffer 中。
- reset(input: T)：绑定新的输入流，重置状态，但不重置 capacity。
- close()：关闭当前流。
- isClosed()：判断当前流是否关闭。
- seek(sp: SeekPosition)：移动光标到指定的位置。

3. 扩展实现

- 实现 Resource 接口，使得 BufferedInputStream 对象可在 try-with-resource 语法上下文中实现自动资源释放。
- 实现 Seekable 接口，支持查询数据长度、移动光标等操作。

4. 属性

- length：Int64 类型，返回当前流中的总数据量。
- position：Int64 类型，返回当前光标位置。
- remainLength：Int64 类型，返回当前流中未读的数据量。

类 BufferedInputStream 中的上述成员提供了带缓冲区的输入流功能，允许从绑定的输入流中高效地读取数据，并且支持资源自动释放和光标控制操作。

实例 16-8：处理缓冲区中的数据（源码路径：codes\16\Liu\src\Buf01.cj）

在本实例中将字符串"0123456789"转换为字节数组，通过 ByteArrayStream 和 BufferedInputStream 实现数据的缓冲读取功能，最终将读取的数据转换为字符串并打印输出。

```
import std.io.*

main(): Unit {
    // 创建一个字符数组，从字符串 "0123456789" 转换而来
    let arr1 = "0123456789".toArray()

    // 创建 ByteArrayStream 实例并将字符数组写入其中
    let byteArrayStream = ByteArrayStream()
    byteArrayStream.write(arr1)

    // 创建 BufferedInputStream，绑定到 byteArrayStream
    let bufferedInputStream = BufferedInputStream(byteArrayStream)

    // 创建一个大小为 20 的字节数组，并初始化为 0
    let arr2 = Array<Byte>(20, { _ => 0 })
```

```
    /* 从 BufferedInputStream 读取数据到 arr2 中，返回读取到的数据的长度 */
    let readLen = bufferedInputStream.read(arr2)

    // 打印读取到的数据，使用 fromUtf8 将字节数组转换为字符串
    println(String.fromUtf8(arr2[..readLen]))
}
```

上述代码的功能是创建一个字节数组流，并将字符串"0123456789"写入该流。通过使用带缓冲区的输入流，代码从字节数组流中读取数据，并将读取到的字节转换为字符串后打印输出。执行后会输出：

```
0123456789
```

16.4.4 BufferedOutputStream 缓冲区输出流

在仓颉语言中，BufferedOutputStream 是一个带缓冲区的输出流类，用于提高数据写入性能。BufferedOutputStream 允许将其他类型的输出流（如 ByteArrayStream）与之绑定，通过将数据先写入缓冲区，然后再批量写入绑定的输出流，从而减少频繁的 I/O 操作。下面的内容，详细列出了类 BufferedOutputStream 中常用的成员信息。

1. 构造方法

- init(output: T)：创建 BufferedOutputStream 实例，缓冲区容量取默认值 4096。
- init(output: T, buffer: Array<Byte>)：创建 BufferedOutputStream 实例，使用提供的数组作为内部缓存区。
- init(output: T, capacity: Int64)：创建 BufferedOutputStream 实例，指定内部缓冲区容量。

2. 方法

- flush()：刷新 BufferedOutputStream，将内部缓冲区的剩余数据写入绑定的输出流。
- reset(output: T)：绑定新的输出流，重置状态，但不重置 capacity。
- write(buffer: Array<Byte>)：将 buffer 中的数据写入绑定的输出流中。
- close()：关闭当前流。
- isClosed()：判断当前流是否关闭。

3. 扩展

- 实现 Resource 接口，使得 BufferedOutputStream 对象可在 try-with-resource 语法上下文中实现自动资源释放。
- 实现 Seekable 接口，支持查询数据长度、移动光标等操作。

4. 属性

- length：Int64 类型，返回当前流中的总数据量。
- position：Int64 类型，返回当前光标位置。
- remainLength：Int64 类型，返回当前流中未写入的数据量。

上述成员提供了带缓冲区的输出流功能，允许高效地将数据写入绑定的输出流，并且支持资源自动释放和光标控制操作。

实例 16-9：将数据写入到流（源码路径：codes\16\Liu\src\Buf02.cj）

在本实例中使用 BufferedOutputStream 将数据写入到 ByteArrayStream。

```
import std.io.*

main(): Unit {
    let arr1 = "01234".toArray()
    let byteArrayStream = ByteArrayStream()
    byteArrayStream.write(arr1)
    let bufferedInputStream = BufferedOutputStream(byteArrayStream)
    let arr2 = "56789".toArray()

    /* 向流中写入数据,此时数据在外部流的缓冲区中 */
    bufferedInputStream.write(arr2)

    /* 调用 flush 函数,真正将数据写入内部流中 */
    bufferedInputStream.flush()
    println(String.fromUtf8(byteArrayStream.readToEnd()))
}
```

上述代码,首先将字符串"01234"写入流中,然后向流中写入"56789",并通过调用 flush 方法将所有数据真正写入内部流,最后输出流中的完整内容。执行后会输出:

```
0123456789
```

16.4.5 ByteArrayStream 字节流

在仓颉语言中,ByteArrayStream 是一个基于 Array<Byte> 数据类型的类,用于提供对字节流的写入、读取等操作。ByteArrayStream 实现了 IOStream 和 Seekable 接口,支持灵活的流操作。下面的内容,列出了类 ByteArrayStream 中常用的成员信息。

1. 属性

- length:Int64 类型,返回当前流中的总数据量。
- position:Int64 类型,获取当前光标位置。
- remainLength:Int64 类型,获取当前流中未读的数据量。

2. 构造函数

- init():创建 ByteArrayStream 实例,默认的初始容量是 32。
- init(capacity: Int64):创建 ByteArrayStream 实例,指定初始容量。

3. 方法

- fromString(data: String):通过字符串类型构造一个 ByteArrayStream。
- bytes():获取当前 ByteArrayStream 中未被读取的数据的切片。
- capacity():获取当前缓冲区容量。
- clear():清除当前 ByteArrayStream 中所有数据。
- clone():用当前 ByteArrayStream 中的数据来构造一个新的 ByteArrayStream。
- copyTo(output: OutputStream):将当前 ByteArrayStream 中未被读取的所有数据拷贝到 output 流中。
- read(buffer: Array<Byte>):从输入流中读取数据放到 buffer 中。
- readString():读取流中的剩余数据,并转换为 String 类型,做 UTF-8 编码检查。
- readStringUnchecked():读取流中的剩余数据,并转换为 String 类型,不做 UTF-8 编码检查。

- readToEnd()：获取当前 ByteArrayStream 中未被读取的数据。
- reserve(additional: Int64)：将缓冲区扩容指定大小。
- seek(sp: SeekPosition)：将光标跳转到指定位置。
- write(buffer: Array<Byte>)：将 buffer 中的数据写入输出流中。

类 ByteArrayStream 中的上述成员提供了基于字节数组的流操作功能，允许对字节流进行写入、读取等操作，并支持光标控制和流数据的转换。

实例 16-10：对流进行写入数据、读取数据等操作（源码路径：codes\16\Liu\src\Buf03.cj）

在本实例中将字符串 "test case" 写入一个字节流中，并从中读取数据。

```
import std.io.*

main(): Unit {
    // 创建一个字符数组，从字符串 "test case" 转换而来
    let arr1 = "test case".toArray()

    // 创建 ByteArrayStream 实例并将字符数组写入其中
    let byteArrayStream = ByteArrayStream()
    byteArrayStream.write(arr1)

    // 创建 BufferedInputStream，绑定到 byteArrayStream
    let bufferedInputStream = BufferedInputStream(byteArrayStream)

    // 创建一个大小为 4 的字节数组，并初始化为 0
    let arr2 = Array<Byte>(4, { _ => 0 })

    // 从 BufferedInputStream 读取数据到 arr2 中，返回读取到的数据的长度
    let readLen = bufferedInputStream.read(arr2)

    // 打印读取到的数据，使用 fromUtf8 将字节数组转换为字符串
    println(String.fromUtf8(arr2[..readLen]))

    // 将流的索引指向起点
    byteArrayStream.seek(Begin(0))

    // 读取流中全部数据
    let arr3 = byteArrayStream.readToEnd()
    println(String.fromUtf8(arr3))

    // 将流的索引指向字母 'c'
    byteArrayStream.seek(End(-4))

    // 读取流中剩余数据
    let str = byteArrayStream.readString()
    println(str)
}
```

上述代码，首先将字符串转换为字节数组，然后读取指定字节数的内容，接着重置流位置以读取全部数据，并最终从指定位置读取剩余的字符串，展示了流的读写与寻址能力。执行后会输出：

```
test
test case
case
```

16.4.6 ChainedInputStream 多输入流读取

在仓颉语言中，类 ChainedInputStream 允许顺序从多个输入流中读取数据。ChainedInputStream 通过将多个 InputStream 实例组合在一起，提供了一种连续读取数据的方式，适用于需要从多个数据源流中获取数据的场景。

在下面的内容中，列出了类 ChainedInputStream 中常用的成员信息。

- 构造方法 init(input: Array<T>)：接收一个 InputStream 数组作为参数，用于创建一个 ChainedInputStream 实例。当输入流数组为空时抛出 IllegalArgumentException 异常。
- 方法 read(buffer: Array<Byte>)：依次从绑定的 InputStream 数组中读出数据到 buffer 中，当缓冲区为空时抛出 IllegalArgumentException 异常。

实例 16-11：从绑定的流中循环读取数据（源码路径：codes\16\Liu\src\Buf04cj）

在本实例中创建了两个 ByteArrayStream 实例，并向每个流中写入数据。然后将这两个流绑定到 ChainedInputStream 中，以顺序读取数据并输出为字符串。

```
import std.io.*
import std.collection.ArrayList
main(): Unit {
    const size = 2

    /* 创建两个 ByteArrayStream 并写入数据 */
    let streamArr = Array<InputStream>(size, {_ => ByteArrayStream()})
    for (i in 0..size - 1) {    // 注意循环范围要是 0..size - 1
        match (streamArr[i]) {
            case v: OutputStream =>
                let str = "now ${i}"
                v.write(str.toArray())
            case _ => throw Exception()
        }
    }

    /* 将两个 ByteArrayStream 绑定到 ChainedInputStream */
    let ChainedInputStream = ChainedInputStream(streamArr)
    let res = ArrayList<Byte>()
    let buffer = Array<Byte>(20, {_ => 0})    // 正确的数组初始化方式
    var readLen = ChainedInputStream.read(buffer)

    /* 循环读取 ChainedInputStream 中数据 */
    while (readLen != 0) {
        res.appendAll(buffer[..readLen])
        readLen = ChainedInputStream.read(buffer)
    }
    println(String.fromUtf8(res.toArray()))
}
```

上述代码的具体说明如下。
- 初始化和写入数据：首先，定义了一个常量 size，表示将要创建的字节流数量（此处为 2）。接着，创建了一个 InputStream 类型的数组 streamArr，数组中的每个元素都是一个新的 ByteArrayStream 实例。随后，使用一个循环遍历这个数组，在每个 ByteArrayStream 中写入字符串数据，字符串内容为 "now 0" 和 "now 1"，对应每个流的索引。
- 创建链式输入流：使用类 ChainedInputStream 将这两个 ByteArrayStream 实例绑定在一起，从而可以顺序读取这两个流中的数据。
- 读取数据：创建一个 ArrayList<Byte> 类型的集合 res，用于存储从 ChainedInputStream 中读取的字节。定义一个字节数组 buffer 用于临时存储读取的数据。通过 ChainedInputStream.read(buffer) 读取数据并将其存储在 buffer 中。
- 循环读取：在循环中，如果读取的字节长度不为零，则将这些字节追加到 res 中，并继续从 ChainedInputStream 中读取数据，直到没有更多数据可读取。
- 输出结果：使用 String.fromUtf8(res.toArray()) 将收集到的字节转换为字符串，并输出到控制台。

执行后会输出：
```
now 0now 1
```

16.4.7　MultiOutputStream 多输出流

在仓颉语言中，类 MultiOutputStream 提供了一种机制，使得可以同时将数据写入多个输出流。MultiOutputStream 扩展了 OutputStream，允许用户将数据并行地写入一个 OutputStream 数组中的每一个输出流。在下面的内容中，将详细介绍类 MultiOutputStream 中常用的成员信息。
- init(output: Array<T>)：创建 MultiOutputStream 实例，绑定指定输出流数组。
- flush()：刷新绑定的输出流数组里的每个输出流。
- write(buffer: Array<Byte>)：将 buffer 同时写入绑定的 OutputStream 数组里的每个输出流中。

实例 16-12：向绑定的所有流中写入数据（源码路径：codes\16\Liu\src\Buf05.cj）

在本实例中使用类 MultiOutputStream 将数据同时写入多个 ByteArrayStream，通过创建两个 ByteArrayStream 并将它们绑定到 MultiOutputStream，验证了写入的数据是否在每个流中都能正确读取。

```
import std.io.*

main(): Unit {
    const size = 2

    /* 将两个 ByteArrayStream 绑定到 MultiOutputStream */
    let streamArr = Array<OutputStream>(size, { _ => ByteArrayStream()})
    let multiOutputStream = MultiOutputStream(streamArr)

    /* 往 MultiOutputStream 写入数据，会同时写入绑定的两个 ByteArrayStream */
    multiOutputStream.write("test".toArray())

    /* 读取 ByteArrayStream 中数据，验证结果 */
```

```
    for (i in 0..size) {
        match (streamArr[i]) {
            case v: ByteArrayStream =>
                println(String.fromUtf8(v.readToEnd()))
            case _ => throw Exception()
        }
    }
}
```

上述代码的具体说明如下:
- 创建输出流数组：定义了一个大小为 2 的输出流数组，其中每个元素都是一个新的 ByteArrayStream 实例。这些流将用于存储写入的数据。
- 绑定到 MultiOutputStream：将上述输出流数组传递给 MultiOutputStream 的构造函数，从而创建一个 MultiOutputStream 实例。此实例能够同时将数据写入所有绑定的 ByteArrayStream。
- 数据写入：通过调用 MultiOutputStream 的 write 方法，将字符串 "test" 转换为字节数组并写入。此时，数据被同时写入两个 ByteArrayStream 中。
- 验证写入结果：通过循环遍历输出流数组，逐个读取每个 ByteArrayStream 中的数据。使用 readToEnd 方法读取所有数据，并将其转换为字符串，最终打印出结果，以验证数据是否成功写入。执行后会输出：

```
test
test
```

16.4.8　StringReader 读取输入流

在仓颉语言中，类 StringReader 用于从输入流中读取数据并转换成字符串，其主要特点如下。
- 类定义：StringReader<T> 是一个泛型类，接受一个类型为 InputStream 的参数 T，并提供从该输入流读取字符或字符串的能力。
- 缓冲区：StringReader 内部拥有一个默认的缓冲区，容量为 4096 个字节，以提高读取效率。
- 编码支持：该类当前仅支持 UTF-8 编码，尚不支持 UTF-16 和 UTF-32。

类 StringReader 提供了一系列方法和属性，使得从输入流中读取字符、行或所有剩余数据变得简单而高效。在下面的内容中，将详细介绍类 StringReader 中常用的成员信息。

1. 方法
- 构造函数 init(input: T)：创建 StringReader 实例，从给定的 InputStream 输入流中读取数据。
- lines()：获得 StringReader 的行迭代器。
- read()：按字符读取流中的数据。
- readToEnd()：读取流中所有剩余数据。
- readUntil(predicate: (Rune)->Bool)：从流内读取到使 predicate 返回 true 的字符位置（包含这个字符）或者流结束位置的数据。
- readUntil(v: Rune)：从流内读取到指定字符（包含指定字符）或者流结束位置的数据。
- readln()：按行读取流中的数据。
- runes()：获得 StringReader 的 Rune 迭代器。
- close()：关闭当前流。

- isClosed()：判断当前流是否关闭。

2. 扩展

实现 Resource 接口，使得 StringReader 对象可在 try-with-resource 语法上下文中实现自动资源释放。

3. 属性

- length：Int64 类型，返回当前流中的总数据量。
- position：Int64 类型，返回当前光标位置。
- remainLength：Int64 类型，返回当前流中未读的数据量。

4. 接口

- 实现 Seekable 接口，支持查询数据长度、移动光标等操作。
- seek(sp: SeekPosition)：移动光标到指定的位置。

类 StringReader 中的上述成员提供了从输入流中读取数据并转换成字符或字符串的能力，支持行迭代、字符迭代、Rune 迭代，以及流的关闭和光标控制操作。

实例 16-13：从流中读取数据（源码路径：codes\16\Liu\src\Buf06.cj）

在本实例中使用 StringReader 从一个 ByteArrayStream 中读取数据，包括按字节读取、按行读取、读取直到特定字符，以及读取全部数据。通过这些操作，可以验证 StringReader 的功能和处理字符串数据的能力。

```
import std.io.*

main(): Unit {
    let arr1 = "012\n346789".toArray()
    let byteArrayStream = ByteArrayStream()
    byteArrayStream.write(arr1)
    let stringReader = StringReader(byteArrayStream)

    /* 读取一个字节 */
    let ch = stringReader.read()
    println(ch ?? 'a')

    /* 读取一行数据 */
    let line = stringReader.readln()
    println(line ?? "error")

    /* 读取数据直到遇到字符6 */
    let until = stringReader.readUntil(r'6')
    println(until ?? "error")

    /* 读取全部数据 */
    let all = stringReader.readToEnd()
    println(all)
}
```

上述代码，首先创建了一个 ByteArrayStream 实例，并将字符串数据写入其中。接着，通过 StringReader 实例化该字节流，提供从流中读取数据的功能。本实例的实现流程如下。

- 读取一个字节：使用 read 方法读取一个字符，如果没有数据则返回默认字符。
- 读取一行数据：通过 readln 方法读取直到换行符的内容，若读取失败则返回错误信息。
- 读取直到特定字符：调用 readUntil 方法，读取数据直到遇到字符 '6'，如果未找到则返回错误信息。
- 读取全部数据：使用 readToEnd 方法读取流中剩余的所有数据，并将其打印出来。

执行后会输出：

```
0
12
346
789
```

16.4.9　StringWriter 写入输入流

在仓颉语言中，StringWriter 是一个泛型类，专门用于将字符串及其他可转换为字符串的类型写入到指定的输出流中。类 StringWriter 的目的是将字符串以及其他 ToString 类型数据转换为 UTF-8 编码格式，并将其写入指定的输出流。在 StringWriter 内部维护了一个默认大小为 4096 字节的缓冲区，用于提高写入效率。

StringWriter 提供了对字符串的缓冲、编码和输出流管理的功能，接下来将详细介绍类 StringWriter 中常用的成员信息。

1. 方法

构造函数 init(output: T)：创建 StringWriter 实例，将数据写入指定的 OutputStream。

- flush()：刷新内部缓冲区，将缓冲区数据写入 output 中，并刷新 output。
- write(v: Bool)：写入 Bool 类型。
- write(v: Float16)：写入 Float16 类型。
- write(v: Float32)：写入 Float32 类型。
- write(v: Float64)：写入 Float64 类型。
- write(v: Int16)：写入 Int16 类型。
- write(v: Int32)：写入 Int32 类型。
- write(v: Int64)：写入 Int64 类型。
- write(v: Int8)：写入 Int8 类型。
- write(v: Rune)：写入 Rune 类型。
- write(v: String)：写入字符串。
- write(v: UInt16)：写入 UInt16 类型。
- write(v: UInt32)：写入 UInt32 类型。
- write(v: UInt64)：写入 UInt64 类型。
- write(v: UInt8)：写入 UInt8 类型。
- write<T>(v: T) where T <: ToString：写入 ToString 类型。
- writeln()：写入换行符。
- writeln(v: Bool)：写入 Bool 类型 + 换行符。
- writeln(v: Float16)：写入 Float16 类型 + 换行符。

- writeln(v: Float32)：写入 Float32 类型 + 换行符。
- writeln(v: Float64)：写入 Float64 类型 + 换行符。
- writeln(v: Int16)：写入 Int16 类型 + 换行符。
- writeln(v: Int32)：写入 Int32 类型 + 换行符。
- writeln(v: Int64)：写入 Int64 类型 + 换行符。
- writeln(v: Int8)：写入 Int8 类型 + 换行符。
- writeln(v: Rune)：写入 Rune 类型 + 换行符。
- writeln(v: String)：写入字符串 + 换行符。
- writeln(v: UInt16)：写入 UInt16 类型 + 换行符。
- writeln(v: UInt32)：写入 UInt32 类型 + 换行符。
- writeln(v: UInt64)：写入 UInt64 类型 + 换行符。
- writeln(v: UInt8)：写入 UInt8 类型 + 换行符。
- writeln<T>(v: T) where T <: ToString：写入 ToString 类型 + 换行符。
- close()：关闭当前流。
- isClosed()：判断当前流是否关闭。

2. 扩展

实现 Resource 接口，使得 StringWriter 对象可在 try-with-resource 语法上下文中实现自动资源释放。

3. 属性

- length：Int64 类型，返回当前流中的总数据量。
- position：Int64 类型，返回当前光标位置。
- remainLength：Int64 类型，返回当前流中未写入的数据量。

4. 接口

- 实现 Seekable 接口，支持查询数据长度、移动光标等操作。
- seek(sp: SeekPosition): 移动光标到指定的位置。

类 StringWriter 中的上述成员提供了将字符串和各种数据类型写入输出流的能力，支持自动资源释放和光标控制操作。

实例 16-14： 咖啡店的点单系统（源码路径：codes\16\Liu\src\Buf07.cj）

在本实例中模拟了一个咖啡店的点单系统，顾客可以输入他们的订单，系统将使用 StringWriter 将订单信息写入字节流，并最终输出完整的订单详情。

```
import std.io.*

main(): Unit {
    let byteArrayStream = ByteArrayStream()
    let stringWriter = StringWriter(byteArrayStream)

    // 顾客点单
    stringWriter.writeln("欢迎光临咖啡店！请告诉我您的订单：")

    // 写入顾客的名字
    let customerName = "小明"
```

```
stringWriter.writeln("顾客名字: " + customerName)

// 写入顾客的咖啡选择
let coffeeType = "拿铁"
stringWriter.writeln("您选择的咖啡: " + coffeeType)

// 写入顾客要求的糖量
let sugarAmount = 2
stringWriter.writeln("添加糖: " + sugarAmount.toString() + " 克")

// 写入顾客要求的奶量
let creamAmount = 30.0f32
stringWriter.writeln("添加奶: " + creamAmount.toString() + " 毫升")

// 写入顾客的付款金额
let totalAmount = 25.0f32
stringWriter.writeln("总计: " + totalAmount.toString() + " 元")

// 刷新并输出所有订单信息
stringWriter.flush()
println("订单详情:\n" + String.fromUtf8(byteArrayStream.readToEnd()))
}
```

上述代码的实现流程如下。

- 初始化流：首先创建一个字节数组流 ByteArrayStream 和一个 StringWriter 实例，将字节流作为输出目标。这为后续的数据写入提供了一个缓冲区。
- 欢迎顾客：打印输出欢迎信息，提示顾客可以开始下单，增强了互动性。
- 记录顾客信息：记录顾客的名字，并将其写入 StringWriter 中。通过 writeln 方法，自动添加换行符，使输出更清晰。
- 选择咖啡类型：顾客选择咖啡类型，并同样使用 writeln 方法将该信息写入流。
- 添加糖和奶：顾客可以指定所需的糖和奶的量，分别使用 writeln 方法将这些信息写入输出流，方便后续的订单确认。
- 计算总金额：记录顾客的总付款金额，并通过 writeln 方法写入，确保订单信息的完整性。
- 输出订单详情：通过调用 flush 方法，将所有缓冲区的数据写入字节流，并使用 String.fromUtf8 方法将字节流转换为可读的字符串形式，最终输出完整的订单详情。

执行后会输出：

```
订单详情:
欢迎光临咖啡店！请告诉我您的订单:
顾客名字: 小明
您选择的咖啡: 拿铁
添加糖: 2 克
添加奶: 30.000000 毫升
总计: 25.000000 元
```

第 17 章
网络编程

　　互联网改变了人们的生活方式，人们早已习惯了网络快速传播信息带来的好处。仓颉语言作为一门面向对象的高级语言，通过内置的包可以开发出功能强大的网络程序，而且其在网络通信方面的优点特别突出，要远远领先其他编程语言。在本章的内容中，将详细讲解仓颉语言网络编程的知识。

17.1 网络编程基础

在开始学习网络编程之前，首先来了解一些网络编程的基础知识。

17.1.1 网络通信协议

互联网已经深入现代社会的每一个角落，并给人们的生活带来了很大的便利。人们可以网上冲浪、微信聊天、网上商城购物等，这都是互联网发展的功劳。在通过网络实现通信时，必须遵守一些约定，否则没有规则约束的网络会像没有交通规则的马路一样出现瘫痪，互联网中的这些约定被称为网络通信协议。

最早的互联网络通信协议是开放系统互联，又称为 OSI（Open System Interconnection），是由国际标准化组织 ISO 于 1987 年发起的，力求将网络简化，并以模块化的方式来设计网络，把计算机网络分成 7 层，分别为物理层、数据链路层、网络层、传输层、会话层、表示层和应用层。目前运用最为广泛的网络通信协议是 IP（Internet Protocol）协议，又称为互联网协议，它能提供完善的网络连接功能。与 IP 协议放在一起的还有 TCP（Transmission Control Protocol）协议，即传输控制协议，它规定一种可靠的数据信息传递服务。TCP 与 IP 是在同一时期作为协议来设计的，功能互补，所以常统称为 TCP/IP 协议，它是事实上的国际标准。TCP/IP 协议模型将网络分为 4 层，分别为物理层 + 数据链路层、网络层、传输层和应用层，每层分别负责不同的通信功能，它与 OSI 的 7 层模型对应关系和各层对应协议如图 17-1 所示。

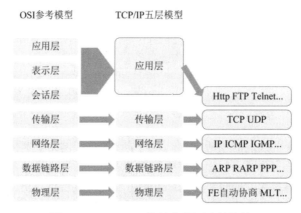

图 17-1　TCP/IP 协议各层对应的协议

在图 17-1 中，列举了 TCP/IP 参考模型的分层以及分层所对应的协议，这里简单介绍各层。

- 物理层：利用传输介质为数据链路层提供物理连接，作用是实现相邻计算机节点之间比特流的透明传输，尽可能屏蔽掉具体传输介质与物理设备的差异，使其上面的数据链路层不必考虑网络的具体传输介质是什么。

- 数据链路层：它是 OSI 参考模型中最复杂的一层，也是通信子网最高的一层，它在下两层的基础上向资源子网提供服务。数据链路层的主要任务是通过路由算法，为报文或分组通过通信子网选择最适当的路径。该层控制数据链路层与物理层之间的信息转发，建立、维持与终止网络的连接。具体地说，数据链路层的数据在这一层被转换为数据包，然后通过路径选择、分段组合、顺序、进/出路由等控制，将信息从一个网络设备传送到另一个网络设备。

- 网络层：网络层是整个 TCP/IP 协议的核心，它主要用于将传输的数据进行分组，并将分组数据发送到目标计算机或者网络。
- 传输层：OSI 的下三层的主要任务是数据传输，上三层的主要任务是数据处理，而传输层是第四层，因此它是通信子网和资源子网的接口和桥梁，起到承上启下的作用。传输层的主要任务是向用户提供可靠的、端到端的差错和流量控制，保证报文的正确传输。在进行网络通信时，可以采用 TCP 协议，也可以采用 UDP 协议。
- 应用层：应用层作为和用户交互的最高层，它的任务是为互联网中的各种网络应用提供服务，主要是规定应用进程在通信时所遵循的协议。在目前的主流的 TCP/IP 应用的架构中，以客户端/服务端模型为主，提供服务的程序叫服务端，接受服务的程序叫客户端。在该模式下，技术人员会在主机上预先部署好服务程序，等待接收客户端的请求，而客户端可以随时向服务端发送请求。当然，服务端可能会不可避免地出现异常、超出负载等情况，此时客户端可以稍等片刻后重新发送请求。

17.1.2　IP 地址和端口号

当今的 Internet 网络，已经发展成为一个巨大无比的网络系统，其上存在着数以亿计的设备，包括 PC、手机、平板电脑等，为了能够准确快速地建立连接和通信，需要为每台计算机指定一个标识号，进而来指定接收或发送数据的设备，这个标识号就像人们的身份证号一样。在 TCP/IP 协议中，这个标识号就是 IP 地址，它能唯一地标识 Internet 上的所有设备。

事实上，IP 是网际互联协议 Internet Protocol 的缩写，是 TCP/IP 体系中的网络层协议。设计 IP 的目的是提高网络的可扩展性，具体作用如下。

- 解决互联网问题，实现大规模、异构网络的互联互通。
- 分割顶层网络应用和底层网络技术之间的耦合关系，以利于两者的独立发展。

根据端到端的设计原则，IP 只为主机提供一种无连接、不可靠的、尽力而为的数据包传输服务。

IP 地址（Internet Protocol Address）是指互联网协议地址，即网际协议地址。它是 IP 协议提供的一种统一的地址格式，为互联网上的每一个网络和每一台主机分配一个逻辑地址，以此来屏蔽物理地址的差异。目前使用的 IP 地址主要是 IPv4，它由一个 32 位整数表示（四个字节），如 01111011001110001001100111001110，这样的数字极不便于用户识别和记忆，所以通常会把它分成 4 个 8 位的二进制数，每 8 位二进制数用圆点隔开，转换成一个 0~255 的十进制整数，如 192.168.0.1。随着互联网的迅速发展，IPv4 正面临资源枯竭的问题，所以 IPv6 随之而出，它使用十六个字节表示 IP 地址，所拥有的地址容量是 IPv4 的 2 的 96 次方倍，可以很好地解决 IP 地址不够使用的问题。

通过 IP 地址可以唯一标识网络上的一个通信设备，但一个通信设备可以由多个通信程序同时提供网络服务，如数据库服务、FTP 服务、Web 服务等，这时就需要通过端口号来区分相同计算机所提供的这些不同的服务。端口号是一个 16 位的二进制整数，取值范围 0~65535，通常分为以下 3 类。

- 公认端口（Well Known Ports）：0~1023，它们紧密绑定一些特定的服务，用于一些知名的网络服务和应用，用户的普通应用程序需要使用 1024 以上的端口号，避免端口号冲突。
- 注册端口（Registered Ports）：1024~49151，它们松散地绑定一些服务。应用程序通常应该使用这个范围内的端口，如 Tomcat 端口 8080，MySQL 端口 3306。
- 动态和/或私有端口（Dynamic and/or Private Ports）：49152~65535，这些端口是应用程序使用

的动态端口，应用程序一般不会主动使用这些端口。

综上所述，当两台网络设备上的应用程序进行通信的时候，先要根据 IP 地址找到网络位置，然后根据端口号找到具体的应用程序。

17.1.3 仓颉语言的网络编程

仓颉语言的网络编程主要围绕在计算机网络上的设备之间传输数据，用户可以通过编写代码来实现设备间的通信。网络编程的核心在于利用仓颉标准库中的 socket 包来处理传输层和应用层协议的网络通信。

1. 传输层网络通信

在传输层中，仓颉语言提供了两种主要的传输方式。

- 不可靠传输（User Datagram Protocol，UDP）：对应的类是 UdpSocket，它实现了基于用户数据报协议的通信。UDP 是一种不需要建立连接、不保证数据有序到达的传输协议，适用于对传输速度要求较高，但对可靠性要求较低的场景，如实时音视频流传输。
- 可靠传输（TransmissionControl Protocol，TCP）：对应的类是 TcpSocket，它实现了基于传输控制协议的通信。TCP 提供了可靠的、基于连接的数据传输，适用于需要确保数据完整传输的场景，如网页浏览和文件传输。

此外，仓颉还支持 Unix 域协议（Unix Domain），允许在同一台主机上的进程之间进行通信。仓颉提供了基于 Unix Domain 的可靠和不可靠传输方式。

2. 应用层网络通信

在应用层，仓颉提供了对常见协议的支持。

- HTTP 协议：仓颉支持常用的 HTTP 协议版本，包括 HTTP/1.1 和 HTTP/2.0，主要用于 Web 应用开发、API 服务等。开发者可以基于 HTTP 协议与客户端和服务器端进行通信，处理请求和响应。
- WebSocket 协议：WebSocket 是一种在 Web 应用中提升客户端与服务器实时通信效率的协议。仓颉将其抽象为 WebSocket 类，并支持从 HTTP 协议升级至 WebSocket，实现全双工通信，使客户端和服务器可以在不重新建立连接的情况下保持持续的数据传输。

3. 阻塞与非阻塞模型

仓颉的网络编程是阻塞式的，意味着当一个操作正在等待数据时，该线程会暂停执行其他操作。但是，阻塞的仅是仓颉线程，系统线程会被让度，因此不会真正占用系统资源。这使得仓颉在处理并发网络通信时更加高效。

总之，仓颉语言通过对传输层和应用层协议的抽象，提供了简洁、强大的网络编程接口。开发者可以使用 UdpSocket、TcpSocket 实现不同的网络通信需求，也可以基于 HTTP 或 WebSocket 开发 Web 服务。此外，仓颉还具备高效的阻塞处理机制，使得网络编程更加流畅高效。

17.2 Socket 编程

Socket 编程是一种通过网络进行设备间数据通信的技术，基于传输层协议实现。在 Socket 编程中，套接字用于建立网络连接，允许设备间发送和接收数据。常见的传输协议有 TCP 和 UDP。

TCP 确保数据有序、完整地传输，而 UDP 则提供更快的传输速度但不保证数据完整性。Socket 编程广泛应用于网络应用，如即时通信、文件传输和网络服务等。

17.2.1 包 socket

仓颉语言中的 Socket 编程基于包 socket 实现，通过 TcpSocket 和 UdpSocket 抽象了常见的 TCP 和 UDP 协议，支持可靠和不可靠传输，分别用于不同的通信需求。包 socket 提供了基础的网络通信功能，支持 UDP、TCP 和 UDS 三种不同类型的 Socket，以适应不同场景的需求。用户可以通过该包轻松创建 Socket 服务器、连接服务器、发送和接收数据，实现网络通信。

- UDP：这是无连接的协议，不保证数据的可靠性，但具有较低的延迟和较小的网络开销。UDP 适用于实时性要求高但不需精确可靠传输的应用，如视频直播、在线游戏等。
- TCP：TCP 是一种面向连接的传输协议，提供可靠的数据传输，具备错误检测、流量控制和拥塞控制等功能，适用于需要确保数据完整性和顺序的场景，如文件传输、网络服务等。
- UDS (Unix Domain Socket)：这是一种用于同一台计算机上进程间通信的机制，避免了使用网络协议栈，因此具有更低的延迟和更高的吞吐量，适用于本地进程间的高速数据交换。

包 socket 中主要类的层次结构如下。

- StreamingSocket：基于连接的流式传输 Socket，具体实现包括 TcpSocket（用于 TCP 通信）和 UnixSocket（用于本地 Unix 域通信）。
- DatagramSocket：基于无连接的数据报传输 Socket，具体实现包括 UdpSocket（用于 UDP 通信）和 UnixDatagramSocket（用于本地 Unix 域无连接通信）。
- ServerSocket：服务器端的 Socket，用于接受连接请求，具体包括 TcpServerSocket（用于 TCP 服务器通信）和 UnixServerSocket（用于本地 Unix 域服务器通信）。

包 socket 为开发者提供了灵活的网络编程工具，可以根据应用需求选择合适的 Socket 类型。

1. 常量 & 变量

- IPV4_ALL_ROUTER：IPv4 预留的组播地址。
- IPV4_ALL_SYSTEM：IPv4 多播地址。
- IPV4_BROADCAST IPv4：广播地址。
- IPV4_LOCAL_HOST：IPv4 本地地址。
- IPV4_ZERO：IPv4 通用地址。
- IPV6_INTERFACE_LOCAL_ALL_NODES：IPv6 在节点本地范围的所有节点多播地址。
- IPV6_LINK_LOCAL_ALL_NODES　IPv6：在链路本地范围的所有节点多播地址。
- IPV6_LINK_LOCAL_ALL_ROUTERS：IPv6 链路本地范围的所有路由器多播地址。
- IPV6_LOOPBACK：IPv6 环回地址（本地地址）。
- IPV6_ZERO：IPv6 通用地址。

2. 接口

- DatagramSocket：是一种接收和读取数据包的套接字。
- ServerSocket：提供服务端的 Socket 需要的接口。
- StreamingSocket：双工流模式下的运行的 Socket，可被读写。

3. 类

- IPMask：IP 掩码，操作 IP 地址和路由地址。

- RawSocket：RawSocket 提供了套接字的基本功能。
- SocketAddress：具有特定类型、地址和端口的套接字地址。
- SocketAddressWithMask：提供带有掩码的 SocketAddress。
- TcpServerSocket：监听 TCP 连接的服务端。
- TcpSocket：请求 TCP 连接的客户端。
- UdpSocket：提供 UDP 报文通信。
- UnixDatagramSocket：提供基于数据包的主机通讯能力。
- UnixServerSocket：提供基于双工流的主机通讯服务端。
- UnixSocket：提供基于双工流的主机通讯客户端。

4. 枚举

- SocketAddressKind：互联网通信协议种类。
- SocketNet：传输层协议类型。

5. 结构体

- OptionLevel：提供了常用的套接字选项级别。
- OptionName：提供了常用的套接字选项。
- ProtocolType：提供了常用的套接字协议，以及通过指定 Int32 值来构建套接字协议的功能。
- RawAddress：提供了 RawSocket 的通信地址创建和获取功能。
- SocketDomain：提供了常用的套接字通信域，以及通过指定 Int32 值来构建套接字通信域的功能。
- SocketKeepAliveConfig：TCP KeepAlive 属性配置。
- SocketOptions：SocketOptions 存储了设置套接字选项的一些参数常量，方便后续调用。
- SocketType：提供了常用的套接字类型，以及通过指定 Int32 值来构建套接字类型的功能。

6. 异常类

- SocketException：提供套接字相关的异常处理。
- SocketTimeoutException：提供字符格式相关的异常处理。

17.2.2 TCP 传输处理

TCP 作为一种常见的可靠传输协议，以 TCP 类型套接字举例，仓颉在可靠传输场景下的可参考的编程模型如下。

（1）创建服务端套接字，并指定本端绑定地址。
（2）执行绑定。
（3）执行 accept 动作，将阻塞等待，直到获取到一个客户端套接字连接。
（4）同步创建客户端套接字，并指定远端的待连接的地址。
（5）执行连接。
（6）连接成功后，服务端会在 accept 接口返回一个新的套接字，此时服务端可以通过此套接字进行读写操作，即收发报文。客户端则可以直接进行读写操作。

1. TcpSocket

在仓颉语言中，类 TcpSocket 的功能是用于创建 TCP 连接的客户端。TcpSocket 继承了类 StreamingSocket，并实现了 Equatable 和 Hashable 接口，允许 TcpSocket 对象进行比较和哈希操作。

类 TcpSocket 提供了一系列属性和方法来配置和控制 TCP 连接的行为，具体说明如下。

（1）属性。
- bindToDevice：设置和读取绑定的网卡。
- keepAlive：设置和读取保活属性。
- linger：设置和读取 SO_LINGER 属性。
- localAddress：读取 Socket 将要或已经被绑定的本地地址。
- noDelay：设置和读取 TCP_NODELAY 属性。
- quickAcknowledge：设置和读取 TCP_QUICKACK 属性。
- readTimeout：设置和读取读操作超时时间。
- receiveBufferSize：设置和读取 SO_RCVBUF 属性。
- remoteAddress：读取 Socket 已经或将要连接的远端地址。
- sendBufferSize：设置和读取 SO_SNDBUF 属性。
- writeTimeout：设置和读取写操作超时时间。

（2）构造函数。
- init(address: String, port: UInt16)：创建一个未连接的套接字。
- init(address: SocketAddress)：创建一个未连接的套接字。
- init(address: SocketAddress, localAddress!: ?SocketAddress)：创建一个未连接的套接字，并且绑定到指定本地地址。

（3）方法。
- close()：关闭套接字。
- connect(timeout!: ?Duration)：连接远端套接字。
- getSocketOption(level: Int32, option: Int32, value: CPointer<Unit>, valueLength: CPointer<UIntNative>)：读取指定的套接字参数。
- getSocketOptionBool(level: Int32, option: Int32)：读取指定的套接字参数（布尔值）。
- getSocketOptionIntNative(level: Int32, option: Int32)：读取指定的套接字参数（整数值）。
- hashCode()：获取当前 TcpSocket 实例的哈希值。
- isClosed()：判断套接字是否已经关闭。
- read(buffer: Array<Byte>)：读取报文。
- setSocketOption(level: Int32, option: Int32, value: CPointer<Unit>, valueLength: UIntNative)：设置指定的套接字参数。
- setSocketOptionBool(level: Int32, option: Int32, value: Bool)：设置指定的套接字参数（布尔值）。
- setSocketOptionIntNative(level: Int32, option: Int32, value: IntNative)：设置指定的套接字参数（整数值）。
- toString()：返回当前 TcpSocket 的状态信息。
- write(payload: Array<Byte>)：写入报文。

（4）运算符。
- operator !=(other: TcpSocket)：判断两个 TcpSocket 实例是否不等。
- operator ==(other: TcpSocket)：判断两个 TcpSocket 实例是否相等。

上述成员提供了 TCP 连接客户端的功能，包括创建套接字、连接、设置和获取套接字选项、读写数据、关闭套接字等操作。

2. TcpServerSocket

在仓颉语言中，类 TcpServerSocket 是用于实现 TCP 连接监听的服务器套接字类，继承自 Server Socket。TcpServerSocket 用于创建一个服务端，监听并接受客户端的 TCP 连接。类 TcpServerSocket 中的成员说明如下。

（1）属性。

- backlogSize：Int64 类型，设置和读取 backlog 大小。
- bindToDevice：设置和读取绑定网卡。
- localAddress：读取 Socket 将要或已经被绑定的本地地址。
- receiveBufferSize：设置和读取 SO_RCVBUF 属性。
- reuseAddress：设置和读取 SO_REUSEADDR 属性。
- reusePort：设置和读取 SO_REUSEPORT 属性。
- sendBufferSize：设置和读取 SO_SNDBUF 属性。

（2）构造函数。

- init(bindAt!: SocketAddress)：创建一个 TcpServerSocket 实例，尚未绑定。
- init(bindAt!: UInt16)：创建一个 TcpServerSocket 实例，尚未绑定。

（3）方法。

- accept()：监听或接受客户端连接（阻塞等待）。
- accept(timeout!: ?Duration)：监听或接受客户端连接（可指定超时时间）。
- bind()：绑定本地端口。
- close()：关闭套接字。
- getSocketOption(level: Int32, option: Int32, value: CPointer<Unit>, valueLength: CPointer<UIntNative>)：获取指定的套接字参数。
- getSocketOptionBool(level: Int32, option: Int32)：获取指定的套接字参数（布尔值）。
- getSocketOptionIntNative(level: Int32, option: Int32)：获取指定的套接字参数（整数值）。
- isClosed()：检查套接字是否关闭。
- setSocketOption(level: Int32, option: Int32, value: CPointer<Unit>, valueLength: UIntNative)：设置指定的套接字参数。
- setSocketOptionBool(level: Int32, option: Int32, value: Bool)：设置指定的套接字参数（布尔值）。
- setSocketOptionIntNative(level: Int32, option: Int32, value: IntNative)：设置指定的套接字参数（整数值）。
- toString()：返回当前 TcpServerSocket 的状态信息。

上述成员提供了监听 TCP 连接的功能，包括绑定端口、接受连接、设置和获取套接字选项、关闭套接字等操作。

实例 17-1：TCP 服务器和客户端通信程序（源码路径：codes\17\WI\src\Tc01.cj）

本实例实现了一个简单的 TCP 服务器和客户端通信程序，服务器读取并输出客户端发送的字节数据。通过多线程运行，服务器和客户端在本地相互连接并传递数据。

```
import std.socket.*
import std.time.*
import std.sync.*
```

```
let SERVER_PORT: UInt16 = 33333

func runTcpServer() {
    try (serverSocket = TcpServerSocket(bindAt: SERVER_PORT)) {
        serverSocket.bind()

        try (client = serverSocket.accept()) {
            let buf = Array<Byte>(10, item: 0)
            let count = client.read(buf)

            // Server read 3 bytes: [1, 2, 3, 0, 0, 0, 0, 0, 0, 0]
            println("Server read ${count} bytes: ${buf}")
        }
    }
}

main(): Int64 {
    spawn {
        runTcpServer()
    }
    sleep(Duration.millisecond * 500)

    try (socket = TcpSocket("127.0.0.1", SERVER_PORT)) {
        socket.connect()

        socket.write(Array<Byte>([1, 2, 3]))
    }

    return 0
}
```

上述代码的实现流程如下。

- 启动服务器：调用函数 runTcpServer 启动服务器，服务器监听端口为 33333。服务器创建一个 TcpServerSocket，并绑定到指定端口，开始监听连接请求。当有客户端连接时，调用 accept() 方法，接受该连接并创建一个 TcpSocket 供通信使用。
- 读取客户端数据：使用一个大小为 10 字节的缓冲区来读取客户端发送的数据，client.read(buf) 会读取数据到缓冲区，并返回实际读取到的字节数。服务器将读取的字节数和数据内容打印输出。
- 客户端发送数据：在 main 函数中，程序通过 spawn 创建了一个新线程，启动服务器。主线程等待 500 毫秒，确保服务器已经启动。客户端通过 TcpSocket 连接到服务器，并发送一个包含 3 个字节的数据 [1, 2, 3]。
- 连接和数据传输：客户端成功连接后，向服务器发送数据，服务器读取该数据并输出读取结果。
- 资源管理：使用 try 块管理套接字资源，保证套接字在使用完毕后自动关闭。

执行后会输出：

```
Server read 3 bytes: [1, 2, 3, 0, 0, 0, 0, 0, 0, 0]
```

17.2.3　UDP 传输处理

UDP 作为一种常见的不可靠传输协议，仓颉语言实现 UDP 编程的基本流程如下。

（1）创建套接字，并指定本端绑定地址。
（2）执行绑定。
（3）指定远端地址进行报文发送。
（4）在不连接远端地址场景下，可以收取来自不同远端地址的报文，并返回远端地址信息。

在仓颉语言中，类 UdpSocket 提供了基于 UDP 协议的报文通信功能，允许用户发送和接收数据包而无须建立持续连接。UdpSocket 继承自 DatagramSocket 类，提供了丰富的操作来配置和使用 UDP 套接字。类 UdpSocket 中的成员说明如下。

1. 属性

- localAddress：SocketAddress 类型，读取 Socket 将要或已经被绑定的本地地址。
- receiveBufferSize：Int64 类型，设置和读取 SO_RCVBUF 属性。
- receiveTimeout：?Duration 类型，设置和读取 receive/receiveFrom 操作超时时间。
- remoteAddress：?SocketAddress 类型，读取 Socket 已经连接的远端地址。
- reuseAddress: Bool 类型，设置和读取 SO_REUSEADDR 属性。
- reusePort：Bool 类型，设置和读取 SO_REUSEPORT 属性。
- sendBufferSize: Int64 类型，设置和读取 SO_SNDBUF 属性。
- sendTimeout：?Duration 类型，设置和读取 send/sendTo 操作超时时间。

2. 构造函数

- init(bindAt!: SocketAddress)：创建一个未绑定的 UdpSocket 实例。
- init(bindAt!: UInt16)：创建一个未绑定的 UdpSocket 实例。

3. 方法

- bind()：绑定本地端口。
- close()：关闭套接字。
- connect(remote: SocketAddress)：连接特定远端地址。
- disconnect()：停止连接。
- getSocketOption(level: Int32, option: Int32, value: CPointer<Unit>, valueLength: CPointer<UIntNative>)：获取指定的套接字参数。
- getSocketOptionBool(level: Int32, option: Int32)：获取指定的套接字参数（布尔值）。
- getSocketOptionIntNative(level: Int32, option: Int32)：获取指定的套接字参数（整数值）。
- isClosed()：判断套接字是否已经关闭。
- receive(buffer: Array<Byte>)：从 connect 连接到的地址收取报文。
- receiveFrom(buffer: Array<Byte>)：接收报文。
- send(payload: Array<Byte>)：发送报文到 connect 连接到的地址。
- sendTo(recipient: SocketAddress, payload: Array<Byte>)：发送报文。
- setSocketOption(level: Int32, option: Int32, value: CPointer<Unit>, valueLength: UIntNative)：设置指定的套接字参数。
- setSocketOptionBool(level: Int32, option: Int32, value: Bool)：设置指定的套接字参数（布尔值）。

- setSocketOptionIntNative(level: Int32, option: Int32, value: IntNative)：设置指定的套接字参数（整数值）。
- toString()：返回当前 UdpSocket 的状态信息。

上述成员提供了 UDP 报文通信的功能，包括绑定端口、连接和断开连接、设置和获取套接字选项、发送和接收报文、关闭套接字等操作。

实例 17-2：实现 UDP 通信（源码路径：codes\17\WI\src\Tc02.cj）

在本实例中实现了一个简单的 UDP 通信，包含服务器和客户端的示例。服务器在指定端口接收来自客户端的 3 个字节报文，客户端通过随机端口发送数据至服务器。

```
import std.socket.*
import std.time.*
import std.sync.*

let SERVER_PORT: UInt16 = 33333

func runUpdServer() {
    try (serverSocket = UdpSocket(bindAt: SERVER_PORT)) {
        serverSocket.bind()

        let buf = Array<Byte>(3, item: 0)

        let (clientAddr, count) = serverSocket.receiveFrom(buf)
        let sender = clientAddr.hostAddress

        // Server receive 3 bytes: [1, 2, 3] from 127.0.0.1
        println("Server receive ${count} bytes: ${buf} from ${sender}")
    }
}

main(): Int64 {
    spawn {
        runUpdServer()
    }
    sleep(Duration.second)

    try (udpSocket = UdpSocket(bindAt: 0)) { // random port
        udpSocket.sendTimeout = Duration.second * 2
        udpSocket.bind()
        udpSocket.sendTo(
            SocketAddress("127.0.0.1", SERVER_PORT),
            Array<Byte>([1, 2, 3])
        )
    }

    return 0
}
```

上述代码的具体说明如下。
- 服务器启动：服务器创建了一个 UDP 套接字，并绑定到指定端口，等待接收客户端的消息。
- 客户端发送数据：客户端创建另一个 UDP 套接字，通过随机端口发送一个包含 3 个字节的数据包到服务器的地址和端口。
- 服务器接收数据：服务器从客户端接收数据包，打印收到的数据和客户端的 IP 地址。
- 超时设置：客户端在发送数据时设置了一个发送超时为 2 秒的限制。
- 并发执行：服务器的接收操作通过 spawn 机制实现，并发地运行，客户端在服务器启动后开始发送数据。

执行后会输出：

```
Server receive 3 bytes: [1, 2, 3] from 127.0.0.1
```

17.3 HTTP编程

HTTP 编程是一种基于"请求 – 响应"模型的数据传输方式，客户端发送请求，服务端返回响应。常见的请求类型有 GET 和 POST，GET 请求用于获取资源，而 POST 请求用于提交数据。通过 HTTP 编程，可以实现网络上的数据交互，适用于构建 Web 服务、API 接口等应用，支持多种协议版本，如 HTTP/1.1 和 HTTP/2.0，使得开发者能够轻松处理网络通信。

17.3.1 包 net.http

仓颉语言中的 HTTP 编程基于包 net.http 实现，通过提供简洁的 API 支持开发客户端和服务端程序，方便开发者实现基于 HTTP 协议的"请求 – 响应"数据传输程序。
- 服务端开发：仓颉的 HTTP 服务端通过 ServerBuilder 创建，可以绑定指定的 IP 地址和端口。开发者可以注册路由处理器，根据 URL 路径处理请求，并返回构造好的响应。responseBuilder 可以用于设置响应体、状态码和其他 HTTP 头部信息。通过调用 serve() 方法，服务端开始监听和处理请求。
- 客户端开发：仓颉的 HTTP 客户端使用 ClientBuilder 创建，可以通过 get()、post() 等方法发起 HTTP 请求。请求发出后，响应结果包含在 response 对象中，可以读取响应体的数据。

仓颉语言的 HTTP 编程简化了请求和响应的构建，支持异步编程模式和并发处理，使得开发高效可靠的 HTTP 应用变得非常方便。包 net.http 分别提供了 HTTP/1.1、HTTP/2 和 WebSocket 协议的 server、client 端实现。

1. 安装依赖

在使用包 net.http 之前需要安装外部依赖：OpenSSL 3 的 ssl 和 crypto 动态库文件。具体说明如下。
- Linux：使用包管理工具（如 Ubuntu 的 libssl-dev）安装 OpenSSL 3 的动态库。若无法使用包管理器，需从源码编译并设置 LD_LIBRARY_PATH 和 LIBRARY_PATH。
- Windows：下载 OpenSSL 3.x.x 并设置相应的环境变量（LIBRARY_PATH 和 PATH）。
- macOS：使用 Homebrew 安装 OpenSSL 3，并设置相关动态库的路径环境变量。

2. WebSocket 编程

- WebSocket 协议升级：用户可通过 WebSocket.upgradeFromClient 从 HTTP/1.1 或 HTTP/2 客户端升级到 WebSocket。在服务器端，使用 WebSocket.upgradeFromServer 升级 HTTP 连接至 WebSocket。
- 连接特性：HTTP/1.1 中的 WebSocket 连接基于 TCP/TLS，而 HTTP/2 的连接则基于 HTTP/2 的一个 stream。
- 关闭操作：HTTP/1.1 直接关闭 TCP/TLS 连接，而 HTTP/2 仅关闭连接上的 stream。

3. 内置成员

（1）函数。

- handleError(HTTPContext, UInt16)：便捷的 HTTP 请求处理函数，用于回复错误请求。
- notFound(HTTPContext)：便捷的 HTTP 请求处理函数，用于回复 404 响应。
- upgrade(HTTPContext)：在 handler 内获取 StreamingSocket，可用于支持协议升级和处理 CONNECT 请求。

（2）接口。

- CookieJar：Client 用来管理 Cookie 的工具。
- HTTPRequestDistributor：HTTP request 分发器接口，将一个 request 按照 url 中的 path 分发给对应的 HTTPRequestHandler 处理。
- HTTPRequestHandler：HTTP request 处理器。
- ProtocolServiceFactory：HTTP 服务实例工厂，用于生成 ProtocolService 实例。

（3）类。

- Client：用户可以通过 Client 实例发送 HTTP/1.1 或 HTTP/2 请求。
- ClientBuilder：用于构建 Client 实例，Client 没有公开的构造函数，用户只能通过 ClientBuilder 得到 Client 实例。ClientBuilder 文档中未明确说明支持版本的配置，在 HTTP/1.1 与 HTTP/2 都会生效。
- Cookie：HTTP 本身是无状态的，server 为了知道 client 的状态，提供个性化的服务，便可以通过 Cookie 来维护一个有状态的会话。
- FileHandler：用于处理文件下载或者文件上传。
- FuncHandler：HTTPRequestHandler 接口包装类，把单个函数包装成 HTTPRequestHandler。
- HTTPContext：HTTP 请求上下文，作为 HTTPRequestHandler.handle 函数的参数在服务端使用。
- HTTPHeaders：用于表示 HTTP 报文中的 header 和 trailer，定义了相关增、删、改、查操作。
- HTTPRequest：HTTP 请求类。
- HTTPRequestBuilder HTTPRequestBuilder 类用于构造 HTTPRequest 实例。
- HTTPResponse：HTTP 响应类。
- HTTPResponseBuilder：用于构造 HTTPResponse 实例。
- HTTPResponsePusher：HTTP/2 服务器推送。
- HTTPResponseWriter：HTTP response 消息体 Writer，支持用户控制消息体的发送过程。
- NotFoundHandler：便捷的 HTTP 请求处理器，404 Not Found 处理器。
- OptionsHandler：便捷的 HTTP 处理器，用于处理 OPTIONS 请求。固定返回 "Allow: OPTIONS，GET，HEAD，POST，PUT，DELETE" 响应头。

- ProtocolService：HTTP 协议服务实例，为单个客户端连接提供 HTTP 服务，包括对客户端 request 报文的解析、request 的分发处理、response 的发送等。
- RedirectHandler：便捷的 HTTP 处理器，用于回复重定向响应。
- Server：提供 HTTP 服务的 Server 类。
- ServerBuilder：提供 Server 实例构建器。
- WebSocket：提供 WebSocket 服务的相关类，提供 WebSocket 连接的读、写、关闭等函数。用户通过 upgradeFrom 函数以获取 WebSocket 连接。
- WebSocketFrame：WebSocket 用于读的基本单元。

（4）枚举。
- FileHandlerType：用于设置 FileHandler 是上传还是下载模式。
- Protocol：定义 HTTP 协议类型枚举。
- WebSocketFrameType：定义 WebSocketFrame 的枚举类型。

（5）结构体。
- HTTPStatusCode：用来表示网页服务器超文本传输协议响应状态的 3 位数字代码。
- ServicePoolConfig：HTTP Server 协程池配置。
- TransportConfig：传输层配置类，服务器建立连接使用的传输层配置。

（6）异常类。
- ConnectionException：HTTP 的 TCP 连接异常类。
- CoroutinePoolRejectException：HTTP 的协程池拒绝请求处理异常类。
- HTTPException：HTTP 的通用异常类。
- HTTPStatusException：HTTP 的响应状态异常类。
- HTTPTimeoutException：HTTP 的超时异常类。
- WebSocketException：WebSocket 的通用异常类。

17.3.2 处理客户端请求

在仓颉语言中，类 ClientBuilder 提供了丰富的配置选项，以便用户可以根据需要定制 Client 实例的行为。而类 Client 则提供了实际发送 HTTP 请求和处理响应的功能。

1. 类 ClientBuilder

类 ClientBuilder 提供了构建 Client 实例时的配置选项，包括重定向、连接获取函数、Cookie 存储、HTTP/2 推送、日志记录、代理设置、流控窗口、并发流数量、帧大小、头部大小、连接池大小、超时设置和 TLS 配置等。具体来说，类 ClientBuilder 中的成员包括构造函数和方法。

（1）构造函数。
构造函数 init() 用于创建一个新的 ClientBuilder 实例。

（2）方法。
- autoRedirect(auto: Bool)：配置客户端是否会自动进行重定向。
- build()：构造 Client 实例。
- connector(connector: (SocketAddress)–>StreamingSocket)：设置客户端获取服务器连接的函数。
- cookieJar(cookieJar: ?CookieJar)：配置客户端使用的 CookieJar。
- enablePush(enable: Bool)：配置客户端 HTTP/2 是否支持服务器推送。

- headerTableSize(size: UInt32)：配置客户端 HTTP/2 Hpack 动态表初始值。
- httpProxy(addr: String)：设置客户端 http 代理。
- httpsProxy(addr: String)：设置客户端 https 代理。
- initialWindowSize(size: UInt32)：配置客户端 HTTP/2 流控窗口初始值。
- logger(logger: Logger)：设置客户端的日志记录器。
- maxConcurrentStreams(size: UInt32)：配置客户端 HTTP/2 初始最大并发流数量。
- maxFrameSize(size: UInt32)：配置客户端 HTTP/2 初始最大帧大小。
- maxHeaderListSize(size: UInt32)：设置客户端支持的 HTTP/2 最大头部大小。
- noProxy()：配置客户端不使用任何代理。
- poolSize(size: Int64)：配置 HTTP/1.1 客户端使用的连接池的大小。
- readTimeout(timeout: Duration)：设置客户端读取一个响应的最大时长。
- tlsConfig(config: TlsClientConfig)：设置 TLS 层配置。
- writeTimeout(timeout: Duration)：设置客户端发送一个请求的最大时长。

下面的实例，通过 ClientBuilder 构建了一个 HTTP 客户端，用于发送 GET 请求到指定的 URL，并输出服务器响应内容。最后，客户端连接被关闭以释放资源。

实例 17-3：构建一个 HTTP 客户端（源码路径：codes\17\WI\src\Tc03.cj）

在本实例中通过 ClientBuilder 构建了一个 HTTP 客户端实例。

```
import net.http.*

main () {
    // 1. 构建 client 实例
    let client = ClientBuilder().build()
    // 2. 发送 request
    let rsp = client.get("http://example.com/hello")
    // 3. 读取response
    println(rsp)
    // 4. 关闭连接
    client.close()
}
```

上述代码的具体说明如下。

- 构建 Client 实例：通过 ClientBuilder 创建一个新的客户端实例。ClientBuilder().build() 方法返回配置好的 Client 对象，用于发送 HTTP 请求。
- 发送 GET 请求：使用 client.get() 方法发送一个 GET 请求到指定的 URL（例如 "http://example.com/hello"），该方法会向服务器发出请求并接收响应。
- 读取响应：服务器响应结果会存储在 rsp 变量中，随后通过 println(rsp) 输出该响应内容。
- 关闭客户端连接：使用 client.close() 关闭客户端连接，确保不再持有任何资源，避免资源泄露。

执行后会输出下面的内容，这些内容是从请求的 URL ("http://example.com/hello") 返回的 HTTP 响应。

```
HTTP/1.1 404 Not Found
accept-ranges: bytes
age: 285242
cache-control: max-age=604800
```

```
content-type: text/html
date: Thu, 26 Sep 2024 11:30:39 GMT
expires: Thu, 03 Oct 2024 11:30:39 GMT
last-modified: Mon, 23 Sep 2024 04:16:37 GMT
server: ECAcc (lac/559A)
vary: Accept-Encoding
x-cache: 404-HIT
content-length: 1256

body size: 1256
```

2. 类 Client

类 Client 是一个用于发送 HTTP 请求的客户端，支持 HTTP/1.1 和 HTTP/2 协议。在类 Client 中提供了多个内置成员，用于实现发送 HTTP 请求、处理重定向、管理 Cookie、设置代理、配置日志记录、管理超时等功能，这些内置成员具体说明如下。

（1）属性。

- autoRedirect：表示客户端是否会自动进行重定向。
- connector：客户端调用此函数获取到服务器的连接。
- cookieJar：用于存储客户端所有 Cookie。
- enablePush：客户端 HTTP/2 是否支持服务器推送。
- headerTableSize::客户端 HTTP/2 Hpack 动态表的初始值。
- httpProxy：客户端 http 代理的配置。
- httpsProxy：客户端 https 代理的配置。
- initialWindowSize：客户端 HTTP/2 流控窗口初始值。
- logger：客户端日志记录器。
- maxConcurrentStreams：客户端 HTTP/2 初始最大并发流数量。
- maxFrameSize：客户端 HTTP/2 初始最大帧大小。
- maxHeaderListSize：客户端支持的 HTTP/2 最大头部大小。
- poolSize：配置 HTTP/1.1 客户端使用的连接池的大小。
- readTimeout：客户端设定的读取整个响应的超时时间。
- writeTimeout：客户端设定的写请求的超时时间。

（2）方法。

- close()：关闭客户端建立的所有连接。
- connect(url: String, header!: HTTPHeaders, version!: Protocol)：发送 CONNECT 请求与服务器建立隧道。
- delete(url: String)：请求方法为 DELETE 的便捷请求函数。
- get(url: String)：请求方法为 GET 的便捷请求函数。
- getTlsConfig()：获取客户端设定的 TLS 层配置。
- head(url: String)：请求方法为 HEAD 的便捷请求函数。
- options(url: String)：请求方法为 OPTIONS 的便捷请求函数。
- post(url: String, body: Array<UInt8>)：请求方法为 POST 的便捷请求函数。
- post(url: String, body: InputStream)：请求方法为 POST 的便捷请求函数。

- post(url: String, body: String)：请求方法为 POST 的便捷请求函数。
- put(url: String, body: Array<UInt8>)：请求方法为 PUT 的便捷请求函数。
- put(url: String, body: InputStream)：请求方法为 PUT 的便捷请求函数。
- put(url: String, body: String)：请求方法为 PUT 的便捷请求函数。
- send(req: HTTPRequest)：通用请求函数，发送 HTTPRequest 到 URL 中的服务器，接收 HTTPResponse。
- upgrade(req: HTTPRequest)：发送请求并升级协议。

下面的例子，使用自定义的 TLS 配置和 TCP 连接器构建了一个 HTTP 客户端，用于向服务器发送 HTTPS 请求。执行后会读取并输出响应的正文内容，并在完成后关闭连接。

实例 17-4：通过自定义网络配置来构建 Client 实例（源码路径：codes\17\WI\src\Tc04.cj）

在本实例中通过自定义网络配置来构建 Client 实例，通过这些自定义配置，客户端能够安全地发出 HTTPS 请求并处理响应内容。

```
import std.socket.{TcpSocket, SocketAddress}
import std.convert.Parsable
import std.fs.*
import net.tls.*
import crypto.x509.X509Certificate
import net.http.*

//该程序需要用户配置存在且合法的文件路径才能执行
main () {
    // 1. 自定义配置
    // tls 配置
    var tlsConfig = TlsClientConfig()
    let pem = String.fromUtf8(File("/rootCerPath", OpenOption.Open(true, false)).readToEnd())
    tlsConfig.verifyMode = CustomCA(X509Certificate.decodeFromPem(pem))
    tlsConfig.alpnProtocolsList = ["h2"]
    // connector
    let TcpSocketConnector = { sa: SocketAddress =>
        let socket = TcpSocket(sa)
        socket.connect()
        return socket
    }
    // 2. 构建 client 实例
    let client = ClientBuilder()
                    .tlsConfig(tlsConfig)
                    .enablePush(false)
                    .connector(TcpSocketConnector)
                    .build()
    // 3. 发送 request
    let rsp = client.get("https://example.com/hello")
    // 4. 读取response
    let buf = Array<UInt8>(1024, item: 0)
    let len = rsp.body.read(buf)
    println(String.fromUtf8(buf.slice(0, len)))
```

```
    // 5. 关闭连接
    client.close()
}
```

上述代码的实现流程如下。

- TLS 配置的初始化：首先创建了 TlsClientConfig 实例，并从指定路径读取 PEM 格式的 CA 证书，将其解析为 X509Certificate，随后配置到 tlsConfig 的 verifyMode。此外，还通过 alpnProtocolsList 明确指定支持的协议为 HTTP/2（"h2"）。
- 自定义 TCP 连接器：定义了 TcpSocketConnector，该函数接受 SocketAddress，并使用 TcpSocket 进行手动连接，返回一个可以进行数据传输的 StreamingSocket 实例。
- 构建客户端实例：利用 ClientBuilder 构建 Client 实例，配置了自定义的 tlsConfig、禁用了 HTTP/2 的服务器推送功能（enablePush(false)），并通过设置的 TcpSocketConnector 进行连接。
- 发起请求并处理响应：使用构建的客户端向指定的 HTTPS 地址发起 GET 请求。接收到响应后，通过读取响应体（rsp.body.read()）获取数据，并将其以 UTF-8 编码的字符串格式输出。
- 关闭客户端连接：在所有请求和响应处理完毕后，调用 client.close() 以关闭与服务器的连接，释放相关资源。

17.3.3 Cookie 服务

Cookie 是一种由服务器发送到用户浏览器并保存在本地的数据，它使得服务器能够在用户下次访问时识别和存储有关用户的信息，从而实现个性化服务和会话管理。在仓颉语言中，类 Cookie 用于表示和操作 HTTP 的 Cookie 对象。类 Cookie 提供了创建、管理和操作 HTTP Cookie 的功能，包括以下的成员。

1. 属性

- cookieName：获取 Cookie 对象的 cookie-name 值。
- cookieValue：获取 Cookie 对象的 cookie-value 值。
- domain：获取 Cookie 对象的 domain-av 值。
- expires：获取 Cookie 对象的 expires-av 值。
- httpOnly：获取 Cookie 对象的 httpOnly-av 值。
- maxAge:：获取 Cookie 对象的 max-age-av 值。
- others：获取未被解析的属性。
- path：获取 Cookie 对象的 path-av 值。
- secure：获取 Cookie 对象的 secure-av 值。

2. 方法

- 构造方法 init(name: String, value: String, expires!: ?DateTime, maxAge!: ?Int64, domain!: String, path!: String, secure!: Bool, httpOnly!: Bool)：Cookie 对象的公开构造器。
- toSetCookieString()：将 Cookie 转成字符串形式，方便 server 设置 Set-Cookie header。

总之，类 Cookie 用于表示 HTTP Cookie，允许服务器跟踪用户的状态。Cookie 的各个属性（包含 name、value）在对象创建时就被检查了，因此 toSetCookieString() 函数不会产生异常；Cookie 的必需属性是 cookie-pair，即 cookie-name "=" cookie-value，cookie-value 可以为空字符串，toSetCookieString() 函数只会将设置过的属性写入字符串，即只有 "cookie-name=" 是必有的，其余部分是否存在取决于是否设置。

下面的实例展示了 HTTP 服务器和客户端之间通过 Cookie 进行交互的过程，在客户端首次发起请求时，服务器通过 Set-Cookie 头设置两个 Cookie（分别有不同的过期时间），客户端接收到后存入其 CookieJar。之后，客户端再发送请求时，从 CookieJar 中取出未过期的 Cookie 并放入 Cookie 头中。服务器通过 TcpServerSocket 接收并解析请求，同时输出包含 Cookie 的请求内容。

实例 17-5： 在服务器和客户端间通过 Cookie 进行交互（源码路径：codes\17\WI\src\Tc05Client.cj 和 Tc05Server.cj）

在本实例中展示了在 HTTP 服务器和客户端之间通过 Cookie 进行会话管理的过程，客户端通过 Set-Cookie 头接收并存储 Cookie，随后在请求中发送未过期的 Cookie 信息。服务器负责设置和解析 Cookie，模拟了完整的请求与响应的交互。

（1）客户端文件首先启动了一个 TCP 服务器监听端口，然后通过 ClientBuilder 创建 HTTP 客户端并发送请求。在第一次请求中，服务器通过 Set-Cookie 头将多个 Cookie 设置到客户端，客户端接收后存入 CookieJar。然后，客户端发起第二次请求时，会自动从 CookieJar 中提取未过期的 Cookie，并将其放入 Cookie 头中发送给服务器。整个流程模拟了 Cookie 的存储、传递及过期处理，最后关闭客户端和服务器连接。

```
import net.http.*
import encoding.url.*
import std.socket.*
import std.time.*
import std.sync.*

main() {
    // 1.启动socket服务器
    let serverSocket = TcpServerSocket(bindAt: 0)
    serverSocket.bind()
    let fut = spawn {
        serverPacketCapture(serverSocket)
    }
    sleep(Duration.millisecond * 10)
    // 客户端一般从 response 中的 Set-Cookie header 中读取 cookie,并将其存入
cookieJar 中
    // 下次发起 request时, 将其放在 request 的 Cookie header 中发送
    // 2.启动客户端
    let client = ClientBuilder().build()
    let port = serverSocket.localAddress.port
    var u = URL.parse("http://127.0.0.1:${port}/a/b/c")
    var r = HttpRequestBuilder()
                    .url(u)
                    .build()
    // 3.发送request
    client.send(r)
    sleep(Duration.second * 2)
    r = HttpRequestBuilder()
                    .url(u)
                    .build()
```

```
    // 4.发送新 request，从 CookieJar 中取出 cookie，并转成 Cookie header 中的值
    // 此时 cookie 2=2 已经过期，因此只发送 1=1 cookie
    client.send(r)
    // 5.关闭客户端
    client.close()
    fut.get()
    serverSocket.close()
}

func serverPacketCapture(serverSocket: TcpServerSocket) {
    let buf = Array<UInt8>(500, item: 0)
    let server = serverSocket.accept()
    var i = server.read(buf)
    println(String.fromUtf8(buf[..i]))
    // GET /a/b/c HTTP/1.1
    // host: 127.0.0.1:44649
    // user-agent: CANGJIEUSERAGENT_1_1
    // connection: keep-alive
    // content-length: 0
    //
    // 过期时间为 4 秒的 cookie1
    let cookie1 = Cookie("1", "1", maxAge: 4, domain: "127.0.0.1", path: "/a/
b/")
    let setCookie1 = cookie1.toSetCookieString()
    // 过期时间为 2 秒的 cookie2
    let cookie2 = Cookie("2", "2", maxAge: 2, path: "/a/")
    let setCookie2 = cookie2.toSetCookieString()
    // 服务器发送 Set-Cookie 头，客户端解析并将其存进 CookieJar 中
    server.write("HTTP/1.1 204 ok\r\nSet-Cookie: ${setCookie1}\r\nSet-Cookie:
${setCookie2}\r\nConnection: close\r\n\r\n".toArray())

    let server2 = serverSocket.accept()
    i = server2.read(buf)
    // 接收客户端的带 cookie 的请求
    println(String.fromUtf8(buf[..i]))
    // GET /a/b/c HTTP/1.1
    // host: 127.0.0.1:34857
    // cookie: 1=1
    // user-agent: CANGJIEUSERAGENT_1_1
    // connection: keep-alive
    // content-length: 0
    //
    server2.write("HTTP/1.1 204 ok\r\nConnection: close\r\n\r\n".toArray())
    server2.close()
}
```

（2）在服务器端实现文件中，通过 ServerBuilder 创建一个监听在本地 8080 端口的 HTTP 服务器，并注册了一个处理请求的函数。当客户端发送请求时，该处理函数会构建一个名为 "name" 和值为 "value" 的 Cookie，并将其通过 Set-Cookie 头发送给客户端，同时响应消息体为 "Hello 仓颉！"。该服务器持续监听并处理来自客户端的请求，确保客户端能够接收到正确的 Cookie 设置。

```
import net.http.*

main () {
    // 服务器设置 cookie 时将 cookie 放在 Set-Cookie header 中发给客户端
    // 1. 构建 Server 实例
    let server = ServerBuilder()
                    .addr("127.0.0.1")
                    .port(8080)
                    .build()
    // 2. 注册 HttpRequestHandler
    server.distributor.register("/index", {httpContext =>
        let cookie = Cookie("name", "value")
        httpContext.responseBuilder.header("Set-Cookie", cookie.
toSetCookieString()).body("Hello 仓颉!")
    })
    // 3. 启动服务
    server.serve()
}
```

执行后会输出：

```
GET /a/b/c HTTP/1.1
host: 127.0.0.1:37359
user-agent: CANGJIEUSERAGENT_1_1
connection: keep-alive
content-length: 0




GET /a/b/c HTTP/1.1
host: 127.0.0.1:37359
cookie: 1=1
user-agent: CANGJIEUSERAGENT_1_1
connection: keep-alive
content-length: 0
```

17.3.4 网络服务

在仓颉语言中，类 ServerBuilder 是一个用于构建和配置 Server 实例的工具，它提供了丰富的方法来设置服务器的各种参数，如监听地址、端口、日志记录器、请求分发器、HTTP/2 特定设置、TLS 配置等。而类 Server 是用来表示一个正在运行的 HTTP 服务端，能够监听并接受客户端的连接请求，根据配置的规则分发这些请求到相应的处理器，并管理整个"请求 - 响应"生命周期。简言之，ServerBuilder 用于创建和定制服务器配置，而 Server 是实际运行的 HTTP 服务端。

1. 类 ServerBuilder

在仓颉语言中，类 ServerBuilder 是一个构建器，用于方便地创建和配置 HTTP 服务器实例。ServerBuilder 支持设置服务器的监听地址、端口、线程安全的日志记录、请求分发器、HTTP/2 的相关配置以及关闭时的回调函数等多种参数，除了地址和端口，其他参数均有默认实现，用户可以根据需求灵活配置，简化服务器的搭建过程。类 ServerBuilder 提供了构建 Server 实例时的配置选项，包括监听地址、端口、日志记录、请求分发、HTTP/2 设置、TLS 配置等。通过 ServerBuilder，用户可以根据需要定制 Server 实例的行为。ServerBuilder 中的成员如下。

- init()：创建一个新的 ServerBuilder 实例。
- addr(addr: String)：设置服务端监听地址。
- afterBind(f: ()->Unit)：注册服务器启动时的回调函数。
- build()：根据设置的属性构建 Server 实例。
- distributor(distributor: HTTPRequestDistributor)：设置请求分发器。
- cnableConnectProtocol(flag: Bool)：设置是否接收 CONNECT 请求。
- headerTableSize(size: UInt32)：设置 HTTP/2 Hpack 动态表的初始值。
- httpKeepAliveTimeout(timeout: Duration)：设置 HTTP/1.1 连接保活时长。
- initialWindowSize(size: UInt32)：设置 HTTP/2 流的接收报文的初始流量窗口大小。
- listener(listener: ServerSocket)：绑定监听的 ServerSocket。
- logger(logger: Logger)：设置服务器的日志记录器。
- maxConcurrentStreams(size: UInt32)：设置 HTTP/2 同时处理的最大请求数量。
- maxFrameSize(size: UInt32)：设置 HTTP/2 接收的一个帧的最大长度。
- maxHeaderListSize(size: UInt32)：设置 HTTP/2 响应头部的最大长度。
- maxRequestBodySize(size: Int64)：设置请求体最大长度。
- maxRequestHeaderSize(size: Int64)：设置请求头最大长度。
- onShutdown(f: ()->Unit)：注册服务器关闭时的回调函数。
- port(port: UInt16)：设置服务端监听端口。
- protocolServiceFactory(factory: ProtocolServiceFactory)：设置协议服务工厂。
- readHeaderTimeout(timeout: Duration)：设置读取请求头的超时时间。
- readTimeout(timeout: Duration)：设置读取请求的超时时间。
- servicePoolConfig(cfg: ServicePoolConfig)：设置协程池配置。
- tlsConfig(config: TlsServerConfig)：设置 TLS 层配置。
- transportConfig(config: TransportConfig)：设置传输层配置。

2. 类 Server

在仓颉语言中，类 Server 用于实现网络服务功能，能够处理客户端请求并返回相应的数据。它提供了建立网络连接、接收和发送消息的接口，支持多种协议（如 HTTP 和 WebSocket），并且能够管理多个并发客户端连接。通过继承和实现相关接口，Server 类还可以灵活配置路由、处理请求和实现中间件功能，以满足不同的业务需求，从而使得开发网络应用更加高效和便捷。

类 Server 是构建 HTTP 服务的核心，提供了丰富的配置选项和处理机制，以满足不同场景下的开发和运维需求。Server 通过其内置成员为 HTTP 服务提供了全面的支持，包括请求处理、协议支持、日志管理、TLS 配置等功能，具体说明如下。

（1）属性。

- addr：表示服务端监听地址。
- distributor：HTTPRequestDistributor 类型，是一个请求分发器。
- enableConnectProtocol：表示是否支持通过 CONNECT 方法升级协议。
- headerTableSize：服务端 HTTP/2 Hpack 动态表的初始值。

- httpKeepAliveTimeout：HTTP/1.1 保持长连接的超时时间。
- initialWindowSize：服务端 HTTP/2 流控窗口初始值。
- listener：服务器绑定的 socket。
- logger：服务器日志记录器。
- maxConcurrentStreams：服务端 HTTP/2 最大并发流数量。
- maxFrameSize:：服务端 HTTP/2 帧最大大小。
- maxHeaderListSize：服务端支持的 HTTP/2 最大头部大小。
- maxRequestBodySize：服务器设定的读取请求体最大值。
- maxRequestHeaderSize：服务器设定的读取请求头最大值。
- port：服务端监听端口。
- protocolServiceFactory：协议服务工厂。
- readHeaderTimeout：服务器设定的读取请求头的超时时间。
- readTimeout：服务器设定的读取整个请求的超时时间。
- servicePoolConfig：协程池配置。
- transportConfig：传输层配置。
- writeTimeout：服务器设定的写响应的超时时间。

（2）方法。

- afterBind(f: ()->Unit)：注册服务器启动时的回调方法。
- close()：关闭服务器。
- closeGracefully()：优雅地关闭服务器。
- getTlsConfig()：获取服务器设定的 TLS 层配置。
- onShutdown(f: ()->Unit)：注册服务器关闭时的回调方法。
- serve()：启动服务端进程。

下面的实例实现了一个简单的 HTTP 服务器，使用自定义的请求分发器 NaiveDistributor 实现，该分发器将请求路由到对应的处理程序。

实例 17-6：实现一个 HTTP 服务器服务（源码路径：codes\17\WI\src\Tc06.cj）

在本实例中使用自定义的请求分发器处理不同的请求路径，在处理 /index 路径时，服务器返回一个简单的 HTML 页面，否则返回一个 404 未找到的响应。

```
import net.http.*
import std.collection.HashMap

class NaiveDistributor <: HttpRequestDistributor {
    let map = HashMap<String, HttpRequestHandler>()
    public func register(path: String, handler: HttpRequestHandler): Unit {
        map.put(path, handler)
    }

    public func distribute(path: String): HttpRequestHandler {
        if (path == "/index") {
            return PageHandler()
        }
        return NotFoundHandler()
```

```
    }
}

// 返回一个简单的 HTML 页面
class PageHandler <: HttpRequestHandler {
    public func handle(httpContext: HttpContext): Unit {
        httpContext.responseBuilder.body("<html></html>")
    }
}

main () {
    // 1. 构建 Server 实例
    let server = ServerBuilder()
                    .addr("127.0.0.1")
                    .port(8080)
                    .distributor(NaiveDistributor()) // 自定义分发器
                    .build()
    // 2. 启动服务
    server.serve()
}
```

上述代码的实现流程如下。

（1）导入所需模块：导入 net.http 和 std.collection.HashMap，以便于处理 HTTP 请求和使用哈希映射。

（2）定义请求分发器。

- 创建一个名为 NaiveDistributor 的类，继承自 HTTPRequestDistributor。这个类负责根据请求路径将请求分发给相应的处理程序。
- 在类中定义一个哈希映射 map，用于存储路径和处理程序之间的映射关系。
- 实现 register 方法，以便可以注册路径和对应的处理程序（虽然在这个示例中未使用）。
- 实现 distribute 方法，根据请求路径返回不同的处理程序：如果路径为 /index，返回 PageHandler 实例。否则，返回 NotFoundHandler 实例，表示未找到该请求。

（3）定义页面处理程序：创建一个名为 PageHandler 的类，继承自 HTTPRequestHandler，用于处理 HTTP 请求。实现 handle 方法，该方法在处理请求时返回一个简单的 HTML 页面 ("<html></html>")。

（4）构建服务器：在 main 函数中，使用 ServerBuilder 构建一个 HTTP 服务器实例，设置服务器地址为 127.0.0.1，端口为 8080，并指定使用自定义的请求分发器 NaiveDistributor。

（5）调用 server.serve() 启动服务器，使其开始监听和处理 HTTP 请求。

（6）请求处理。

- 当客户端发送请求到 http://127.0.0.1:8080/index 时，NaiveDistributor 将请求分发到 PageHandler，并返回 HTML 响应。
- 如果请求的路径不是 /index，则返回 404 未找到的响应。

执行本实例后，会在 127.0.0.1:8080 地址上启动服务器并开始监听 HTTP 请求，不会有任何输出到控制台，因为没有定义任何打印语句。当在浏览器或通过 HTTP 客户端访问 http://127.0.0.1:8080/index 时，服务器会返回一个空白内容的 HTML 页面，其内容为：

```
<html></html>
```

如果尝试访问其他路径（例如 http://127.0.0.1:8080/unknown），则会返回一个 404 Not Found 响应。

17.3.5　WebSocket 编程

在仓颉语言中，通过类 WebSocket 实现 WebSocket 协议通信的机制。WebSocket 是一种应用层协议，提供了在客户端和服务端之间进行全双工通信的能力。下面是对仓颉语言中类 WebSocket 的关键特性和功能的具体说明。

（1）握手机制：WebSocket 通过 HTTP 握手请求实现协议升级，将 HTTP 连接升级为 WebSocket 连接。

（2）持久连接：与 HTTP 不同，WebSocket 建立连接后，可以保持长时间连接，适用于需要实时数据传输的场景。

（3）双向通信：WebSocket 允许服务端主动发送数据给客户端，实现双向数据传输。

（4）帧结构：WebSocket 数据传输的基本单元是帧，帧分为控制帧和数据帧。

- 控制帧：如 Close Frame（关闭连接）、Ping Frame（保持连接活性）、Pong Frame（响应 Ping Frame）。
- 数据帧：用于传输应用数据，支持数据的分段传输。

（5）简化的 API：仓颉的 WebSocket 类提供了简化的 API，开发者只需要关注 fin（帧结束标志）、frameType（帧类型）和 payload（帧的有效载荷）这三个属性，即可进行数据的发送和接收。

（6）集成在 HTTP 包中：尽管 WebSocket 是一个独立的协议，仓颉将其包含在 HTTP 包中，因为它与 HTTP 共享相同的握手过程。

（7）服务端升级：仓颉提供了方法将 HTTP/1.1 或 HTTP/2 服务端的连接句柄升级为 WebSocket 协议实例。

（8）实例通信：一旦升级为 WebSocket 连接，就可以通过返回的 WebSocket 实例进行通信。

类 WebSocket 通过自身的内置成员为开发者提供了一种高效、灵活的方式来实现实时、双向的网络通信功能，具体说明如下。

1. 属性

- logger：用于日志记录。
- subProtocol：获取与对端协商到的 subProtocol。

2. 静态方法

- upgradeFromClient(client: Client, url: URL, version!: Protocol, subProtocols!: ArrayList<String>, headers!: HTTPHeaders)：客户端升级到 WebSocket 协议的函数。
- upgradeFromServer(ctx: HTTPContext, subProtocols!: ArrayList<String>, origins!: ArrayList<String>, userFunc!:(HTTPRequest) –> HTTPHeaders)：服务端升级到 WebSocket 协议的函数。

3. 方法

- closeConn()：提供关闭底层 WebSocket 连接的函数。
- read()：从连接中读取一个帧。
- write(frameType: WebSocketFrameType, byteArray: Array<UInt8>, frameSize!: Int64)：发送数据。
- writeCloseFrame(status!: ?UInt16, reason!: String)：发送 Close 帧。

- writePingFrame(byteArray: Array<UInt8>)：提供发送 Ping 帧的快捷函数。
- writePongFrame(byteArray: Array<UInt8>)：提供发送 Pong 帧的快捷函数。

上述成员提供了完整的 WebSocket 协议支持，包括连接的建立、数据的发送和接收、连接的关闭等操作。下面的例子展示了 WebSocket 的握手以及消息收发过程：创建 HTTP 客户端和服务端，分别发起 WebSocket 握手，握手成功后实现帧的读写功能。

实例 17-7：实现 WebSocket 的握手过程并收发消息（源码路径：codes\17\WI\src\Tc07.cj）

在本实例中使用类 WebSocket 进行客户端和服务端的 WebSocket 通信，客户端和服务端通过 WebSocket 协议进行握手，交换消息，并在完成后关闭连接。在客户端首先建立了一个 WebSocket 连接，然后发送一个文本消息给服务端，服务端接收消息并回复，最后双方交换关闭帧并关闭连接。

```
import net.http.*
import encoding.url.*
import std.time.*
import std.sync.*
import std.collection.*
import std.log.*

let server = ServerBuilder()
                    .addr("127.0.0.1")
                    .port(0)
                    .build()

// client:
main() {
    // 1. 启动服务器
    spawn { startServer() }
    sleep(Duration.millisecond * 200)

    let client = ClientBuilder().build()
    let u = URL.parse("ws://127.0.0.1:${server.port}/webSocket")

    let subProtocol = ArrayList<String>(["foo1", "bar1"])
    let headers = HttpHeaders()
    headers.add("test", "echo")

    // 2. 完成 WebSocket 握手，获取 WebSocket 实例
    let websocket: WebSocket
    let respHeaders: HttpHeaders
    (websocket, respHeaders) = WebSocket.upgradeFromClient(client, u,
subProtocols: subProtocol, headers: headers)
    client.close()

    println("subProtocol: ${websocket.subProtocol}")           // foo1
    println(respHeaders.getFirst("rsp") ?? "") // echo

    // 3. 消息收发
    // 发送 hello
    websocket.write(TextWebFrame, "hello".toArray())
```

```
    // 收
    let data = ArrayList<UInt8>()
    var frame = websocket.read()
    while(true) {
        match(frame.frameType) {
            case ContinuationWebFrame =>
                data.appendAll(frame.payload)
                if (frame.fin) {
                    break
                }
            case TextWebFrame | BinaryWebFrame =>
                if (!data.isEmpty()) {
                    throw Exception("invalid frame")
                }
                data.appendAll(frame.payload)
                if (frame.fin) {
                    break
                }
            case CloseWebFrame =>
                websocket.write(CloseWebFrame, frame.payload)
                break
            case PingWebFrame =>
                websocket.writePongFrame(frame.payload)
            case _ => ()
        }
        frame = websocket.read()
    }
    println("data size: ${data.size}")           // 4097
    println("last item: ${String.fromUtf8(Array(data)[4096])}")          // a


    // 4. 关闭 websocket
    // 收发 CloseFrame
    websocket.writeCloseFrame(status: 1000)
    let websocketFrame = websocket.read()
    println("close frame type: ${websocketFrame.frameType}")     // CloseWebFrame
    println("close frame payload: ${websocketFrame.payload}")     // 3, 232
    // 关闭底层连接
    websocket.closeConn()

    server.close()
}

func startServer() {
    // 1. 注册 handler
    server.distributor.register("/webSocket", handler1)
    server.logger.level = OFF
    server.serve()
```

```
}

// server:
func handler1(ctx: HttpContext): Unit {
    // 2. 完成 websocket 握手，获取 websocket 实例
    let websocketServer = WebSocket.upgradeFromServer(ctx, subProtocols:
ArrayList<String>(["foo", "bar", "foo1"]),
        userFunc: {request: HttpRequest =>
            let value = request.headers.getFirst("test") ?? ""
            let headers = HttpHeaders()
            headers.add("rsp", value)
            headers
        })
    // 3. 消息收发
    // 收 hello
    let data = ArrayList<UInt8>()
    var frame = websocketServer.read()
    while(true) {
        match(frame.frameType) {
            case ContinuationWebFrame =>
                data.appendAll(frame.payload)
                if (frame.fin) {
                    break
                }
            case TextWebFrame | BinaryWebFrame =>
                if (!data.isEmpty()) {
                    throw Exception("invalid frame")
                }
                data.appendAll(frame.payload)
                if (frame.fin) {
                    break
                }
            case CloseWebFrame =>
                websocketServer.write(CloseWebFrame, frame.payload)
                break
            case PingWebFrame =>
                websocketServer.writePongFrame(frame.payload)
            case _ => ()
        }
        frame = websocketServer.read()
    }
    println("data: ${String.fromUtf8(Array(data))}")      // hello
    // 发 4097 个 a
    websocketServer.write(TextWebFrame, Array<UInt8>(4097, item: 97))

    // 4. 关闭 websocket
    // 收发 CloseFrame
    let websocketFrame = websocketServer.read()
    println("close frame type: ${websocketFrame.frameType}")   // CloseWebFrame
```

```
            println("close frame payload: ${websocketFrame.payload}")       // 3, 232
            websocketServer.write(CloseWebFrame, websocketFrame.payload)
            // 关闭底层连接
            websocketServer.closeConn()
        }
```

上述代码的实现流程如下。

- 服务器启动与注册：服务器使用 ServerBuilder 构建并监听在本地地址上，注册一个处理程序来处理 /webSocket 路径的 WebSocket 请求。
- 客户端连接：客户端使用 ClientBuilder 创建，然后解析服务器的 WebSocket URL，并准备进行握手。
- WebSocket 握手：客户端发起 WebSocket 握手请求，服务端验证请求并升级 HTTP 连接到 WebSocket 协议。握手成功后，客户端和服务端都获取到可以进行消息收发的 WebSocket 实例。
- 消息发送与接收：客户端发送一个 "hello" 消息给服务端，服务端收到消息后，回复一个包含 4097 个字符 'a' 的消息给客户端。
- 关闭连接：客户端和服务端分别发送关闭帧给对方，完成 WebSocket 连接的关闭流程。
- 清理资源：客户端关闭其 Client 对象，服务器关闭其 Server 对象，释放资源。

执行后会输出：

```
subProtocol: foo1
echo
data: hello
data size: 4097
last item: a
close frame type: CloseWebFrame
close frame payload: [3, 232]
close frame type: CloseWebFrame
close frame payload: [3, 232]
```

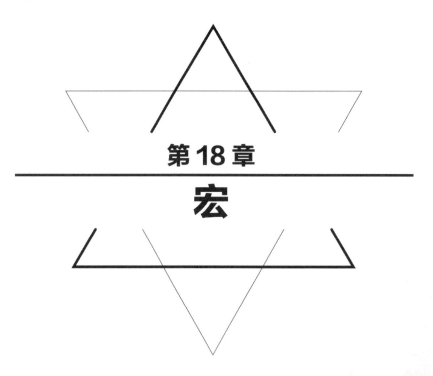

第 18 章
宏

　　宏（Macro）在编程语言中具有预处理器功能，它允许开发者在代码编译或解释之前执行代码转换，通过参数化编程和文本替换来生成或修改代码，从而提高代码的可复用性、可读性和执行效率，并且可以用于实现条件编译和抽象高层次的语言特性。本章的内容，将详细讲解仓颉语言中的宏的知识。

18.1 宏的相关概念

在编程语言中，宏（Macro）是一种在代码编译或解释之前进行代码转换的工具，可以基于一系列预定义的规则来生成或修改代码。使用宏，可以让程序员编写更加通用、可重用和高效的代码。在下面的内容中，将介绍几个和宏有关的概念。

- 代码生成：宏可以根据输入参数生成新的代码片段，这有助于减少重复代码的编写。
- 文本替换：宏可以在编译时将一段代码或模式替换为另一段代码，这类似于查找和替换功能，但是更加强大和灵活。
- 参数化编程：通过宏，程序员可以编写参数化的代码，这些代码在编译时根据参数的不同生成不同的实现。
- 条件编译：宏允许在编译时根据条件来决定是否包含特定的代码段，这有助于创建适应不同环境或配置的程序。
- 编译时执行：某些宏系统允许在编译时执行代码，这可以用来执行计算、决策或其他逻辑，并根据这些逻辑生成代码。
- 抽象层次的提升：宏使得程序员能够在较高的抽象层次上思考问题，而不需要关心底层的实现细节。
- 代码的可读性和可维护性：合理使用宏可以提高代码的可读性和可维护性，但也可能导致代码难以理解和调试，因此需要谨慎使用。
- 特定领域的语言扩展：宏可以用来为特定领域的编程语言（DSL）提供扩展，允许开发者定义适合特定领域需求的语言结构。
- 避免运行时开销：由于宏在编译时展开，因此可以避免运行时的函数调用开销，提高程序的执行效率。

宏的实现和能力在不同的编程语言中有所不同。例如，在 C 语言中，宏通过预处理器实现，主要进行文本替换和条件编译；而在 Lisp 类语言中，宏则更为强大，可以实现复杂的代码转换和元编程。

18.2 仓颉语言中的宏

在仓颉语言中，宏是一种特殊的函数，其输入和输出都是程序片段，而非普通的数据值。宏的主要作用是在编译期间处理代码，将某段代码替换为另一段代码，从而实现特定的功能。这与常规的函数不同，函数仅能处理输入的值并返回结果，而宏可以在编译时操作整个代码结构。

18.2.1 第一个宏实例

在仓颉语言中，宏的调用与函数调用不同，调用宏时需要使用"@"符号。例如，在下面的代码中，dprint 是一个宏，它不仅能打印表达式的值，还能打印表达式本身。这种行为是普通函数无法实现的，因为函数只能操作传入的值，而无法访问代码片段本身。

```
let x = 3
let y = 2
```

```
@dprint(x)            // 输出 "x = 3"
@dprint(x + y)        // 输出 "x + y = 5"
```

下面的实例，通过完整的代码演示了宏的实现和调用过程。

实例 18-1： 宏的实现和调用（源码路径：codes\18\define\ ）

（1）新建一个名为"define"的工程，然后再在"src"目录下新建子目录"macros"，此时的目录结构如下所示：

```
// define: 项目的根目录
src
|-- macros
|       `-- dprint.cj
`-- main.cj
```

（2）在文件 dprint.cj 中实现了宏 dprint，宏 dprint 接受一个程序片段 input，将其转化为字符串形式，并生成一段新的代码用于打印输入的表达式及其值。具体实现代码如下：

```
macro package define

import std.ast.*

public macro dprint(input: Tokens): Tokens {
    let inputStr = input.toString()
    let result = quote(
        print($(inputStr) + " = ")
        println($(input)))
    return result
}
```

上述代码的具体说明如下。

- 声明宏包的代码如下所示，宏必须定义在独立的宏包中，宏包用 macro package 关键字声明。在这个例子中，宏包的名称是 define。

```
macro package define
```

- 引入 std.ast 的代码如下所示，宏的实现需要使用仓颉标准库中的 ast 模块，它提供了处理语法树（AST）和代码片段的工具，如 Tokens 类型。

```
import std.ast.*
```

- 宏定义的代码如下所示，这里定义了一个名为 dprint 的宏，接受一个类型为 Tokens 的参数，这个参数代表传递给宏的程序片段。宏的返回值也是 Tokens，即返回一个新的程序片段。

```
public macro dprint(input: Tokens): Tokens
```

- 处理输入的代码如下所示，将传入的代码片段转化为字符串，以便在打印时使用。在示例中，inputStr 会变成 "x" 或 "x + y"。

```
let inputStr = input.toString()
```

- 下面代码使用 quote 来生成新的代码片段，quote 是将代码片段转化为 Tokens 的方式。通过插值 $(...)，可以将计算结果嵌入到生成的代码中。在这个例子中，$(inputStr) 和 $(input) 分别表示输入的字符串形式和输入的程序片段本身。

```
let result = quote(
```

```
    print($(inputStr) + " = ")
    println($(input)))
```

- 下面的代码使用宏返回一段新的代码，而不是一个计算结果。该代码在编译时替换宏的调用位置，并在运行时执行。

```
return result
```

（3）使用文件 main.cj 测试上面的宏 dprint，文件 main.cj 的具体实现代码如下：

```
import define.*

main() {
    let x = 3
    let y = 2
    @dprint(x)
    @dprint(x + y)
}
```

通过如下命令编译宏：

```
cjc macros/*.cj --compile-macro
```

通过如下命令编译主程序：

```
cjc main.cj -o main.exe
```

通过如下命令运行主程序：

```
main.exe
```

执行后会输出：

```
x = 3
x + y = 5
```

回顾上面实现宏的过程，需要了解宏的以下关键概念。
- Tokens：宏的输入和输出都是 Tokens 类型，它们代表程序片段，这使得宏能够分析和操作代码结构。
- quote：用于生成新的代码片段，可以在宏中动态构造和返回代码。
- 插值 $(...)：在 quote 中，$(...) 可以用于将表达式插入到生成的代码片段中，实现动态代码生成。

通过宏，程序员能够在编译时生成和操作代码，从而实现更灵活的功能，如调试、优化和代码生成等。

18.2.2 Token 类型

在仓颉语言的宏系统中，最基础的操作单元是 Token，它代表一个程序中的词法单元。每个 Token 可以是一个标识符、字面量、关键字或运算符。每个 Token 由其类型、内容以及位置信息组成。

Token 的类型由枚举 TokenKind 定义，通过 TokenKind 和字符串（对于标识符或字面量）可以直接构造 Token。构造方法如下：

```
Token(k: TokenKind)
Token(k: TokenKind, v: String)
```

下面是构造 Token 的例子：

```
import std.ast.*
```

```
let tk1 = Token(TokenKind.ADD)       // '+' 运算符
let tk2 = Token(TokenKind.FUNC)      // 'func' 关键字
let tk3 = Token(TokenKind.IDENTIFIER, "x")        // 标识符 'x'
let tk4 = Token(TokenKind.INTEGER_LITERAL, "3")   // 整数字面量 '3'
let tk5 = Token(TokenKind.STRING_LITERAL, "xyz")  // 字符串字面量 'xyz'
```

在仓颉语言中，Tokens 是由多个 Token 组成的序列，可以通过 Token 数组来构造。可以使用的构造方法如下：

```
Tokens()      // 构造空的 Tokens
Tokens(tks: Array<Token>)
Tokens(tks: ArrayList<Token>)
```

Tokens 类型可以使用的操作方法如下：
- size()：返回 Tokens 中 Token 的数量。
- get(index: Int64)：获取指定下标的 Token。
- []：使用下标访问 Token。
- +：拼接 Tokens 或 Token。
- dump()：打印 Tokens 中所有的 Token 详细信息，便于调试。
- toString()：打印 Tokens 对应的程序片段。

实例 18-2：创建一个包含多个 Token 的序列（源码路径：codes\18\define\src\Hong01.cj）

在本实例中使用 Tokens 和 Token 类来创建一个包含多个 Token 的序列，并通过 dump 方法输出详细信息，帮助开发者了解每个 Token 的类型和位置。

```
import std.ast.*
import std.collection.*
let tks = Tokens(ArrayList<Token>([
    Token(TokenKind.INTEGER_LITERAL, "1"),
    Token(TokenKind.ADD),
    Token(TokenKind.INTEGER_LITERAL, "2")
]))

main() {
    println(tks)
    tks.dump()
}
```

上述代码的实现流程如下。

（1）导入库。
- import std.ast.*：导入与抽象语法树（AST）相关的标准库，这些库提供了对 Token 和 Tokens 的支持。
- import std.collection.*：导入集合库，这里用于 ArrayList。

（2）创建 Token 对象：使用 Token 构造函数创建了以下三个 Token 对象。
- Token(TokenKind.INTEGER_LITERAL,"1")：表示整数字面量 1。
- Token(TokenKind.ADD)：表示 + 运算符。
- Token(TokenKind.INTEGER_LITERAL,"2")：表示整数字面量 2。

（3）创建 Tokens 对象：通过 ArrayList<Token> 创建了一个包含这些 Token 的列表，并用 Tokens 类来将它们组合在一起。

（4）输出与调试。

- println(tks)：打印出这个 Tokens 对象对应的代码片段，输出 "1 + 2"。
- tks.dump()：输出 Token 序列的详细调试信息，包括每个 Token 的类型、字面量值、文件位置等，帮助开发者调试和理解语法解析过程。

执行后会输出：

```
1 + 2
description: integer_literal, token_id: 140, token_literal_value: 1, fileID: 1, line: 4, column: 5
description: add, token_id: 12, token_literal_value: +, fileID: 1, line: 5, column: 5
description: integer_literal, token_id: 140, token_literal_value: 2, fileID: 1, line: 6, column: 5
```

18.2.3　quote 表达式和插值

在宏操作中，直接操作 Token 或 Tokens 可能会有些繁琐，因此仓颉语言提供了 quote 表达式，用于从代码模板中构造 Tokens。quote 是一种方便的构建方式，可以通过 $(...) 插入上下文中的表达式，构成动态的代码。

插入的表达式类型需要实现 ToTokens 接口实现，仓颉语言标准库中的一些常见类型支持这个接口，如下所示。

- 所有语法节点类型。
- Token 和 Tokens。
- 基础数据类型：整数、浮点数、布尔值等。

实例 18-3：Array 和基础数据类型的插值（源码路径：codes\18\define\src\Hog02.cj）

在本实例中使用 quote 函数将整数数组、浮点数和字符串组合生成一个 tokens 对象，并输出该对象的内容。

```
import std.ast.*

let intList = Array<Int64>([1, 2, 3, 4, 5])
let float: Float64 = 1.0
let str: String = "Hello"
let tokens = quote(
    arr = $(intList)
    x = $(float)
    s = $(str)
)

main() {
    println(tokens)
}
```

执行后会输出：

```
arr =[1, 2, 3, 4, 5]
x = 1.000000
s = "Hello"
```

注意,当 quote 表达式包含某些特殊 Token 时需要进行如下转义。
- quote 表达式中不允许出现不匹配的小括号,但是通过"\"转义的小括号,不计入小括号的匹配规则。
- 当 $ 表示一个普通 Token,而非用于代码插值时,需要通过"\"进行转义。

除以上情况外,quote 表达式中出现"\"时会编译报错。下面是一些 quote 表达式内包含这些特殊 Token 的例子。

```
import std.ast.*

let tks1 = quote((x))          // 正常使用小括号
let tks2 = quote(\()            // 转义小括号
let tks6 = quote(\$(1))         // 转义 $ 符号
```

这些机制的目的是让宏的定义更加灵活,便于在编译期进行复杂的代码生成和程序片段的动态构造。

18.2.4 语法节点

在仓颉语言的编译过程中,首先通过词法分析将代码转换成 Tokens,然后对 Tokens 进行语法解析,得到一个语法树。每个语法树的节点可能是一个表达式、声明、类型、模式等。仓颉 ast 库提供了每种节点对应的类,它们之间具有适当的继承关系。其中主要的抽象类如下。
- Node:所有语法节点的父类。
- TypeNode:所有类型节点的父类。
- Expr:所有表达式节点的父类。
- Decl:所有声明节点的父类。
- Pattern:所有模式节点的父类。

1. 节点的解析

在仓颉语言的 ast 库中,几乎所有的语法节点都可以通过解析词法单元(Tokens)来生成。具体来说,有如下两种调用解析的方法。

(1)使用解析表达式和声明的函数。

在仓颉语言中,抽象语法树(AST)库允许开发者从代码片段(Tokens)解析出各种语法节点,这一过程主要通过以下几种函数来实现。
- parseExpr(input: Tokens):将给定的 Tokens 解析成一个表达式节点(Expr)。
- parseExprFragment(input: Tokens, startFrom: Int64 = 0):从指定的索引 startFrom 开始,将 Tokens 的一个片段解析为表达式,返回解析后的表达式和下一个未处理的 Token 索引。
- parseDecl(input: Tokens, astKind: String = ""):将 Tokens 解析为一个声明节点(Decl),其中 astKind 参数用于指定要解析的节点种类。
- parseDeclFragment(input: Tokens, startFrom: Int64 = 0):类似于 parseExprFragment,但用于解析声明,返回解析后的声明和下一个未处理的 Token 索引。

下面是使用这些函数的一个例子,代码展示了如何在仓颉语言中使用抽象语法树库来解析和操作代码片段。首先，通过 quote 函数创建了几个表示不同代码结构的 Token 序列，然后利用 parseExpr 和 parseDecl 函数族从这些 Token 序列中解析出表达式和声明节点。接着，通过插值和遍历技术，将解析得到的节点转换回 Tokens 并打印出来，展示了如何从代码片段中提取和操作语法结构。这个过程不仅体现了仓颉语言处理代码的灵活性，也展示了宏和 AST 在元编程中的应用潜力。

```
let tks1 = quote(a + b)
let tks2 = quote(u + v, x + y)
let tks3 = quote(
    func f1(x: Int64) { return x + 1 }
)
let tks4 = quote(
    func f2(x: Int64) { return x + 2 }
    func f3(x: Int64) { return x + 3 }
)

let binExpr1 = parseExpr(tks1)
let (binExpr2, mid) = parseExprFragment(tks2)
let (binExpr3, _) = parseExprFragment(tks2, startFrom: mid + 1)
println("binExpr1 = ${binExpr1.toTokens()}")
println("binExpr2 = ${binExpr2.toTokens()}, binExpr3 = ${binExpr3.toTokens()}")

let funcDecl1 = parseDecl(tks3)
let (funcDecl2, mid2) = parseDeclFragment(tks4)
let (funcDecl3, _) = parseDeclFragment(tks4, startFrom: mid2)
println("${funcDecl1.toTokens()}")
println("${funcDecl2.toTokens()}")
println("${funcDecl3.toTokens()}")
```

执行后会输出：

```
binExpr1 = a + b
binExpr2 = u + v, binExpr3 = x + y
func f1(x: Int64) {
    return x + 1
}
func f2(x: Int64) {
    return x + 2
}
func f3(x: Int64) {
    return x + 3
}
```

（2）使用构造函数进行解析。

大多数节点类型都支持 init(input: Tokens) 构造函数，将输入的 Tokens 解析为相应类型的节点。在下面的代码中，首先通过 quote 函数生成表示二元表达式 "a + b" 和函数声明 "func f1(x: Int64) { return x + 1 }" 的 Tokens，然后利用这些 Tokens，通过 BinaryExpr 和 FuncDecl 构造函数分别创建了一个二元表达式节点和一个函数声明节点。

```
import std.ast.*
```

```
let binExpr = BinaryExpr(quote(a + b))
let funcDecl = FuncDecl(quote(func f1(x: Int64) { return x + 1 }))
```

上述代码演示了如何在仓颉语言中使用 std.ast 库来解析和创建抽象语法树节点，如果解析失败将抛出异常。这种解析方式适用于类型已知的代码片段，解析后不需要再手动转换成具体的子类型。

2. 节点的组成部分

在仓颉语言中，通过抽象语法树库解析得到的节点，比如 BinaryExpr 和 FuncDecl，都有一系列可以查看和修改的组成部分。这些属性通常是公开的（public）、可变的（mutable），使得开发者可以在运行时分析和转换代码结构。

对于 BinaryExpr（二元表达式）节点来说，主要组成部分如下。

- leftExpr：表示运算符左侧的表达式，类型为 Expr。
- op：表示运算符本身的 Token。
- rightExpr：表示运算符右侧的表达式，类型为 Expr。

对于 FuncDecl（函数声明）节点来说，主要组成部分如下。

- identifier：表示函数名的 Token。
- funcParams：一个包含函数参数的 ArrayList<FuncParam>，每个参数都是一个 FuncParam 对象。
- declType：表示返回值类型的 TypeNode。
- block：表示函数体的 Block，包含一系列表达式和声明。

而 FuncParam（函数参数）节点通常包括以下两个部分。

- identifier：表示参数名的 Token。
- paramType：表示参数类型的 TypeNode。

Block（代码块）节点则通常包括 nodes。

- nodes：一个 ArrayList<Node>，包含代码块内的所有表达式和声明。

上面列出的组成部分的公开属性允许开发者进行深入的代码分析和重写。例如，可以修改一个函数的返回类型，或者改变一个二元表达式的操作数和操作符。这种能力为编写编译时代码分析工具、宏系统或代码生成器提供了基础。

18.3 宏的实现

在仓颉语言中，宏是一种强大的工具，允许开发者在编译时对代码进行转换。宏分为非属性宏和属性宏，其中非属性宏不接受额外参数，只处理被转换的代码。

18.3.1 非属性宏

在仓颉语言中，非属性宏只接受被转换的代码，不接受其他参数（属性），其定义格式如下：

```
import std.ast.*

public macro MacroName(args: Tokens): Tokens {
    ... // Macro body
}
```

调用非属性宏的格式如下：

```
@MacroName(...)
```

宏的调用使用小括号"()"括起来，括号里面可以是任意合法 Tokens，也可以是空。

当宏作用于声明时，一般可以省略括号，可参考下面演示代码：

```
@MacroName func name() {}              // 在函数声明之前应用宏
@MacroName struct name {}              // 在结构体声明之前应用宏
@MacroName class name {}               // 在类声明之前应用宏
@MacroName var a = 1                   // 在变量声明之前应用宏
@MacroName enum e {}                   // 在枚举声明之前应用宏
@MacroName interface i {}              // 在接口声明之前应用宏
@MacroName extend e <: i {}            // 在扩展声明之前应用宏
@MacroName mut prop i: Int64 {}        // 在属性声明之前应用宏
@MacroName @AnotherMacro(input)        // 在另一个宏调用之前应用宏
```

在上面的代码中，对于括号里 Tokens 的合法性有以下特殊说明。

- 输入的内容必须是由合法的 Token 组成的序列，类似 "#" " ` " "\" 等符号单独使用都不是合法的仓颉 Token，不支持其作为输入值。
- 在输入的内容中，若存在不匹配的小括号则必须使用转义符号 "\" 对其进行转义。
- 在输入的内容中，若希望 "@" 作为输入的 Token 则必须使用转义符号 "\" 对其进行转义。

对于输入的特殊说明，可以参考下面的代码，代码展示了在仓颉语言中调用宏时对于输入 Tokens 的合法性要求。不合法的输入包括不完整的 Token、括号不匹配的情况，以及不支持的符号。合法的输入则是完整的 Token，包括对特殊符号进行转义的情况。在宏调用中，正确地使用转义符号可以确保 Token 的合法性，从而避免编译错误。

```
// 不合法的输入 Tokens
@MacroName(#)       // 不是一个完整的 Token
@MacroName(`)       // 不是一个完整的 Token
@MacroName(()       // 括号不匹配
@MacroName(\[)      // 对不支持的符号进行转义

// 合法的输入 Tokens
@MacroName(#"abc"#)
@MacroName(`class`)
@MacroName([)
@MacroName(\])
@MacroName(\()
@MacroName(\@)              // 对特殊符号 "@" 进行转义
```

上述代码说明了在仓颉语言中使用宏时，对于传入宏的参数（Tokens）的合法性有要求。只有合法的 Token 序列才能被宏处理，否则会导致编译错误。例如，#、`、\ 等特殊字符如果单独使用，都是不合法的 Token。此外，对于括号的使用也需要匹配，且在某些情况下需要使用转义符号 " \ " 来正确地表达意图，如插入文字或特殊符号。

实例 18-4：创建和使用宏（源码路径：codes\18\macro_definition）

（1）在宏定义文件 macro_definition.cj 定义了一个名为 testDef 的非属性宏，它属于名为 macro_definition 的宏包中。该宏接收一个参数 input，其类型为 Tokens，代表一段代码。在宏体内，首先打印出一条消息表示正在宏内部执行，然后直接将接收到的 input 参数返回。这意味着宏 testDef 基本上会原样输出它接收到的代码片段,而不做任何修改。这个宏可以用来演示宏的调用过程,或者作为创建更复杂宏的起点。

```
macro package macro_definition

import std.ast.*

public macro testDef(input: Tokens): Tokens {
    println("I'm in macro body")
    return input
}
```

(2)宏调用文件 macro_call.cj 属于 macro_calling 包,并导入了定义有 testDef 宏的 macro_definition 包。在 main 函数中,首先打印出一条消息表示进入了函数体,然后使用 testDef 宏来处理一个算术表达式 1 + 2,并将结果赋值给变量 a。随后,打印变量 a 的值,并返回 0 作为程序退出码。由于 testDef 宏仅返回其输入,因此这里变量 a 的值将会是表达式 1 + 2 的计算结果,即 3。这个过程展示了如何在程序中调用宏,以及如何将宏用于处理和转换代码片段。

```
package macro_calling

import macro_definition.*

main(): Int64 {
    println("I'm in function body")
    let a: Int64 = @testDef(1 + 2)
    println("a = ${a}")
    return 0
}
```

通过如下命令编译并运行程序:

```
cjc macros/*.cj --compile-macro
cjc macro_call.cj -o macro_call.exe
macro_call
```

执行后会输出:

```
I'm in function body
a = 3
```

在本实例中添加了打印信息,其中宏定义中的 I'm in macro body 将在编译 macro_call.cj 的期间输出,即对宏定义求值。同时宏调用点被展开,如编译下面的代码:

```
let a: Int64 = @testDef(1 + 2)
```

编译器将宏返回的 Tokens 更新到调用点的语法树上,得到如下代码:

```
let a: Int64 = 1 + 2
```

也就是说,可执行程序中的代码实际变为了:

```
main(): Int64 {
    println("I'm in function body")
    let a: Int64 = 1 + 2
    println("a = ${a}")
    return 0
```

此时 a 经过计算得到的值为 3，在打印 a 的值时插值为 3。至此，上述程序的运行结果为：
```
I'm in function body
a = 3
```

18.3.2 属性宏

属性宏是仓颉语言中一种强大的元编程工具，它允许开发者在宏展开时传入额外的属性信息，这些信息可以影响宏的展开行为。与非属性宏相比，属性宏接受两个参数：一个是属性参数（attrTokens），另一个是被修饰的代码（inputTokens）。

1. 属性宏的定义

在仓颉语言中，定义属性宏的语法格式如下：

```
public macro Foo(attrTokens: Tokens, inputTokens: Tokens): Tokens {
    // 宏体，可以对 attrTokens 和 inputTokens 进行操作
    return attrTokens + inputTokens  // 拼接 attrTokens 和 inputTokens
}
```

在上述代码中，Foo 是一个属性宏，它接受两个 Tokens 类型的参数：attrTokens 用于接收属性信息，inputTokens 用于接收被宏修饰的代码。

2. 调用属性宏

属性宏的调用与非属性宏类似，但属性宏的属性参数需要通过 [] 传入。在下面的代码中，第一个调用将属性"1+"和被修饰的代码"2+3"传给 Foo 宏，宏展开后得到 1+2+3。第二个调用将属性 public 应用于 struct Data 的声明，宏展开后得到 public struct Data。

```
// 带属性的宏调用，属性参数通过 [] 传入
var a: Int64 = @Foo[1+](2+3)

// 属性宏调用，属性参数 public 通过 [] 传入
@Foo[public]
struct Data {
    var count: Int64 = 100
}
```

3. 属性宏的应用

在现实应用中，属性宏非常有用，特别是在需要根据不同的属性参数改变宏行为的场景下。例如，可以使用属性宏来实现条件编译、日志记录、性能监控等。假设想为函数添加日志记录功能，可以根据是否传入特定的属性参数来决定是否记录日志。在下面的这个例子中，LogIf 宏根据属性参数 attrTokens 决定是否插入日志记录代码。如果属性中包含 log，则在函数执行前后添加日志打印。

```
macro package logging

import std.ast.*

public macro LogIf(attrTokens: Tokens, inputTokens: Tokens): Tokens {
    let shouldLog = attrTokens.toString().contains("log")
    if (shouldLog) {
```

```
        return quote(
            println("Entering function")
            $(inputTokens)
            println("Exiting function")
        )
    } else {
        return inputTokens
    }
}

// 在调用文件中
package main

import logging.*

@LogIf[attr(log)]
func myFunction() {
    // 函数体
}
```

总之,属性宏通过接受额外的属性参数,为宏的展开提供了更多的灵活性和控制能力。这使得宏可以根据不同的调用场景进行定制化的行为调整,极大地扩展了宏在元编程中的应用范围。

18.3.3 宏的调用

在仓颉语言中,宏的定义需要放置在由 macro package 声明的包中。macro package 限定的包有以下一些特殊的规则。

- 宏的可见性:在 macro package 中定义的宏是对外可见的,这意味着它们可以在其他包中被导入和使用。
- 非宏定义的可见性:macro package 中不允许定义其他对外可见的非宏(如函数、结构体、类等)。如果尝试这样做,编译器应该报错。
- 重导出:在 macro package 中允许重导出其他 macro package 和非 macro package 的符号。而在非 macro package 中,只允许重导出非 macro package 的符号。

在下面的代码中,演示了定义宏包的简单实现。

```
// 文件名: define.cj
macro package define              // 声明宏包 define

import std.ast.*

public func A() {}                // 错误:宏包不允许定义外部可见的非宏定义

public macro M(input: Tokens): Tokens { // 宏 M 是外部可见的
    return input
}
```

上述代码的具体说明如下。

- macro package define 声明了一个名为 define 的宏包。

- public func A() {} 这行代码会导致错误，因为在宏包中不允许定义对外可见的非宏定义。
- public macro M(input: Tokens): Tokens 定义了一个宏 M，它接受一个 Tokens 类型的参数 input 并直接返回它。这个宏是对外可见的，可以在其他包中使用。

在仓颉语言中，实现包的导入和重导出的方法如下。

- 导入：使用 import 关键字来导入包中的符号（如宏、函数、类型等）。
- 重导出：使用 export 关键字来重导出包中的符号，使得这些符号在导入这个包的其他包中也可以被访问。

上述操作方法确保了宏包的封闭性和安全性，同时也提供了必要的灵活性来组织和管理代码。

18.3.4 宏的嵌套

在仓颉语言中，虽然不支持宏定义的嵌套，但允许在宏定义中有条件地调用其他宏。这种机制允许开发者构建更为复杂和功能丰富的宏。下面是一个在宏定义中实现嵌套宏调用的例子，涉及了三个不同的宏包：pkg1、pkg2 和 pkg3。

（1）在 pkg1 包中定义宏 getIdent，宏 getIdent 接受两个参数：attr 和 input，从 input 中解析声明，提取变量名，并生成一个新的 Token。

```
macro package pkg1

import std.ast.*

public macro getIdent(attr: Tokens, input: Tokens): Tokens {
    return quote(
        let decl = (parseDecl(input) as VarDecl).getOrThrow()
        let name = decl.identifier.value
        let size = name.size - 1
        let $(attr) = Token(TokenKind.IDENTIFIER, name[0 .. size])
    )
}
```

（2）在包 pkg2 中定义宏 Prop，嵌套调用宏 getIdent。宏 Prop 用于生成一个公开的属性，它首先解析输入声明，然后调用宏 getIdent 来处理属性名，最后生成包含属性的代码。

```
macro package pkg2

import std.ast.*
import pkg1.*

public macro Prop(input: Tokens): Tokens {
    let v = parseDecl(input)
    @getIdent[ident](input)
    return quote(
        $(input)
        public prop $(ident): $(decl.declType) {
            get() {
                this.$(v.identifier)
            }
        }
```

)
}
```

（3）在包 pkg3 中调用宏 Prop，宏 Prop 被应用于类 A 的属性 a_ 上，生成一个公开的属性 a。

```
package pkg3

import pkg2.*

class A {
    @Prop
    private let a_: Int64 = 1
}

main() {
    let b = A()
    println("${b.a}")
}
```

在上述例子中，由于宏定义必须在宏调用之前编译，所以上述三个文件的编译顺序必须是 pkg1 –> pkg2 –> pkg3。宏 Prop 的定义实际上会被展开成以下代码：

```
public macro Prop(input: Tokens): Tokens {
    let v = parseDecl(input)

    let decl = (parseDecl(input) as VarDecl).getOrThrow()
    let name = decl.identifier.value
    let size = name.size - 1
    let ident = Token(TokenKind.IDENTIFIER, name[0 .. size])

    return quote(
        $(input)
        public prop $(ident): $(decl.declType) {
            get() {
                this.$(v.identifier)
            }
        }
    )
}
```

18.3.5 宏调用中的嵌套宏调用

在仓颉语言中，宏调用中嵌套宏调用是一个常见的场景，它允许开发者在宏修饰的代码块中进行更复杂的代码变换。这种嵌套可以出现在带括号和不带括号的宏调用中，且可以组合使用，但需要保证没有歧义，并明确宏的展开顺序。接下来将实现一个宏调用中嵌套宏调用的例子，整个例子涉及了三个包：pkg1、pkg2 和 pkg3。

（1）在包 pkg1 中定义宏 Foo 和宏 Bar，每个宏都接受一个参数 input，类型为 Tokens，代表一段代码，并且直接将接收到的 input 参数原样返回。这两个宏实际上不进行任何操作，可以作为更复杂宏实现的占位符或基础。
```

```
macro package pkg1
import std.ast.*
public macro Foo(input: Tokens): Tokens {
    return input
}

public macro Bar(input: Tokens): Tokens {
    return input
}
```

（2）在包 pkg2 中定义宏 addToMul，这个宏接受一个参数 inputTokens，它是一个 Tokens 类型的代码片段。宏的功能是将传入的二元表达式 (BinaryExpr) 转换为两个操作数的乘积。首先，它尝试将 inputTokens 解析为一个二元表达式。如果解析成功，它将提取该表达式的两个操作数（op0 和 op1），然后构造一个新的表达式，该表达式是这两个操作数的乘积，并返回这个新表达式的 Tokens。如果传入的 Tokens 不能被解析为一个二元表达式，宏将抛出一个异常。这个宏可以用于在编译时自动将加法表达式转换为乘法表达式。

```
macro package pkg2
import std.ast.*
public macro addToMul(inputTokens: Tokens): Tokens {
    var expr: BinaryExpr = match (parseExpr(inputTokens) as BinaryExpr) {
        case Some(v) => v
        case None => throw Exception()
    }
    var op0: Expr = expr.leftExpr
    var op1: Expr = expr.rightExpr
    return quote(($(op0)) * ($(op1)))
}
```

（3）在包 pkg3 中使用上面定义的三个宏，导入了两个宏包 pkg1 和 pkg2。在 pkg3 包中，定义了一个名为 Data 的结构体，并使用了 @Foo 宏来修饰这个结构体。在结构体内部，定义了两个变量 a 和 b，其中变量 b 使用了 @addToMul 宏来将其值计算为 2 与 3 的乘积。同时，定义了两个公开函数 getA 和 getB，分别用来获取变量 a 和 b 的值。

```
package pkg3

import pkg1.*
import pkg2.*

@Foo
struct Data {
    let a = 2
    let b = @addToMul(2+3)

    @Bar
    public func getA() {
        return a
    }
```

```
    public func getB() {
        return b
    }
}

main(): Int64 {
    let data = Data()
    var a = data.getA() // a = 2
    var b = data.getB() // b = 6
    println("a: ${a}, b: ${b}")
    return 0
}
```

在上述代码中，宏 Bar 被用于修饰 getA 方法，但在这个示例中，两个宏 Foo 和 Bar 实际上只是将输入的代码片段原样返回，没有进行任何修改。在 main 函数中，创建了结构体 Data 的实例 data，并调用 getA 和 getB 方法来获取 a 和 b 的值，打印这两个值。根据 @addToMul 宏的定义，变量 b 的值应该是 2 和 3 相乘的结果，即 6。执行后会输出：

```
a: 2, b: 6
```

由此可见，在嵌套宏的场景下，代码变换的规则是：将嵌套内层的宏（如 addToMul 和 Bar）展开后，再去展开外层的宏（如 Foo）。允许出现多层宏嵌套，代码变换的规则总是由内向外去依次展开宏。

另外，嵌套宏可以出现在带括号和不带括号的宏调用中，二者可以组合，但用户需要保证没有歧义，并明确宏的展开顺序。

```
var a = @foo(@foo1(2 * 3) + @foo2(1 + 3))  // foo1, foo2 have to be defined.

@Foo1 // Foo2 expands first, then Foo1 expands.
@Foo2[attr: struct] // Attribute macro can be used in nested macro.
struct Data {
    @Foo3 @Foo4[123] var a = @bar1(@bar2(2 + 3) + 3)  // bar2, bar1, Foo4, Foo3 expands in order.
    public func getA() {
        return @foo(a + 2)
    }
}
```

这种灵活的宏嵌套和调用机制，使得仓颉语言的宏系统非常强大，可以用于各种复杂的代码生成和变换场景。

第 19 章
综合实战：圆角图片视图库

　　本项目是一个开源项目，基于华为仓颉语言实现了一个圆角图片视图库项目，使用华为的 DevEco Studio Next 开发工具构建。本项目提供了丰富的功能，支持显示圆角矩形、椭圆或圆形图片，并允许自定义边框、缩放类型、平铺模式等设置。通过简洁的 API 接口，开发者可以轻松在 HarmonyOS 应用中集成圆角图片的展示，提升应用的视觉效果和用户体验。

19.1 项目介绍

本项目使用华为的 DevEco Studio Next 为项目提供强大的开发环境和跨平台支持，结合仓颉语言，开发者能够更快速实现自定义的 UI 组件，如圆角图片视图库。

19.1.1 背景介绍

随着移动互联网的快速发展，用户对移动应用的视觉体验要求越来越高，界面的美观性、流畅性和交互性成为了用户体验的重要指标。特别是在现代的 UI 设计中，圆角矩形、椭圆形和圆形图片已成为主流设计元素之一，因为这些形状更符合人眼视觉上的舒适性，也能增强界面元素的柔和感和友好度。因此，图片视图库不仅要具备高效的加载和显示性能，还要提供丰富的样式自定义选项，以满足开发者的个性化需求。

在这种背景下，移动端开发人员对具有高度灵活性、易于集成的图片视图库组件有着强烈的需求，特别是能支持自定义圆角、边框、缩放、平铺等多种样式的组件。在开发 HarmonyOS 应用时，开发者需要使用高效、稳定的 UI 组件库以加快开发进程，同时确保在不同设备和屏幕尺寸下保持一致的视觉效果。

19.1.2 项目需求分析

HarmonyOS 是华为推出的分布式操作系统，随着其生态的逐渐成熟，越来越多的开发者开始为 HarmonyOS 生态开发应用。华为提供的 DevEco Studio Next 是 HarmonyOS 开发的官方 IDE，能够支持仓颉语言进行跨平台应用的开发。仓颉语言作为一种新兴的编程语言，具有简洁、易用的特点，能够快速实现复杂的 UI 设计和逻辑处理。

在这种开发环境下，仓颉语言目前缺乏一款能够灵活处理图片和显示圆角效果的视图库。现有的图片库要么功能过于简单，要么无法满足不同场景的需求。本项目的开发正是为了解决这一市场空缺，提供一个专门为仓颉语言定制的圆角图片视图库，以满足开发者在开发 HarmonyOS 应用时的需求。

19.1.3 项目概述

本项目是一个基于仓颉语言开发的图片视图库，专注于提供圆角矩形、椭圆和圆形图片显示功能。其主要功能包括：

- 支持多种图片形状（如圆角矩形、椭圆、圆形）。
- 支持边框样式和颜色的自定义设置。
- 支持七种 ScaleType 缩放类型，如 CENTER、FIT_CENTER 等。
- 支持三种 TileMode 平铺模式，如 REPEAT。
- 支持从 URI、媒体文件、本地文件和网络 URL 加载图片资源。
- 丰富的 API 接口，简化了图片显示的复杂设置，提升了开发效率。
  本项目具有以下市场优势：
- HarmonyOS 生态的扩展：随着 HarmonyOS 生态的不断壮大，越来越多的开发者和企业开始为其开发应用。roundedimageview4cj 项目可以帮助开发者在 HarmonyOS 平台上更轻松地实现现代化的图片处理需求，符合市场对高效 UI 组件的需求。
- 提升开发效率：通过提供预先封装的接口，roundedimageview4cj 大幅简化了圆角图片视图的开发流程，减少了重复代码的编写和维护工作，为开发者节省了大量时间。
- 个性化视觉效果：该项目不仅支持多种形状的图片显示，还允许开发者自定义缩放和平铺模式等视觉效果，帮助应用程序实现更具个性化和现代感的界面设计。

19.2 圆角图片处理框架

在本项目的"roundedimageview"目录中，提供了一个高效的圆角图片处理框架，允许开发者轻松创建和管理具有自定义圆角、边框和内边距的图片。该框架支持多种图片源和类型，包括位图和 SVG 格式，并提供灵活的背景颜色和边框颜色选项。此外，它还包含工具函数，用于处理文件和像素图，支持不同的缩放类型，以满足各种用户界面需求。通过这一框架，开发者可以实现丰富的图片展示效果，提高用户体验。

19.2.1 工具函数

文件 utils.cj 定义了 roundedimageview 模块中的几个实用函数，主要提供扩展和辅助功能。首先，扩展了 Option 类型，使其可以通过 () 运算符直接获取值或抛出异常。其次，提供了取消线程的函数 threadFutureCancel() 和释放图像资源（PixelMap）的函数 delPixelMap()，通过异步方式处理任务和资源释放。最后，paddingSize() 函数用于确保给定的大小值非负，返回有效的内边距值。这些实用函数为模块提供了基础的功能支持和资源管理。

```
package roundedimageview
/**
 * 扩展Option, getOrThrow()方法直接用()
 */
extend<T> Option<T> {
    operator func ()(): T {
        this.getOrThrow()
    }
}

/**
 * 取消线程
 */
func threadFutureCancel(fut: ?Future<Unit>) {
    spawn {
        if (let Some(v) <- fut) {
            v.cancel()
        }
    }
}
/**
 * 释放PixelMap
```

```
*/
func delPixelMap(pixelMap: ?PixelMap) {
    spawn {
        if (let Some(v) <- pixelMap) {
            v.Release()
        }
    }
}
func paddingSize(size: Float64): Float64 {
    let padding = if(size > 0.0){
        size
    } else {
        0.0
    }
    return padding
}
```

19.2.2 目录操作和文件操作

文件 file_utils.cj 定义了类 FileUtils, 提供了一系列文件和目录操作的实用方法。类 FileUtils 采用单例模式, 确保只有一个实例存在。

```
package roundedimageview

class FileUtils {
    private static var sInstance: ?FileUtils = Option<FileUtils>.None

    private init() {
    }

    static func getInstance(): FileUtils {
        if (let Some(instance) <- FileUtils.sInstance) {
        } else {
            FileUtils.sInstance = FileUtils()
        }
        return FileUtils.sInstance()
    }

    /**
     * 新建文件
     */
    func createFile(path: String): Int32 {
        let fd = FileFs.open(path, mode: 0o100)
        return fd.fd
    }

    /**
     * 删除文件
     */
```

```
func deleteFile(path: String): Unit {
    FileFs.unlink(path)
}

/**
 * 判断path文件是否存在
 */
func exist(path: String): Bool {
    try {
        let stat = FileFs.stat(path)
        return stat.isFile()
    } catch (e: Exception) {
        AppLog.error("FileUtils exist error: ${e}")
        return false
    }
}

/**
 * 创建文件夹
 */
func createFolder(path: String): Unit {
    // 创建文件夹
    if (!this.existFolder(path)) {
        FileFs.mkdir(path)
    }
}

/**
 * 判断文件夹是否存在
 */
func existFolder(path: String): Bool {
    try {
        let stat = FileFs.stat(path)
        return stat.isDirectory()
    } catch (e: Exception) {
        AppLog.error("FileUtils existFolder error: ${e}")
        return false
    }
}

/**
 * 读取路径path的文件
 */
func readFilePic(path: String): Array<Byte> {
    try {
        let fd = FileFs.open(path, mode: 0o2)
        let length = FileFs.stat(path).size
        let buf = Array<Byte>(length, item: 0)
        FileFs.read(fd.fd, buf)
```

```
            return buf
    } catch (e: Exception) {
        AppLog.error("FileUtils readFilePic error: ${e}")
        return Array<Byte>(0, item: 0)
    }
}

/**
 * 向path写入数据
 */
func writePic(path: String, picData: Array<Byte>) {
    this.createFile(path)
    try {
        let fd = FileFs.open(path, mode: 0o102)
        FileFs.write(fd.fd, picData)
        FileFs.close(fd)
    } catch (e: Exception) {
        AppLog.error("FileUtils writePic error: ${e}")
    }
}
}
```

上述代码的主要包括以下功能。

- 创建文件和文件夹：通过 createFile() 和 createFolder() 分别创建文件和目录。
- 删除文件：通过 deleteFile() 删除指定路径的文件。
- 检查文件和目录是否存在：通过 exist() 和 existFolder() 可以判断给定路径的文件或目录是否存在。
- 读取文件内容：通过 readFilePic() 从指定路径读取文件内容并返回字节数组。
- 写入文件：通过 writePic() 将数据写入指定路径的文件。

整体而言，类 FileUtils 为模块提供了基础的文件管理功能，便于处理图像和其他资源文件。

19.2.3 创建和管理 PixelMap 对象

文件 pixel_map_utils.cj 定义了类 PixelMapUtils，主要功能是创建和管理 PixelMap 对象，以处理图像资源。类 PixelMapUtils 提供了灵活的图像加载和管理功能，支持多种数据源，并在处理过程中确保资源的有效管理。其核心功能说明如下。

- 创建 PixelMap：createPixelMap() 方法根据不同的源类型（如媒体文件、原始文件、URI、URL 或字节数组）加载图像数据，并生成对应的 PixelMap。该方法支持异步处理，使用 Future 机制来处理可能的长时间操作。
- 资源管理：通过 getResourceManager() 方法获取资源管理器，以便访问应用的资源和媒体。
- 图像加载限制：ImageLoadLimiter 类通过信号量控制并发图像加载，确保在一定的并发量限制内进行图像处理，以优化性能和资源管理。

```
package roundedimageview
```

```
class PixelMapUtils {
    static func createPixelMap(src: ?String, srcResource: ?CJResource,
srcArray: ?Array<Byte>, srcType: ?SrcType, isSvg: Bool, callback: (?PixelMap,
Int64, Int64, Bool) -> Unit, context: ?AbilityContext): Future<Unit> {
        let fut: Future<Unit> = spawn {
            var strUri: ?String = Option<String>.None
            var dataArray: ?Array<Byte> = Option<Array<Byte>>.None
            var pixelMap: ?PixelMap = Option<PixelMap>.None
            var width: Int64 = 0
            var height: Int64 = 0
            var error: Bool = false
            try (imageLoadLimiter = ImageLoadLimiter()) {
                if (Thread.currentThread.hasPendingCancellation) {
                    return
                }
                let resourceManager = getResourceManager(context)
                if (Thread.currentThread.hasPendingCancellation) {
                    return
                }
                match (srcType) {
                    case Some(SrcType.MEDIA) =>
                        if (let Some(v) <- src) {
                            dataArray = resourceManager.getMediaByName(v, 0)
                        } else if (let Some(v) <- srcResource) {
                            dataArray = resourceManager.getMediaContent
(Int32(v.id), 0)
                        }
                    case Some(SrcType.RAWFILE) =>
                        if (let Some(v) <- src) {
                            dataArray = resourceManager.getRawFileContent(v)
                        }
                    case Some(SrcType.URI) =>
                        if (let Some(v) <- src) {
                            strUri = v
                        }
                    case Some(SrcType.URL) =>
                        if (let Some(v) <- src) {
                            let data: (?Array<Byte>, Bool) = DownloadUtils().
loadData(v)
                            if (data[1]) {
                                dataArray = data[0]
                            }
                        }
                    case Some(SrcType.ARRAYBUFFER) =>
                        if (let Some(v) <- srcArray) {
                            dataArray = v
                        }
                    case _ => ()
                }
```

```
                    if (Thread.currentThread.hasPendingCancellation) {
                        return
                    }
                    if (isSvg) {
                        // TODO SVG图片
                        if (let Some(v) <- dataArray) {

                        }
                    } else {
                        let imageSource: ImageSource = if (let Some(v) <- strUri) {
                            createImageSource(v)
                        } else if (let Some(v) <- dataArray) {
                            createImageSource(v)
                        } else {
                            throw Exception("ImageSource faild !!!")
                        }
                        let imageInfo: ImageInfo = imageSource.getImage Info()
                        width = Int64(imageInfo.size.width)
                        height = Int64(imageInfo.size.height)
                        if (Thread.currentThread.hasPendingCancellation) {
                            imageSource.Release()
                            return
                        }
                        pixelMap = imageSource.createPixelMap()
                        imageSource.Release()
                        error = true
                    }
                } catch (e: Exception) {
                    error = false
                    AppLog.error("PixelMapUtils imageSource.getImageInfo error: ${e}")
                } finally {
                    try {
                        if (Thread.currentThread.hasPendingCancellation) {
                            pixelMap?.Release()
                            return
                        }
                        callback(pixelMap, width, height, error)
                    } catch (_) {
                        AppLog.error("PixelMapUtils imageSource.getImageInfo error")
                    }
                }
            }
        return fut
    }

    private static func getResourceManager(context: ?AbilityContext): ResourceManager {
```

```
        let contexts: AbilityContext = if (let Some(v) <- context) {
            v
        } else {
            GlobalContext.getContext().getAbilityContext()()
        }
        let resourceManager: ResourceManager = ResourceManager.getResourceMana
ger(getStageContext(contexts))
        return resourceManager
    }
}

class ImageLoadLimiter <: Resource {
    static let semaphore: Semaphore = Semaphore(50)
    let closed = AtomicBool(false)

    init() {
        semaphore.acquire()
    }

    public override func isClosed(): Bool {
        return closed.load()
    }

    public override func close(): Unit {
        if (isClosed()) {
            return
        }
        semaphore.release()
        closed.store(true)
    }
}
```

19.2.4 图片缩放类型

文件 scale_type.cj 定义了一个名为 ScaleType 的枚举类型，用于表示图片的缩放类型。枚举 ScaleType 实现了 Hashable、Equatable 和 ToString 接口，主要功能如下。

（1）定义缩放类型：包含下面的七种缩放类型，每种类型指定了图像在容器中的展示方式。

- FIT_START：等比缩放并放置于控件的上边或左边。
- FIT_END：等比缩放并放置于控件的下边或右边。
- FIT_CENTER：等比缩放并居中展示。
- CENTER_CROP：等比缩放直到完全填充控件并居中显示。
- FIT_XY：缩放至控件大小，完全填充控件。
- CENTER_INSIDE：等比缩放，完整展示于控件中并居中。

（2）哈希码和相等性判断。

- 实现了 hashCode() 方法，以返回枚举的哈希值，支持在集合中使用。
- 通过 == 和 != 运算符重载，允许比较两个 ScaleType 实例是否相等或不相等。

（3）字符串表示：重写 toString() 方法，提供每个枚举值的字符串表示，方便调试和日志记录。

```
package roundedimageview

/**
 * 图片缩放类型
 */
public enum ScaleType <: Hashable & Equatable<ScaleType> & ToString {
    // 等比缩放到控件大小，并放置在控件的上边或左边展示
    | FIT_START
    // 图片等比缩放到控件大小，并放置在控件的下边或右边展示
    | FIT_END
    // 等比缩放到能够填充控件大小，并居中展示
    | FIT_CENTER
    // 不使用缩放，控件会展示图片的中心部分
    | CENTER
    // 等比缩放直到完全填充整个控件，并居中显示
    | CENTER_CROP
    // 缩放到控件大小，完全填充控件大小展示
    | FIT_XY
    // 等比缩放到能够完整展示在控件中并居中
    | CENTER_INSIDE

    /**
     * 获取hashCode
     *
     * @return hashCode
     */
    public override func hashCode(): Int64 {
        return toString().hashCode()
    }

    /**
     * 判断两个枚举是否相等
     *
     * @param that 其他枚举
     * @return 是否相等
     */
    public operator func ==(that: ScaleType): Bool {
        match ((this, that)) {
            case (FIT_START, FIT_START) => true
            case (FIT_END, FIT_END) => true
            case (FIT_CENTER, FIT_CENTER) => true
            case (CENTER, CENTER) => true
            case (CENTER_CROP, CENTER_CROP) => true
            case (FIT_XY, FIT_XY) => true
            case (CENTER_INSIDE, CENTER_INSIDE) => true
            case _ => false
        }
    }
```

```
/**
 * 判断两个枚举是否不相等
 *
 * @param that 其他枚举
 * @return 是否不相等
 */
public operator func !=(that: ScaleType): Bool {
    return !(this == that)
}

/**
 * 获取toString
 *
 * @return toString
 */
public override func toString(): String {
    match (this) {
        case FIT_START => "FIT_START"
        case FIT_END => "FIT_END"
        case FIT_CENTER => "FIT_CENTER"
        case CENTER => "CENTER"
        case CENTER_CROP => "CENTER_CROP"
        case FIT_XY => "FIT_XY"
        case CENTER_INSIDE => "CENTER_INSIDE"
    }
}
```

总之，枚举 ScaleType 为图像的缩放策略提供了一种清晰的定义，支持不同的显示需求和场景。

19.2.5　配置圆角图片显示属性

文件 rounded_image_name_model.cj 的主要功能是定义一个用于配置圆角图片显示属性的模型类 RoundedImageNameModel。该类允许开发者通过设置图片的来源、类型、缩放模式、圆角大小、边框样式（包括颜色和宽度）、背景颜色、内边距等属性，来精确控制图片的外观和显示方式。提供了链式设置方法和相应的属性获取方法，确保用户可以轻松地自定义圆角图片的各个细节，并在不同的显示场景中灵活使用。

下面的代码定义了一个名为 RoundedImageNameModel 的类，用于描述和管理一个圆角图片的各种属性。

```
public class RoundedImageNameModel {
    var src: ?String = None
    var srcArray: ?Array<Byte> = None
    var srcResource: ?CJResource = None
    var srcType: ?SrcType = None
    var isSvg: Bool = false
    var typeValue: ImgValueType = ImgValueType.IMG_VALUE_BITMAP
    var uiWidth: Float64 = 0.0
```

```
var uiHeight: Float64 = 0.0
var backgroundColor: ?Color = None
var backgroundColorUInt32: ?UInt32 = None
var backgroundColorCanvasGradient: ?CanvasGradient = None
var tileMode: ?TileMode = None
var scaleType: ?ScaleType = None
var cornerRadius: Float64 = 0.0
var cornerLeftTopRadius: Float64 = 0.0
var cornerLeftBottomRadius: Float64 = 0.0
var cornerRightTopRadius: Float64 = 0.0
var cornerRightBottomRadius: Float64 = 0.0
var borderWidth: Float64 = 0.0
var borderColor: ?Color = None
var borderColorUInt32: ?UInt32 = None
var borderColorCanvasGradient: ?CanvasGradient = None
var padding: Float64 = 0.0
var colorWidth: Float64 = 0.0
var colorHeight: Float64 = 0.0
var context: ?AbilityContext = None
```

各个属性的具体说明如下。

- src：可选的字符串类型，表示图片的来源路径。
- srcArray：可选的字节数组，允许直接传递图片数据。
- srcResource：可选的 CJResource 类型，用于指定资源来源。
- srcType：可选的 SrcType 枚举，表示图片的类型。
- isSvg：布尔值，指示图片是否为 SVG 格式。
- typeValue：ImgValueType 枚举，指定图片的值类型，默认为位图（IMG_VALUE_BITMAP）。
- uiWidth：浮点数，表示用户界面中图片的宽度。
- uiHeight：浮点数，表示用户界面中图片的高度。
- backgroundColor：可选的 Color 类型，表示图片背景颜色。
- backgroundColorUInt32：可选的无符号整型，表示背景颜色的整数值表示。
- backgroundColorCanvasGradient：可选的 CanvasGradient 类型，用于表示背景颜色的渐变效果。
- tileMode：可选的 TileMode 枚举，表示如何平铺图片。
- scaleType：可选的 ScaleType 枚举，表示图片的缩放类型。
- cornerRadius：浮点数，表示通用的圆角半径。
- cornerLeftTopRadius：浮点数，表示左上角的圆角半径。
- cornerLeftBottomRadius：浮点数，表示左下角的圆角半径。
- cornerRightTopRadius：浮点数，表示右上角的圆角半径。
- cornerRightBottomRadius：浮点数，表示右下角的圆角半径。
- borderWidth：浮点数，表示边框的宽度。
- borderColor：可选的 Color 类型，表示边框的颜色。
- borderColorUInt32：可选的无符号整型，表示边框颜色的整数值表示。
- borderColorCanvasGradient：可选的 CanvasGradient 类型，用于表示边框颜色的渐变效果。
- padding：浮点数，表示内边距的大小。

- colorWidth：浮点数，表示颜色的宽度。
- colorHeight：浮点数，表示颜色的高度。
- context：可选的 AbilityContext 类型，表示当前的能力上下文。
  另外，在文件 rounded_image_name_model.cj 中还定义了如下的方法。
- setContext(context: AbilityContext)：设置上下文并返回当前对象。
- getContext()：获取当前上下文。
- setImageSrc(src: ?String)、setImageSrc(srcArray: ?Array<Byte>) 和 setImageSrc(srcResource: ?CJResource)：设置图像数据源的不同方式。
- getImageSrc()、getImageSrcArray() 和 getImageSrcResource()：获取图像数据源。
- setSrcType(srcType: ?SrcType) 和 getSrcType()：设置和获取图像类型。
- setIsSvg(isSvg: Bool) 和 getIsSvg()：设置和获取是否为 SVG 图像。
- setTypeValue(typeValue: ImgValueType) 和 getTypeValue()：设置和获取图像显示类型。
- setUiWidth(uiWidth: Float64) 和 getUiWidth()：设置和获取控件宽度。
- setUiHeight(uiHeight: Float64) 和 getUiHeight()：设置和获取控件高度。
- setScaleType(scaleType: ?ScaleType) 和 getScaleType()：设置和获取图像缩放类型。
- setTileModeXY(tileMode: ?TileMode) 和 getTileModeXY()：设置和获取图像平铺方式。
- setBackgroundColor(...)：提供多种重载方法，设置背景颜色（可以是 Color、UInt32 或 CanvasGradient）。
- getBackgroundColor()：获取背景颜色。

总之，文件 rounded_image_name_model.cj 提供了一个全面的结构，以便用户能够灵活地配置和管理圆角图片的显示特性，从而实现不同的视觉效果和交互体验。

19.3 HarmonyOS应用包

在本项目中，"entry" 目录是 HarmonyOS 应用的主要工程模块，能够调用前面介绍的 "roundedimageview" 模块，目录负责编译生成 HarmonyOS 应用包（HAP 文件），包含 HarmonyOS 应用的核心代码、资源文件以及配置文件，管理应用的界面呈现、业务逻辑和全局资源。

19.3.1 入口逻辑和组件初始化

文件 package.cj 主要负责 HarmonyOS 应用程序的入口逻辑和组件初始化工作，为应用程序的启动和资源管理提供了基础结构。文件 package.cj 通过导入多种标准库和 HarmonyOS 框架库，提供了对集合、数学计算、基础功能、组件管理、状态管理、窗口和显示等功能的访问。同时，引入了 roundedimageview 模块，允许使用圆角图片视图库的功能，并通过 cj_res_entry.app 进行应用资源的管理与调用。

```
package ohos_app_cangjie_entry

internal import std.collection.*
internal import std.math.*
```

```
internal import ohos.base.*
internal import ohos.component.*
internal import ohos.state_manage.*
internal import ohos.ability.*
internal import ohos.window.*
internal import ohos.display.*
internal import ohos.router.*
internal import ohos.resource_manager.*

internal import ohos.resource_manager.Resource as ResourceManagerResource

internal import cj_res_entry.app

internal import roundedimageview.*
```

19.3.2 主界面程序

文件 main_ability.cj 定义了鸿蒙系统中的主界面程序，负责管理应用的生命周期和界面呈现。在 HarmonyOS 应用程序中，Ability 主要负责应用生命周期的管理和窗口内容的加载。文件 main_ability.cj 实现了类 MainAbility，它继承自类 Ability，并在 onCreate 方法中初始化全局能力上下文（globalAbilityContext），供应用其他部分使用。

```
package ohos_app_cangjie_entry
import ohos.state_macro_manage.*
public var globalAbilityContext: ?AbilityContext = None
class MainAbility <: Ability {
    public init() {
        super()
        registerSelf()
    }

    public override func onCreate(want: Want, launchParam: LaunchParam): Unit {
        globalAbilityContext = context
        GlobalContext.getContext().setAbilityContext(globalAbilityContext.getOrThrow())
        AppLog.info("MainAbility OnCreated.${want.abilityName}")
        match (launchParam.launchReason) {
            case LaunchReason.START_ABILITY => AppLog.info("START_ABILITY")
            case _ => ()
        }
    }

    public override func onWindowStageCreate(windowStage: WindowStage): Unit {
        AppLog.info("MainAbility onWindowStageCreate.")
        windowStage.loadContent("MyView")
    }
}

public func getGlobalAbilityContext(): AbilityContext {
```

```
    globalAbilityContext.getOrThrow()
}
```

19.3.3 配置文件

文件 oh-package.json5 定义了 entry 模块的基本信息和依赖配置信息，包含应用模块的名称（entry）、版本号（1.0.0）、描述、作者和许可证等基本信息。最重要的是，它在 dependencies 字段中指定了应用的依赖模块——roundedimageview，并通过相对路径 file:../roundedimageview 引用了该模块。这意味着 entry 模块依赖 roundedimageview 模块提供的功能，特别是圆角图片视图库的功能。

```
{
  "name": "entry",
  "version": "1.0.0",
  "description": "Please describe the basic information.",
  "main": "",
  "author": "",
  "license": "",
  "dependencies": {
    "roundedimageview": "file:../roundedimageview"
  }
}
```

执行后的效果如下图所示。

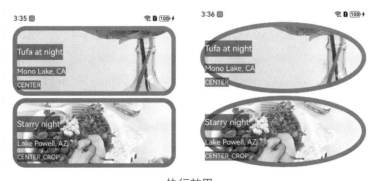

执行效果

注意：本项目已经开源，作者 Young242 的开源地址是 https://gitcode.com/Cangjie-TPC/roundedImageView4cj/，大家可以在上面提交 Issue，参与任何形式的贡献。